枢纽运行调控水力安全综合评估理论与方法

骆少泽　张陆陈　著

黄河水利出版社

·郑州·

内 容 提 要

本书主要内容包括高速水流致灾机制与泄洪安全控制指标体系、高压瞬变流致灾机制与运行安全控制指标体系、高水头渗流灾变演化规律与安全控制指标、通航安全控制指标体系、枢纽运行水力安全评价指标体系及可拓评价方法等。本书面向从事水利设计、施工、管理、科研等工作者,也可供相关领域的高校师生阅读参考。

图书在版编目(CIP)数据

枢纽运行调控水力安全综合评估理论与方法/骆少泽,张陆陈著. —郑州:黄河水利出版社,2020.7
ISBN 978 - 7 - 5509 - 2664 - 6

Ⅰ.①枢⋯ Ⅱ.①骆⋯②张⋯ Ⅲ.①水利枢纽 -作用 - 水力学 - 安全性 - 研究 Ⅳ.①TV13

中国版本图书馆 CIP 数据核字(2020)第 082041 号

出 版 社:黄河水利出版社   网址:www.yrcp.com
　　　地址:河南省郑州市顺河路黄委会综合楼 14 层   邮政编码:450003
发行单位:黄河水利出版社
　　　发行部电话:0371 - 66026940、66020550、66028024、66022620(传真)
　　　E-mail:hhslcbs@126.com
承印单位:河南瑞之光印刷股份有限公司
开本:787 mm × 1 092 mm 1/16
印张:19.5
字数:475 千字   印数:1—1 000
版次:2020 年 7 月第 1 版   印次:2020 年 7 月第 1 次印刷
定价:68.00 元

前　言

本书针对国内外枢纽水力安全评估单目标、阶段性、碎片化现状,研究高速水流、高压瞬变流、高压渗流的致灾机制和演化规律,提出泄洪、发电、大坝、通航系统控制要素安全性定量评估方法和控制指标体系,融合模型试验、数值模拟、原型监测等多源信息,构建枢纽运行水力安全综合评估理论方法,突破特大水利枢纽调控与长期安全运行的机制和理论障碍。

本书主要内容包括高速水流致灾机制与泄洪安全控制指标体系、高压瞬变流致灾机制与运行安全控制指标体系、高水头渗流灾变演化规律与安全控制指标、通航安全控制指标体系、枢纽运行水力安全评价指标体系及可拓评价方法等。本书面向从事水利设计、施工、管理、科研等工作者,也可供相关领域的高校师生阅读参考。

本书各章节主要撰写者如下:第1章为引言,由张陆陈、谢罗峰、卫望汝、董霄峰撰写;第2章为高速水流致灾机制与泄洪安全控制指标体系,由邓军、卫望汝、骆少泽、张陆陈撰写;第3章为高压瞬变流致灾机制与运行安全控制指标体系,由张雅卓、董霄峰撰写;第4章为高水头渗流灾变演化规律与安全控制指标研究,由段祥宝、谢罗峰、骆少泽、张陆陈撰写;第5章为通航安全控制指标体系研究,由张陆陈、骆少泽、谢罗峰、段祥宝撰写;第6章为枢纽运行水力安全评价指标体系及可拓评价方法,由骆少泽、张陆陈、谢罗峰、段祥宝撰写。

本书的出版得到国家重点研发计划项目"枢纽运行调控水力安全综合评估理论与方法"(2016YFC0401901)资助,在此表示衷心的感谢。

在本书写作过程中,作者虽力求审慎,但由于水平有限,书中不妥及错误之处在所难免,敬请读者批评指正。

作　者

2020 年 3 月于南京

目　录

第1章 引 言

1.1 研究背景

我国水能资源位居世界首位,目前已开发量仅为总可开发量的30%左右。目前,我国正在大规模建设开发水利枢纽,以发挥其巨大的防洪、发电、通航效益。近20年来,已建和在建的坝高200 m以上的高坝已达20座,坝高300 m以上的2座;装机容量100万kW以上的62座,其中,500万kW以上的7座,1000万kW以上的4座。这些工程综合效益巨大,对我国国民经济发展有极其重要的作用,它们能否长期保持安全高效运行,对生态环境保护、人民生命财产安全和社会可持续发展有着特别重大的影响。大型水利水电枢纽多建于复杂的地质地形条件处,具有高水头、大泄量、大装机容量的特点,保障其泄洪、发电、通航安全长效运行的技术难度大。虽然我国在建设大型水利枢纽方面取得了丰富的经验和世界瞩目的成果,但大批大型水利枢纽仍处于刚建成或刚投入运行,对大型水利枢纽运行安全评价和保障技术的研究仍相对滞后。

随着大型水利枢纽的不断建设与投入运行,如三峡、溪洛渡、小湾等高坝大库,防洪、发电、航运等运行调控,伴生高速、高压、高水头等水力现象,水力安全问题愈加突出,水利枢纽中的各种建筑物都面临着一定程度的水力安全问题。高速水流方面,我国大型水利枢纽泄洪流量大、运行水头高、地形条件复杂,导致其单宽泄洪消能功率远高出国外同规模工程,多达3~10倍,因此产生的板块失稳、空化空蚀、冲蚀磨蚀、振动、雾化等危害不容忽视。著名的苏联萨扬·舒申斯克水电站240 m高的重力拱坝,采用底流消能,消力池底板曾两度遭到破坏,巨大的水动荷载将近8 m厚的底板掀起,引起了工程界和学术界的震惊。二滩水电站1号泄洪洞 $2^{\#}$ 掺气坎下游约400 m范围内的边墙和底板遭到了严重损坏,边墙几乎全部被破坏,底板混凝土大面积被剥离,基岩外露。漫湾水电站和隔河岩水电站在水垫塘水舌冲击区均发现底板存在较多的冲坑、冲沟,部分区域磨损严重。高速水流泄洪消能对环境产生的不利影响也不容忽视,例如挑流消能雾化引起的岸坡失稳滑坡屡见不鲜,底流消能诱发场地振动也因向家坝2012年首次泄洪引起下游3 km² 范围场地振动而引发广泛关注。

高压瞬变流方面,随着水电站装机容量的逐渐增大,机组呈现出巨型化的趋势,水力发电系统愈发复杂,水力过渡过程引起的机组及结构振动对机组稳定性的影响等愈发突出。如处在松花江上游的红石水电站,在运行过程中厂房结构振动剧烈,机组主轴摆动幅度较大,严重影响了电站的正常运行,并对水电站厂房结构产生了一定的破坏作用,主副厂房墙壁及发电层的立柱都出现了大量的裂缝。广西岩滩水电站在运行时,由于受到电厂运行水位及机组负荷变化的影响,振动严重。萨扬·舒申斯克水电站2号机组在超负荷运转后剧烈振动,不久其水轮机罩上的螺栓发生振动疲劳破坏发生断裂,导致水轮发电机组中的转子被破坏,再加上无法及时关闭事故闸门,水流涌入厂房当中,最终引发了重大的水电站厂房安全事故。水电站在高压瞬变流作用下对机组与厂房结构产生振动问题，不仅会影响水电站的经济效益，更是涉及水电机组和厂房安全、稳定运行的重大问题。

挡水建筑物重要安全问题是高水头渗流作用下的渗透破坏问题，其溃决导致人民生命财产重大损失的事件屡有发生，惨痛教训甚多。1889 年美国 South Fork 土石坝溃决，死亡2 209人；1976 年美国 Teton 土石坝溃决，60 万亩农田被淹，2.5 万人无家可归；1979 年印度Machhu Ⅱ土石坝溃决，死亡 3 000 余人；2004 年新疆生产建设兵团八一水库坝体贯穿性横向裂缝渗水形成渗透破坏，导致泄洪闸垮塌溃坝；2005 年青海英德尔水库溢洪道与坝体结合处裂缝渗水产生接触冲刷及接触流失，导致溢洪道垮塌溃坝；2007 年甘肃小海子水库坝后排水沟黏土层缺失致使基础粉细砂层被渗水淘空，形成上下游贯穿的渗漏通道，导致坝体坍塌溃决。因此，高水头渗流作用下的灾变演化过程及评价指标研究十分必要。

为了促进国内经济发展，充分发挥航运能力，近 10 年来我国相继建成了一大批大型高水头通航建筑物。然而大型水利枢纽多位于狭窄河谷中，水流比降大，泄洪及通航建筑物自身运行容易引起较大的水位变幅，威胁过往船舶通航安全，降低通航建筑物的运行效益。如三峡工程在调峰和泄洪等运行条件下，受枢纽运行、两坝间地形及葛洲坝枢纽反调节等的影响，非恒定流造成的枢纽下游通航水流问题比较突出，船舶过坝航行存在一定的安全隐患。向家坝电站调节、大坝泄洪及切机等运行工况引起的非恒定流，改变了坝下游航道的通航条件，造成下游河道水位时涨时落，水面比降及流速流态频繁变化，尤其给进出升船机下引航道的船舶航行安全造成了较大威胁。

水利枢纽的水力不安全因素不仅威胁工程自身安全和影响工程效益，并且会威胁到下游人民生命财产安全和居住环境。但缘于水力安全监测设备的落后，不能满足工程生命期持续监测要求，水力致灾机制与演化规律的模糊较难满足综合评估与实时反馈的要求，目前国内外水力安全评估处在单目标、阶段性、碎片化阶段，且多数是大坝的工情监测与性态评价。因此，本书拟采用理论分析、数值模拟、模型试验、原型观测相结合的方法，研究高速水流、高压瞬变流、高水头渗流的致灾机制和演化规律，分析各类水力安全问题的控制性要素，由此提出泄洪、电站运行、高水头渗流和枢纽通航安全的控制指标体系。考虑泄流系统消能—空蚀—振动—雾化等、水力发电系统水力—机电—结构—地基、通航系统水位波动—流速—比降变率等相关关系和耦联响应特性，融合模型试验、数值模拟、原型监测等多源信息研发枢纽运行水力安全综合评估理论方法。

1.2 国内外研究进展

1.2.1 高速水流致灾机制与泄洪安全控制指标研究现状

由水力破坏实例可知，其主要的破坏类型有底板失稳、冲磨破坏、空蚀破坏、结构振动、冲刷破坏、泄洪雾化、场地振动等，总结水力破坏的致灾机制，分析水力安全的关键技术指标及其控制标准，是研究枢纽运行水力安全综合评估理论方法的基础。

1.2.1.1 底板失稳

人们对消力池底板失稳的机制，有一个认识不断深化的过程。1961 年，Kamaufh 工程消力池水跃跃首处 180 m 宽、23 m 长的底板完全破坏,为探求消力池破坏的原因,进行了物理模型试验及理论研究,认为由于底板上排水孔的存在,使得其底部产生波速达 100 ~ 1 000 m/s 级的瞬变脉动流,底板上下表面形成脉动压力差(脉动上举力),造成消力池底板的破坏。萨扬·舒申斯克水电站消力池第二次破坏时,混凝土底板尚有些垂直缝没有灌浆。此外,10% 面积的底板与基岩的固结灌浆尚未完成。这似乎证明:微小缝隙的存在,提供了脉动压力的传播通道。脉动压力通过板块接缝进入板块底面缝隙层中迅速传播开来是产生脉动上举力和造成板块揭底破坏的重要原因,这一事实早被人们所认识。然而,对于诸如脉动压力波在板块底面缝隙中是如何传播的、怎样才能在板块上产生脉动上举力、如何预报可能出现的最大上举力等,这些问题在近年来才获得较有说服力的答案。

1. 消力池底板受力分析

消力池底板通常由若干不同规格的施工块组成,消力池稳定以板块浮升失稳为控制条件。消力池内基本流态为淹没冲击射流和淹没水跃的混合流态,含气水流紊动剧烈,交变动水荷载的反复作用,对消力池底板的稳定构成不利影响。

考虑止水失效,消力池底板块的受力主要有:重力 G,锚索锚固力 R,水压力 W,扬压力 P,缝隙水压力 n_1、n_2 和摩擦力 f。扬压力 P 与水压力 W 的差称为上举力 $F = P - W$,对底板稳定起决定性作用。上举力其实质是动水荷载,可分解为时均与脉动两部分,脉动荷载是一个随机过程,它的作用是交变往复的。

2. 消力池底板失稳破坏形式

消力池底板失稳破坏大致有以下几种形式:射流冲击压力过大,材料性能、施工质量满足不了要求,板块劈裂或淘蚀;脉动荷载过大,板块振动失稳;止水损坏,动水压力进入块缝面层并沿缝面层迅速传播,导致板块与基岩分离,板块倾覆或浮升;基岩被淘刷虚空,板块翻转或折裂。

止水破坏范围越大,底板失稳越倾向于倾覆或浮升;止水、锚固相同板块越厚越容易出位;止水、板厚相同锚固量越大,越容易翻转或折裂。

3. 脉动压力波在缝隙层中传播特征

早期一些学者认为上举力的产生是由板块表面、底面上的压力波相位不同引起的;另一些认为是由板块表、底面流速不同、脉动压力波幅值和相位不同引起的;F. Harung 等认为脉动压力波在缝隙中的传播类似于水压机原理;而 Fiorotto 和 Rinaldo 根据缝隙中脉动压力变化剧烈和瞬变的特征,把缝内脉动压力过程看作压力波动过程或水力瞬变过程,运用一维瞬变流模型定性分析了板块上脉动上举力的特征;刘沛清等进一步基于一维和二维瞬变流模型,详细地分析了单个板块缝隙层中脉动压力的传播机制,揭示了板块上脉动上举力的成因,并导出了可能最大脉动上举力的预报公式,特别是基于瞬变流理论,提出板块上脉动上举力的产生,决非是个相位差的问题,也非水压机原理,而是由于板块表面、底面两侧脉动压力波传播速度不同造成的。

4. 板块上脉动上举力的成因及其大小

由于脉动压力在板块下缝隙层中的传播速度很大,一般波速 $C = 100 ~ 1 000$ m/s,故对于通常尺度的板块(10 m 左右),板块入口端脉动压力波几乎是瞬时地传递到板块底部缝隙层四周。但对于板块上表面上的脉动压力波,由于水流的运动不受缝隙的约束,则脉动压力波的传递速度应与水流的特征速度(或为载能涡的运移速度)同量级($V_c < 10$ m/s),其数值上比缝隙内脉动压力波传播速度至少小一个量级以上。这样,因板块表面、底面上的脉动压力波传播速度不同,在传播过程中就会存在时间滞后效应。所以,在某一瞬时,板块表面、底面上的脉动压力波完全有可能是两个几乎互不相关、独立的波形,可能会出现一个最大、一个最小的压力波,这就会在板块上形成强大的脉动上举力,由此提出的可能最大脉动上举力的预报公式为:

$$A_{\max} = 3\sigma_P \sqrt{1 + \alpha_P^2 \left(\frac{L_S}{L}\right)^2} \tag{1-1}$$

式中:$A_{\max}$ 为作用于底板块单位面积的最大脉动上举力,具有压强的量纲(N/m^2);σ_P 为板块接缝入口处脉动压强的均方根值;L_S 为临底涡体的积分尺度;L 为板块的尺度;α_P 为脉动压强系数。当 $L_S \gg L$ 时,式(1-1)可简化为:

$$A_{\max} \approx 3\sigma_P \tag{1-2}$$

5. 底板稳定控制指标

水垫塘(或消力池)底板失稳是上举力作用的结果,底板稳定控制可采用最大冲击压力与最大上举力等综合指标。目前在对水垫塘底板稳定控制时,一般采用对最大冲击压力 ΔP 及其分布系数 α(最大冲击压力与作用距离之比)设限的方法。日本的凌北等 5 个拱坝工程的统计结果显示 $\Delta P \leqslant 300$ kPa、$\alpha \leqslant 1$ 工程运行安全。我国二滩工程采用 $\Delta P \leqslant 150$ kPa、$\alpha \leqslant 1$ 作为水垫塘底板稳定的控制指标,小湾、构皮滩等工程也采用此指标。

但采用最大冲击压力 ΔP 及其分布系数 α 作为底板稳定控制指标,虽然简洁方便,但也有其明显不足。例如部分挑流消能的水垫塘底板压力分布不存在较大峰值,底流消能的消力池甚至不存在 ΔP。

水垫塘冲击压力是射流动能转换的结果,水垫的吸能作用影响较大;脉动压力主要是紊流动能转化,受大尺度漩涡控制,在水垫中衰减相对较慢。将最大冲击压力 ΔP、压力脉动强度 σ_P 与上举力 F 量化联系,控制水垫塘底板稳定更为合理。另外,水流掺气对动水压力及控制指标的影响尚未考虑,有待进一步研究。

1.2.1.2 空蚀破坏

泄水建筑物某些部位的高速低压流中会发生空化现象,形成带空泡的空穴流;空穴流中空泡在近边壁处溃灭时有很大的溃灭压强,可能导致边壁材料的空蚀破坏。泄水建筑物过流边壁附近流速达到 15 ~ 20 m/s 甚至以上者,就要十分关心空蚀破坏的可能性。实践经验表明,高速水流条件下发生空蚀的部位主要有:各种混凝土溢流坝的门槽底槛和下游侧、闸墩下游端附近、溢流面不平整处和流速最高处、坝面与反弧段切点附近、反弧段与护坦相接处、消力墩或差动鼻坎的侧面等;河岸溢洪道的进口、门槽、闸墩、弯道、收缩和扩散段、陡坡曲线段和反弧段等;深式泄水孔洞的进口、门槽附近孔洞壁面、壁面不平整处、流速最高处、弯段凸壁、出口上唇与下唇等。

1. 空化现象发生机制

关于空化现象的机制,目前是以水中总是原本存在着气核(直径 $10^{-5} \sim 10^{-3}$ cm 的小气泡)为前提的。有此前提,现设维持水温不变,使水面压强降低到某个临界值后,水体内气核迅速膨胀,形成含有水蒸气或其他气体的明显气泡,这就是空化现象。未空化的水体流经压强低于某一临界值的地方时也会空化。低压区空化的水体,挟带空泡流经下游压强较高区域时,空泡就要溃灭。因此,完整的空化现象是包括空泡的发生、发展和溃灭的一个非恒定过程。

为使水中存在稳定气核的设想成立,比较满意的解释是美国海威(E. N. Hervy)的看法:气核是由水中憎水固体颗粒表面微小缝隙或憎水固体边壁微小缝隙中未溶解的一些气体组成,并构成凹向缝内的自由表面,因而水的表面张力不是使核子内压强增加,而是使之减小。这一核子存在的模式可用来解释所有空化现象,并有试验证实。

2. 空蚀破坏机制

目前在水利工程中,空蚀产生的主要原因公认为力学作用,而力学作用机制又包括冲击波和微射流两种理论。

冲击波理论认为空蚀是由于空化泡溃灭形成冲击波将其产生的巨大压强作用到壁面产生的。当空化泡收缩至最小尺寸时,由于泡内气体的可压缩性,泡内压力大于周围液体压力,于是空化泡在反向膨胀过程中产生冲击波,该冲击波可使壁面材料发生剥蚀。学者 Knapp 在试验中发现,一个空蚀坑的形成需要大约 3 万个溃灭空泡。Matsumoto 通过高速摄像研究表明,空化泡在 0.000 1 s 内的高速溃灭产生的冲击波压强可达到 200 ~ 350 MPa,在极短的时间内高强度的冲击波反复冲击壁面造成表面材料产生疲劳破坏是空蚀产生的主要原因。而 Amdt 的研究则认为空蚀是一种猛烈的冲击波造成的,而不是冲击波反复作用产生疲劳现象。

微射流理论认为空化泡收缩变小过程中形成微小空隙,而周围的水体通过其中心的空隙射出,伴随流速高、时间短、流量小、作用面积小等特点,对固壁面造成冲击空蚀。微射流理论最早在 20 世纪 40 年代由 Komfeld 等首先提出,之后 Naude 等在 60 年代对壁面上空化泡溃灭时所形成的微射流进行了数学分析。Hammitt、Lauterbom 等采用高速摄影技术证实了微射流的存在,他们认为微射流可能是造成空蚀破坏的主要原因。Plesset 与 Hammitt 分别对微射流的规模进行了估计,射流速度在 70 ~ 180 m/s,壁面附近产生的冲击压强为 140 ~ 170 MPa,微射流直径为 2 ~ 3 μm,冲击持续时间为微秒级,所形成的冲击力将直接破坏壁面材料而形成蚀坑,蚀坑直径为 2 ~ 20 μm。Shima 发现微射流的空蚀破坏与空化泡距壁面的距离有关,冲击波空蚀破坏作用大小取决于空化泡大小、空化溃灭发生位置等多种因素。

研究人员对空蚀破坏机制进行的长期研究已经表明,以冲击波和微射流为主要形式的力学机制是空蚀破坏的常规和主要机制,但其主导机制是微射流还是冲击波仍有争议,壁面形成的空蚀孔究竟是单次溃灭冲击产生还是疲劳破坏结果也尚不明确。

3. 空化评价指标

1) 空化噪声

当空化气泡在近壁面溃灭时,会产生指向固体壁面的高速水射流,以几千个大气压的高压冲击固体壁面,形成空蚀,并常常伴随强烈的噪声。

空穴在溃灭过程中产生的空化噪声具有高频特性,而且空化噪声的声压级明显高于水流中普通气泡振荡产生的噪声声压级。当水流空化数小于初生空化数时,水流发生空化,空泡溃灭噪声成为主要的噪声源,高频范围的声压级急剧升高,噪声频谱曲线亦发生突然变化。因此,声音强度测量是确定空化初生的一种灵敏方法。在空化初生阶段,声音能量在超音频范围内具有高强度,利用高通滤波器的"听声"装置,可以记录到空化开始时音量水平的一个突然增加。

2)空化数

为衡量水流中空化发生的条件及发展程度,估计空蚀破坏的可能性,需要一个科学定量的无因此参数。影响空化产生与发展的主要变量有过流边界形态、绝对压强分布和流速等,还有流体黏性、表面张力、气化特性、边壁表面条件等。由于这些变量最基本的是与流动边界密切有关的压强和流速,故采用空化数作为关键技术指标:

$$\sigma = \frac{h_0 + h_a - h_v}{v_0^2 / (2g)} \tag{1-3}$$

式中:h_0 为计算断面边壁时均动水压力水头,即测压管水头;h_a 为大气压力水头;h_v 为水的汽化压力水头;$v_0^2 / (2g)$ 为计算断面平均流速的流速水头。

1.2.1.3 流激振动

泄水诱发结构振动是一种极其复杂的水流与结构相互作用的现象。在水利工程中,由于高速水流的强烈紊动,其脉动压力作用在结构物上,有可能导致结构的振动。水流与结构是振动系统中相互作用的两个方面,他们之间的相互作用是动态的、耦联的。水流对结构的作用力将两者紧密的联系在一起。实际工程中的水流流动形态是多种多样的,工程结构的几何形状更是千变万化,因而使水流诱发结构振动的水动力学机制复杂而多变。

对于水流诱发结构振动的机制,许多学者进行过研究,其中有代表性的有美国的Blevins、加拿大的 Weaver 及德国的 Naudascher。

美国的 Blevins 按流动和工程结构的性质,将流体诱发振动分成稳定流动和非稳定流动两大类,又按诱发振动原因分成若干种类振动形式。这一分类模式实际上是对流体诱发结构振动的高度概括。也正因如此,不可能对具体问题的激励机制进行详细阐述,特别是对于水流诱发水工结构振动问题涉及不多。

加拿大 Weaver 按振动的特征将流体诱发振动分成三类:

(1)水流引起强迫振动。这种振动通常是随机的,结构运动一般对流体作用力不产生明显的影响。

(2)自控振动。在这一类问题中,水流存在某种周期数,如果此周期数与结构的某个自然频率一致,则构成初始振幅,直到流体作用力的大小和周期被结构运动所控制而产生一种反馈机制。

(3)自激振动。结构物的振动导致周期性的作用力,此作用力加大了结构物的运动。这类振动和自控振动的区别在于,当结构物运动不存在时,周期作用力也消失。

德国 Naudascher 按诱发振动的主要激励机制将水流诱发振动问题分为四类:

(1)外部诱发激励。由水流脉动及压力脉动引起的,这种脉动本身不是振动系统的固有部分,这类激励的激励力的出现不是随机的。

(2)不稳定诱发激励。是由水流的不稳定性和反馈机制产生的诱发力造成的。在大多数情况下,这种不稳定性是振动系统所固有的部分,即流动的不稳定性与结构本身有不可分割的联系。

(3)运动诱发激励。是由振动系统中的建筑物或物体的运动所产生的诱发力造成的。在这种情况下,诱发力和振动物体的自振频率必然是处于共振状态之中。同时这种所谓自我激发的振动,其振幅会越来越大,一直到水流向振动体传递的能量和克服阻尼消耗的功相等。

(4)共振流体振子诱发激励。起因于以其固有模态之一振动的流体振子。例如,流体振动可能由长闸墩和引水槽壁间产生的重力驻波构成,或由封闭在隧洞闸门上下游竖井中的水质量构成。

谢省宗等从工程应用的角度出发将水流诱发振动分为紊流诱发振动、自激振动、涡激振动及水力共振四类。

上述所列各种水流诱发振动的激励机制是对这一问题的一般性阐述。事实上,对于某一具体工程来说,其诱发振动的因素可以是一种机制起作用,也可以多种机制组合。尽管研究角度不同,但有异曲同工之处。

水流激励产生振动对结构的危害主要表现为:振动频率接近结构的自振频率时容易发生共振,泄水建筑物及相关结构在短时间内迅速的、突发性的破坏;过大的振幅引起结构失稳,如广西龙山溢洪道弧门;过大的动应力造成结构破坏,如葛洲坝二号船闸阀门导水板与止水螺栓剪断;持续振动造成附属结构的损坏,如葛洲坝二号船闸阀门启闭机漏油、支座混凝土塌落等。

对于水流引起泄水建筑物振动所造成的结构安全问题,采用振幅、频率作为指标。工程实践表明,高频小幅振动与低频大幅振动具有同等的危害性。因而,危害振动的判别,要综合考虑流激振动的时域数字特征和频域能量分布特征,但目前尚没有统一或公认的标准与方法。

1.2.1.4 泄洪雾化

泄洪雾化,是指泄水建筑物泄水时水流与空气相互作用所引起的一种非自然降雨过程与水雾弥漫现象。形成的机制尚不完全清楚,对其形成过程和成因的普遍认识是:泄洪水流一般呈现急流或挑射流状态,受建筑物的壁面和周围空气的影响,水流内部产生紊动,射流水股表面产生波纹,并掺气、扩散,导致部分水体失稳、脱离水流主体,碎裂呈水滴,其中大粒径水滴降落形成雨(抛洒降雨),小粒径水滴漂浮在空中成为雾。掺气射流落入下游河床内,与下游水体相互碰撞,产生喷溅,飞溅出的水体受到重力、空气阻力和坝后风速场的影响,不断扩散、飘逸形成雾流,雾流向四周逐渐扩展变淡,降雨强度随之减小。

泄洪雾化较之自然降雨,这种非自然降雨过程致使大坝下游局部区域内形成大风暴雨、浓雾弥漫对枢纽运行、下游岸坡、生态环境的影响与破坏相对严重。泄洪雾化影响主要表现在以下几个方面:①影响枢纽建筑物正常运行和两岸交通;②冲蚀地表、诱发滑坡,影响岸坡稳定;③影响坝区生态环境和居民正常生活。

当雾化降雨强度达到或超过了暴雨标准时,需要采取相应的防护措施,避免雾化的危害性影响,雾化降雨分级如下:①大暴雨区:雨强≥50 mm/h,雾化降雨达到此标准时,会给山坡和建筑物带来巨大灾害,可能引起山体滑坡和建筑物毁坏,因此要对此范围内两岸山体进行防护,并避免将建筑物建在该范围内;此区按不同雨强分为Ⅴ级(雨强≥600 mm/h)、Ⅳ级(雨强200~600 mm/h)和Ⅲ级(雨强50~200 mm/h),均已超出天然特大暴雨的范畴,Ⅲ级以上发生滑坡、泥石流等地质灾害可能性较大;②暴雨区:50 mm/h>雨强≥10 mm/h,Ⅲ级雾雨会对电站枢纽造成危害,对建筑物应加以防护,禁止车辆通行;③大雨区:10 mm/h>雨强≥5 mm/h,Ⅱ级雾化降雨视边坡情况适当防护,但电气设备需防护;④毛毛雨区:雨强<5 mm/h,Ⅰ级对工程危害较小,一般不需防护。

泄洪雾化是一个非常复杂的水、气两相流物理现象,涉及水舌的破碎、碰撞、激溅、扩散等众多物理过程,其影响因素大体上可归结为水力学因素、地形因素及气象因素三大类。其中,水力学因素包括上下游水位差、泄洪流量、入水流速大小与入水角度、孔口挑坎形式、下游水垫深度、水舌空中流程及水舌掺气特性等;地形因素包括下游河道的河势、岸坡坡度、岸坡高度、冲沟发育情况等;气象因素主要指坝区自然气候特征如风力、风向、气温、日照、日平均蒸发量等。对于防护而言,其关键技术指标是降雨强度及影响范围。

雾化降雨影响范围常用雾化纵向边缘与水舌入水点之间的距离 L' 表示,该距离与水舌入水速度 V_c、入水角度 θ、泄量 q 等密切相关,经验关系式如下:

$$L' = 10.267\xi \tag{1-4}$$

$$\xi = \left(\frac{V_c^2}{2g}\right)^{0.765\,1} \left(\frac{q}{V_c}\right)^{0.117\,45} (\cos\theta)^{0.062\,17} \tag{1-5}$$

参数 ξ 是一个具有长度量纲的物理量,它表征的是当水舌入水激溅产生雾化时,水舌的各项水力学指标如入水时的流速水头、入水面积及入水角度对泄洪雾化纵向范围的综合影响。

1.2.2 水电站机组与厂房耦联振动研究现状

1.2.2.1 耦联振动与振源分离识别

水电站机组与厂房结构所处的环境复杂,引起振动的因素也很多。水流作为水轮发电机组的能量来源和作用介质十分重要,因此水力脉动所引起的振动是机组与厂房结构振动的激励之一,振动过程中产生的能量很大,是造成水电站振动的主要原因;同时,又由于水属于流体,流体受各种不确定因素影响较大,当水流通过进水口进入结构复杂的蜗壳、尾水管之后,其特性很难把握,所造成的压力脉动也较难研究,这就使得水力振源相当复杂,研究很困难。水轮发电机通过水轮机带动发电机旋转进行发电,在运行中主轴偏转与回旋经常会引起机组的振动,其振动形式属于机械振动范畴,可以借鉴机械领域振动信号的处理方法对其进行研究。水轮机的振动又会通过转轴将转动传递到发电机,发电机由定子、转子、顶盖及轴承等部件组成,体积与质量很大,与电网系统连接构成电路系统,会产生一定的电磁振动。由此看来,水力、机械、电磁三大因素的相互作用、相互影响共同引起了机组的振动。

现阶段,国内外对水电站机组与厂房结构振动的研究很多,但大多数都是针对某一特定振源或者是某一部位的振动进行研究,这样仅能分析单一振源的特性,无法了解各振源之间的相互关系及各部位间振动的相互影响,对研究水电站机组与厂房整体结构的振动特性有很大的局限性。水电站振动主要是水力、机械、电磁三种因素共同作用的结果,它们之间是相互影响相互作用的,并且各部位的振动往往不是独立的,它们之间相互关联,如水轮机主轴不平衡会引起振动,振动传递到发电机会造成定子间空气气息不均匀,引起磁拉力不平衡,磁拉力不平衡又会反馈到主轴,进而造成主轴偏转更加严重;水轮机尾水管脉动压力较大引起机组振动,机组振动加剧厂房结构振动,可能会产生共振现象,使水电站无法正常运行。由于水电站环境复杂,机组与厂房结构振动信号是由各个振动源信号和噪声信号以不同的形式混合,采用现代信号处理方法对振源信号进行分离和识别,能够更好地了解振动特性及振动传递规律。因此,机组与厂房结构振源分离与识别对机组的正常运行及厂房结构的动态监测具有重要的理论意义和实用价值。目前,国内外研究振源的方法很多,主要有经验模态分解法、小波分析法、时频分析法及相关分析法等。

1. 时域分离与识别方法

时域分析方法是信号处理中常用的方法之一,它是在时间上对振动信号进行分析,可以直观地看出振动信号随时间变化的规律。常用的时域分离方法有相关分析法及时域平均法。

时域平均:时域平均法可以根据信号的相关特征有效地将振源从振动信号中分离识别出来。将振动信号按照一定的周期 T 进行截取,然后对截取后的每段振动信号进行平均化处理,将信号中的噪声等干扰信号有效地剔除,保留反映振动信号特性的周期分量及相应的倍频信号,从而达到分离振源的目的。西安交通大学的何正嘉、刘雄等采用时域平均法处理机场振动信号,准确地将电机旋转频率、主轴频率及工频从复杂信号中分离了出来;陈恩伟、刘正士利用时域平均法提取了系统的脉动信号。

相关分析方法:相关是指变量之间的线性关系。同一系统中的振动信号不是独立存在的,它们之间存在着一定的相互关系,通常可以用一种函数关系来进行描述。分析两个随机振动信号之间的相关性,可以有效地识别分离出相应的振源位置及其各部位之间的振动关系。目前,信号的相关性分析在机械、航空等多个领域得到了广泛应用,运用相关分析方法进行机械故障振源识别、物体测速等。相关分析包括自相关分析和互相关分析两种。

在实际工程中一般用较为简单的相关系数来描述两者之间的相关性。当信号的信噪比较小时,利用相关性分析、互相延时及能量信息方法可以识别出信号中的噪声信号,确定系统的某些特征及动态特性。付文龙、李乾坤等提出了基于 SVD 和 VMD 模态自相关分析方法,对水电站机组振动信号进行了降噪;刘洋、尹崇清等利用相关分析方法对水电站进行了振源分析及结构的响应分析,说明了相关分析在特征信号分析中的适用性。

2. 频域分离与识别方法

时域分析方法在分析系统振源过程中往往有一定的局限性,无法对振源的频率进行识别,因此有时会结合频谱分析法对振源信号进行处理。

频谱分析方法:在振动信号处理过程中常常利用频谱分析方法对信号进行处理,幅值谱和功率谱是最常见的两种频谱,利用此方法将构成振动信号频率的各种成分分离出来,以便更容易地识别出相应的振源信号。在水电站振动信号处理中,利用频域分析法可以得到引起振动的水力、机械、电磁三大振源的主要频率成分、相应的幅值、相位等,对判断振源产生的位置、机制及类型提供了有效的手段。频谱分析方法一般采用傅里叶变换提取振源的频率特征,分析频率分布,确定幅值和相位,将复杂的时域信号变换到频域上进行分析。

倒频谱分析方法:倒频谱分析就是利用傅里叶逆变换将复杂的卷积信号分解成单一的线性信号,在其倒频谱上实现振动信号频率的提取,从而达到识别振源的目的。樊长博、张来斌等利用此方法准确识别出了风力发电机组齿轮箱中的特殊频率,有效地将故障振源分离了出来;Shen X. Z. 运用倒频谱方法解决了单通道信号的分离识别问题。

3. 时频分离与识别方法

时频分析方法是通过时域分析及频域分析对信号进行处理,研究时间和频率的关系,清楚地描述能量在时间、频率上的分布规律,可以很好地处理平稳及非平稳信号,在多个领域得到了认可及应用。目前,常用的时频分析方法有短时傅里叶变换、小波变换和 Hilber – Huang 变换等。

短时傅里叶变换:短时傅里叶变换是在傅里叶变换的基础上发展起来的,可以确定时变信号某时间段上正弦波的频率及相位。其基本思路是借助某些特定的手段将时变信号分割成多段信号,再借助傅里叶变换研究每一段信号的特征,确定该段信号存在的频率,进而分析信号频率在整个时间轴上的变化规律,识别分离出振动源。黄斌、张宏兵等利用短时傅里叶变换方法分析了地震信号;蔡立羽、王志中等根据肌电信号的特征,采用短时傅里叶变换将振源信号有效地提取了出来;胡振邦、许睦旬等在处理机械主轴不平衡引起的非平稳信号时,采用了小波变换与傅里叶变换,很好地将振动信号特征提取了出来;樊玉林、张飞等采用短时傅里叶变换对水轮机涡带进行识别,根据涡带主频频率出现的先后时间,将涡带负荷区划分为涡带生成区、强涡带区和涡带消失区。

小波变换:利用傅里叶变换处理平稳信号非常有效,对于非平稳信号,小波变换则更加合适。小波变换是法国地质物理学家 Morlet 首次提出的,采用改变时间—频率窗口形状的方法,很好地解决了时间分辨率和频率分辨率的矛盾,在时间域和频率域里都具有很好的局部化性质。小波分析包括小波和小波包分解两种形式,利用该方法把信号分解成各频带的子信号,再根据先验知识重组各子带信号,运用逆小波变换实现振源的分离与识别。天津大学杨敏、刘洋等采用小波变换处理了机组与厂房结构振动信号,将优频振源成功地识别并分离了出来,并且对分离之后的各频带信号进行了重新组合,分析了振动信号的特征;戚蓝、张樑等在提取振动信号特征峰值及故障信号时采用了小波变换,提取出了特征频率,分析了振动信号局部特性;Nikolauo N. G. 采用小波包变换分离识别出了机械主轴的故障信号;黄天戍、马世纪等利用小波变换方法分解水轮发电机组的故障信号,并对分解后的信号进行重组,实现了机组故障信号的分离与识别。

Hilber – Huang 变换方法:包括经验模态分解(EMD)和 Hilber 变换两部分,是美国专家 Huang N. G. 等首次提出的,在处理非平稳、非线性信号时非常适用。首先利用经验模态分解方法将振动信号进行分解,得到多个子分量 IMF,再对各子分量进行 Hilber 频谱分析获得信号的瞬时频率,以此获取信号在各时间点的能量和振幅变化,此方法可以有效地识别出各频率区间信号的特性。臧怀刚、王云石等利用 Hilber – Huang 变换方法处理滚动轴承非平稳故障信号,提取出了特征频率、准确地定位了轴承故障;杨世锡、曹冲锋、何正嘉等运用此方法分离识别出了旋转机械振动源;朱文龙、周建中等在处理水轮机组振动信号时采用经验模态分解方法与独立分量分析方法成功地将故障信号及微弱振动信号提取了出来;邓杰等使用 Hilber – Huang 变换方法自动识别出了引起水轮机组振动的冲击信号,并对冲击信号的机制及特征进行了研究。

1.2.2.2 盲源分离方法

现阶段分析复杂环境下水电站机组与厂房结构的振动信号意在提取振动特征,了解各部位的振动状态,其振源的分离和识别是探究结构振动特性及振动规律的前提。传统振源信号分离识别方法一般是在先验知识及振动响应已知的情况下进行的,可以根据自己的需要特定地求解想要的振源。但在实际工程中,环境因素往往不允许,微弱的振源信号或复杂的非平稳、非线性源信号很难被估计。

随着信号处理技术的迅速发展,盲源分离方法得到了广泛应用。盲源分离算法由 Jutten 和 Herault 在 20 世纪 90 年代提出,之后 Platt 和 Faggin 将盲源分离方法推广到具有时间延迟和卷积混叠情况,在此基础上,Thi 和 Jutten 通过利用四阶累积量或四阶矩函数,给出了卷积混叠信号盲分离的自适应训练方法,基于独立分量分析的各种盲源分离方法得到了快速发展,并诞生了自适应迭代方法(EASI)、Hyvarinen 的定点算法(FastICA)、Cirolamin 和 Fyfe 的外推投影追踪算法(EPP)、Karhunen 的非线性 PCA 算法和自然梯度下降算法等经典方法。1997 年国内学者何振东首次将盲源分离方法应用于通信信号的处理当中,张贤达、朱孝龙等在此基础上提出了分阶段学习算法及最小二乘算法,盲源分离方法得到了很好的发展。

传统盲源分离方法要求源信号数目小于或等于观测信号数目,但在实际工程当中,由于缺少先验信息,很难预先知道源信号数目。同时在振动监测过程中,由于设备构造及其运行限制,无法布置足够多的传感器,造成盲源分离欠定问题,传统方法无法解决此问题。在盲源分离欠定问题中,单通道盲源分离比较特殊,仅通过一维观测振动信号分离识别出所含的所有振源信号,非常的困难,因此研究单通道盲源分离方法可以减少观测信号数目,解决盲源欠定问题,对工程实践具有较大意义和价值。毋文峰等利用小波变换方法将观测信号分解重组成多维信号,使之满足观测信号数目大于源信号数目的假设,结合盲源分离方法实现信号的分离;James、Gao ping、Jang 和 Warner 等利用延迟向量、奇异值分解、增加延迟、过采样等方法将原始一维观测信号扩展成多维观测信号,结合盲源分离方法分离出了振源;Mijovic 等利用经验模态分解(EMD)及贝叶斯方法估计源数之后重组多维观测信号进行盲源分离;何鹏举、陈晓朦等利用基于粒子群的单通道盲源分离方法对抽油机故障信号进行了识别分离,取得了很好的效果;杨海兰、刘以安等运用利用 Hilber – Huang 方法对一维信号进行源数估计,再结合独立分量法(ICA)对宽带信号进行盲源分离。

1.2.2.3 机组与厂房结构振动传递路径

一个振动系统包括三部分:振源、振动传递路径和受振体。传递路径分析(Transfer Path Analysis,TPA)方法以试验为基础,现已广泛应用于汽车、船舶等机械振动系统的噪声传递路径识别。针对研究对象建立多输入多输出振动传递路径模型,进行传递路径分析,可以明确不同的振动噪声源经过不同的传递路径到达受振体时在整个振动能量中所占的比例,并且计算出其中哪些是重要的,哪些对噪声问题有贡献,哪些会互相抵消,进而可以有针对性地进行振动控制。因此,研究振动传递路径是进行振动控制的前提。

在机组与厂房振动研究问题中,振动传递路径的分析是振动控制与振动处理的关键问题。随着水电站装机容量和引用水头的增加,其尺寸更加庞大,刚度也逐渐降低,机组转动、流道水流等诱发的厂房结构振动问题日益引起重视。在机组与厂房振动问题的研究中,振动传递路径的分析是振动控制与振动处理的关键问题。但是水电站机组与厂房结构是一个庞大的水—机电—结构耦合系统,振源种类多而复杂,包括水力振源、机械振源、电磁振源,振源与振源之间、振源与机组和结构之间、机组与结构之间相互耦合,传统的传递路径分析或工况传递路径分析方法很难直接用来分析厂房结构的振源传递路径和各传递路径的贡献率等问题。

针对水电站厂房结构振动传递路径问题,王海军等基于结构声强和有限元理论对水电站厂房不同部位进行了结构声强计算,实现了传递路径的矢量可视化。徐伟、马震岳等利用功率流理论从理论和数值计算两个方面对厂房结构低频脉动压力的振动传递路径进行了研究。毛汉领、熊焕庭等利用常相干和偏相干分析模型研究了水电站厂房发电机层楼板振动的振源及激振力在厂房结构之间的传递路径;张燎军、魏述和等建立了流固耦合的全耦合仿真模型,对厂房全流道湍流和厂房整体结构进行了模拟,分析了压力脉动的传递路径;孙万泉等利用延时传递熵方法,结合数值模拟仿真分析和原型观测资料对转频和转轮叶片数频率进行了传递方向和传递路径的识别;职保平、马震岳等基于一般概率摄动法建立了引入顶盖系统的水轮机模型,对水力振源竖向传递路径进行了识别,并计算了相应的传递率和传递率方差。宋志强对一水电站进行机组与厂房耦联振动现场测试,分析振动响应信号得出机组与厂房结构部位振动均含有导叶不均流的扰动频率成分,并且中频水力脉动的主要传递途径是由蜗壳外围混凝土、机墩结构传递到上部,而非通过机组大轴、上下机架等机组金属结构传递;中频水力脉动频带可能与中间层和发电机层楼板的竖向自振频率相接近,中间层与发电机层楼板处振动明显出现放大现象。除水电站厂房结构外,余桐奎、江向东基于多种相干函数的信息相似性方法分析了双体船振动噪声源的主要传递路径;于洪涛、王双记等结合功率谱分析、相干分析、偏相干分析等方法,对水下航行器的噪声源进行了主要传递路径的识别与分析。

1.2.2.4 水电站机组与厂房耦联振动特性

水电站水力发电系统是一个庞大的水—机电—结构耦合的多元素系统,主要包括引水系统(水力)、发电系统(机组)、输配电系统(电网)、支撑基础系统(厂房结构)。各个子系统之间并不是独立的,它们之间通过水力、机械、电磁等因素相互作用、相互影响,构成了一个复杂的耦合动力学系统。因此,水电站机组与厂房结构的振动涉及水力、机械、电磁等多方面的因素,水—机电—结构耦联系统的振动和稳定性分析成为目前研究的一个热点和难点。

对于水电站机组与厂房耦联振动分析的研究,既要将机组与厂房结构的各部分作为一个系统综合考虑,又要考虑各部分之间的相互作用。目前来说,原型观测、数值模拟、模型试验和理论计算是进行水电站机组与厂房耦联振动分析的主要手段。理论计算是指通过一定的前提假设简化厂房各结构,利用结构动力学方法分析厂房结构的动力响应情况。数值模拟主要就是利用有限元理论对相关问题求解,可以用来研究机组与厂房结构之间的耦联动力响应关系。但是目前国内外对水电站厂房结构的数值模拟计算方面存在以下不足:有限元模型的选取缺乏足够的科学依据;对机组和厂房结构进行动力响应计算时很难考虑到所有振源,尤其是高频水力脉动;厂房结构材料参数和边界条件的选取缺乏足够的科学依据;水力脉动在机组和厂房结构耦联系统中的传递方式和传递路径不明确;尾水管中的低频水力脉动很难预估。为了获取水工建筑物的应力、位移等数据,需要进行结构试验,但是由于受试验规模、试验场所、设备容量等各种条件的限制,大多数的结构试验都只能采用结构模型。结构模型试验和计算分析是水工建筑物设计中研究应力、变形和安全度的主要途径;水电站厂房结构静力模型试验是对"厂房—地基—库水"整个耦联系统的模拟,即同时要求满足几何条件相似、物理条件相似、受力和边界条件相似。原型观测是直接在实际建筑物上进行监测,并通过一定的技术手段进行数据处理分析。随着振动试验技术的日益完善,现代先进试验设备的日益更新和信号处理手段的丰富,原型观测试验逐渐成为理论研究的重要支持手段。原型观测和模型试验一样,也是验证理论和设计可靠性的实践基础。天津大学水利水电工程系在国内很多大中型水电站开展了一系列的原型观测试验,比如三峡水电站、螺丝湾水电站、锦屏一级和二级水电站、官地水电站、二滩水电站、李家峡水电站、青铜峡水电站等。现场振动测试可以获取结构的动力响应,通过合理分析振动测试信号,探究水电站厂房的振动机制,研究水—机电—结构耦联振动系统,有利于结构的设计和电站的安全运行。

针对水—机电—结构耦联振动问题,现在已有大量研究成果。练继建、彭新民、王海军、秦亮等基于多个水电站的机组与厂房结构原型测试数据,并结合有限元模拟手段,总结了机组与厂房结构之间复杂的线性、非线性耦联振动规律;王海军、毛柳丹基于自相关和互相关理论分析了机组和厂房结构振动响应相关关系,对机组和厂房结构各个测点的原型观测数据进行了耦联关系分析;何龙军基于原型观测数据计算了不同水头下下机架和下机架基础之间的相关系数,证明了厂房和机组之间存在复杂的非线性耦联振动;马震岳、宋志强、张运良等针对机组轴系统横纵耦合振动等问题,建立了轴承支撑的有限元模型,分析了轴承横向和纵向之间的耦合关系,同时分析了厂房基础的耦联作用、轴系轴承系统的非线性特性;杨晓明、马震岳建立了机组与厂房结构耦联振动模型,研究了机组动荷载与耦联系统的关系,讨论了推力轴承、导轴承对机组动力特性的影响;吴嵌嵌、马震岳建立了三种耦联振动模型中,并且在模型中考虑了磁拉力和油膜刚度非线性的特性,通过对不同的模型进行计算,对比研究了机组与厂房结构的耦联特性;张辉东建立了流固耦合的水电站机组与厂房结构模型,计算了某坝后式河床水电站流体—结构的耦联动力特性;王正伟、刘艳艳等建立了转轮流固耦合模型,对模型下转轮的应力、变形、模态参数等参数进行了研究。但是目前针对水—机电—结构耦联振动问题尚缺乏足够可靠的理论支持,也无明确的数学表达式,现阶段亟待突破的瓶颈是关于耦联系统的极端复杂性和强烈的非线性特征的研究。

1.2.3　高水头渗流研究现状

渗透变形是高水头挡水建筑物的一个主要问题,下面从统计分析、受力分析、试验模拟、数学模型四个方面阐述渗透变形机制的研究进展。

1.2.3.1　统计分析

统计分析是通过工程实例及试验数据得出临界水力梯度,公式简单,实用性强,但不能体现特定样本的特殊性和差异性,也不可能包含所有可能破坏模式与复杂地质条件。Buckley(1905)认为渗流破坏与渗径长度有关,最早提出了总梯度法;Bligh(1910)进一步指出渗流速度与总水头成正比,与渗径长度成反比,从而提出了蠕变直线法(Line of Creep Method);Lane(1935)在 Buckley 和 Bligh 统计模型基础上,考虑了孔隙介质各向异性与垂直方向水流运动,提出了蠕变权线法(Weighted Line of Creep Method);Chugaev(1958)修正了 Lane 公式,提出了土体管涌临界渗透坡降;Sellmeijer(1991)认为坝脚附近裂缝或切口会影响临界水头,提出了临界水头公式;Meyer 等(1994)在分析坝体滑坡时,指出水头损失主要发生在垂直渗流方向,从而改进了 Lane 经验公式;Ojha 等(2003)考虑了临界剪应力条件,基于康采尼－卡曼(Kozeny－Carman)水头损失模型和伯努利方程(Bernoulli),构建了与 Bligh 类似的临界水头公式;蒋严等(2006)提出了不同土体发生渗透破坏的填充系数判别方法,并绘制了渗流临界坡降的计算简图。

1.2.3.2　受力分析

渗透变形机制研究另一个重要方法是对单个土颗粒受力分析,考虑土颗粒受力平衡方程,计算土体发生渗透变形的临界坡降,但忽略了孔隙大小、分布及相互联通等实际情况。Terzaghi(1922)基于板桩围堰防渗砂物理模型,建立了土体垂直方向的受力平衡方程,最先提出了管涌概念和砂性土临界渗透坡降公式,从力学角度阐明了管涌启动机制;Nakajima(1968)验证了 Terzaghi 公式的正确性;Khosla 等(1936)提出了在不同边界条件下约束流的临界渗透坡降公式;Casagrande(1937)针对土石坝内部侵蚀致使边坡失稳问题,给出了流网法计算临界水力梯度公式;Zaslavsky 和 Kassiff(1965)建立了黏土孔洞附近临界渗透坡降公式;吴良骥(1980)考虑了水流作用于土颗粒上的摩擦力及动水压力,提出了无黏性土管涌临界渗透坡降的计算公式;沙金煊(1981)和刘杰(1996)分别提出了管涌临界渗透坡降两个公式,被《水利水电工程地质勘察规范》(GB 50487—2008)推荐使用;Reddi 等(2000)提出了黏土临界剪应力公式;陆培炎(2001)推导了地铁及基坑开挖、江河堤围等多种工况下管涌临界坡降公式,并用实际工程验证了公式的正确性;Sharif(2003)构建了纯黏土、黏土—无黏性土混合土体的临界剪应力模型,并用试验资料和已有研究成果进行了验证;刘忠玉(2003,2004)分析了骨架孔隙中可动颗粒受力平衡关系,提出了可动颗粒起动的管涌临界渗透坡降公式;毛昶熙(2005)从管涌试验资料入手,根据细砂粒受力平衡分析,提出了管涌在水平和竖直方向上的临界渗透坡降公式。

1.2.3.3　试验模拟

试验模拟比前两种研究方式更有针对性,研究成果能够反映个体的实际情况。试验模拟经历了渗流阶段和渗流与应力耦合阶段。渗流阶段主要研究渗透压力等水力条件对细颗粒流失的影响,但很少考虑土体应力及初始状态,如密实度及细颗粒含量等。Terzagh(1922)认为在安全系数较高的情况下,堤基管涌试验结果与Bligh提出的蠕变直线法相符;Kenney和Lau(1985)指出土体由骨架粗颗粒和可动细颗粒组成,根据颗粒级配曲线可确定可动细颗粒流失量;Skempton和Brogan(1994)选取内部稳定和不稳定的两种砂砾料,指出水土相互作用贯穿了管涌形成、发展与破坏的全过程;Sterpi(2003)研究了初始细颗粒含量为23%的粉细砂在管涌过程中的流失量,并提出了细颗粒累积流失量百分比与渗透坡降及时间的关系式;Cividini等(2009)构建了一个增量型的细颗粒侵蚀模型,并应用在减压井附近细颗粒侵蚀运移过程及周围建筑物的沉降量响应。

20世纪90年代,试验模拟进入了渗流与应力耦合研究阶段。加拿大英属哥伦比亚大学(简称UBC)研制了UBC管涌试验装置,该装置考虑了轴向压力对细颗粒流失及管涌发展过程的影响。随后Moffat和Fannin(2006,2011)改进了UBC试验装置;Li和Fannin(2011)绘制了管涌过程中渗流与应力耦合包络线,表明管涌临界坡降与有效应力线性相关。法国南特大学的Bendahmane等(2008)将传统三轴压缩仪与渗透仪相结合,研发了新型管涌试验装置,该装置可反映处于三向受压状态下土体管涌发展过程。美国伊利诺伊大学芝加哥分校Richards等(2010)研制了真三轴管涌试验装置,该装置可模拟在渗流和三向压力共同作用下无黏性土、黏性土管涌发展过程。随后,Richards和Reddy(2012)分析了细颗粒含量对管涌形成及发展的影响,认为管涌临界流速与所处应力状态、初始孔隙比、孔隙水压力有关。美国加利福尼亚州立大学Xiao和Shwiyhat(2012)利用此装置,分析了管涌发展过程中土体颗粒级配、压缩强度、渗透性能、体积变化等变化规律,认为细颗粒运移及淤堵会减小土体渗透性能。日本东京工业大学Takahashi(2012)开展了竖直向上的管涌试验,分析了细颗粒流失引起的土体物理力学参数的变化规律,认为土体可动细颗粒的流失增大了孔隙率和渗透性,同时降低了土体抗剪强度;随后,Lin和Takahashi(2014)共同研发了三轴管涌试验装置,该装置可反映管涌的形成及发展对土体物理力学参数的影响。

渗流—应力耦合研究比单一的渗流角度研究有了较大提高,土体所处状态也更加接近原生状态,但是对土体初始状态的考虑仍然不够全面,也没有考虑细颗粒流失引起的土体力学特性的变化。与国外研究相比,国内重点从渗流角度定性地研究堤基管涌的发展规律、土体细观结构变化及渗流与应力耦合。

堤基管涌发展机制研究:毛昶熙等(2004,2005)通过水槽试验模拟了双元地基中粉细砂管涌形成过程,提出了影响高坝安全的渗流临界坡降,指出沿程承压水头分布及渗流量变化影响管涌险情发展;李广信等(2005)、姚秋玲等(2007)、丁留谦等(2007)、刘杰等(2009)相继开展了砂槽模型试验,模拟了单层、双层、三层粉细砂堤基管涌形成及发展过程,阐释了堤基渗透破坏的机制,给出了复杂堤基条件下粉细砂管涌破坏的水平临界坡降;陈建生等(2013,2014)开展了刚性盖板下双层堤基渗透破坏试验,阐明了管涌破坏对堤基上覆黏土层的影响,提出了渗流量随时间变化的理论公式,并得到了实测资料的验证。

土体细观结构研究:周健等(2007,2008)采用显微摄像可视化跟踪及数字图像识别分析等先进的技术手段,从细观角度阐明了管涌形成及发展过程的水土特性,指出土体颗粒级配和临界坡降是影响管涌发展的主要因素;刘杰等(2009)针对双层地基中不同细颗粒含量的砂砾料,分析了管涌险情发展的危害性,指出细颗粒含量是决定土体骨架结构稳定性的主要因素;陈群等(2009)揭示了不同细粒含量的缺级粗粒土管涌破坏特性,认为细颗粒含量小于30%的缺级粗粒土容易发生管涌破坏;杨超(2012)开展了砂砾料、砂、黏壤土等高坝材料渗透破坏过程试验,分析了坡降、渗透性、孔隙率、渗透速率等水力和结构参数的时空变化规律。

渗流与应力耦合研究:香港科技大学 Chang 等(2012)研究了三轴拉伸、三轴压缩、等向压缩不同应力状态下的管涌过程,给出了土体骨架发生渗透变形的临界坡降和破坏坡降;罗玉龙等(2013)开展了不同应力状态下渗流—侵蚀—应力耦合管涌试验研究;蒋中明等(2014)分析了不同应力状态下粗粒土渗透变形特性,指出黏粒含量是含黏粗粒土发生渗透变形的主要原因。

室内试验模拟可以针对性地解决某一实际问题,比统计分析和受力分析更能揭示复杂问题的本质,但由于时间比尺、流量比尺、流速比尺等难以确定,室内试验存在一定的局限性,现场试验更能真实反映原体坝的渗透破坏过程。20 世纪 50 年代末,IMPACT 项目对均质土坝管涌发展过程及影响因素进行了较为深入的研究,认为管涌发生时,先从坝体内部缺陷处冲刷,持续较长时间,直至冲刷发展至坝顶才发生破坏。李云和李君(2009)用钢管模拟初始渗透通道,开展了大洼水库大坝原体溃决试验,论证了 IMPACT 项目管涌破坏过程的观点,并将管涌破坏过程进一步分为四个阶段:通道形成阶段、通道发展阶段、通道扩大阶段、漫顶溃决阶段。

1.2.3.4 数学模型

数学模型主要包括随机模型、井流模型、细颗粒运移模型、有限元模型、毛管模型、颗粒流模型、渗流和管流耦合模型及水土耦合模型等,这些数学模型阐释了渗透变形发展过程,指出了渗透变形发展过程影响因素,揭示了渗透破坏机制。曹敦履等(1985)基于随机制论,分析了管涌渗漏通道两端的随机游动,构建了一维及二维随机模型,指出土体尺寸、密实度、渗透坡降、渗径长度等因素影响管涌的形成及发展。陈建生等(2000)借助井流理论,揭示了管涌形成阶段河水向管涌口补给时渗流场分布规律,明晰了管涌发展过程及破坏范围。毛昶熙等(2004)根据完整井和不完整井理论,明确了管涌口附近的涌砂范围,利用迭代逼近法鉴别管涌险情的发展过程。Sterpi(2003)根据渗流微分方程和连续性方程,给出了可动细颗粒流失量与临界坡降之间关系的经验公式,构建了管涌过程中可动细颗粒流失的有限差分模型。Cividini 和 Gioda(2004)考虑了渗流对土体内可动细颗粒流失的影响,构建了可动细颗粒侵蚀—运移过程的有限元模型。张家发等(2004)通过调整管涌通道的渗透系数,模拟了管涌通道逐渐扩展的过程。李守德等(2005)采用一维通道嵌入三维块体的方法,揭示了土石坝管涌形成及发展过程的渗流场时空分布特性。丁留谦等(2007)选取管涌发展前端锋面,分析了土体发生管涌时渗透坡降的变化规律。刘忠玉等(2004)分析了可动颗粒在骨架孔隙中的运动特点和受力平衡方程,构建了无黏性土管涌形成及发展的毛管模型。周健等(2007,2008)根据散体介质理论,考虑了流固耦合效应,采用 PFC 颗粒流模拟管涌发展过程中孔隙率、颗粒流失量与应力场的动态变化过程,从细观角度阐释了管涌过程的影响机制。周晓杰等(2009)采用渗流理论和管流理论,分别计算了未发生渗透变形区域和管涌通道区域的渗透坡降,从而构建了渗流—管流耦合模型。介玉新等(2011)在渗流—管流耦合模型基础上,根据粒径级配曲线,提出了模拟管涌通道扩展变化的计算方法,明晰了管涌渐进式演变过程。罗玉龙等(2010,2011)对管涌与石油工程中出砂问题的相似性,根据原状土的实际受力特点,构建了原状土地基发生管涌的渗流—侵蚀—应力耦合数学模型,阐释了新的管涌机制。

1.2.4　安全综合评价研究现状

安全评价,在国外与"风险评价"定义相同,是指分析评价特定的工作系统中固有危险或潜在危险及其严重程度,根据一定的评价方法,定性或者定量判断进行表示,最后根据评价结果决定采取相应的对策措施,实现系统安全。安全是相对的,绝对的安全是不存在的,在任何工作系统和生产活动中,危险事故发生的可能性只有大小之分而不会为零。安全的实质就是危险事故发生的可能性低于人类主观认识允许的限度或者危险事故的后果严重程度处于人类可接受范围内。

安全评价方法主要包括定性安全评价和定量安全评价。定性安全评价是安全评价早期使用的主要方法,主要是根据丰富的工作经验和专业认识,通过直观的主观判断对系统中如设备、设施、环境、工艺等具体评价指标的安全状况进行定性分析,最终结果是定性的描述,如是否达到安全指标规定、是否存在潜在危险或者事故发生原因等。常用的定性安全评价方法主要包括安全检查表、故障类型和影响性分析、故障假设分析法、危险和可操作性研究法、专家现场询问观察法等。定性安全评价的特点是方法容易掌握,评价过程简单。缺点在于过分依赖评价者的个人经验和专业知识,准确性低,人为差异性高,并且不能给出定量危险程度,模糊性大。

定量安全评价则是随着安全评价技术的发展,结合了一定的数学理论后形成的定量安全评价是评价者基于大量实际数据,将系统中各评价指标量化处理并建立和使用相应数学模型,进行安全评价的方法。常用的定量安全评价方法主要包括事故树分析、事件树分析、危险指数评价法、概率危险性评价、模糊评价法等。定量安全评价的结果是具体的数值,它使评价结果更加可靠和具有科学性,但使用过程中数据量化的合理性是得到准确定量安全评价结果的关键。

随着人们认识水平的提高,我们对事物认识的要求更高,为了能够全面准确地认识了解事物,"定性和定量的综合集成"以及评价的智能化成为了发展趋势。综合评价(Comprehensive Evaluation)是指人们针对不同的评价对象,选择特定的评价形式,根据评价目标选择多方面的因素指标,使用一定的评价方法,将多个指标信息综合成能全面反映评价对象特征的信息,综合评价方法理论其实属于统计学范畴,但随着其在各个学科领域的应用,已经逐渐成为一门边缘性的科学技术。20年前邱东教授对综合评价理论进行了系统总结研究,奠定了综合评价理论方法学科的基础。20年来,经过理论界和其他工程界的努力,综合评价方法理论在得到广泛应用的同时也日趋完善。通常一个综合评价问题由以下五个要素组成:评价对象、评价指标、权系数、综合模型以及评价者。综合评价方法按照赋权方法的不同分为主观赋权评价法和客观赋权评价法。主观赋权评价法依据专家经验衡量各指标相对重要性而得到权重,再进行综合评价。主要有层次分析法(AHP)、综合评分法、模糊综合评判法、指数加权法和功效系数法。客观赋权评价法则综合考虑各指标间相互关系及各指标变异系数确定权重综合评价。主要有熵值法、TOPSIS法、神经网络分析法、灰色关联分析法、变异系数法、聚类分析法等。由于多数评价方法约束条件过多,逐渐出现了多种采用综合集成思想改造并结合两种或两种以上的方法形成的新型评价方法,如神经网络与层次分析结合法、熵权模糊综合评价法、灰色模糊综合评价法等等。评价方法正在日趋复杂化、数学化、多学科化。

随着安全分析问题的日渐复杂化,综合评价理论被大量引入到安全评价中,使安全评价理论进一步深化,形成了安全综合评价理论。但是每种方法都不是完美的,一定程度上都存在缺陷,所以我们在水利行业中运用安全综合评价理论时,还需要结合水利行业的专业知识,进一步研究和完善安全评价方法。我国对于水利工程安全评价的研究工作是由大坝安全评价研究拓展而来的。

在大坝安全评估方面,意大利、法国、美国、加拿大等采用回归法、风险值理论判断大坝运行状况。早在20世纪70年代,美国土木工程师协会(ASCE)就应用风险分析方法来评估已建大坝溢洪道泄洪能力和泄洪安全。随着一些重要研究成果的发表以及美国等国家若干大坝失事造成灾难性后果的披露,美国工程界逐渐重视了对大坝的安全评估。1978年美国总统卡特在对全美水利资源委员会的工作中,指出了系统风险分析在水利工程中应用的必要性和重要性。1988年ASCE发表的"大坝水文安全评估程序"报告也将风险分析作为主要评估方法。20世纪80年代,美国学者Richard B. Waite、David S. Bowels等运用风险评价方法为美国西部几个大坝业主进行了大坝风险评价。20世纪90年代到2000年,美国、澳大利亚、加拿大等国分别制定了多部风险评估指南和标准,极大地推动了大坝风险分析技术的发展。此后,欧洲有国家成立了专门从事水利工程可靠性和风险分析的工作小组,提出了风险分析的研究框架和系统的理论、方法及评价指标等。近年来,加拿大等国在大坝安全评估和决策方面,也开展了诸多研究工作,提出了一系列大坝安全分析的理论和方法。

国内,研究人员主要采用模糊数学理论、多变量灰色预测模型、灰色聚类评价法、人工神经网络(ANN)、可拓理论等进行大坝安全评价。

1965年L. AZadeh创立的模糊集合论,为描述与处理事物的模糊性和系统中的不确定性,模拟人的模糊逻辑功能,提供了强有力的工具。目前,模糊数学已经逐渐形成了一个新的独立数学分支,它是基于事物本身的模糊性,即概念的某种不确定性而建立起来的科学。1996年,武汉水利电力大学李珍照、尉维斌针对建立的多层次、多目标模糊评价指标体系,应用模糊综合评判基本原理建立了一个大坝综合评判多级数学模型。何金平等在模糊数学理论基础上,结合了突变理论等,进行了大坝安全动态模糊综合评判及实测性态模糊模式识别、综合评价的方法研究。吴中如、苏怀智等深入研究了模糊综合评判法在大坝安全监控中的应用,并取得了一系列的成果。这些研究成果奠定了很好的基础,之后模糊数学理论在水利行业内的应用显著增多,并且应用内容更加广泛,如边坡稳定性综合评价、溃坝风险评估、抗震性能评估等。

灰色系统理论多被运用在大坝安全监测数据的分析和评价中。灰色系统是既含有已知信息,又含有未知信息或非确知信息的系统。灰色系统用灰数描述不明确定量,将无(弱)规律的原始数据生成后,使其变为较(强)有规律的数据,然后建立分析模型。我国邓聚龙于 80 年代首次在国际上提出灰色系统(Gerysystem)理论,李珍照等于 1991 年最早将灰色系统理论引入大坝安全监测资料分析领域。灰色聚类则是根据灰色关联矩阵或灰数的白化权函数将一些观测指标或观测对象聚集成若干个可定义类别的方法。2001 年,周晓贤探讨了基于灰色聚类方法的大坝安全监测物理量的预测模型和结合模糊数学的大坝安全度的灰色综合评判方法。2008 年,刘强、沈振中等建立了基于灰色模糊理论的多层次大坝安全综合评价模型,取得了较好的效果。

人工神经网络(ANN)是近十年来发展极为迅速的一门科学,又称并行分布处理模型(Parallel Distributed Processing Model)。1982 年美国加州工学院物理学家 Hopifeld 基于网络能量函数提出了 Hopifeld 计算模型,1985 年 Rumelhalt 和 Mcclenand 提出了多层前向网络的误差反向传播训练算法(BP 算法)以来,人工神经网络在众多工程领域中得到了广泛的应用。人工神经网络是一种基于模仿大脑神经网络结构和功能而建立的新型信息处理系统,是由大量的简单处理单元连接而成的自适应非线性动力学系统,具有大规模的并行处理,分布式的信息存储,自适应、自组织及学习等功能。由于需要大量数据进行学习和修正,人工神经网络被用于分析大坝安全监测数据来进行预测和安全评价。2003 年吴云芳等将改进的 BP 神经网络应用于大坝安全评价,建立了更加接近于人类思维模式的定性与定量相结合的综合评价模型。2008 年王玉成等分析了神经网络应用于大坝安全度评价需要解决的问题,提出了分别采用人工量化指标和监控指标相结合的方法及安全度值和权重相乘的方法来解决安全度值量化问题与样本问题。

可拓理论以物元理论、可拓集合理论和可拓逻辑为核心支柱,是一种形式化和定量化处理复杂矛盾问题的新理论。可拓理论研究如何解决矛盾问题,即在现有条件下无法实现人们所要达成的目标的问题。可拓理论认为事物具有发展的可变性和拓展的可能性,即可拓性;建立了事物的质与量之间的联系性并用关联函数来描述客观事物之间的联系,并且用形式化的工具描述了事物性质的可变性,以及事物性质从量变到质变的变化规律。可拓理论的研究与发展为水利行业的安全评价提供了一条新的途径和思路,研究表明,可拓理论对于水利行业内安全评价具有很好的适用性和应用前景。2002 年,河海大学苏怀智在博士论文中基于可拓理论开拓出大坝健康综合评价的指标体系和分析思路,建立了大坝健康评价物元模型,实现了大坝健康性态级别归属和健康性态的量化描述;2005 年,廖文来利用可拓理论中物元的发散性多因素、多角度地综合评价大坝安全,提出了基于可拓理论的大坝安全巡视检查信息综合评价方法;2006 年,苏怀智、顾冲时、吴中如在可拓理论基础上结合了模糊模式识别的部分思想,并通过实例证明了可拓理论对大坝工作性态模糊综合评估的可行性;2008 年,何金平、廖文来等将可拓学理论应用于基于安全监测资料的大坝安全综合评价中。2009 年,远近等应用可拓学理论评估方法建立了大坝变形性态综合评估的模糊可拓模型。2011 年,梅一韬、仲云飞结合模糊数学和熵权法形成了多层次多指标的熵权模糊可拓评价模型用于大坝渗流性态评价。2013 年,徐存东等建立了大坝坝坡稳定性的可拓学方法评价模型,并通过实例验证与二维有限元方法计算结论相互对比验证了该方法的可靠性。

第 2 章　高速水流致灾机制与泄洪安全控制指标体系

高速水流是高坝大库不可避免的水流现象,由其引发的水力破坏实例不胜枚举,目前研究主要着眼于如何减免破坏及增强工程防护,但对高速水流的致灾机制研究不够深入,认识比较模糊。因此,本研究课题从空化空蚀、泄洪消能、流激振动、泄洪雾化、场地振动等方面入手,重点对空化空蚀机制与挑流泄洪消能机制进行研究。针对空化空蚀机制,主要从近壁面单空泡溃灭规律与近壁面群空泡溃灭规律的差异性入手,重点研究近壁面群空泡溃灭规律,并深入分析获得空泡群抑制空蚀效应的临界条件,从细观层面探索空蚀破坏机制;针对挑流泄洪消能机制,主要从挑射水流对泄洪消能区冲击特性入手,重点研究时均压力与脉动压力分布特征及其影响因素,并深入到射流水体扩散规律及其沿程流速衰减规律,揭示高速水流对下游泄洪消能区的破坏机制。

2.1　空化空蚀致灾机制

2.1.1　静水中空泡与壁面相互作用机制

国内外水利水电工程中的泄水建筑物因受空蚀而损坏的例子很多,比较典型的空蚀破坏实例有:丰满水电站溢流坝面的空蚀破坏;刘家峡水电站泄水道门槽及其主轨的空蚀破坏;陆水蒲圻水利枢纽与盐锅峡水电站消能设施的空蚀破坏及柘溪水电站溢流坝挑流鼻坎的空蚀破坏。文献通过对遭受空蚀破坏的几个泄洪洞典型实例的分析表明,泄洪洞发生空蚀破坏具有如下特点:水头高、流速大、发生空蚀时的实际泄流量大多没有达到设计流量、水流空化数很低、破坏范围大。其中,美国的波而德坝右岸泄洪洞是早期遭到严重空蚀破坏的著名例子,后来,美国的黄尾坝及我国的刘家峡水电站右岸泄洪洞在反弧段下端也遭受到了类似的空蚀破坏。

探讨减轻或避免泄水建筑物空蚀破坏的方法是设计中颇为关注的问题,其直接关系到所设计的工程能否安全运行。减免泄水建筑物空蚀破坏的方法可归结为以下几条:①选用合理的过流边壁体型;②改进施工工艺,提高过流边壁的平整度;③改进抗蚀性能较强的材料;④掺气减蚀。早期的减免空蚀的措施主要是选用合理的过流边壁体型及控制过流边壁的不平整度。然而,因近代修建的泄水建筑物,其工作水头已超过 100 m,流速已超过 40 m/s,仅采用上述措施已达不到减蚀或防蚀的目的。因此,探索水工建筑物泄洪过程中出现的空泡与建筑物表面的相互作用机制及空化云内部各空泡间的相互作用机制成为水利工程中的研究焦点,由此可探索出新的减蚀方法。

2.1.1.1　研究方法

研究电火花空化泡、空气泡与壁面三者相互作用需要较为复杂的多套系统相互协调工作,其中包括高压直流单脉冲空化泡诱发系统、空气泡释放系统及高速动态采集分析系统,试验装置如图 2-1 所示。

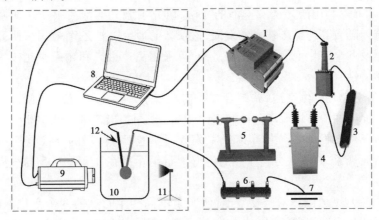

1—电源；2—变压器；3—硅堆整流器；4—电容；5—放电装置；6—电阻；
7—接地；8—计算机；9—高速摄像机；10—试验水槽；11—光源；12—钨电极

图 2-1　试验装置示意图

高压直流脉冲电火花空泡诱发系统工作时，电流经调压器、试验变压器的升压及保护水阻和硅堆整流调节，可使放电针板间电压达到 0～50 kV。当电压达到或超过空气击穿电压阀值时，电路连通且水中钨电极放电，随即产生电火花空化泡。通过调节放电装置间距离和电路中电阻大小可获得满足试验要求的空化泡。在进行空化泡与壁面相互作用的试验时，采用有机玻璃作为刚性壁面靶材。研究空化泡与空气泡相互作用时需要在非常短的时间内空化泡周围出现空气泡。本试验装置设计了一套与空化泡共存的空气泡释放系统，可在产生空化泡的同时释放空气泡，并可根据试验需求调节空气泡位置及大小。由于外界温度对空化泡的演变影响较为明显，所以在试验时保持试验水体温度为 22 ℃恒温状态。

空化泡的整个演变过程时间跨度为毫秒级，为研究这种非常快的演变过程，必须借助高速动态采集分析系统。高速动态采集分析系统由高速摄影机、镜头组件、同步装置、照明设备及计算机等部分组成。高速摄影机是高速动态采集分析系统的核心设备，试验使用 MotionPro Y3 - classic 型高速摄影机（Integrated Design Tools Inc. , USA）。在试验过程中空化泡和空气泡的尺寸较小，本试验中采用了 Navitar 长焦显微镜头（Zoom 6000, Navitar, U S A）配合 MotionPro Y3 - classic 高速相机进行拍摄。高速摄像机由于拍摄速度快、曝光时间较短，本身对光源的要求很高，而且显微镜头及微距镜头对光源要求更高，两者同时使用时对光源的要求极为苛刻。为此，试验选取照明效果较好且发热量很小的冷光源（Halogen, 150 W）作为光源进行照明。

2.1.1.2　空泡溃灭对壁面的冲击特性

当空泡的溃灭出现在紧靠边壁或距边壁某一距离范围内，固体边壁将受到持续不断的空泡溃灭冲击波和微射流作用。本项目研究采用高压脉冲放电系统诱发空泡，结合高速动态采集分析系统和瞬态压力测试分析系统同步记录空泡演变和相应的壁面压力变化过程，通过结合高速摄影图像与壁面压力测试数据，重点分析了空泡的第一次溃灭和回弹—再生—溃灭对壁面的冲击强度，由此揭示出泡壁无量纲距离对壁面冲击特性的影响。

关于空化泡的理论研究可以追溯到 20 世纪，研究主要关注于空泡溃灭时对固体壁面造成的损伤破坏。最近关于空化的一些新研究方向逐渐发展起来了,比如超声清洗、体外冲击波碎石术等。Liu 等利用激光诱发空泡的方法,研究了激光空泡溃灭产生的微射流对金属铜表面的影响。随着高速摄影技术的发展,这项新的研究方法逐渐被用来研究空化泡与空气泡相互作用及两个空化泡的演变过程。Xu 等采用高速摄影和超声空化技术研究了近壁面空泡动力学特性。

Shaw 等利用激光产生空泡,并结合纹影拍摄技术,研究了空泡溃灭阶段产生的冲击波与微射流对壁面的冲击特性。Lindau 和 Lauterborn 采用拍摄速率高达 100 000 000 fps 的高速摄影设备研究壁面附近的空泡演变特性,发现了空泡溃灭阶段的环状形态、反射流的形成及辐射的冲击波现象,并深入分析了相对泡壁无量纲距离在 0.25 ~ 0.5 的空泡溃灭冲击强度机制。

Fong 等采用水下放电技术诱发空泡,研究了不同初生时刻的两个空化泡的耦合效应。Pain 等研究了空化泡诱导空气泡产生的射流现象,发现这种射流速度高达 250 m/s。Goh 等研究了水平放置于水下平板下方的空化泡与空气泡的相互作用,发现空气泡的振荡时间与空化泡的振荡时间比值是影响空化泡溃灭产生的微射流的重要参数。Xu 研究了空化泡与沙粒的相互作用。Cui 研究了空化泡溃灭阶段产生的微射流和冲击与冰块的相互作用及冰块破裂的特性。

1 泡壁距离对微射流发展的影响

图 2-2 是不同泡壁距离 γ 条件下,空泡在收缩溃灭阶段的高速摄影图像。其中壁面位于图像的正下方。三组试验中泡壁无量纲距离 γ 分别为 1.98、1.56 和 1.14,等效半径 R_{eq} 的最大值 R_{max} 分别为 5.56 mm、5.80 mm 和 6.61 mm,空泡膨胀至最大半径时中心至壁面的距离 h 分别为 11.01 mm、9.05 mm 和 7.54 mm。

试验中当空泡膨胀至最大半径时如图 2-2 中 a_1、b_1 和 c_1 所示,此时空泡在外围水体的作用下开始进入收缩阶段。随着空泡的逐步收缩,由于空泡下方存在壁面,空泡收缩过程中周围水体开始填充其释放的周围空间,空泡上表面和下表面开始逐渐形成不对称形态。空泡下方的壁面阻滞了水体的填充,导致空泡下表面收缩速度较慢,而上表面属于无界域,收缩较快。因此,这种不对称的收缩逐渐从上表面开始形成(如图 2-2 中 a_5、b_5 和 c_5 所示)。随着表面不对称收缩的进一步发展,表面塌陷逐渐贯穿整个空泡内部,直至刺穿空泡的远端表面,由此形成微射流(如图 2-2 中 c_{15} 所示)。表面的不对称塌陷发展一直伴随至空泡收缩至最小体积(如图 2-2 中 a_{14}、b_{12} 和 c_{20} 所示)。空泡收缩至最小体积后将会回弹—再生,从图中可以看出,回弹空泡的表面非常不光滑(如图 2-2 中 a_{16} 和 b_{14} 所示),但如同第一次膨胀—收缩一样,回弹空泡同样也要经历膨胀—收缩过程。在第二次膨胀和收缩过程中,尽管表面不够光滑,但是这种不光滑不足以导致空泡的溃灭方向不确定。在图 2-2(a)组试验中回弹后的空泡在溃灭过程中距壁面间的相对距离较为稳定,而在(b)组试验中回弹空泡在膨胀—溃灭过程中快速向壁面运动,并且在第二次溃灭时已经冲击至壁面。

通过三组试验可以看出:当泡壁距离 γ 较小时,空泡在第一次不对称收缩时,就可形成直接冲击壁面的微射流;随着泡壁距离 γ 的逐渐增大,空泡在回弹—收缩阶段会快速向壁面运动,最终会冲击至壁面;随着泡壁 γ 的进一步增大,空泡在经历了两次甚至三次都没有冲击至壁面。由此可根据泡壁距离参数将近壁面空泡溃灭划分为主冲击区、次冲击区和缓释区。

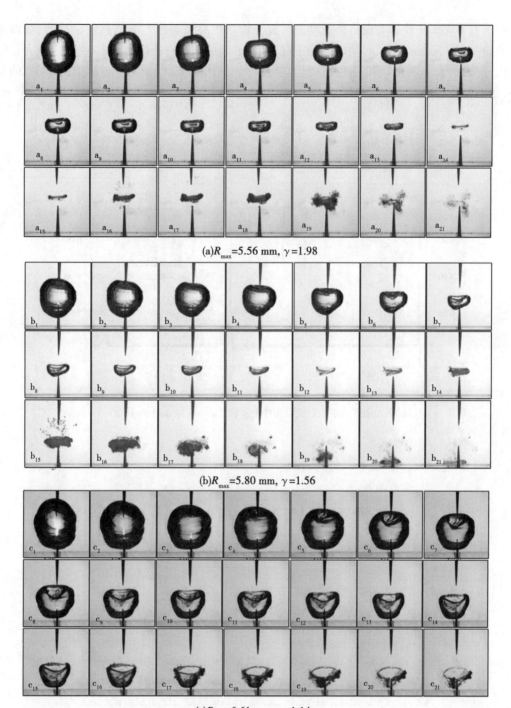

(a)R_{max}=5.56 mm, γ=1.98

(b)R_{max}=5.80 mm, γ=1.56

(c)R_{max}=6.61 mm, γ=1.14

拍摄频率:200 000 fps;帧尺寸:18.53 mm×18.32 mm;曝光时间:3.39 μs

图2-2　不同 γ 条件下近壁面空泡微射流发展

2. 空泡溃灭对壁面的冲击过程

　　通过以上不同 γ 条件下的微射流发展的高速摄影可直观地获得近壁面空泡溃灭的位置,但空泡第一次溃灭对壁面的冲击、第二次溃灭是否可以冲击到壁面及第二次溃灭对壁面的冲击有多大无法获得。现将高速动态采集分析系统和瞬态压力测试系统相结合,获得了空泡第一次和第二次溃灭对壁面的冲击过程(主冲击区和次冲击区)。图2-3为泡壁无量纲距离 γ 分别为 1.12 和 1.72 条件下两组空泡溃灭中对壁面的冲击过程。壁面位于图像的左侧,压力传感器埋设于壁面内部。

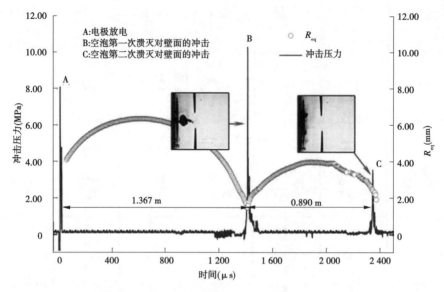

(a)主冲击区内空泡对壁面的冲击过程(R_{max}=6.34 mm, γ=1.12)

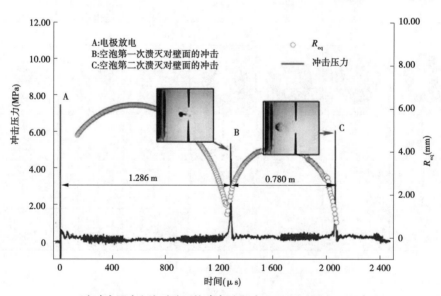

(b)次冲击区内空泡对壁面的冲击过程(R_{max}=6.18 mm, γ=1.72)

图2-3 空泡对壁面的冲击压力过程曲线

图2-3(a)中空泡的最大半径为 6.34 mm,空泡发展至最大体积时中心至壁面的距离为7.10 mm。图2-3(a)图中出现了三个峰值,其中第一个峰值为电火花诱发空泡时向水体内

部放电产生的,当放电结束后,压力回归至正常状态。随后产生的空泡开始进入膨胀—收缩—溃灭—回弹阶段。在空泡发展的过程中壁面压力过程表现比较平稳,当空泡收缩至最小体积时(第一个膨胀—收缩周期为 1.367 ms),壁面压力出现了明显的陡增,从上一部分的内容可以看出,由于泡壁无量纲距离 γ 很小,此时空泡不对称收缩产生的塌陷直接形成了冲击壁面的微射流[如图 2-3(a)中图像所示],空泡第一次溃灭对壁面产生的冲击压力峰值最大值为 10.28 MPa。此后,随着空泡进入回弹再生阶段后,压力峰值逐渐减小,在整个回弹再生阶段,壁面压力表现较为平稳,直至空泡再次收缩至最小体积时,壁面所受压力再一次出现陡增,整个再生回弹的时间周期为 0.890 ms,壁面再一次承受回弹泡的溃灭冲击,此时壁面所承受的最大压力为 3.56 MPa。通过对泡壁无量纲距离 γ 为 1.12 条件下的空泡对壁面的整个冲击过程可以看出,在这种条件下空泡对壁面形成的两次冲击强度逐渐降低,由第一次冲击时的 10.28 MPa 降低至第二次冲击时的 3.56 MPa。

图 2-3(b)中空泡的最大半径为 6.18 mm,空泡发展至最大体积时中心至壁面的距离为 10.63 mm。同图 2-3(a)中的压力过程一致,其中第一个峰值为电火花诱发空泡时向水体内部放电产生的,当放电结束后,压力回归至正常状态。峰值 B 和峰值 C 分别是空泡第一次溃灭和回弹溃灭时壁面所受到的冲击,其峰值压力分别为 5.11 MPa(1.286 ms)和 6.36 MPa(2.066 ms)。空泡在第一次收缩至最小体积时距离壁面的最小距离为 7.60 mm,此时空泡中心与壁面的无量纲距离为 6.83。空泡回弹演变过程中快速向壁面移动,当空泡再次收缩至最小体积时与壁面非常接近,如图 2-3(b)所示。

通过图 2-3 可以明显看出,当泡壁距离 γ 较小时,空泡的第一次溃灭对壁面的冲击大于其回弹溃灭时的冲击;当泡壁距离 γ 满足一定条件时,空泡在完成了第一次溃灭对壁面的冲击外,回弹泡快速向壁面运动,壁面再次受到了大于第一次溃灭时的冲击压力。

3. 泡壁距离对壁面冲击强度的影响

由上一部分内容可以看出,在整个空泡的演变过程中,当泡壁距离 γ 满足一定条件时,壁面所承受的第二次溃灭冲击大于第一次溃灭冲击。因此,本节对泡壁距离 γ 与壁面承受的冲击进行了系统的研究,依此来获得不同 γ 条件下空泡各溃灭阶段对壁面冲击的峰值规律。

为了获得不同泡壁距离 γ 条件下的空泡演变过程及其对壁面的冲击过程,试验针对放电电极与壁面(内部埋设压力传感器)距离进行细微调整,且在每种 h 条件下改变空泡的特征半径(R_{max});关于空泡对壁面的冲击强度的峰值,本节中选取空泡对壁面冲击过程中第一次冲击与第二次冲击的压力最大值作为反映此空泡对壁面的冲击强度。

图 2-4 为三种典型 γ 条件下的空泡溃灭对壁面的冲击高速摄影图像。

图 2-4(a)的泡壁距离 γ 为 1.08,空泡在第一次收缩溃灭时形成的微射流已经对壁面形成了冲击;图 2-4(b)的泡壁距离 γ 为 1.82,空泡在第一次收缩至最小半径(0.59 mm)时未直接冲击至壁面,此时空泡中心至壁面的距离为 10.49 mm,此次溃灭对壁面形成的冲击压力大小为 2.46 MPa,随后空泡出现了回弹—膨胀—收缩,在这个过程中空泡向壁面快速移动,第二次溃灭时对壁面形成了直接冲击,此时的冲击压力为 2.54 MPa,第二次冲击的强度与第一次冲击的强度相差不大;图 2-4(c)的泡壁距离 γ 为 2.64,空泡在第一次和第二次收缩至最小半径(1.35 mm 和 0.86 mm)时均未直接冲击至壁面,空泡中心至壁面的距离分别为 16.99 mm 和 15.70 mm,两次冲击过程中壁面所受到的压力分别为 2.42 MPa 和 0.77

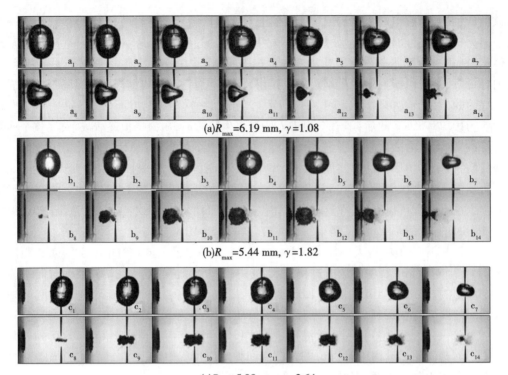

(a)R_{max}=6.19 mm, γ=1.08

(b)R_{max}=5.44 mm, γ=1.82

(c)R_{max}=5.98 mm, γ=2.64

拍摄频率:180 000 fps,图片尺寸:28.63 mm×21.05 mm,曝光时间:3.93 μs

图2-4 不同 γ 条件下空泡对壁面冲击的高速摄影图像

MPa,第二次溃灭比第一次溃灭时对壁面的冲击有明显的降低。

图2-5 为泡壁距离 γ 与壁面压力峰值的关系,其中横轴为泡壁距离 γ,纵轴为空泡第一次溃灭与第二次溃灭时对应的壁面压力峰值。从图中可以看出:首先,对于空泡第一次溃灭而言,泡壁距离 γ 与壁面压力峰值的关系整体呈现指数型分布,随着泡壁距离 γ 的逐渐减小,壁面所承受的冲击压力最大值急剧增大。其次,空泡第二次溃灭对壁面的冲击峰值整体上呈现出先增大后急剧减小的分布。具体来看,当泡壁距离 $\gamma < 1.33$ 时,空泡的第一次溃灭对壁面的冲击大于第二次溃灭对壁面的冲击;当泡壁距离 $1.33 < \gamma < 2.37$ 时,空泡的第二次溃灭对壁面造成的冲击强度大于第一次溃灭对壁面的冲击强度;当泡壁距离 $\gamma > 2.37$ 时,空泡的第一次溃灭对壁面的冲击大于第二次溃灭对壁面的冲击,且绝大部分的第一次冲击峰值都小于 3 MPa。

通过以上分析可以看出,对于壁面附近的空泡溃灭而言,泡壁距离 $\gamma < 1.33$ 时,空泡的第一次溃灭和第二次溃灭对壁面的冲击非常巨大,且在 $1.33 < \gamma < 2.37$ 时空泡的第二次溃灭对壁面造成的冲击远大于第一次溃灭对壁面造成的冲击。其主要原因为:一方面是第一次演变过程中,当空泡收缩至最小体积时距离壁面较远,溃灭冲击波在液体中传播后到达壁面时已明显衰减,而空泡表面凹陷形成的液体射流均未直接对壁面造成冲击;另一方面,在这个泡壁距离范围内,空泡第一次溃灭后形成的回弹空泡在演变过程中快速向壁面移动,当移动至壁面时同时也收缩至最小体积,形成的微射流可直接作用于壁面。

通过以上研究可以看出:

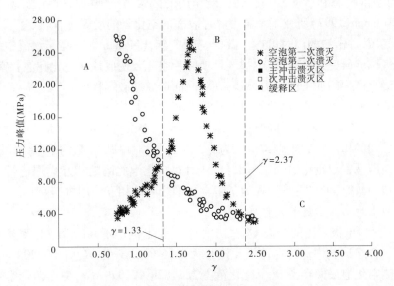

图 2-5　γ 与壁面承受压力峰值的关系

（1）泡壁距离 γ 的大小对于空化泡演变后期微射流的形成有着重要影响。当泡壁距离 γ 小于 1.33 时,空泡的第一次收缩便可形成直接冲击壁面的微射流,即主冲击区溃灭;当泡壁距离 γ 介于 1.33 ~ 2.37 时,回弹后的空泡第二次溃灭对壁面可造成较大冲击,即次冲击区溃灭;当泡壁距离 γ 大于 1.33 时,壁面对微射流的发展影响不明显,即缓释区溃灭。

（2）通过空泡溃灭对壁面冲击压力的峰值分析发现:空泡第一次溃灭对壁面的冲击随着泡壁距离的增大逐渐减小,而空泡第二次溃灭对壁面的冲击则是先增大后减小的趋势。具体来看,表现为:当泡壁距离 γ 小于 1.33 时,空泡溃灭对壁面造成的冲击以第一次溃灭为主,且随着 γ 的增大,第二次溃灭对壁面的冲击作用增强;当泡壁距离 γ 介于 1.33 ~ 2.37 时,随着泡壁距离 γ 的增大,空泡第一次溃灭对壁面的冲击强度小于回弹后再次溃灭对壁面的冲击强度;当泡壁距离 γ 大于 2.37 时,空泡的第一次溃灭与第二次溃灭对壁面的冲击已明显降低。

2.1.1.3　近壁面双空泡溃灭特性

当高速水流流经建筑物表面不平整区域时,常常会产生不止一个空化泡,这些同步初生或异步初生的空化泡之间是如何相互作用的,至今相关的研究文献极少。

空泡群,也被称为云状空化或者空化云,由许多空化泡组成的表现出一些整体特性和破坏作用的空化形式。以往,对于空蚀破坏的机制研究及掺气减蚀的机制研究都着眼于单个空化泡或者单个空化泡与空气泡相互作用,而忽略了空化泡与空化泡之间的相互作用。随着空化的研究深入,研究者逐渐认识到空化泡之间相互作用的重要性,并在理论上或者通过超声诱发空化泡的手段从试验上对空化云和叶片空化云进行了研究。自 1980 年,Mørch 等对空化云进行了研究,他们的研究认为空化云的溃灭始于空化云表面的空化泡,产生的冲击波向空化云内部传播,且聚焦效应使得冲击波的振幅逐渐增大;在 1994 年,Wang 和 Brennen 等采用数值模拟的手段证实了前者的推测,进而对冲击波振幅逐渐增大的结论给予了一定的支持。Leighton(1995)等通过超声的手段诱发空化泡群,对其形成的空化云进行了研究,认为对空泡形态和运动方式起到决定作用的因素是空泡的尺寸和当地的声场特性。Reisman 和 Brennen(1997)研究了水洞中叶片表面的空化云的溃灭过程,认为压力振幅可高达数十个大气压,冲击波的历时可达十微秒。1997 年,Reisman 等对高速水流中的叶片空化云进行了掺气试验研究,高速水体中掺气可使叶片空化云变成片状空化和泡状空化,由此降低了空化云溃灭产生的冲击波压力,减弱其对壁面造成的破坏程度。

从以上的研究可以看出,目前针对空化泡之间的相互作用研究大多通过超声方式诱发空化泡群的方式,该研究手段可同时产生多个空化泡,多个空化泡的研究使问题更加复杂且针对泡与泡之间的作用机制较难辨识。为此,本书通过对单脉冲高压放电系统进行改进,建立了单脉冲高压诱发双空化泡的试验平台,针对双空化泡之间的相互作用进行了研究。通过对双空化泡的研究,可以更为深入地了解空化泡之间的相互作用机制。

1. 不同初生时刻双空泡溃灭特性

图 2-6 为保持电极之间的距离不变,初生时刻不同、大小不同的双空化泡相互作用的高速摄影照片。各组试验中保持左侧空化泡最大半径 R_{max_l} 不变(R_{max_l} = 3.200 mm),调节试验装置使右侧空化泡最大半径 R_{max_r} 变化范围为 1.828 ~ 2.979 mm,左右两个空化泡初生时刻相差 51 μs,且左侧空化泡的初生晚于右侧空化泡。图 2-6 中 a 组、b 组和 c 组试验中,当右侧空化泡发展至最大体积时左侧空化泡初生,在左侧空化泡还未发展至最大体积时右侧空化泡已完成了第一次膨胀和收缩阶段,当左侧空化泡膨胀时驱使周围水体向外运动,此时处于收缩阶段的右侧空化泡在左侧空化泡膨胀作用下开始远离左侧空泡中心运动,如图 2-6 中 a_8、b_8 和 c_8 所示。

在这三组试验中右侧空化泡完成第一次膨胀—收缩阶段后进入回弹发展阶段,当左侧空化泡完成膨胀—收缩溃灭过程时,右侧空化泡已远离左侧空化泡溃灭,并向右侧发生了明显的偏移,形成了背离左侧空化泡溃灭的现象。图 2-6 中 d 组和 e 组试验中控制电路电阻搭配,实现右侧空化泡还未发展至最大体积时左侧空化泡初生的双空化泡试验现象,并使得左侧空化泡与右侧空化泡生命周期内时间交集逐渐增大,e 组试验相比于 d 组试验而言,由于右侧空化泡最大半径较大,右侧空化泡在收缩溃灭过程中产生聚集的回流,同时左侧空化泡的右侧表面出现了凸起,如图 e_{11} 和 e_{12} 所示。

综上所述,初生时刻不同步的两空化泡相互作用过程中,较早初生的空化泡远离较晚初生的空化泡方向溃灭,且随着较早初生的空化泡特征参数 R_{max} 逐渐变大,处于收缩溃灭阶段较早初生的空化泡迫使较晚初生的空化泡趋于非球形膨胀和收缩。

2. 同步初生的双空泡溃灭特性

在高速水流中,空化泡的出现往往在时间上具有同步初生与异步初生之分,在空间上存在初生位置和各自大小差异等不同情况,然而对于同步初生的不同大小、不同间距情况下两空化泡的相互作用研究成果较少,为满足研究问题的需要,本节改进双空泡电路系统使其能够产生初生时刻完全同步的两个空化泡,并通过高速动态采集分析系统研究两者之间的相互作用过程。

图 2-7 为同时刻初生、相同大小的双空化泡相互作用的高速摄影照片,图中各组试验中空化泡最大半径 R_{max} 变化范围为 2.221 ~ 4.879 mm,各组试验中空化泡中心距离 L 为 5.796 mm 不变。图 2-7 中 a 组、b 组、c 组和 d 组试验中两空化泡半径之和小于电极间距离 L。在各组试验中,两空化泡在膨胀阶段与单空化泡情况下发展一致,各空化泡均呈球形向外围膨

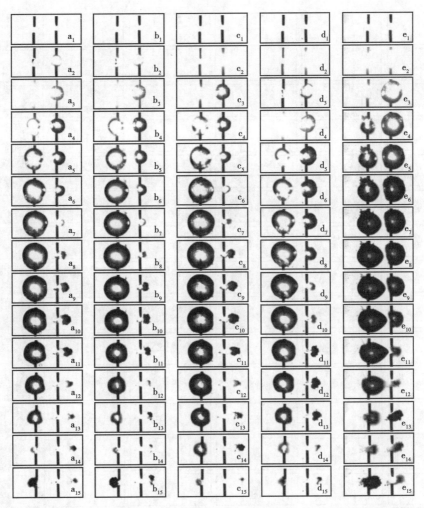

拍摄速率：19 700 fps；曝光时间：48 μs；图片尺寸：17.333 mm × 7.367 mm；L：5.796 mm；
a. $R_{max\_l} = 3.200$ mm，$R_{max\_r} = 1.828$ mm；b. $R_{max\_l} = 3.413$ mm，$R_{max\_r} = 1.950$ mm；c. $R_{max\_l} = 3.$
604 mm，$R_{max\_r} = 1.897$ mm；d. $R_{max\_l} = 3.212$ mm，$R_{max\_r} = 2.115$ mm；e. $R_{max\_l} = 3.146$ mm，
$R_{max\_r} = 2.979$ mm

图 2-6　不同初生时刻双空化泡相互作用高速摄影照片

胀。当空化泡进入收缩阶段后周围流体迅速填充由于空泡体积收缩而释放的周围空间，与单空化泡收缩阶段所不同的是空化泡并未球形收缩，而是出现了非对称收缩形态，且两空化泡逐渐靠拢。当空化泡进一步收缩至最小距离时，两空化泡相向溃灭，并最终出现了两空化泡合并现象。

　　图 2-7 中 e 组和 f 组试验为两空化泡半径之和大于电极间距离，在空化泡的膨胀阶段，由于电极间距离较小，各空化泡在膨胀过程中迫使周围水体向外围发展，而两空化泡中间水体同时受到来自左侧空化泡和右侧空化泡的挤压。因此，在该两组试验中两空化泡相邻两侧表面呈现扁平状，但两空化泡并未出现合并的现象，如图 2-7 中 e_7 和 f_7 所示。随着空化泡的发展随即进入收缩阶段，在该阶段各空化泡的相邻表面仍然处于扁平状，且每组试验中空化泡中心发生了相向运动，当空化泡收缩至最小体积后，两空化泡出现了合并现象并最终形成一体，如图 2-7 中 e_{14} 和 f_{17} 所示。

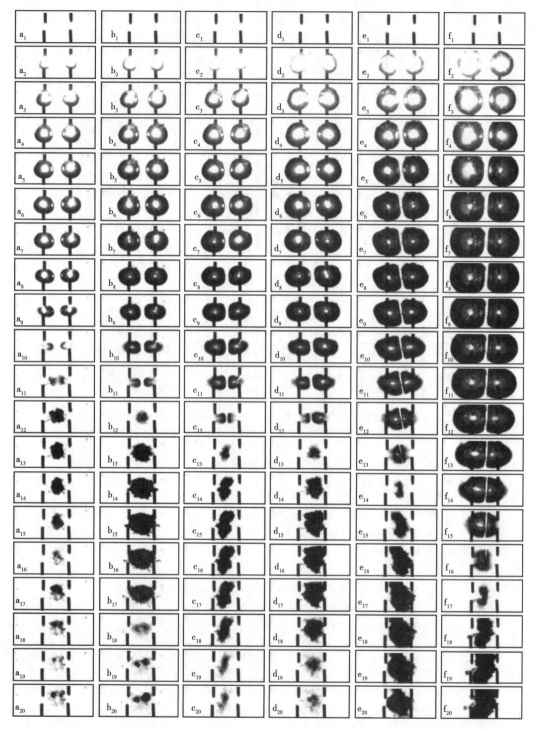

拍摄速率:19 700 fps;曝光时间:48 μs;图片尺寸:17.333 mm×7.367 mm;L:5.796 mm;a. R_{max_l} =2.221 mm，R_{max_r} =2.329 mm;b. R_{max_l} =2.546 mm，R_{max_r} =2.492 mm;c. R_{max_l} =2.889 mm，R_{max_r} =2.546 mm;d. R_{max_l} =2.871 mm，R_{max_r} =2.879 mm;e. R_{max_l} =3.413 mm，R_{max_r} =3.304 mm;f. R_{max_l} =4.879 mm，R_{max_r} =4.388 mm

图 2-7　相同初生时刻相同大小的双空化泡相互作用的高速摄影照片

通过以上试验可以看出,同时刻初生的相同大小双空化泡相互作用过程中,空化泡向彼此溃灭;双空化泡半径之和大于空化泡中心距离时空化泡在膨胀相邻表面形成扁平状,当空化泡体积收缩至最小时合并为一体。

图2-8为相同初生时刻、空化泡最大半径 R_{max} 不同时两个空化泡相互作用的高速摄影照片。在该组试验中保持电极之间的距离 L 为5.796 mm,保持右侧空化泡最大半径 R_{max_r} 的值不变($R_{max\_r}=3.800$ mm 左右),逐渐增大左侧空化泡的最大半径 R_{max_l} 值,其 R_{max_l} 的变化范围为 $1.951\sim3.144$ mm。

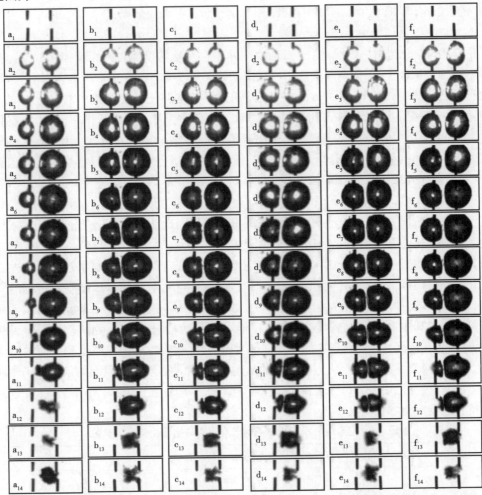

拍摄速率:19 700 fps;曝光时间:48 μs;图片尺寸:17.333 mm×7.367 mm;L:5.796 mm; a. $R_{max\_l}=1.951$ mm,$R_{max\_r}=3.521$ mm; b. $R_{max\_l}=2.871$ mm,$R_{max\_r}=4.012$ mm; c. $R_{max\_l}=2.829$ mm,$R_{max\_r}=3.523$ mm; d. $R_{max\_l}=3.846$ mm,$R_{max\_r}=3.089$ mm; e. $R_{max\_l}=2.943$ mm,$R_{max\_r}=3.575$ mm; f. $R_{max\_l}=3.144$ mm,$R_{max\_r}=3.792$ mm

图2-8　相同初生时刻不同大小双空化泡相互作用的高速摄影照片

定义变量 φ($\varphi=R_{max\_l}/R_{max\_r}$)为左侧空化泡最大半径 R_{max_l} 与右侧空化泡最大半径 R_{max_r} 的比值衡量两空化泡相对大小,在该试验中 φ 值的变化范围为 $0.554\sim0.829$。

图2-8中a组试验两空化泡半径之和小于两对电极之间的距离,由于右侧空化泡的特

征半径较大,其膨胀—溃灭周期明显大于左侧空化泡,当左侧空化泡发展至收缩溃灭阶段时右侧空化泡仍处于膨胀阶段;当右侧空化泡进入收缩阶段后,周围水体迅速填充由于其体积收缩所释放的空间,此时左侧空化泡也向右侧空化泡中心方向运动,当右侧空化泡收缩至最小体积时两空化泡合并形成一体。从试验照片可以看出,左侧空化泡向右侧空化泡中心移动的距离明显大于右侧空化泡向左侧空化泡中心移动的距离。图 2-8 中 b~f 组试验中,两空化泡膨胀最大半径之和大于电极间距离 L,因此在空化泡的膨胀和收缩阶段,各组试验中两空化泡相邻表面均不同程度的出现了扁平状;逐渐增大左侧空化泡的特征半径,两空化泡在收缩至最小体积时发生了合并现象,即各空化泡形成了相向溃灭。

3. 空泡中心连线垂直于壁面

图 2-9 为空化泡中心连线垂直于壁面条件下双空化泡与壁面之间相互作用的高速摄影照片。在该组试验中,保持两组电极中心之间的距离 $L(L = 6.897 \text{ mm})$ 不变,右侧空化泡中心至壁面之间的距离 $d(d = 4.496 \text{ mm})$ 不变,通过调整电路元件使试验中双空化泡同步初生且最大半径相等。图 2-9 中 a 组试验仅右侧空化泡与壁面之间相互作用,作为双空化泡与壁面之间相互作用的对比试验。在 a 组试验中空化泡最大半径的值 $R_{\max}$ 为 3.629 mm,空化泡与壁面之间的无量纲距离为 1.299,在该条件下空化泡会向壁面溃灭,在本次对比试验中,空化泡最终向壁面溃灭,如图 2-9 中 a_{19} 所示。

图 2-9 中 b 组、c 组和 d 组试验中左侧空化泡和右侧空化泡的最大半径之和小于 L,在空化泡的膨胀阶段,两个空化泡同时迫使周围水体向外围运动,介于两空化泡中间的水体同时受到左侧空化泡和右侧空化泡挤压,但由于 $R_{\max\_l}$ 与 $R_{\max\_r}$ 之和小于 L,所以两空化泡相邻表面并未出现明显的扁平状;在该阶段右侧空化泡也并未受到壁面对其的发展影响,左右两侧空化泡均对称球形发展。当空化泡进入收缩阶段后,空化泡释放体积膨胀所占据的周围空间,外围水体迅速填充。对左侧空化泡而言,其左侧水体向空化泡中心运动的程度明显强于右侧表面向其中心运动的程度,导致空化泡在收缩阶段开始向右侧移动,如图 2-19 中 b_{13}、c_{13}、d_{13} 和 e_{14} 所示;然而对于右侧空化泡而言,在收缩过程中右侧回流受到壁面的阻滞作用,而左侧表面又受到左侧空化泡收缩时的制约,在这种左右双重受限制的条件下仍然向着左侧方向溃灭,见图 2-9 中 b_{13}、c_{13} 和 d_{14}。

空化泡及壁面参数见表 2-1。

表 2-1　空泡中心垂直于壁面时双空化泡与壁面相互作用参数

试验组	$R_{\max\_l}$（mm）	$R_{\max\_r}$（mm）	$\gamma_{\_l}$	$\gamma_{\_r}$
a 组	—	3.629	—	1.299
b 组	2.854	2.925	4.452	1.593
c 组	2.979	3.088	4.182	1.631
d 组	2.971	3.089	4.151	1.702
e 组	3.955	3.738	3.027	1.406
f 组	4.388	4.063	2.815	1.280

通过 b 组、c 组和 d 组试验可以看出,虽然右侧空化泡满足 γ 较小的条件,在左侧空化泡和其右侧壁面的双重作用下右侧空化泡仍然形成了相向溃灭的局面,整个合并体随后呈

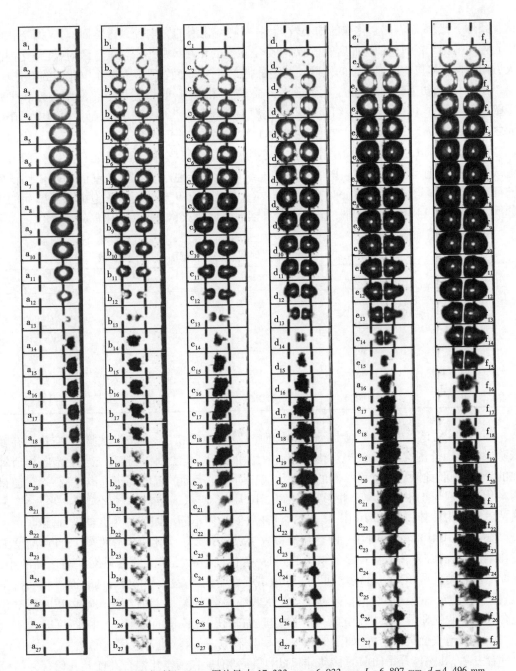

拍摄速率:19 700 fps;曝光时间:48 μs;图片尺寸:17.333 mm×6.933 mm;$L=6.897$ mm,$d=4.496$ mm

图 2-9　空化泡中心连线垂直于壁面时双空化泡与壁面相互作用的高速摄影照片

现出向壁面运动的趋势并未直接向壁面运动。图 2-9 中 f 组试验为两空化泡最大半径之和大于 L,在膨胀和溃灭阶段,两空化泡相邻表面形成扁平状,当收缩至最小体积时两空化泡合并,同 b 组～e 组试验一样,空化泡并未向壁面溃灭,只是溃灭后的合并体呈现出向壁面运动的趋势。

4.双空化泡中心连线平行于壁面

通过对空化泡中心线垂直于壁面的试验研究发现,空化泡出现了相向溃灭的现象,在这种试验条件下,壁面距右侧空化泡的中心较近,对右侧空化泡的影响较大。然而,对于两空化泡中心连线平行于壁面的情况而言,壁面对两个空化泡的相互吸引作用强度一致时,两空化泡溃灭方向特性直接影响壁面空蚀的发展。调整试验方案,将壁面置于左右两个空化泡的下方。

图 2-10 为初生时刻相同、空化泡最大半径 $R_{\max\_l}$ 和 $R_{\max\_r}$ 值相等且空化泡中心连线平行于壁面的相互作用过程。在该组试验中空化泡中心间距 L 为 6.229 mm,而空化泡中心至壁面之间的距离 d 为 2.600 mm。在图 2-10 中 b 组试验中空化泡中心距离 L 大于两空化泡半径之和,而 c 组、d 组、e 组试验中空化泡中心距离 L 小于两空化泡半径之和。图 2-10 中 a 组试验为单空化泡与壁面相互作用过程,用 a 组试验与其他双空化泡与壁面相互作用试验进行对比。在 a 组试验中空化泡的最大半径 $R_{\max}$ 值为 4.279 mm,而空化泡中心至壁面的无量纲距离为 1.114,在这种条件下空化泡会直接向壁面溃灭,如图 2-10 中 a_{13} 所示。

空化泡及壁面参数见表 2-2。

表 2-2　空化泡中心平行于壁面时双空化泡与壁面相互作用参数

试验组	$R_{\max\_l}$（mm）	$R_{\max\_r}$（mm）	$\gamma_{\_l}$	$\gamma_{\_r}$
a 组	4.279	—	1.114	—
b 组	2.546	2.817	1.851	1.673
c 组	3.467	3.467	1.344	1.375
d 组	3.900	3.738	1.181	1.304
e 组	4.008	4.063	1.164	1.173

图 2-10b 组试验中,空化泡半径之和小于空化泡中心距离 L,在该组试验中,空化泡在膨胀阶段球形向外围空间发展;当空化泡进入收缩阶段后,周围水体迅速填充空化泡收缩所释放的外围空间,此时靠近壁面一侧的两空化泡表面相向运动的程度弱于远离壁面一侧,使得两空化泡形成了上下非对称合并形态,如图 2-10 中 b_9 所示。随着两空化泡进一步收缩,最终两者合并为一体,如图 2-10 中 b_{11} 所示,合并后溃灭体不断地回弹再生并向壁面运动。

在 c 组、d 组和 e 组试验中,两空化泡最大半径之和大于空化泡中心距离 L,且逐渐增大空化泡的半径,在空化泡半径逐渐增大的同时,空化泡中心至壁面的无量纲距离逐渐减小,壁面对空化泡的吸引效应逐渐增强。与 b 组试验所不同的是空化泡相邻两表面被相互挤压呈扁平状,且该扁平状形态一直持续至空化泡收缩至最小体积,且收缩至最小体积时两空化泡合并。在收缩阶段远离壁面的一侧空化泡收缩较快,且较早的接触、合并,而靠近壁面一侧的两空化泡表面最后合并,如图 2-10 中 c_{12}、d_{12} 和 e_{12} 所示。随着空化泡的演变,当空化泡上部合并后,其整体开始向壁面移动,同时出现回弹泡。在两空化泡合并前及开始合并的阶段,空化泡向壁面只发生了微小的移动。

通过对空化泡中心线平行于壁面的双空化泡与壁面相互作用研究可以看出,在空化泡的膨胀—收缩阶段,壁面对空化泡的影响较为微弱,两空化泡相向溃灭,与无壁面的双空化泡相互作用相比而言,仅是合并的形态不同,而最终合并成一体,但合并后的回弹泡开始向壁面移动。

2.1.1.4　近壁面三空化泡溃灭特性

1. 空化泡尺寸对相互作用的影响

空化泡在膨胀、溃灭全生命过程中,其尺寸不断变化,我们采用膨胀到达的最大半径

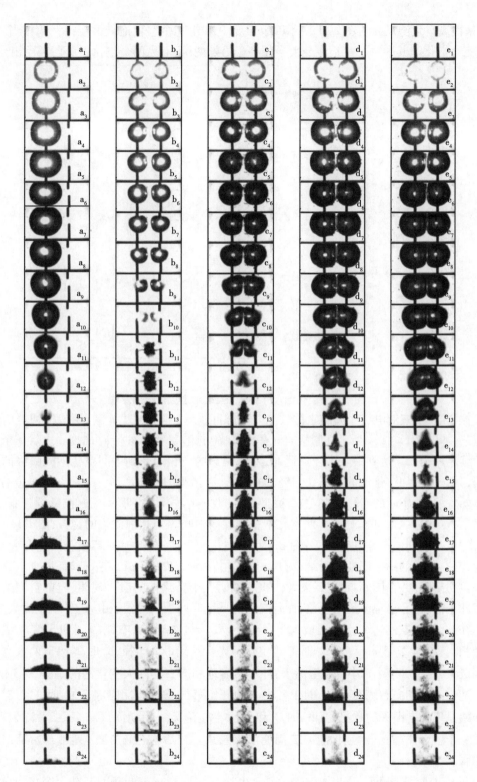

拍摄速率:17 500 fps;曝光时间:55 μs;图片尺寸:17.333 mm×8.667 mm;$L=6.229$ mm,$d=2.600$ mm

图 2-10　空化泡中心线平行于壁面时双空化泡与壁面相互作用的高速摄影照片

R_{max} 来代表空化泡尺寸。图 2-11 所示四组工况中,a 组三个空化泡最大半径大致相当,b、c、d 组三个空化泡其中一个空化泡最大半径小于另外两个,而另两个空化泡最大半径相当。

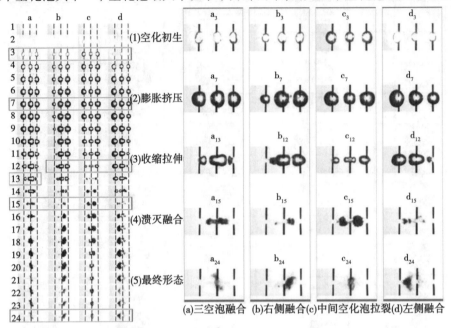

图 2-11　空化泡尺寸对三个空化泡溃灭规律的影响

在 a 组中,三对电极中间的水体被高电压脉冲击穿,伴随耀眼光芒,摄像机视野内一片白茫茫,如图 2-11 中 a_2 所示。紧接着光芒消失,空化泡初生形态在 a_3 出现。之后三个空化泡继续膨胀,在 a_7 达到最大半径。此时,左右两边的空化泡受到中间空化泡的膨胀的挤压作用,其靠近中间空化泡的一侧受到轻微的挤压,有微小的受压变形。之后左右两边的空化泡开始收缩,而中间的空化泡在左右两侧空泡的收缩作用下受到吸引、拉伸,继续膨胀,并出现扁平状。图 2-11 a_{12} 时,$1^{\#}$ 和 $2^{\#}$ 两空化泡呈现朝向中间 $3^{\#}$ 空化泡溃灭的趋势;图 2-11 a_{13} 时,$1^{\#}$ 和 $2^{\#}$ 空化泡朝向 $3^{\#}$ 空化泡溃灭;图 a_{15} 时,$3^{\#}$ 空化泡也溃灭,此时三者溃灭团融合为一体。至此,三空化泡的第一周期溃灭结束,从 $a_2 \sim a_{15}$ 共历时 742.86 μs。图 a_{16} 时,三个空化泡溃灭体再次膨胀,并在图 a_{18} 时达到最大体积。说明三个空化泡的溃灭规律,与单空泡的多周期特性相似,也会出现多周期现象,而且之后的周期时间大大缩短,相应的体积也大大缩小。

在 b 组中,左侧的 $1^{\#}$ 空化泡最大半径较小,$R_{max}=1.63$ mm,右侧的 $2^{\#}$ 和 $3^{\#}$ 空化泡最大半径相当,约为 2.45 mm。在 b_5 时 $1^{\#}$ 小空化泡先行达到最大半径,b_8 时 $2^{\#}$ 和 $3^{\#}$ 两大空化泡达到最大半径。b_{10} 时 $1^{\#}$ 小空化泡溃灭,并有明显地朝向右侧两大空化泡的趋势,b_{11} 时 $1^{\#}$ 小空化泡进一步朝向右侧溃灭,b_{12} 时 $1^{\#}$ 小空化泡开始第二周期,体积膨胀。b_{13} 时 $2^{\#}$ 和 $3^{\#}$ 空化泡开始呈现相向溃灭的趋势,至 b_{15} 时 $2^{\#}$ 和 $3^{\#}$ 大空化泡第一周期溃灭结束,二者混为一体,形成一个融合体,而 $1^{\#}$ 小空化泡第二周期溃灭结束。之后融合体在此膨胀,开始第二周期的膨胀、溃灭过程。

在 c 组中,中间的 $2^{\#}$ 空化泡最大半径较小,$R_{max}=1.97$ mm,两侧的 $1^{\#}$ 和 $3^{\#}$ 空化泡最大半径相当,约为 2.48 mm。c_2 时空化泡初生,c_7 时 $2^{\#}$ 小空化泡膨胀达到最大半径,其两侧的 $1^{\#}$ 和 $3^{\#}$ 空化泡继续膨胀,并在 c_8 时达到最大半径。之后三个空化泡都在收缩。$2^{\#}$ 空化泡由于受到两侧空化泡的吸引、拉伸作用，在c_{10}时表现出轻微的拉伸现象，在c_{11}时吸引、拉伸作用更为明显，$2^{\#}$空化泡呈显著的扁平状。c_{12}时左右两侧$1^{\#}$和$3^{\#}$空化泡开始朝向$2^{\#}$空化泡溃灭。并在c_{13}时，三空化泡第一周期溃灭结束，此时$2^{\#}$空化泡被拉裂形成两个溃灭小团，分别朝向$1^{\#}$和$3^{\#}$空化泡溃灭，并分别与之融为一体。之后左右两侧的溃灭团再次膨胀，开始第二周期膨胀、溃灭过程。与此同时，$1^{\#}$和$3^{\#}$空化泡在再次膨胀、溃灭的过程中，继续相向吸引，最终在c_{22}时融为一体。

在 d 组中，最右侧的$3^{\#}$空化泡最大半径较小，$R_{max}=2.08$ mm，左侧的$1^{\#}$和$2^{\#}$空化泡最大半径相当，约为 2.61 mm。d_{2}时空化泡初生，d_{7}时$3^{\#}$小空化泡膨胀达到最大半径，其左侧的$1^{\#}$和$2^{\#}$空化泡继续膨胀，并在d_{8}时达到最大半径。之后三个空化泡收缩，在d_{11}时$3^{\#}$空化泡开始朝向左侧溃灭，并在d_{12}时溃灭至最小体积，此时$2^{\#}$空化泡在左右两侧空化泡的吸引作用下被拉伸。在d_{13}时$3^{\#}$空化泡继续朝向左侧溃灭并接触到$2^{\#}$空化泡，$2^{\#}$空化泡则被拉伸成明显的扁平状，$1^{\#}$空化泡开始朝向右侧溃灭。在d_{14}时，$1^{\#}$和$2^{\#}$空化泡相向溃灭，并在d_{15}时，$1^{\#}$和$2^{\#}$继续相向溃灭，$3^{\#}$继续朝向左侧溃灭。分析其原因，是由于三个空化泡在溃灭过程中，相邻的空化泡会相向溃灭。同时，较大的空化泡之间溃灭吸引力较大，而$1^{\#}$与$2^{\#}$的体积大于$3^{\#}$，因而$1^{\#}$与$2^{\#}$溃灭时相向趋势明显。之后在d_{16}时，$1^{\#}$和$2^{\#}$开始第二周期过程，再次膨胀并混为一体。

后三组三个空化泡溃灭过程，由于其中一个空化泡尺寸较小，小空化泡膨胀溃灭周期较短，其较另外两个大空化泡先行膨胀达到最大半径，并先行溃灭，并有明显的溃灭方向。

2. 空化泡间距对相互作用的影响

影响两个空化泡相互作用的因素，除上文讨论的空化泡尺寸外，二者的距离 a 和 b 也是一项重要的因素。控制角度θ和 a 值不变，分析 b 值变化对三个空化泡相互作用的影响。选取 a、b、c 组三组工况，$\theta=148°$，a 值一定，约 7.10 mm，b 值依次增大，分别为 5.55 mm、7.14 mm、10.56 mm，从而 a/b 值依次降低，分别为 1.28、0.99、0.67。三个空化泡膨胀、溃灭过程及特征时刻如图 2-12 所示。

a 组中，$a/b=1.28$。$1^{\#}$和$3^{\#}$空化泡均主要受$2^{\#}$空化泡的吸引作用，a_{9}时均朝向$2^{\#}$空化泡溃灭。$2^{\#}$空化泡受到$1^{\#}$和$3^{\#}$空化泡的综合作用，而$3^{\#}$空化泡相距较近，其作用力起到主要作用，因此$2^{\#}$空化泡被拉伸成圆锥状且表现出朝向$3^{\#}$空化泡溃灭的现象。a_{11}时$2^{\#}$与$3^{\#}$空化泡溃灭融为一体，融合体与$1^{\#}$空化泡相向溃灭。最终，三个空化泡的溃灭形态如图 2-12 中a_{19}所示。

b 组中，$a/b=0.99$。$1^{\#}$和$3^{\#}$空化泡均主要受$2^{\#}$空化泡的吸引作用，b_{9}时均朝向$2^{\#}$空化泡溃灭。$2^{\#}$空化泡受到$1^{\#}$和$3^{\#}$空化泡的综合作用，而且其与两侧空化泡等距，其作用力相当，因此$2^{\#}$空化泡被拉伸成扁平状且在两侧空化泡作用力的合成下有朝向右上侧溃灭的趋势，如图 2-12 中b_{19}所示。

c 组中，$a/b=0.67$。$1^{\#}$和$3^{\#}$空化泡均主要受$2^{\#}$空化泡的吸引作用，c_{10}时均朝向$2^{\#}$空化泡溃灭。$2^{\#}$空化泡受到$1^{\#}$和$3^{\#}$空化泡的综合作用，而$1^{\#}$空化泡相距较近，其作用力起到主要作用，二者对$2^{\#}$空化泡的吸引作用矢量和方向向上，因此$2^{\#}$空化泡被拉伸成圆锥状且之后向上溃灭。最终，三个空化泡的溃灭形态如图 2-12 中c_{29}所示。

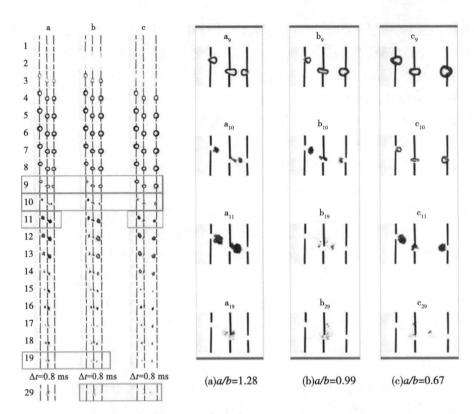

图 2-12　不同间距条件下三个空化泡的溃灭过程

2.1.1.5　近壁面多空化泡溃灭特性

图 2-13 为多空化泡之间相互作用过程。各组工况下空化泡的最大半径 R_{max} 分别为：单个空化泡时 R_{max} 为 12 mm，两个空化泡时空化泡的最大半径 R_{max} 为 7.42 mm（空化泡中心距离为 10 mm），三个空化泡时 R_{max} 为 6.71 mm（空化泡中心连线距离分别为 10 mm、7.07 mm 和 7.07 mm，呈等腰三角形排列），四个空化泡时空化泡最大半径为 5.72 mm（空化泡中心连线均为 7.07 mm，空化泡成呈正方向排列），各种排列条件下的空化泡在计算初期的能量是相等的。

首先，各种排列情况下的空化泡均表现出了一个重要特性，就是在膨胀过程中受到了邻近空化泡的强烈影响，与单空化泡发展演变的过程相比较而言，均表现出了非球形特性，两空化泡条件下空化泡邻近壁面呈现出扁平状，这与试验中的结果完全一致。三空化泡情况下时由于期初排列为等腰三角形形式，等腰三角形顶点空化泡距底边的两个空化泡距离较近，所以在膨胀过程中顶点空化泡更多的挤占了三角形内部的空间，正方向排列条件下由于空化泡群内部各个空化泡受到彼此空化泡的影响是同等的，最终发展形成"梅花状"。其次，在溃灭阶段，两空化泡和三空化泡情况下空化泡最终相向溃灭，形成"聚溃区"，而该聚溃区的位置取决于空化泡的排列位置；而四空化泡条件下空化泡群内部空化泡相互牵制，最终形成了原地溃灭的状态。

图 2-14 和图 2-15 分别为多空化泡相互作用过程的膨胀阶段和收缩阶段的外围压力场和速度场。在两空化泡的条件下，空化泡在膨胀过程中各自向外界辐射冲击波，当相邻两侧的冲击波相遇并绕过对方空化泡时在中间形成了较低的椭球形压力区，两侧的空化泡沿着

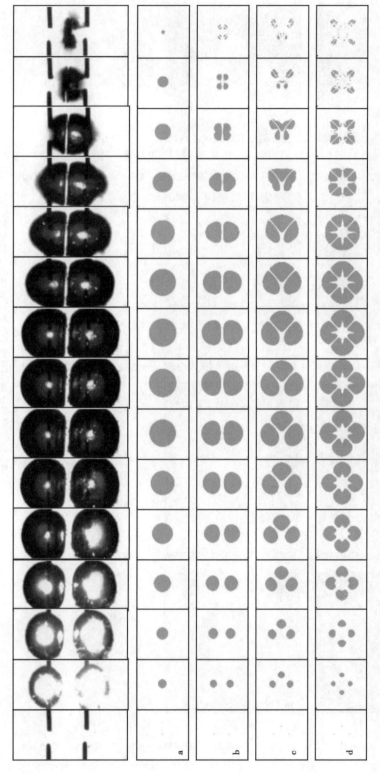

图2-13 多空化泡相互作用过程

a:R_{max}=12.00 mm; b:R_{max}=7.42 mm,d=10.0 mm; c:R_{max}=6.71 mm,等腰三角形,边长为5 mm、5 mm、7.071 mm; d:R_{max}=5.72 mm,正方形,边长为7.071 mm

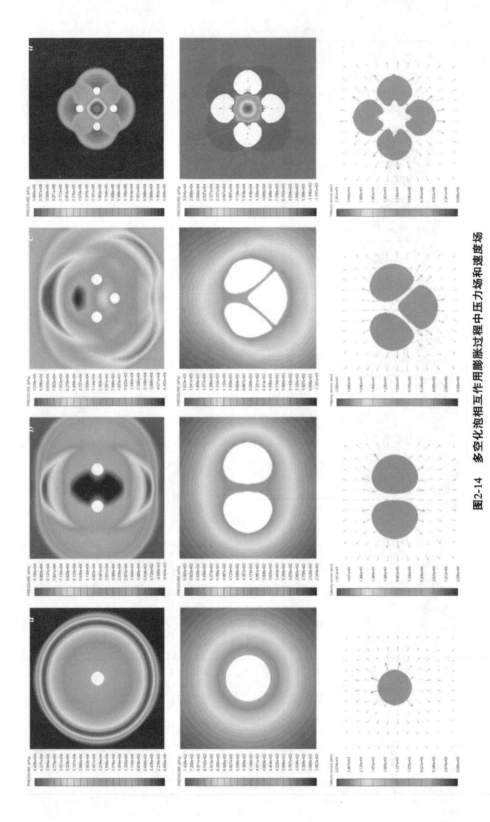

图2-14　多空化泡相互作用膨胀过程中压力场和速度场

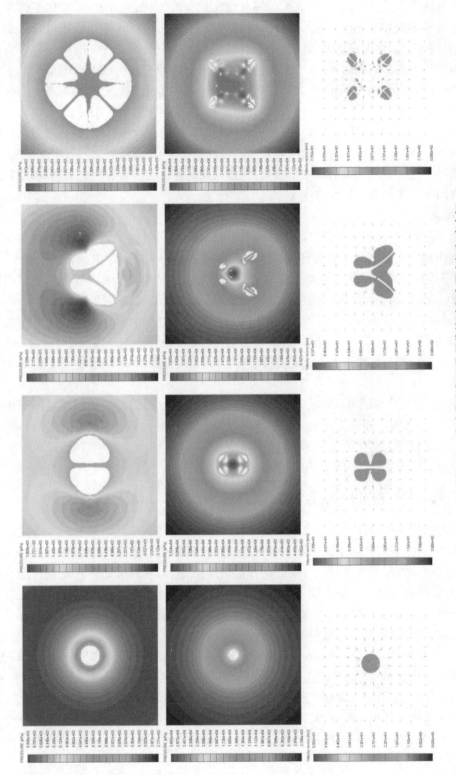

图2-15 多空化泡相互作用收缩过程中压力场和速度场

该椭球形的低压区发展较快,最终形成了相邻表面比较扁平的状态。而在三空化泡情况下时各自空化泡形成的冲击波在三角形的底边位置形成了叠加,而且后期在底边位置形成了低压区域,致使三个空化泡在该低压区方向发展较快。四个空化泡条件下时由于各个空化泡受到邻近空化泡的影响是同等的,所以各自空化泡辐射的冲击波在四边形内部形成了波的正向叠加,导致空化泡群内部的压力明显高于空化泡群外部水体的压力,而且各个空化泡在内部高压的作用下,形成了各自向外的微射流。随着各自空化泡的膨胀发展,空泡内部压力降低,此时膨胀阶段形成的刺穿自身的微射流将内部高压能量泄压,随后空化泡进入收缩阶段。在收缩过程中空化泡群内部的压力升高。因此,从外向里的微射流发展受到抑制,空化泡群内部各空化泡并未形成明显的微射流,并且未发现各自的位置有明显的移动。因此,各空化泡之间是一个相互抑制的效应。

2.1.1.6 小结

通过能量脉冲方法,基于细观空泡动力研究平台,研究了水下空化泡及空化泡群与壁面相互作用规律和空化群内部各空化泡间的相互作用规律,获得了以下结论:

(1)以壁面承受的冲击压力为判别标准,获得了空化泡溃灭过程中微射流产生的临界条件,由此可将近壁面空化泡溃灭划分为主冲击区溃灭、次冲击区溃灭和缓释区溃灭;通过空化泡溃灭对壁面的冲击强度可以看出:空化泡第一次溃灭对壁面的冲击随着泡壁距离的增大而减小,但第二次溃灭对壁面的冲击则是先增大后急剧减小。泡壁距离小于1.33时壁面所承受的冲击以第一次溃灭为主,当泡壁距离介于1.33和2.37之间时壁面受到的冲击以第二次溃灭为主。

(2)空化泡的尺寸和距离是影响空化泡的溃灭方向和溃灭形态的主要因素。间距相当时,空化泡尺寸较大者对相邻空化泡的吸引作用更为强烈,空化泡最大半径较小者对相邻空化泡的吸引作用较弱。空化泡尺寸越大,间距越小,其挤压和拉伸现象越明显,溃灭方向性越强烈。相邻空化泡主要朝向尺寸较大者或距离较小者溃灭。

2.1.2 近壁空化泡溃灭壁面蚀损特性

当空化泡的溃灭出现在边壁一定距离范围内,固体边壁会受到空化泡溃灭冲击波和微射流的冲击作用,造成材料的空蚀破坏。空化泡溃灭方向与空化泡溃灭微射流的方向一致,可通过空化泡溃灭方向判断微射流对壁面是否存在冲击;空化泡的演变周期反映空化泡能量释放过程的快慢;通过高速摄影技术观测空化泡与可变性边界相互作用过程中空化泡溃灭方向和演变周期,由此反映空化泡溃灭对可变形边界的细观作用机制。通过以上细观层面的机制研究,来揭示宏观层面材料蚀损特性。

Milton S. Plesset 和 Andrea Prosperetti 对空化泡动力学问题进行了分类整理。Xu Weilin 等试验研究了空化泡和刚性边界附近空气泡的运动规律,获得了空气泡改变空化泡溃灭方向的临界条件,由此揭示了三者相互作用的矢量合成机制。Luo Jing 等研究了空化泡与气泡以及两空化泡之间的相互作用,发现气泡会对空化泡周期产生影响和多空化泡间的溃灭方向规律。A. M. Zhang 等研究了空化泡与自由表面相互作用的规律,获得了空化泡在自由表面下的溃灭方向规律。

空化泡与可变型材料相互作用多年以来备受关注。S. J. Shaw 等采用纹影摄影和 Mach - Zehnder 干涉测量技术,试验研究了两个相似尺寸的垂直气泡(上气泡和下气泡)和它们下面的薄弹性膜的相互作用,对观察到的现象进行了分类。G. N. Sankin 和 P. Zhong 测量了硅橡胶膜附近空化泡的冲击力,对冲击力的影响因素进行了讨论。Brujan 等试验研究了空化泡与弹性边界的相互作用及其对空化泡与边界距离的依赖关系,认为喷射行为是由弹性边界反弹引起的反作用力与 Bjerknes 吸引力向边界的相互作用产生的。D. C. Ginson 和 J. R. Blake 试验了几种不同的表面涂层,认为边界附近空化泡溃灭形式可用"惯性"和"刚度"来描述。S. W. Gong 等研究了火花产生的空化泡与双层复合梁之间的相互作用,数值模拟与试验观测结果吻合较好,表明空化泡溃灭时间受附近双层组合梁的影响较大。

以上研究无论是采用试验还是数值模拟的手段,对该问题的研究大多针对刚性壁面或是弹性薄膜,对于可变形边界附近空化泡的溃灭特性和空化泡溃灭对边界材料的蚀损影响研究较少。因此,作者利用水下脉冲放电技术诱发空化泡,通过高速摄影技术捕捉边界附近不同大小空化泡的溃灭过程,对溃灭方向和演变周期进行分析。在此基础上结合超声振动空蚀试验,观察分析边界材料的蚀损特性,为空蚀防控技术的发展和抗空蚀材料研究提供参考。

2.1.2.1 研究方法

水下脉冲放电诱发空化泡试验系统如图 2-16(a) 所示。220 V 交流电通过变压器升压后,经过硅堆整流,变成直流电,最大可达 30 kV,电荷能量储存于 500 kV 0.25 μF 的电容器中。当电容器储存的电量达到一定值时,置于水槽的电极间水体被击穿,其击穿能量使得电极中心形成空化泡。通过调节回路中的电阻阻值,控制放电脉宽,以改变放电强度,从而调节空化泡的大小。由于空化泡生长和溃灭时间较短且尺度较小,需借助高速摄像记录系统(Fastcam SA – Z)和微距镜头(Nikon IF Aspherical Macro)进行捕捉分析。由于高速动态采集分析系统和微距镜头对拍摄环境的光照条件要求严格,因此试验过程中必须借助发热量极低的冷光源补光。

研究细观层面空化泡与可变形边界相互作用的机制,需要借助宏观层面的超声振动空蚀试验加以验证。超声振动空蚀试验系统包括超声电发生器、压电式超声换能器、超声波聚能器及烧杯,如图 2-16(b) 所示。该试验系统基于 ASTM G32 – 16,可实现 10 ~ 100 kHz 频率和 0 ~ 500 W 功率调节。

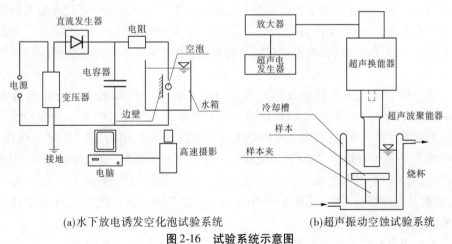

(a)水下放电诱发空化泡试验系统　　(b)超声振动空蚀试验系统

图 2-16　试验系统示意图

由于空化泡对外界温度和压力环境颇为敏感,因此细观层面的空化泡与可变性边界相互作用试验须在恒温恒压的环境中开展,试验所用透明玻璃水槽规格为 400 mm × 150 mm × 250 mm,水槽中水面的压强为大气压(94.77 kPa),水温在(25 ± 2)℃。试验采用杂质和气核含量极低的二次去离子水,其液面高度为 200 mm。水下放电电极位于液面以下 100 mm。可变形边界材料由硅水凝胶按照相关规范制成,具有较好的疏水性和稳定性,刚性边界材料采用 304 不锈钢,其表面经镜面抛光处理,壁面材料的力学特性见表 2-3。试验通过高速摄像机记录空化泡生长和溃灭的全过程。定义空化泡到边界的无量纲距离 $\gamma = D/R_{max}$,D 为空化泡中心到边界的距离(mm),R_{max} 为空化泡的最大半径(mm)。

表 2-3 边界材料参数

材料	硅水凝胶	304 不锈钢
尺寸(长 × 宽 × 厚)(mm × mm × mm)	30 × 30 × 10	30 × 30 × 10
拉伸弹模(MPa)	0.13	29 000
压缩弹模(MPa)	0.50	193 000

通过超声诱发空化云与不同属性的边界材料试样进行宏观层面的空蚀试验。烧杯液面高度(100.0 ± 2.0)mm,介质为去离子水,通过循环水冷系统可控制试验水温恒定在(25 ± 2)℃。试样固定在变幅杆辐射面下方,间距为(5.0 ± 0.1)mm。超声换能器工作频率为(20.0 ± 0.2)kHz,功率设置为 100 W。累计试验时间 4.5 h,每试验 0.5 h 取出试样,用酒精清洗,恒温烘干,在干燥器内静置 1 d 之后,用精度为 0.01 mg 的分析天平称重,共称 5 次,取质量平均值,绘制累积失重和失重速率曲线。

2.1.2.2 不同边界材料对空化泡溃灭方向的影响

通过改变空化泡中心到边界的距离和空化泡大小,控制无量纲距离 γ 为 0.79 ~ 1.81。

图 2-17 显示了刚性边界附近空化泡溃灭过程及强烈的趋避效应。当空化泡达到最大体积(见图 2-17 中 1),进入收缩阶段后,周围水体迅速填补由空化泡收缩产生的空缺。刚性边界的存在,使空化泡与刚性边界间的水体向空化泡中心方向运动速度慢于远离边界侧的水体(见图 2-17 中 2),远离边界的空化泡表面的运动快于近边界的表面(见图 2-17 中 3)。在远离边界侧产生指向边界的微射流(见图 2-17 中 4),微射流在空化泡溃灭的最后阶段刺穿空化泡表面,并冲击至刚性边界(见图 2-17 中 5、图 2-17 中 6),完成第一个溃灭周期。空化泡第二溃灭周期则直接发生在刚性边界,空化泡在边界出现回弹(见图 2-17 中 7、图 2-17 中 8)。

图 2-18 为可变形边界附近空化泡的溃灭过程,其中(a)组试验中的空化泡最大半径 6.00 mm,无量纲距离 γ = 1.30;(b)组试验中的空化泡最大半径 7.00 mm,无量纲距离 γ = 0.85。空化泡溃灭第一周期中,空化泡中心没有出现向边界运动的趋势(见图 2-18 中 $a_{1~4}$、$b_{1~4}$,空化泡形态较为对称,未出现明显微射流。这一过程中边界材料逐渐凸起。当无量纲距离较小时,边界材料凸起更加明显 b_5。空化泡发展至第二周期时,随着空化泡的二次膨胀,边界材料又逐渐恢复平整(见图 2-18 中 a_6、b_6)。此后空化泡逐渐消散,不再对边界产生明显影响(见图 2-18 中 $a_{7~8}$,$b_{7~8}$)。

空化泡对边界材料的作用主要发生在第一周期收缩过程中,如图 2-19 所示。随着空化泡的收缩,周围水体回流填充空缺,靠近边界侧的水体受到边界的阻滞,回流不及无边界侧。

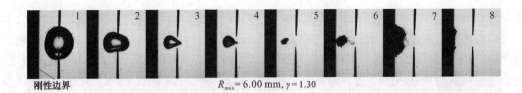

刚性边界 $R_{max} = 6.00$ mm, $\gamma = 1.30$

拍摄速率：200 000 fps，曝光时间：5 μs

图 2-17　刚性边界空化泡溃灭过程

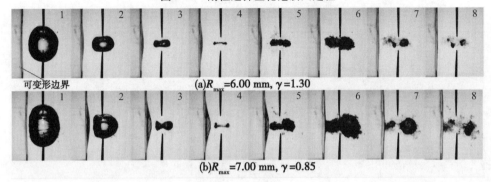

可变形边界   (a)$R_{max} = 6.00$ mm, $\gamma = 1.30$

(b)$R_{max} = 7.00$ mm, $\gamma = 0.85$

拍摄速率：200 000 fps，曝光时间：5 μs

图 2-18　可变形边界空化泡溃灭过程

可变形边界材料表面逐渐凸起，一定程度填补了靠近边界侧水体空缺，从而使空化泡在收缩过程中形态较为对称，没有出现微射流。在刚性边界和可变形边界影响下，空化泡呈现出截然不同的溃灭形态和方向。出现这种现象的成因如下：在刚性壁面的影响下，空化泡在收缩溃灭阶段，靠近边界一侧的水体受到固体边界的阻滞作用，而远离边界一侧的水体属于无界域，由此造成了空化泡收缩过程的不对称，因此远离边界一侧的空化泡表面收缩速度快于靠近边界一侧的空泡表面，最终形成了直接冲击壁面的微射流；可变形边界条件下，边界材料能够有较大的形变，可一定程度地弱化边界对水体回流的阻滞，进而弱化了空化泡收缩过程的不对称性，由此出现了空化泡中心未出现向壁面运动的趋势，更未出现明显的微射流。

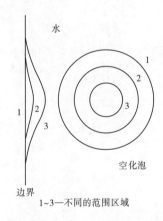

图 2-19　空化泡与可变形边界相互作用示意图

2.1.2.3　不同边界材料对空化泡演变周期的影响

将高速摄像记录系统采集到的照片转置成灰度图，区分空化泡对应灰度范围所占像素个数，结合像素标定出的实际大小，可得到空化泡演变过程中空化泡半径随时间的变化过程。图 2-20 所示曲线是由图 2-17 和图 2-18（a）空化泡的演变过程得到的。在 R_{max} 相同的情况下，可变形边界附近空化泡溃灭第一周期所用时间为 1 155 μs，第二周期所用时间为 550 μs；刚性边界附近空化泡溃灭第一周期所用时间为 1 275 μs，第二周期所用时间为 900 μs。可变形边界附近空化泡溃灭时间较刚性边界附近空化泡短，其中第一周期缩短了 9%，第二周期缩短了 40%。可变形边界附近空化泡收缩到最小半径为 1.17 mm，刚性边界附近空化泡收缩到最小半径为1.24 mm,两者非常接近。可变形边界附近空化泡的周期较短,反映出可变形边界附近空化泡表面的膨胀和收缩速率较刚性边界附近空化泡快。改变空化泡大小,得到第一周期溃灭时间与不同空化泡最大半径的关系,如图2-21所示。可变形边界附近空化泡的演变周期较刚性边界附近空化泡短。从趋势线可以看出,当R_{max}较小时,空化泡演变周期相差较小;随着R_{max}逐渐增大,空化泡演变周期的差别增大。

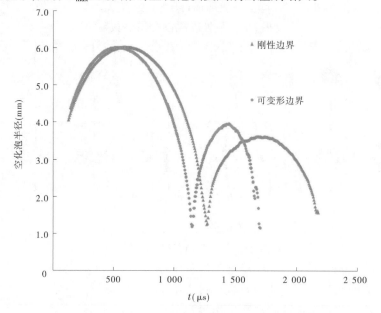

图2-20　空化泡半径随时间的变化过程

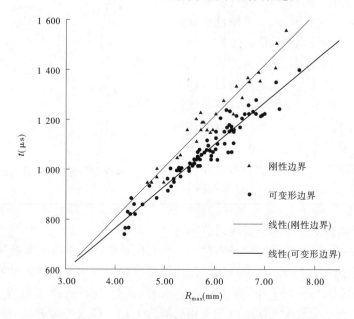

图2-21　空化泡最大半径与第一周期溃灭时间关系

　　与可变形边界相比,刚性边界附近空化泡演变周期变长,说明刚性边界对水体的阻滞作用减缓了空化泡表面膨胀和收缩过程,尤其在第二溃灭周期时,空化泡在刚性边界上,使演变周期进一步增长。而可变形边界对水体阻滞作用较弱,对空化泡表面的膨胀和收缩过程影响较小。空化泡溃灭周期越短,溃灭时冲击波或微射流会越强。可变形边界附近,空化泡溃灭时虽然没有向边界运动,但溃灭周期变短,空化泡溃灭产生的冲击波可能会对边界材料造成影响。

2.1.2.4 不同边界材料的蚀损特性

从细观分析可知,可变形边界附近空化泡在溃灭过程中,虽未朝向边界运动,但使边界材料出现较大形变,空化泡溃灭周期也有所变短。通过超声波诱发水体产生空泡云,使其直接作用在可变形边界材料上,从宏观探究可变形边界材料的空蚀特性。

累积空蚀量与时间的关系曲线如图 2-22 所示,刚性边界材料累积空蚀量先缓慢增加,1.5 h 后均匀增加,累积空蚀总量达到 72.60 mg。可变形边界材料累积空蚀量远少于刚性边界材料,其变化过程也较为均匀,累积空蚀总量只有 11.90 mg。

空蚀速率与时间的关系曲线如图 2-23 所示,刚性边界材料的空蚀速率变化较大,从开始时的 1.40 mg/h 逐渐增加到 18.58 mg/h。其空蚀速率经历孕育阶段、加速阶段和稳定阶段。在试验开始时材料表面光滑平整,抗空蚀性能较好,此时为孕育阶段;随着空蚀的进行,空蚀坑开始出现,材料表面随着空蚀坑逐渐增加而变得粗糙,其蚀损速率逐渐增加(0.5 ~ 1.5 h),此时为加速阶段;随着空蚀的进一步作用,表面粗糙程度达到相对稳定,蚀损速率也变得稳定(1.5 ~ 4.5 h),此时为稳定阶段。可变形边界材料的空蚀速率开始时较低,只有 2.20 mg/h,之后没有明显的加速阶段或拐点,空蚀速率一直保持着较低的水平。跟踪观察可变形材料表面较试验前一样光滑平整,未出现凹坑或破损。可变形边界材料静置在空气中会存在 1.00 mg/d 左右的自然失重,试验时间间隔为 1 d,试验至第 9 d 的累积失重为 11.90 mg。可变形边界材料的空蚀量实质为材料本身的自然失重造成的系统误差,可变形边界材料并未出现空蚀。因此,即使在空泡云的长时间作用下,可变形边界材料空蚀量依然很少。

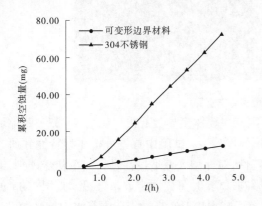

图 2-22 累积空蚀量与时间的关系曲线

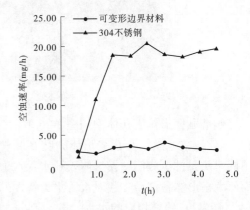

图 2-23 空蚀速率与时间的关系曲线

2.2 挑射水流空中运动形态特征

水利工程中挑流结合水垫塘是高坝工程普遍采用的消能方式,为实现充分消能和避免坝身下泄水流对水垫塘底板造成的较大冲击,要求水舌尽量分散,而狭窄河谷地区水舌横向扩散性受到限制,因此如何尽可能提高射流水舌的竖向和纵向分散度成为高山峡谷地区高坝工程消能的关键。影响挑射水流形态的因素主要为来流条件与泄洪流道出口的体型设计,而评价挑射水流消能特性的主要水力指标为下游水垫塘内的冲击压力特性,故本节对高坝挑射水流来流条件与出口收缩设计形式对水舌空中形态特征及其对水垫塘时均冲击压力特性进行系统研究。

2.2.1 研究方法

采用物理模型试验,结合某水电站 1∶70 的水工模型改建而成,模型采用有机玻璃制作。本试验主要在拱坝表孔出口侧墙安置对称楔形体,形成收缩式消能工,进而开展试验,研究其不同体型下的水舌特性,模型布置如图 2-24 ～ 图 2-26 所示。试验中,水舌入水长度采用光学原理测量,在大坝下游水垫塘右岸布置 290 cm×290 cm 坐标纸,在水垫塘左岸设置一固定点用于拍照,相机屏幕平面同坐标纸平面平行,照相点高程 1 745.03 m,距离坐标纸418.5 cm。

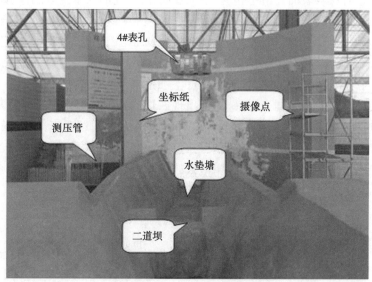

图 2-24　模型整体布置图

侧墙贴楔形体表孔体型如图 2-26 所示。则其主要体型参数有出口俯角 $\alpha=33°$、收缩坡比 $i=b/L$、收缩段长度 L、楔形体高度 H 和楔形体厚度 b。试验中首先分析体型特性并研究不同水头条件下侧墙贴楔形体表孔水舌水力特性,对体型大概适用性进行一个初步评判;继而研究楔形体各体型参数对水舌水力特性的影响,试验时可先固定 H、L 不变,取不同的 i 值(见图 2-27),研究相应的水舌形态、入水长度及下游水垫塘底板冲击压强等水力特性随 i 值改变而变化的规律,并尽可能找出流态好、水舌纵向扩散充分及水垫塘底板冲击压强小的 i取值范围;其次,固定 i、L 值不变,研究 H 值变化对水舌及水垫塘底板冲击压强特性的影响,在可能的条件下尝试找到较优的楔形体高度 H 取值方法;然后,固定楔形体高度 H 和收缩坡 i,变化收缩段长度 L(见图 2-28),研究 i 和 H 一定时,水舌水力特性随收缩段长度变化的规律,如能找到合适的收缩段长度的取值方法,结合以上的 i 和 H 的确定,则对于出口俯角

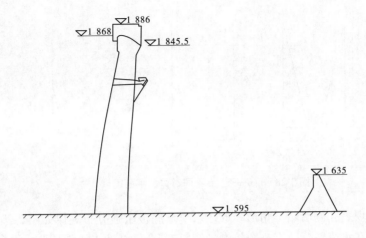

图 2-25 坝轴线剖面图

一定条件下的高拱坝侧墙贴楔形体体型便能唯一确定。

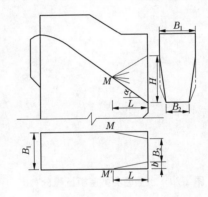

图 2-26 侧墙贴楔形体表孔体型

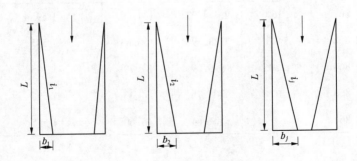

图 2-27 L、H 一定，i 不同时体型平面图

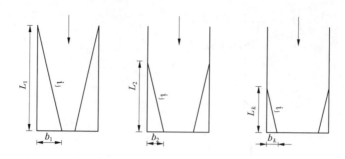

图 2-28　*i*、*H* 一定，*L* 不同时体型平面图

试验测得高拱坝表孔侧墙贴三角形楔形体水垫塘底板压强分布规律如图 2-29 所示，水垫塘底板冲击压强在水流跌落区有一个较大的峰值，其余区域冲击压强均要小得多，而工程当中往往也主要关系水流冲击区的最大冲击压强的大小，因此本书在研究水垫塘底板冲击压强时主要针对水垫塘底板最大冲击压强来对楔形体各体型参数进行评价。本次试验水头流量条件如表 2-4 所示，主要做了 5 个上游水头和一个下游水垫塘水位的试验。试验体型参数组合共 96 个体型。

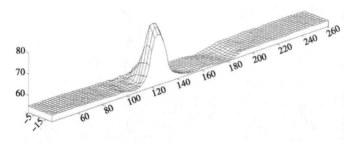

图 2-29　水垫塘典型底板压强分布图

表 2-4　试验水头条件

库水位 （m）	堰顶高程 （m）	堰顶水头 （m）	流量 （m³/s）	单宽流量 （m³/s）	水垫塘底板高程 （m）	下游水位 （m）
1 884	1 868	16	1 474.97	134.09	1 595	1 640
1 882.6	1 868	14.6	1 282.96	116.63	1 595	1 640
1 880.06	1 868	12.06	959.09	87.19	1 595	1 640
1 878	1 868	10	708.76	64.43	1 595	1 640
1 876	1 868	8	501.64	45.60	1 595	1 640

2.2.2　挑射水流空中水舌形态变化规律

为了能够实现消能效果好、水垫塘底板冲击压强小，挑流水舌应该充分拉伸，而且均匀入水、流态稳定。入水长度能够在一定程度上量化反映水舌的拉伸程度，而对于相同的入水长度,水舌的厚度、均匀性不同,则消能效果和水垫塘底板最大冲击压强也不同。本节对不同来流条件与出口体型在对挑射水舌空中形态特征的影响规律进行系统研究。

2.2.2.1 水头对水舌入水长度及扩散形态的影响规律

图 2-30 为楔形体厚度 $b=2.5$ m,楔形体高度 $H=13$ m,不同收缩段长度 L 时入水长度随水头的变化规律,其中图 2-30(a)为入水长度 l 随上游水头 h 的变化规律,可以看出入水长度 l 随着上游水头 h 的增加而增加,但是由图 2-30(b)相对入水长度 l/h 随上游水头 h 的变化规律可知,随着上游水头 h 的增加,相对入水长度呈曲线型减小规律,高水头时水舌的纵向拉伸程度要低于低水头时。同时,收缩段长度不同时,相同水头条件下的水舌入水长度也不同。

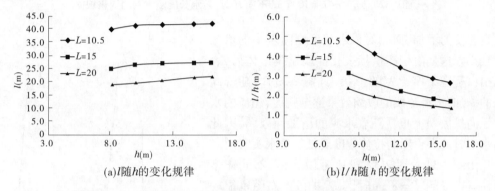

(a)l随h的变化规律   (b)l/h随h的变化规律

图 2-30 $b=2.5$ m,$H=13$ m,不同 L 时,入水长度随水头的变化规律

图 2-31 为收缩段长度 $L=10.5$ m,楔形体高度 $H=13$ m,不同楔形体厚度时,入水长度随上游水头的变化规律。同样的,入水长度 l 随水头 h 的增加都有增加的趋势,但是随着 h 的增加,水舌相对扩散程度在降低。从图 2-31 同样可以看出,表孔出口宽度不同时,水舌的入水长度也不一样。

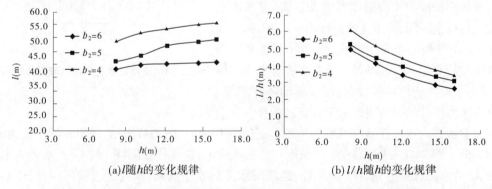

(a)l随h的变化规律   (b)l/h随h的变化规律

图 2-31 $L=10.5$ m,$H=13$ m,不同 b 时,入水长度随水头的变化规律

如图 2-32 所示为楔形体厚度 $b=3$ m,收缩段长度 $L=10.5$ m,不同楔形体高度 H 时,入水长度随水头的变化规律。同样的,不同楔形体高度下,水舌入水长度均随上游水头的增加而增加,相对入水长度随水头的增加而减小。由图 2-32 也可以看出,楔形体高度不同时,水舌入水长度也不同,楔形体高度越大,水舌入水长度 l 越长。

综合图 2-30 ~ 图 2-32 可知,不同体型条件下,水舌入水长度均随上游水头的增加而有

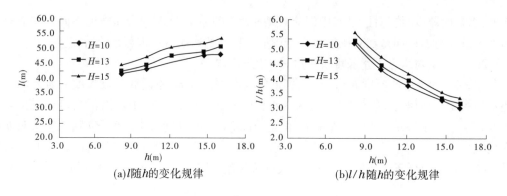

(a)l随h的变化规律　　　　　　　　(b)l/h随h的变化规律

图2-32　$b=3$ m，$L=10.5$ m，不同H时，入水长度随水头的变化规律

一定程度的增加，而相对入水长度则随水头的增加
而减小。这是由于高拱坝表孔侧墙贴楔形体后，表
孔出口呈现下窄上宽的形状（见图2-33）。随着高
程的增加，水流流线的收缩效果逐渐趋缓，相应的水
舌纵向扩散程度也就随着水深的增加而减弱，因此
高水头时的水舌纵向拉伸程度要低于低水头时。

　　由图2-34～图2-37对比可以看出，不同体型
时，$h=16$ m和$h=8$ m时，水舌扩散形态图也能较
好地反映这一特性，即不同体型条件下，水舌入水长
度均随上游水头的增加有不同程度的增加，但是水
舌的拉伸程度却在减弱。

2.2.2.2　收缩坡对水舌入水长度及扩散形态的影响规律

　　收缩段长度L和楔形体厚度b不同，楔形体水
舌水力特性也不同，若定义收缩坡为$i=b/L$，则b和
L两者之中任何一个量的变化，则实际上就是楔形
体收缩坡的变化，而收缩坡的不同，边墙对水流的作
用不同，水流流线也不同，因此研究楔形体收缩坡i

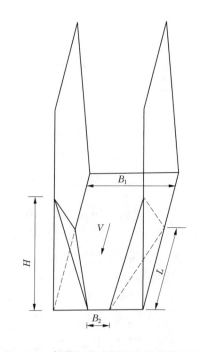

图2-33　高拱坝表孔侧墙贴楔形体结构

对水舌水力特性的影响规律对于体型选择有十分重要的意义。

　　试验水舌入水长度随收缩坡i的变化规律如图2-38～图2-47所示，图中h的单位为m。
由图2-38～图2-47可知，当收缩段长度一定的条件下，楔形体收缩坡i较小时，水舌入水长
度较大，入水比较集中，随着i的增加，边墙对水流的收缩变陡，水流受边墙挤压，两边水流
流线的夹角也在增大，水流挑离孔口后的冲击波交汇点也相应往上游移动（见图2-48），水
舌纵向拉伸就更加剧烈，入水时更加分散，因此相应的入水长度也就有所增加。但是，当i
增大到一定程度后，由于楔形体在立面上也存在收缩，当底部收缩过窄时，底部水流受到的
挤压作用强，水舌拉伸较充分，但同时由于底部分流也相对较小，相应的上部水流所占的量
相应在加大，而上部水流受到边墙的挤压作用较小，分散效果较差，因此高水位时，水舌总体
入水长度有一定增加，但是水舌分散效果却在变差。水舌在空中的断面形态和入水形态分

别如图 2-49(a)和图 2-50 所示。而收缩坡 i 较为合适时,水舌被均匀拉伸,水舌空中断面形态和入水形态如图 2-49(b)和图 2-51 所示。由图 2-52、图 2-53 也可以看出如上规律。上游水头为 16 m,收缩段长度为 10.5 m,楔形体高度为 13 m,当收缩坡 i 为 0.238 时,水舌能够获得一定的纵向拉伸,但是拉伸并不充分,当 i 增大到 0.286 时,水舌能够较为充分均匀地拉开,而当 i 继续增大到 0.419 后,便会出现典型的如图 2-51 所示的头部肥大而尾部纤细的入水形态,总体水舌分散效果不理想。上游水头为 8 m,收缩段长度为 10.5 m,楔形体高度为 13 m,收缩坡分别为 $i = 0.238$、0.286、0.419 时的水舌扩散形态,由图 2-53 可知,在三个收缩坡时,水舌都获得了较好的纵向拉伸效果。

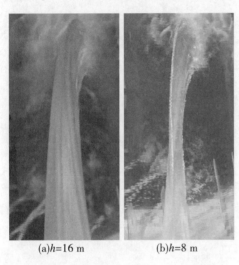

(a)h=16 m　　　　(b)h=8 m

图 2-34　体型 37,不同 h 时水舌

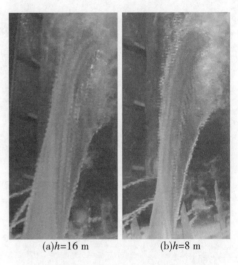

(a)h=16 m　　　　(b)h=8 m

图 2-35　体型 55,不同 h 时水舌

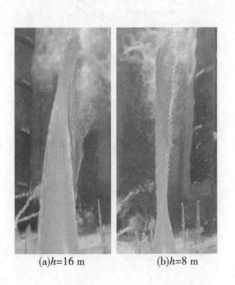

(a)h=16 m　　　　(b)h=8 m

图 2-36　体型 17,不同 h 时水舌

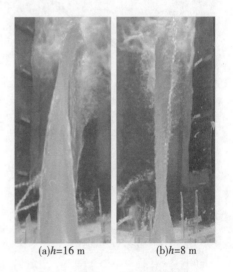

(a)h=16 m　　　　(b)h=8 m

图 2-37　体型 36,不同 h 时水舌

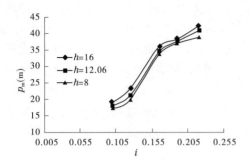

图 2-38　$L = 20$ m，$H = 18$ m

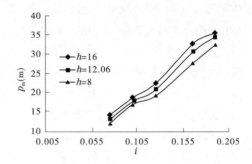

图 2-39　$L = 20$ m，$H = 15$ m

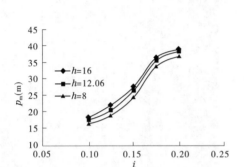

图 2-40　$L = 20$ m，$H = 13$ m

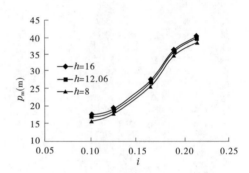

图 2-41　$L = 20$ m，$H = 10$ m

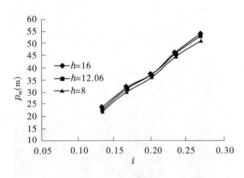

图 2-42　$L = 15$ m，$H = 15$ m

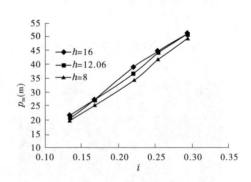

图 2-43　$L = 15$ m，$H = 13$ m

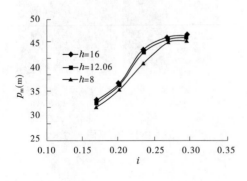

图 2-44　$L = 15$ m，$H = 10$ m

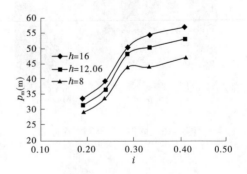

图 2-45　$L = 10.5$ m，$H = 18$ m

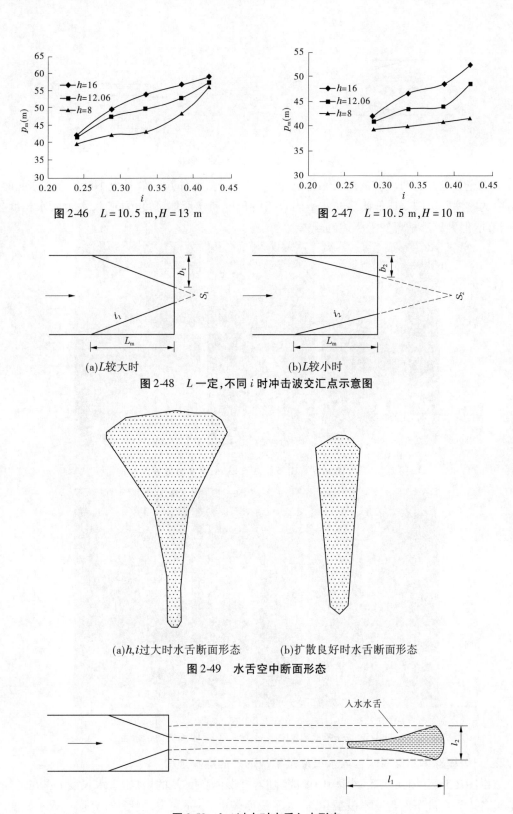

图 2-46 $L = 10.5$ m, $H = 13$ m

图 2-47 $L = 10.5$ m, $H = 10$ m

(a)L较大时　　　　　　　(b)L较小时

图 2-48 L 一定,不同 i 时冲击波交汇点示意图

(a)h,i过大时水舌断面形态　　(b)扩散良好时水舌断面形态

图 2-49 水舌空中断面形态

图 2-50 h、i 过大时水舌入水形态

因此,水舌要获得较好的纵向拉伸效果,存在一个较优的收缩坡范围,收缩坡过小,水舌

入水水舌

l_2

l_1

图 2-51　扩散良好水舌入水形态

将不能充分拉伸;而收缩坡过大,水舌拉伸均匀性不好,整体拉伸效果也不好。在高水头时,适应的收缩坡范围要比低水头时小。当收缩段长度和楔形体高度不同时,水舌入水长度各不相同,但大致都呈现如上所述的规律。

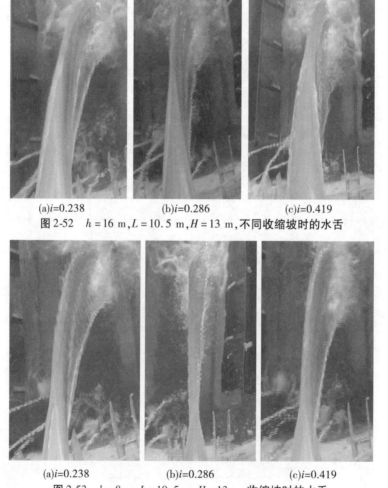

(a)$i=0.238$　　　　(b)$i=0.286$　　　　(c)$i=0.419$

图 2-52　$h=16$ m,$L=10.5$ m,$H=13$ m,不同收缩坡时的水舌

(a)$i=0.238$　　　　(b)$i=0.286$　　　　(c)$i=0.419$

图 2-53　$h=8$ m,$L=10.5$ m,$H=13$ m,收缩坡时的水舌

2.2.2.3　楔形体高度对水舌入水长度及扩散形态的影响规律

由图 2-54 可知,$L=25$ m,$i=0.08$ 时,随着楔形体高度 H 的增加,入水长度 l 也在增加,但是各水头条件下水舌基本没被拉伸,入水长度较小,不同水头、楔形体高度时,入水长度均小于 14 m。收缩段长度不变,当增加收缩坡 i 至 0.134 时,由图 2-55 所示,各水头条件下,水舌均得到了一定拉伸,但是拉伸依然不充分,因此入水长度同样相对较小。水舌入水长度

随着楔形体高度 H 的增加呈现曲线型增长趋势,当 $H = 10$ m 时,入水长度较小,而当 H 增大到 13 m 时,水舌入水长度迅速增加,而当 H 大于 15 m 后,水舌入水长度增长又大大放缓。

由图 2-56 ~ 图 2-59 可知,不同的收缩段长度和收缩坡时,水舌入水长度随楔形体高度的增加均呈现曲线型增长的趋势。当 H 小于一定值时,水舌入水长度较小,入水比较集中;当 H 增大到一定值后,水舌入水长度迅速增加,而之后继续增大楔形体高度对增大入水长度效果变差,而且这种趋势在 h 较大时更明显。这是由于当楔形体高度较小,而上游水头、单宽流量较大时,楔形体收缩段水深也相应比较大,而当水深过大时,楔形体边墙对水流的挤压作用减弱,水舌拉伸效果就变差。但是,当楔形体高度增大到一定程度后,整股水流都能得到较好的纵向拉伸,继续增大楔形体高度,对加强水舌拉伸效果不明显。而且当楔形体高度增大到一定程度后,继续加大楔形体高度,水流流态变差,出现水翅,从施工设计的角度考虑,楔形体高度也不宜过大。因此,楔形体高度有一个较为适宜的取值范围,H 过大,流态变差,不经济;H 过小,水舌不能充分拉伸,得不到较好的消能和降低水垫塘底板最大冲击压强的效果。

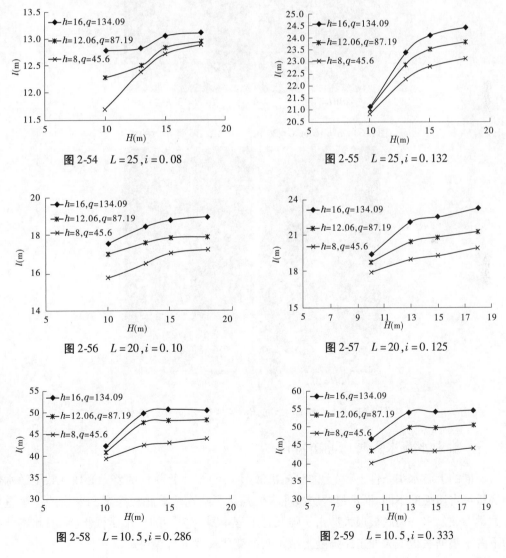

图 2-54　$L = 25, i = 0.08$　　　　　　　　图 2-55　$L = 25, i = 0.132$

图 2-56　$L = 20, i = 0.10$　　　　　　　　图 2-57　$L = 20, i = 0.125$

图 2-58　$L = 10.5, i = 0.286$　　　　　　　图 2-59　$L = 10.5, i = 0.333$

图 2-60 ~ 图 2-63 也能较形象地反映上述规律。收缩段长度 $L=25$ m 而收缩坡为 $i=0.132$，上游水头 $h=16$ m 条件下，楔形体高度为 13 m 和 10 m 时，水舌都未能得到拉伸；而 $h=8$ m 时，水舌得到了一定拉伸，但拉伸并不充分。当收缩段长度 $L=10.5$ m，收缩坡为 $i=0.286$，上游水头 $h=16$ m 条件下，当楔形体高度 $H=10$ m 时，水舌得到了一定纵向拉伸，但是拉伸没有 $H=13$ m 和 $H=18$ m 时充分；而在上游水头 $h=8$ m 条件下，三个楔形体高度时，水舌都得到了较充分的纵向拉伸，但是当 $H=18$ m 时，水舌出现微弱的水翅，因此楔形体高度不宜过大。

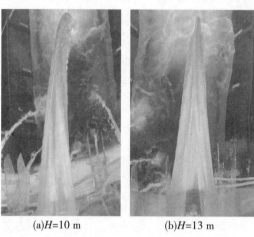

(a)$H=10$ m　　　　　　　(b)$H=13$ m

图 2-60　$h=16$ m,$L=25$ m,$i=0.132$,不同 H 时的水舌

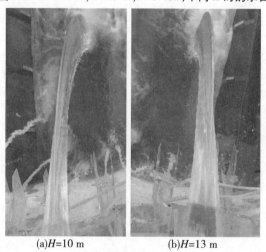

(a)$H=10$ m　　　　　　　(b)$H=13$ m

图 2-61　$h=8$ m,$L=25$ m,$B_2=4.4$ m,不同 H 时的水舌

2.2.3　挑射水流水舌时均冲击特性

不同的上游水头条件下,水舌的纵向扩散形态不同,水舌特性的差异必然导致下游水垫塘底板冲击压强的不同,而水垫塘底板冲击压强是影响水垫塘底板稳定和安全的一个重要水力学参数。水垫塘底板最大冲击压强又是工程中最为关心的一个压强指标,因此本节将对下游水垫塘底板最大冲击压强随上游水头的变化规律进行探讨。

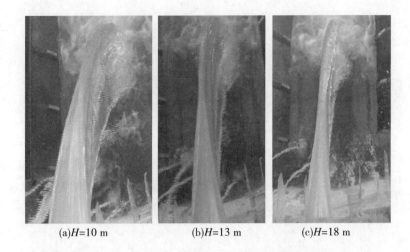

(a)$H=10$ m   (b)$H=13$ m   (c)$H=18$ m

图 2-62 $h=16$ m,$L=10.5$ m,$i=0.286$,不同 H 时的水舌

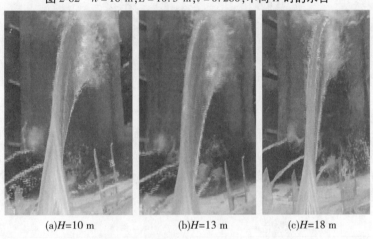

(a)$H=10$ m   (b)$H=13$ m   (c)$H=18$ m

图 2-63 $h=8$ m,$L=10.5$ m,$i=0.286$,不同 H 时的水舌

2.2.3.1　水头对挑射水流时均冲击特性的影响规律

图 2-64 为楔形体 $b=2.5$ m、高度 $H=13$ m,不同收缩段长度时,水垫塘底板最大冲击压强 p_m 均随上游水头 h 的增加而呈曲线型增大。当 h 较小时,p_m 随 h 的增加而增大相对较为缓慢;随着 h 的逐渐增大,最大冲击压强 p_m 随 h 增加的速度逐渐加快。同时,在相同的上游水头条件下,收缩段长度 L 较小时,最大冲击压强 p_m 更大,且随着 h 的增加,不同 L 对应的最大压强相差更大。在收缩段长度和楔形体厚度一定的条件下,收缩段长度越大,水垫塘底板冲击压强要更大,这种差距在高水位条件下更加明显。

图 2-65 为收缩段长度 $L=10.5$ m、楔形体高度 $H=13$ m,不同楔形体厚度时,p_m 随 h 的变化规律,由图 2-65 可知,不同楔形体厚度时,水垫塘底板冲击压强同样均随上游水头的增加而呈曲线型增长的趋势。当 h 较小时,p_m 随 h 的增加而增大相对较为缓慢;随着 h 逐渐增大,最大冲击压强 p_m 随 h 增加的速度逐渐加快。同时,楔形体不同,水垫塘底板冲击压强也不同,该三个楔形体厚度条件下,$b=3.5$ m 时的水垫塘底板最大冲击压强小于 $b=3$ m 时的水垫塘底板最大冲击压强小于 $b=2.5$ m 时的水垫塘底板最大冲击压强。

图 2-66 为 $L=10.5$ m,$H=13$ m,不同 H 时,p_m 随 h 的变化规律,不同的楔形体高度时,

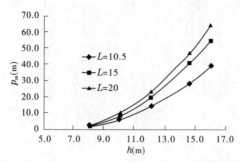

图 2-64 $b=2.5$ m, $H=13$ m,不同 L 时, p_m 随 h 的变化规律

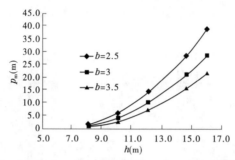

图 2-65 $L=10.5$ m, $H=13$ m,不同 b 时, p_m 随 h 的变化规律

水垫塘底板最大冲击压强 p_m 均随上游水头 h 的增加而呈曲线型增大。同样的,当 h 较小时, p_m 随 h 的增加而增大相对较为缓慢;当 h 增加到一定值后,最大冲击压强 p_m 迅速增大。在相同的上游水头条件下,随着楔形体高度 H 的增加,最大冲击压强 p_m 有减小的趋势,且 h 较大时,这种趋势更加明显。

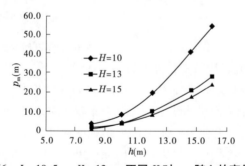

图 2-66 $L=10.5$ m, $H=13$ m,不同 H 时, p_m 随 h 的变化规律

不论是变化收缩段长度,还是变化楔形体高度和厚度,水垫塘底板最大冲击压强均随上游水头的增加而呈曲线型增加。 h 较小时, p_m 随 h 的增加而增加较为缓慢,当 h 增大到一定值后, p_m 随 h 的增加迅速增加。由此说明,对于一定的体型均有一个适宜的水头适用范围,当水头过高时,水垫塘底板冲击压强迅速增大,体型不再适用。

2.2.3.2 收缩坡对挑射水流时均冲击特性的影响规律

图 2-67 是收缩段长度 $L=20$ m,楔形体高度 $H=18$ m 时,随着收缩坡比 i 的增加,水垫塘底板最大冲击压强 p_m 呈现先减小后增大的趋势,而且这种趋势在水头较高时尤为明显。这是因为当收缩坡比 i 较小时,边墙对水流没有起到一个较好的挤压收缩效果,挑流水舌不

能在纵向上充分扩散,入水较集中,水垫塘底板最大冲击压强也就比较大。随着 i 的增大,边墙对水舌的收缩效果加强,挑流水舌纵向扩散更加充分,入水相对分散,水垫塘底板最大冲击压强也相应地减小。但是,当 i 继续增大到一定值后,水舌总体拉伸效果反而不好,相应的最大冲击压强也就比较大,而且这种趋势在水头较大时尤为明显。之后,继续加大收缩坡时,水舌入水长度虽然也会有微弱的增加,但是增加的主要是尾部的分散水舌,而头部的水流量将继续增加,水垫塘底板冲击压强只会越来越大。因此,对于一定的收缩段长度和上游水头时有一个适宜的收缩坡取值范围,在该范围内水舌纵向拉伸充分,入水分散,水垫塘底板冲击压强相对较小。

由图 2-67 ~ 图 2-70 可知,收缩段长度 $L = 20$ m,而楔形体高度 H 不同时,水垫塘底板冲击压强随出口收缩坡比 i 也呈现相似的规律:即 p_m 随收缩坡比 i 的增加均呈现先减小后增大的趋势,而且收缩坡比均在 $0.13 \sim 0.2$,水垫塘底板冲击压强 p_m 值相对较小。

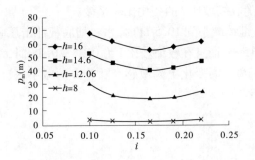

图 2-67　$L = 20$ m,$H = 18$ m

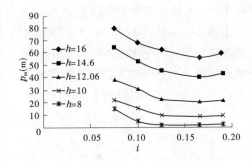

图 2-68　$L = 20$ m,$H = 15$ m

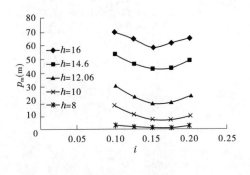

图 2-69　$L = 20$ m,$H = 13$ m

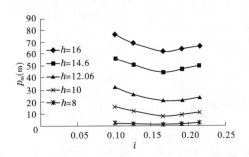

图 2-70　$L = 20$ m,$H = 10$ m

由图 2-71 ~ 图 2-73,收缩段长度 $L = 15$ m,楔形体高度分别为 15 m、13 m、10 m 时,水垫塘底板冲击压强 p_m 随出口收缩坡比 i 的变化规律发现,随着 i 的增大,p_m 也呈现先减小后增大的规律,而且同样在高水头时,这种趋势更明显。收缩坡比 i 大概在 $0.18 \sim 0.27$,水垫塘底板冲击压强相对较小。

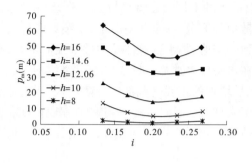

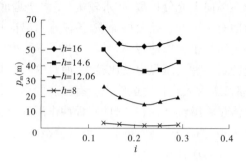

图 2-71　$L=15$ m, $H=15$ m

图 2-72　$L=15$ m, $H=13$ m

相比于收缩段长度为 $L=20$ m,收缩段长度为 $L=15$ m,楔形体高度为 15 m 和 13 m 时,在水头 h 比较大时,p_m 随 i 的变化更陡,当楔形体高度 $H=10$ m 时,不论收缩段长度为 20 m 还是 15 m,水垫塘底板冲击压强 p_m 均较大,且随收缩坡比 i 的变化比较平缓。

由图 2-74 ~ 图 2-77 可知,当收缩段长度 L 继续减小到 10.5 m 时,水垫塘底板冲击压强 p_m 随收缩坡比 i 的变化规律同 $L=20$ m 和 $L=15$ m,而且在收缩坡比 i 为 0.28 ~ 0.38 时,水垫塘底板最大冲击压强比较小。但高水位时 p_m 随 i 的变化更趋敏感。随着 L 的减小,较优收缩坡比 i 时对应的底板最大冲击压强也有所减小。

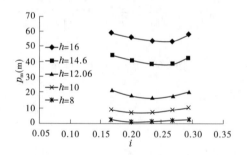

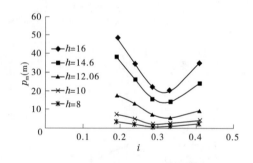

图 2-73　$L=15$ m, $H=10$ m

图 2-74　$L=10.5$ m, $H=18$ m

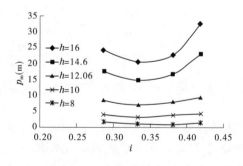

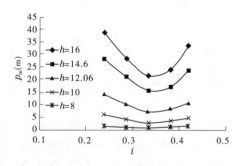

图 2-75　$L=10.5$ m, $H=15$ m

图 2-76　$L=10.5$ m, $H=13$ m

如图 2-78 所示,收缩段长度减小到 8 m,而楔形体高度为 13 m 时,水垫塘底板最大冲击

压强 p_m 同样随着收缩坡比 i 的增加先减小后增大，p_m 较小时对应的收缩坡比增大到 $0.37 \sim 0.5$。

比较相同收缩段长度，而不同楔形体高度时的水垫塘底板最大冲击压强，发现在收缩段长度 L 一定、较佳出口收缩坡比 i 时，随着楔形体高度 H 的减小，水垫塘底板压强缓慢增加，但是当 H 减小到一定值后，水垫塘底板冲击压强将随楔形体高度的减小而迅速增大；比较不同收缩段长度时水垫塘底板最大冲击压强 p_m 随出口收缩坡比 i 的变化规律发现，随着 L 的减小，水垫塘底板最大冲击压强 p_m 较小时的收缩坡比有增大的趋势。

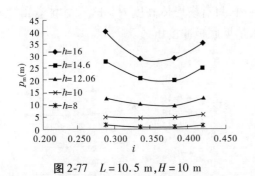

图 2-77 $L = 10.5$ m, $H = 10$ m

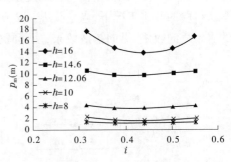

图 2-78 $L = 8$ m, $H = 13$ m

2.2.3.3　楔形体高度对挑射水流时均冲击特性的影响规律

图 2-79 为收缩段长度 $L = 25$ m，收缩坡比 $i = 0.08$ 时，当堰上水头 h 较大时，水垫塘底板最大冲击压强 p_m 随楔形体高度 H 的增加而呈曲线型减小，楔形体高度由 10 m 增加到 13 m 时，水垫塘底板最大冲击压强 p_m 减小比较迅速，当继续加大 H 时，p_m 也有所减小，但是减小的速度趋缓；而 h 较小时，上述趋势并不明显，水垫塘底板最大冲击压强随楔形体高度 H 的变化相对较平缓，当 $h = 8$ m 和 $h = 10$ m，不同的楔形体高度时，水垫塘底板冲击压强都比较小。

收缩段长度 L 不变，收缩坡比 i 增大到 0.132（见图 2-80）时，p_m 随楔形体高度 H 的变化规律同上述（见图 2-79）规律相似，同时 p_m 随 H 的变化更加明显，说明收缩坡较大时，楔形体高度对水垫塘底板压强的影响要大于收缩坡较小时；当增大收缩坡比 i 时（见图 2-83），水垫塘底板最大冲击压强 p_m 随楔形体高度 H 的变化规律同上述（见图 2-79）相似，水垫塘底板冲击压强要更小，但是其随楔形体高度 H 的变化规律依然同（见图 2-79）相似，而且趋势更加明显。可以发现，收缩坡比 i 较大时，楔形体高度对水舌纵向拉伸程度和水垫塘底板最大冲击压强的影响要大于 i 较小时。

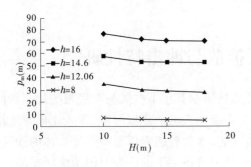

图 2-79 $L = 25$ m, $i = 0.08$

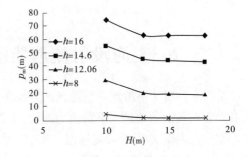

图 2-80 $L = 25$ m, $i = 0.132$

因此,高拱坝表孔侧墙贴三角形楔形体形成的收缩式消能工,在工作水头 h 较大时,要获得一个较好的水舌收缩效果,以减小水垫塘底板最大冲击压强,对于不同的流量和水头范围,有一个适宜的楔形体高度 H 的取值范围。当楔形体高度 H 大于该范围,楔形体对水舌的收缩效果不再明显加强,对减小水垫塘底板冲击压强意义不太大,从经济的角度考虑,已没有必要继续加大楔形体高度;当楔形体高度 H 小于该范围时,楔形体不能很好地收缩水舌,水垫塘底板冲击压强会比较大,无法满足消能、安全要求。由图 2-79 ~ 图 2-84 可知,就本组试验的几个工况下,当楔形体高度小于 13 m 时,水垫塘底板冲击压强将迅速增大,因此在本次试验的几组工况下,当水头 $h > 12.06$ m 时,只有楔形体高度 $H > 13$ m 才能获得比较好的水舌横向收缩,纵向扩散效果,从而减少水垫塘底板冲击压强。

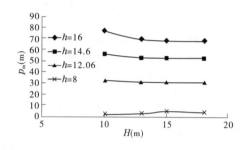

图 2-81　$L = 20$ m, $i = 0.1$

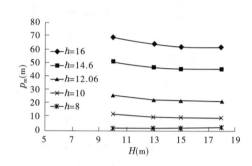

图 2-82　$L = 20$ m, $i = 0.125$

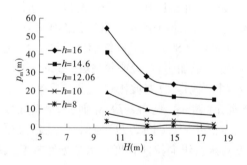

图 2-83　$L = 10.5$ m, $i = 0.286$

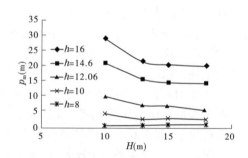

图 2-84　$L = 10.5$ m, $i = 0.333$

2.3　淹没射流消能区扩散与冲击特性研究

挑射水舌对于下游泄洪消能区的入流条件直接影响其水下扩散与对底板的冲击作用,挑射水舌在空中运动进入下游消力池前,水舌形态影响入流的水股厚度,即入流单宽流量,水舌空中运动落差影响入流速度,即入流冲击动能,水舌破裂程度影响入流水体的掺气浓度,导致入流密度与纯水存在差异。本节针对可控来流条件下的淹没射流消能区扩散与冲击特性研究,研究掺气对射流水力特性的影响,包括不同流速、射流水股厚度与掺气浓度对射流水下扩散及速度衰减特性的影响,以及射流冲击时均压力与脉动压力对来流条件的响应特性。

2.3.1　研究方法

高速射流冲击试验在四川大学水力学与山区河流开发保护国家重点试验室进行。试验的玻璃水槽长 3.5 m、宽 25 cm、高 80 cm,如图 2-85 所示。

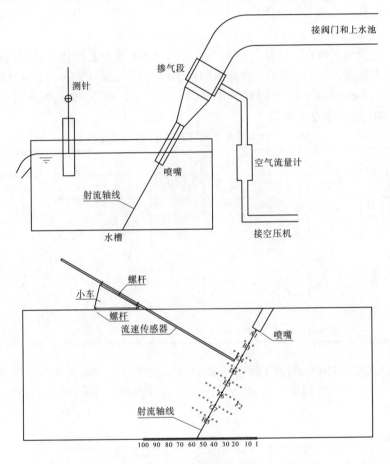

图 2-85　试验装置示意图

射流来流段采用有机玻璃制作,装有一可精确调节流量的阀门,进而控制流速,水槽末端后 10 m 处安装三角堰,用以准确量测每个工况下的水流量。射流入射角为 60°,喷嘴形状为矩形,出流宽度 B 为 22 cm,射流的喷嘴开度 b_0 为 2 cm、3 cm 及 4 cm。掺气段的气体由空气压缩机供给,在空气压缩机和掺气段中间安装了玻璃转子流量计来准确控制气体流量,气体经掺气段微孔板(直径为 1 mm)压入射流中,射流入水断面平均掺气浓度变化范围为 2% ~ 30%。

试验中对掺气流速的测量,采用 CQY – Z8a 型针式掺气流速仪,探针远远小于旋桨,便于精确定位。它通过掺气探针测得掺气水体中的气泡信号后通过相关运算进而得到速度值的大小,是研究掺气水流的有效测量设备。探针由直径为 0.7 mm 的不锈钢管和其中的铂金丝共同形成一组针形电极。当针尖捕捉到气体时,信号反馈数值 1,而当针尖捕捉到水时信号则反馈为 0。

为详细研究掺气射流沿轴线方向流速的衰减情况,在玻璃水槽上沿轴线方向每隔6 cm布置共8个断面,第一个断面位于喷嘴出口后沿射流轴线方向1 cm处。每个断面每隔2 cm布置一个测点,每个断面上测点编号以方向向左上角为正递增。测点数因为各个工况下"气墙"(掺气射流进入水垫后与周围水体明显的分界范围)厚度不一样而不同。在水槽顶端安装了滑道来固定小车。通过调节小车的位置和流速传感器的长短来精确定位,使得针式掺气流速仪的探针顶端与测点重合。限于针式掺气流速仪的工作原理:利用前后设置的2个掺气探针,测量分析掺气气泡信号的相关关系,得出流速。

为系统研究掺气射流在不同掺气浓度下沿射流轴线流速的衰减情况及射流冲击区对应水槽底板的压力特性,试验共做了3种流量($Q = 10.35$ L/s、14.42 L/s 和 19.33 L/s),3种喷嘴开度(2 cm、3 cm 和 4 cm),5种掺气浓度($C_a = 2$、5%、10%、15%、20% 及 30%),共计39个工况,详细列表如表2-5所示。

表2-5 试验工况组合列表("√"表示已做)

喷嘴开度 流量(L/s)	2 cm			3 cm			4 cm	
	10.35	14.42	19.33	10.35	14.42	19.33	14.42	19.33
$C_a = 2\%$	√	√	√	√	√	√	√	√
$C_a = 5\%$	√	√	√	√	√	√	√	√
$C_a = 10\%$	√	√	√	√	√	√	√	√
$C_a = 15\%$	√	√	√	√	√	√	√	√
$C_a = 20\%$	√	√		√	√		√	
$C_a = 30\%$	√			√				

为详细研究掺气对压力特性的影响,在试验水槽底部射流冲击区布置了紧密的压强测点(50 cm的冲击范围内每隔0.5 cm布置一个测点,共计100个压力测点),如图2-86所示。

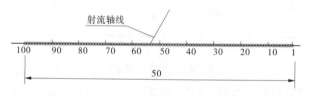

图2-86 压力测点布置详图

2.3.2 射流水下扩散及衰减规律

2.3.2.1 射流流速断面分布特征

图2-87~图2-94为三种喷嘴开度(2 cm、3 cm、4 cm)下各流量、各掺气浓度下实测流速分布图。在各图中,某测点沿射流轴线方向到对应流速分布线的距离代表了该点沿射流轴线方向流速的大小,以工况为$Q = 19.33$ L/s,$b_0 = 3$ cm 开度,$C_a = 15\%$ 掺气浓度下流速分布为例,可以直观看到的结论:可以明显看出掺气射流流速沿射流轴线方向明显呈现递减趋势,越接近喷嘴,射流轴线对应测点流速值越大;越远离喷嘴,流速值越小。对于某特定断面,射流轴线对应测点上的流速值最大,沿轴线两边流速递减,越靠近喷嘴,这种递减趋势越

明显;越远离喷嘴,断面上的流速也越坦化。同时,射流轴线下游测点对应的流速值稍大于射流轴线上游对应的流速值。而对于整体而言,一定流量、一定喷嘴开度下,掺气浓度越大,各断面流速衰减得越快,某特定断面上的流速分布也就越均匀;一定流量下,喷嘴开度越大,流速自然越小,而各个断面上的流速分布也越均匀;一定喷嘴开度下,掺气浓度越大,掺气水流的扩散范围也越大。

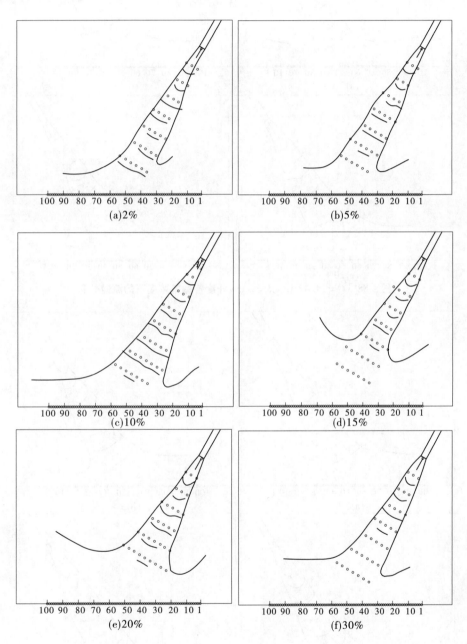

图 2-87　$Q = 10.35$ L/s,$b = 2$ cm 开度各掺气浓度下的流速分布

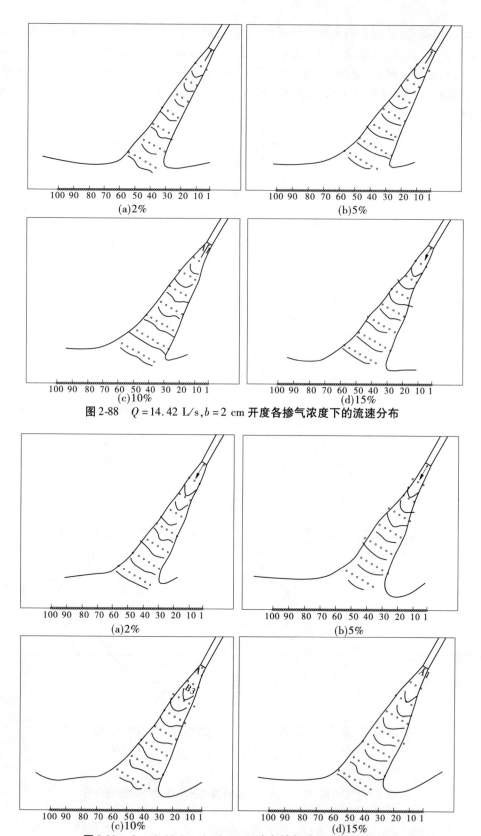

(a)2%   (b)5%

(c)10%   (d)15%

图 2-88　$Q = 14.42$ L/s,$b = 2$ cm 开度各掺气浓度下的流速分布

(a)2%   (b)5%

(c)10%   (d)15%

图 2-89　$Q = 19.33$ L/s,$b = 2$ cm 开度各掺气浓度下的流速分布

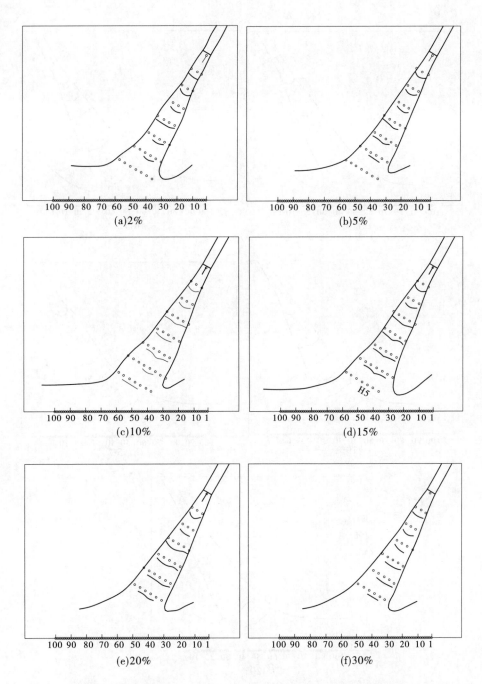

图 2-90 $Q = 10.35$ L/s, $b = 3$ cm 开度各掺气浓度下的流速分布

2.3.2.2 射流轴线速度衰减规律

1. 不同流量对射流轴线速度衰减的影响

图 2-95 为喷嘴开度 $b_0 = 4$ cm, $C_a = 2\%$, 而流量分别为 $Q = 14.42$ L/s 和 $Q = 19.33$ L/s 情况下掺气射流速度衰减图,图中流量 $Q = 19.33$ L/s、$Q = 14.22$ L/s 分别对应的两个流速衰减趋势线方程,可以看出两条趋势线基本平行,可认为两种流量下,掺气射流沿射流轴线

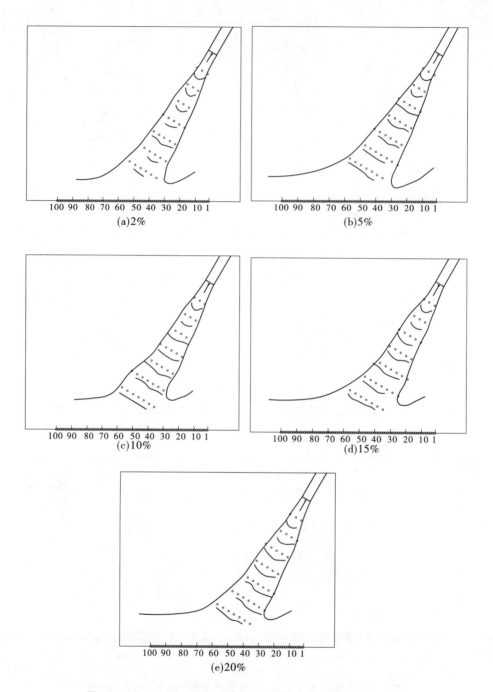

图 2-91 $Q = 14.42$ L/s, $b = 3$ cm 开度各掺气浓度下的流速分布

的速度衰减规律基本相同,都是线性递减规律。

图 2-96 为喷嘴开度 $b_0 = 2$ cm, $C_a = 15\%$,而流量分别为 $Q = 14.42$ L/s 和 $Q = 19.33$ L/s 情况下对应的掺气射流速度衰减图。从中也可以看到几乎和图 2-95 相同的流速衰减规律。即流量对掺气射流轴线的速度衰减规律基本没有影响。

同时从上图 2-96 中可以看出掺气浓度越大,速度核心区的长度越短。图 2-95 中因为掺

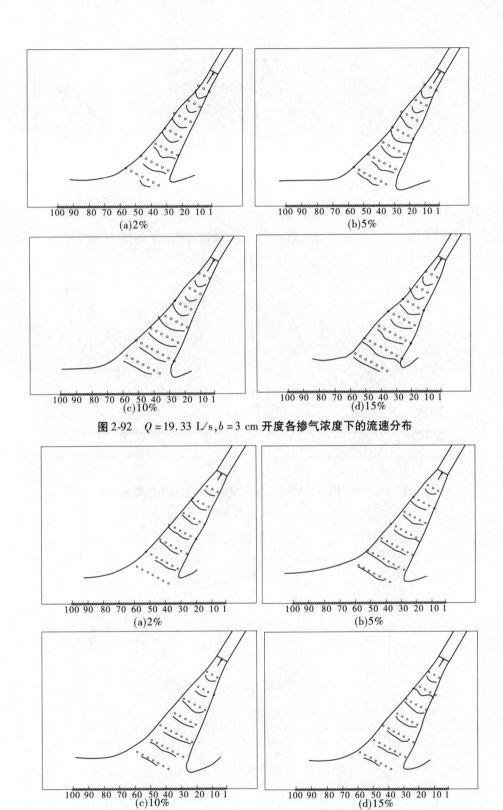

(a)2%   (b)5%

(c)10%   (d)15%

图 2-92 $Q = 19.33$ L/s,$b = 3$ cm 开度各掺气浓度下的流速分布

(a)2%   (b)5%

(c)10%   (d)15%

图 2-93 $Q = 14.42$ L/s,$b = 4$ cm 开度各掺气浓度下的流速分布

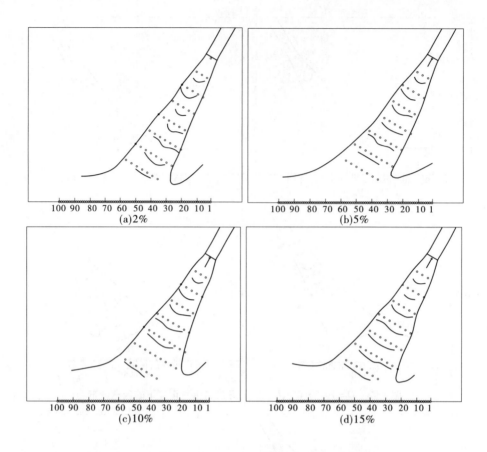

图 2-94 $Q = 19.33$ L/s,$b = 4$ cm 开度各掺气浓度下的流速分布

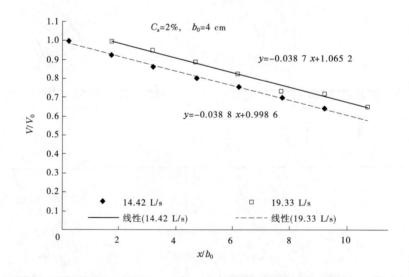

图 2-95 $b_0 = 4$ cm,$C_a = 2\%$ 不同流量下的掺气射流衰减

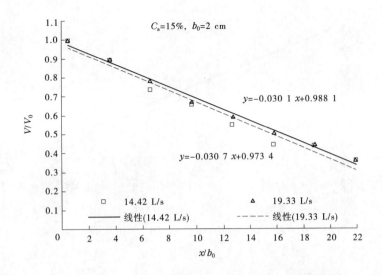

图 2-96 $b_0 = 2$ cm, $C_a = 15\%$ 不同流量下的掺气射流衰减

气浓度 $C_a = 0$,拟合速度衰减趋势线的时候放弃了第一个断面测点后两条趋势线才近乎平行,但是对于图 2-96,因为此时的掺气浓度 $C_a = 15\%$,拟合速度衰减趋势线时均引入了第一断面测点,但是还是表现为很好的平行直线规律。这就说明掺气浓度加大后,水气混合体的紊动更加强烈,射流核心流速区的核心流速收缩角大大增加,从而速度核心区的长度大大缩短。

2. 掺气浓度对射流轴线速度衰减的影响

确定流量对掺气射流轴线的速度衰减规律基本没有影响,也即射流出口初始流速对速度衰减规律没有影响后,在射流水股厚度一定,流量一定的前提下,就掺气浓度对射流轴线的影响同样做了无量纲处理,得到如图 2-97 ~ 图 2-101 所示无量纲流速衰减分布图。从各图中都可以清楚地看出流速衰减呈线性递减规律。

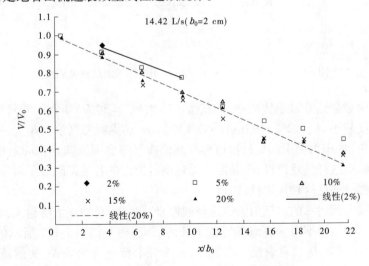

图 2-97 $Q = 14.42$ L/s, $b_0 = 2$ cm 不同掺气浓度射流衰减

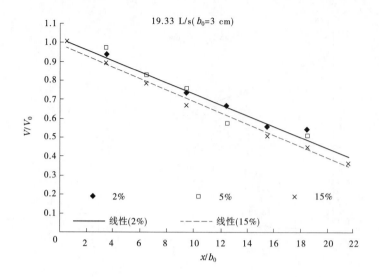

图 2-98 $Q = 19.33$ L/s, $b_0 = 3$ cm 不同掺气浓度射流衰减

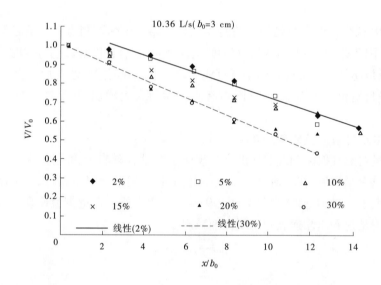

图 2-99 $Q = 10.36$ L/s, $b_0 = 3$ cm 不同掺气浓度射流衰减

在已经标出的两条射流衰减趋势线中,掺气浓度较大($C_a = 30\%$)所在的趋势线的斜率绝对值大于掺气浓度较小($C_a = 2\%$)所在的趋势线的斜率,这说明掺气浓度越大,掺气射流流速沿程衰减得越快(图中为明了起见就没有标注其他掺气浓度下流速衰减的趋势线),其他各图虽然整体都具有这样的规律性,但是因为无量纲时速度的各项都除以了对应的出口流速,这样的处理必然会弱化这种规律性。

但是针对以上所揭示的掺气射流流速呈线性衰减趋势,且掺气浓度越大,衰减越快的规律,需要做如下说明:根据对垂直淹没射流扩散的研究,得到如图 2-102 所示的垂直射流扩散概化图,图中 b_0 或者 D_0 代表射流入水宽度,α_1 为核心流速收缩角,α_2 为射流扩散角,x_c 代表水流速度核心区长度。说明了淹没掺气射流在水下扩散存在速度核心区(该区内流速基

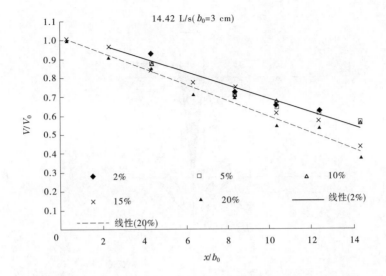

图 2-100　$Q = 14.42$ L／s，$b_0 = 3$ cm 不同掺气浓度射流衰减

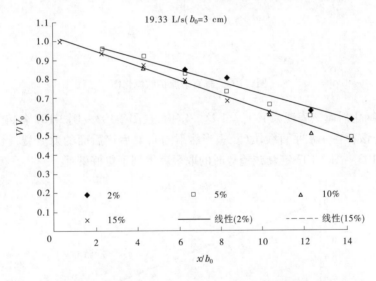

图 2-101　$Q = 19.33$ L／s，$b_0 = 3$ cm 不同掺气浓度射流衰减

本不衰减,也叫射流等速核心)以及射流扩散角。但是到目前为止对其射流核心因为没有直接的测量手段对其可以量测,故并没有精确的定义,通常情况下都认为速度等速核心的长度大约为 5 倍射流出口直径(5 b_0或者 5 D_0)。Ervin 和 Falvey 等却根据他们的研究估算速度等速核心的长度为射流出口直径的 3 ~ 4 倍。

在对流速衰减进行无量纲处理过程中,为体现绝大多数测点流速衰减的规律,并不是每个工况下都采用初始断面所在测点(如采用,各流速衰减趋势线必将交汇在 $V/V_0 = 1$ 处),这种舍弃正是为了避开流速核心区,这也与不同学者采用不同的系数,且适用于不同的条件下相一致,如罗铭对于其经验公式的适用条件为 $x/b_0 = 5.8 ~ 24$。

由于速度核心区的存在,可以认为无论速度核心区后的流速怎么衰减,是在速度核心区

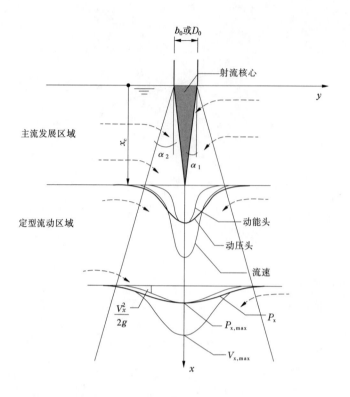

图 2-102　垂直射流扩散概化图

内,流速无量纲化后应该表现为 $V/V_0 = 1$ 这一定值,在图 2-103 ~ 图 2-107 各掺气浓度下 x/b_0 的前半段都应该存在一水平直线段(长短当然不同),然后接后面的射流衰减趋势。认识到这点后,图 2-103 ~ 图 2-107 定衰减趋势时的取舍就得到了更好解释。

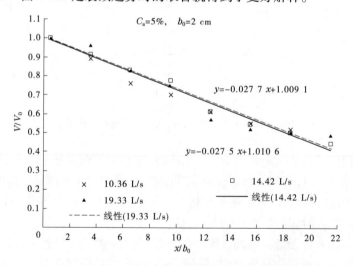

图 2-103　$b_0 = 2$ cm,$C_a = 5\%$ 不同流量掺气射流衰减

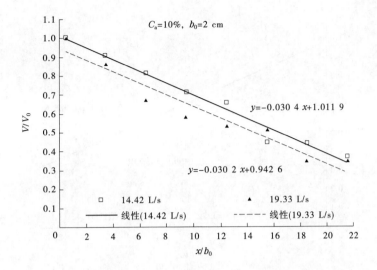

图 2-104 $b_0 = 2$ cm,$C_a = 10\%$ 不同流量掺气射流衰减

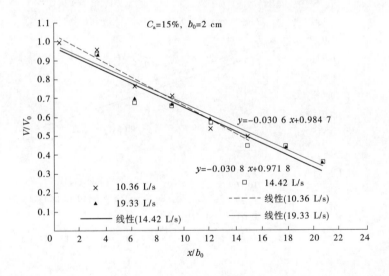

图 2-105 $b_0 = 2$ cm,$C_a = 15\%$ 不同流量掺气射流衰减

即使存在不清楚速度核心区长度大小的情况,但是在处理图 2-103 ~ 图 2-107 的过程中还可以发现:在同一流量、同一喷嘴开度下,掺气浓度越大,第一个点(即 $V/V_0 = 1$ 所在点)对该掺气浓度下射流衰减趋势线的影响越小。如在图 2-105 中,对于掺气浓度 $C_a = 30\%$ 所在的趋势线,后推自第二断面测点开始的趋势线到第一点可以发现第一点几乎就在该趋势线上。用同样的方法处理其他掺气浓度下的趋势线也可发现同样的趋势。

这种"同一流量,同一喷嘴开度下,掺气浓度越大,第一个点对该掺气浓度下射流衰减趋势线的影响越小"的规律性从侧面反映出:随着掺气浓度的增加,水、气混合体的紊动加强,射流速度核心区的长度变小,即掺气对射流速度核心区的长度有很大的影响,掺气后速度核心区的长度不再是以往所定义的 3 ~ 4 倍或者 5 倍射流出口直径。而是随着掺气浓度

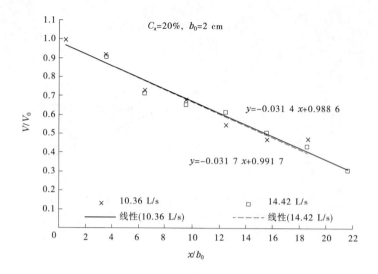

图 2-106 $b_0 = 2$ cm, $C_a = 20\%$ 不同流量掺气射流衰减

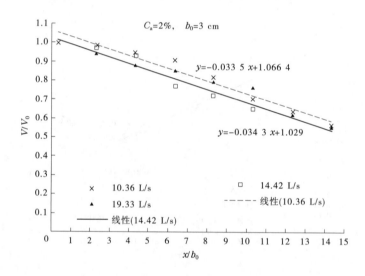

图 2-107 $b_0 = 3$ cm, $C_a = 2\%$ 不同流量掺气射流衰减

的增大,速度核心区的长度将大大缩短,甚至缩短到可以忽略的程度。这也超出了试验预期的计划,所以布置试验断面时对于射流出口前小段未能布置足够断面。这也对以后的研究有所启发。

　　考虑到流量对掺气射流轴线的速度衰减规律基本没有影响,而各掺气浓度下速度衰减都表现为很好的线性关系,于是在相同喷嘴开度,相同掺气浓度的情况下作图,拟合出它们的斜率,得到掺气射流衰减图。从各图中可清楚地看见在开度一定,掺气浓度一定的情况下,各种流量的流速衰减遵从相同的衰减规律,但是掺气浓度越大,对应拟合曲线的斜率越大。

　　当喷嘴开度为 $b_0 = 2$ cm,掺气浓度分别为 5%、10%、15%、20%,它们的斜率绝对值分别对应 0.027 6、0.030 3、0.030 7、0.031 6；当喷嘴开度为 $b_0 = 3$ cm，掺气浓度 0 和 20% 对应的斜率绝对值分别对应为 0.033 9、0.041 7；当喷嘴开度为 $b_0 = 4$ cm，掺气浓度 2% 和 10% 对应的斜率绝对值分别对应 0.038 8、0.044 6，如图 2-108 ~ 图 2-110 所示。它们在各自的系列中都表现为很好的递增趋势，更好地说明了掺气浓度越大，流速衰减速递越快。

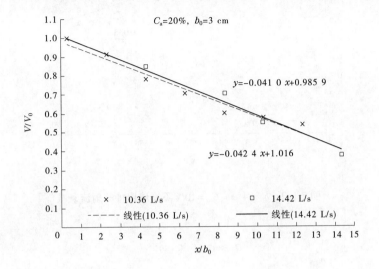

图 2-108 $b_0 = 3$ cm，$C_a = 20\%$ 不同流量掺气射流衰减

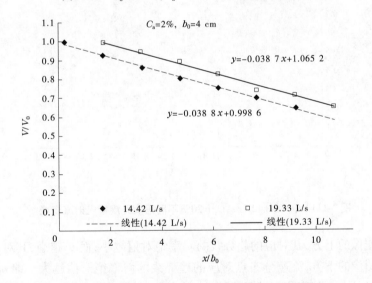

图 2-109 $b_0 = 4$ cm，$C_a = 0$ 不同流量掺气射流衰减

3. 水股厚度对射流轴线速度衰减的影响

对同一流量，同一掺气浓度，不同喷嘴开度下的射流衰减情况也进行了比较，图 2-111 和图 2-112 为流量 $Q = 14.42$ L/s 不同喷嘴开度情况下的射流衰减情况，而图 2-113 为流量 $Q = 19.33$ L/s 不同喷嘴开度情况下的射流衰减情况。

从图 2-111 ~ 图 2-113 中可以看出，就整体情况而言，喷嘴开度 b_0 越大，其对应的流速分

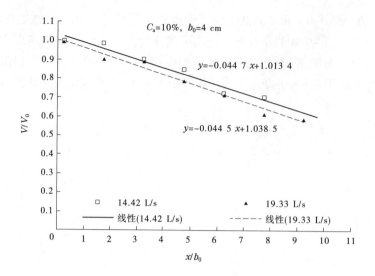

图 2-110　$b_0 = 4$ cm, $C_a = 10\%$ **不同流量掺气射流衰减**

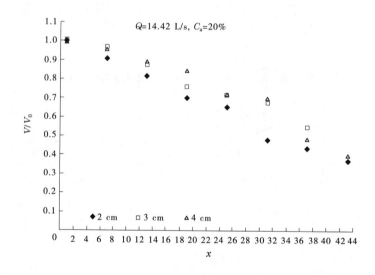

图 2-111　$Q = 14.42$ L/s, $C_a = 20\%$ **不同喷嘴开度掺气射流衰减**

布点就越靠近图像的上方,其对应的趋势线的斜率绝对值越小;而 b_0 越小,其对应的流速分布点就越靠近图像的下方,流速分布点对应的趋势线的斜率绝对值越大。即 b_0 越大,其流速衰减得越慢;b_0 越小,其流速衰减得越快,这种衰减趋势同样呈线性衰减趋势。但是这种规律性不如流速随掺气浓度增大而线性衰减那种规律性那么强。其他工况,也表现出相同的规律性,对此就不再重复。

这种"b_0 越大,其流速衰减得越慢;b_0 越小,其流速衰减得越快"的规律和其他学者关于"水流的能量转换主要发生在射流轴线附近的强剪切区,水流剪切时水垫塘内最主要的消能方式"是一致的,也印证了该结论。因为对于试验中某特定工况而言,喷嘴开度越小(试验中矩形喷嘴其长度不变),其长宽比值就越大,射流与周围水体的剪切面积就相应的越

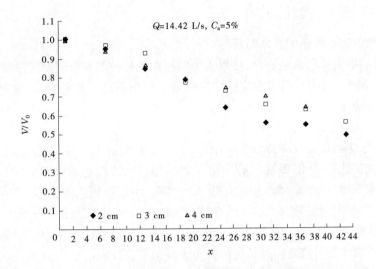

图 2-112 $Q = 14.42$ L/s, $C_a = 5\%$ 不同喷嘴开度掺气射流衰减

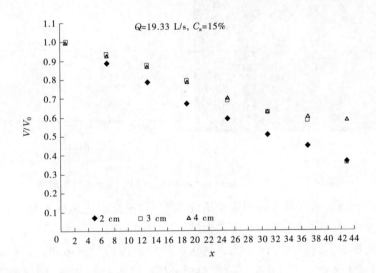

图 2-113 $Q = 19.33$ L/s, $C_a = 15\%$ 不同喷嘴开度掺气射流衰减

大,这样射流与周围水体的剪切就相应的加强,射流的能耗加大,水垫塘内的能量消耗越充分,当然有利于减轻冲刷。这对于实际水利工程的消能防冲具有重要意义,当前关于提高水垫塘内消能效果方面的研究,主要也是通过尽量提高剪切消能区在水垫塘内所占的比重。目前,向家坝水电站中的多层多股淹没射流消能方式就是该思想的具体表现,这对其他工程的消能防冲研究具有重要的参考意义。

2.3.3 掺气对射流扩散的影响

2.3.3.1 掺气射流扩散角的基本特征

最早进行的射流扩散试验研究,结果表明射流在水垫中的扩散遵循线性规律,其外扩散角最小为12°,最大为16°。而工程应用中简便起见一般都选取扩散角 α_2 为10°。根据 Ervin, D. A. 等的研究,他们考虑动量后,得到 α_2/α_1 的比值,并基于 α_2/α_1 的比值指出不同掺气情况下,核心区收缩角的大小为7°~9°。

图2-114 为 $Q=10.35$ L/s, $b_0=2$ cm, $C_a=15\%$ 时淹没射流试验现场照片和根据实测情况得到的射流扩散图。从图2-114(a)中可以发现掺气水流在水槽中扩散时水气混合体与水槽内原"清水"(相对而言,掺气射流在进入水槽后,明显看到气泡上溢)存在明显的分界线。在本试验中采用钢尺量测了各个断面掺气水流主流和槽中清水的分界点,并将其用样条曲线连接成线,如图2-114(b)中所展示的那样。鉴于是曲线,于是自喷嘴画出这些曲线的切线,定义该切线与射流喷嘴延长线的夹角为外扩散角,即 α_2。

(a)试验照片

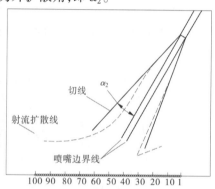
(b)实测数据

图2-114 $Q=10.35$ L/s, $b_0=2$ cm, $C_a=15\%$ 淹没射流扩散图

掺气浓度加大后,水气混合体的紊动更加强烈,射流核心流速区的核心流速收缩角 α_1 大大增加,从而使得速度核心区的长度大大缩短。在同一喷嘴开度,同一流量下,掺气浓度越大,掺气射流在水下的扩散范围越大。这说明掺气射流的外扩散角,即 α_2 也会随着掺气浓度的增加而发生变化。为量化反映掺气对射流外扩散角 α_2 的影响,现提取其中部分图表及数据做分析。图2-115 为各掺气浓度下淹没射流扩散分界线图,可看出掺气浓度越大,对应的射流扩散角也就相对较大,但这种增长趋势有限,最小(对应掺气浓度 $C_a=5\%$)扩散角9°和最大(对应掺气浓度 $C_a=30\%$)扩散角12°相差3°。

仔细处理试验所有工况的扩散角后共同的结果是,掺气对射流扩散角有影响:掺气浓度越大,扩散角越大。但在试验范围内,掺气对扩散角的影响并不是预期的那么大。最大扩散外角(对应掺气浓度大)一般为11°~13°,最小扩散角(对应掺气浓度小)一般为8°~9°,一般相差3°~4°。但是整体而言,射流下游对应的扩散角稍大于上游对应的扩散角。

2.3.3.2 掺气对射流断面流速分布的影响

就射流断面上流速分布而言,当前主要还是先运用所谓的相似性假定原理,即事先假设各射流断面的流速分布相似。再根据一定的分析或试验,最终得到断面流速分布形式,当前

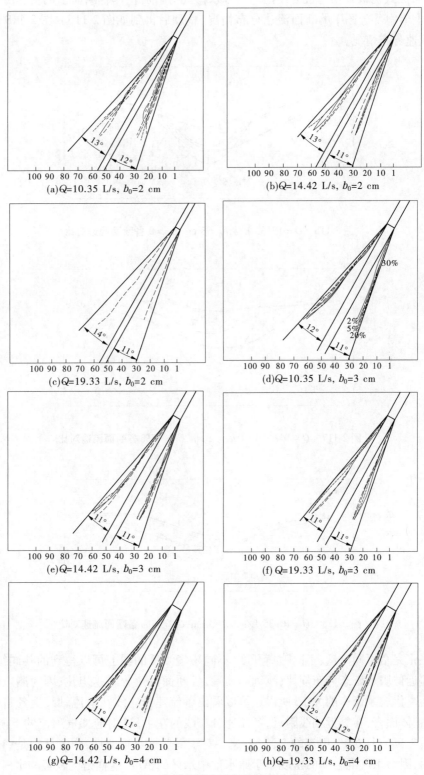

(a)Q=10.35 L/s, b_0=2 cm

(b)Q=14.42 L/s, b_0=2 cm

(c)Q=19.33 L/s, b_0=2 cm

(d)Q=10.35 L/s, b_0=3 cm

(e)Q=14.42 L/s, b_0=3 cm

(f) Q=19.33 L/s, b_0=3 cm

(g)Q=14.42 L/s, b_0=4 cm

(h)Q=19.33 L/s, b_0=4 cm

图 2-115　各掺气浓度下射流扩散分界线

Gauss 分布形式仍被采用得最为广泛。为寻求掺气对射流主体各断面上的流速分布影响规律,提取上节中部分图中的断面流速分布情况,整理后得到如图 2-116～图 2-118 所示各工况断面流速分布情况。

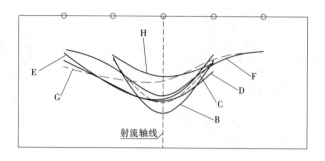

图 2-116　$Q = 19.33$ L/s, $b_0 = 3$ cm, $C_a = 0$ **各断面流速对比**

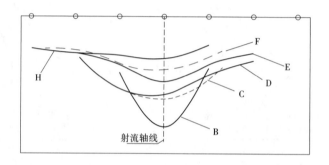

图 2-117　$Q = 14.42$ L/s, $b_0 = 2$ cm, $C_a = 15\%$ **各断面流速对比**

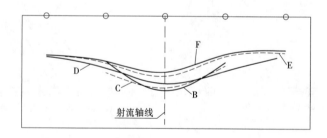

图 2-118　$Q = 10.35$ L/s, $b_0 = 3$ cm, $C_a = 15\%$ **各断面流速对比**

从三张完全不同流量、不同喷嘴开度、不同掺气浓度的图上可以得到的共同结论是:各断面流速近似服从正态分布规律;越远离喷嘴,各断面流速分布越坦化;因为测点到流速分布线的距离代表了流速的大小,所以还可以看出各流速分布线在射流轴线上各自达到最大值,同时整体而言,在靠近轴线附近,各流速分布线的左半只(对应掺气射流的下游)流速略微大于右半只(对应掺气射流的上游)流速。对于最后这点规律性,作者认为是掺气射流进入水槽后,因为水气混合体的密度小于原水槽中水体的密度,这样密度较轻的水气混合体因为受到浮力的作用,导致射流实际的轴线略微发生了偏离。

虽然各种掺气浓度下,越远离射流轴线,断面流速越坦化是基本规律。但掺气浓度加大后加剧了这种坦化速度。这说明掺气浓度增大后,水气混合体和原水槽内的水体动量、能量交换、水体紊动等相应地加剧。进而使得动能向其他形式的能量,如热能转换速度加快,进而减小或者避免射流对水垫塘的直接冲击,进而避免冲刷或者减少冲刷。

2.3.4 掺气射流冲击特性变化规律

2.3.4.1 掺气射流冲击时均压力特性

各工况下的时均压力分布具有相同的规律性:各工况下最大时均压力值均位于射流轴线与水槽底板相交点的上游,具体而言,最大值均位于测点 48 左右(48 ± 1 各测点),即各工况下最大时均值位于射流轴线与底板的交点上游 3 cm 左右,在时均压力最大值两边,压力迅速减小。为了让试验结果展示得更加直观,试验后还做出了各工况的时均压力分布图。

图 2-119 和图 2-120 分别为 $Q = 14.42$ L/s、$b_0 = 2$ cm 和 $Q = 19.33$ L/s、$b_0 = 3$ cm 时各掺气浓度下压力分布图。

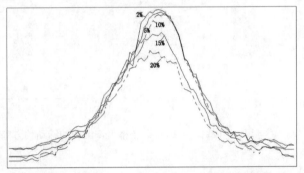

图 2-119 $Q = 14.42$ L/s,$b_0 = 2$ cm 时各掺气浓度下压力分布

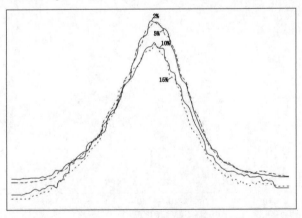

图 2-120 $Q = 19.33$ L/s,$b_0 = 3$ cm 时各掺气浓度下的压力分布

时均压力近似服从正态分布,这与其他学者的研究是相一致的;在一定流量、一定喷嘴开度下,掺气浓度对时均压力有明显影响:掺气使射流作用于槽底冲击区的时均压强明显减小,且掺气浓度越大,时均压力减小得越多。同时还可以发现掺气将坦化时均压力分布,在图 2-119 中表现为掺气浓度越大,其时均压力峰值不但减小,同时压力值较大区域还将扩大。仔细观察图 2-119 及其他试验测量的时均压力可以发现,整体而言,射流上游测点的压

力值(特别是开始几个测点,如测点 1 到测点 10)要大于射流下游测点的压力值(特别是最后的测点如测点 90 到测点 100)。这可以解释为掺气射流进入水槽后,在压力作用下形成一道"墙",在"墙"的下游,水体能随水槽出口自由出流,而在"墙"的上游就相对形成一个死水区,水位略微太高,这与实际工程中的情况是一致的。

2.3.4.2 掺气射流冲击脉动压力特性

图 2-121 和图 2-122 分别为 $Q = 14.42$ L/s、$b_0 = 4$ cm 和 $Q = 19.33$ L/s、$b_0 = 2$ cm 时各掺气浓度下脉动均方差分布图。

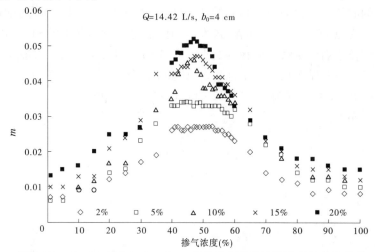

图 2-121　$Q = 14.42$ L/s,$b_0 = 4$ cm 时各掺气浓度下的脉动均方差分布

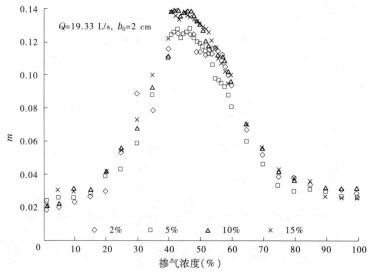

图 2-122　$Q = 19.33$ L/s,$b_0 = 2$ cm 时各掺气浓度下的脉动均方差分布

从图 2-121、图 2-122 中可清楚地看出:脉动压力均方差也近似服从正态分布;在一定流量、一定喷嘴开度下,掺气浓度对脉动压力有较明显的影响:掺气使射流作用于槽底冲击区的脉动压强明显增大,且掺气浓度越大,脉动压力增大得越多。在图 2-120 和图 2-121 中表现为掺气浓度越大,其脉动峰值越位于图像的上方。通过研究确实发现掺气增大了脉动压力,但是掺气会减弱冲刷又是既定事实,本书的研究又证明掺气会明显加大流速的衰减。综

合分析后得到:掺气影响冲刷的主要原因是加大射流速度的衰减。

2.4　泄流诱发结构振动

流体与工程结构是流激振动系统中相互作用的两个方面,它们之间的相互作用是动态的、耦联的,流体对工程结构的作用力将二者紧密地联系在一起。泄流结构的流激振动系统,通常是流体和结构相互作用、相互影响的耦合振动系统,流体荷载引起结构振动的同时,由于结构的弹性作用反过来影响流体的压力分布。在流激振动领域,德国学者 Naudascher 归纳总结了外部诱发、不稳定诱发、运动诱发、共振流体振子诱发等四类流体诱发结构振动类型,其中最主要的是外部诱发的振动。这一类振动是由脉动速度或脉动压力造成的,一般具有随机性或冲击特征,它并不是振动系统所固有的振动特性,高坝泄流振动、紊流脉动压力诱发的消力池导墙振动均属于这类振动范畴。模型试验在研究流激振动问题中一直起着重要的作用,天津大学采用水弹性模型试验进行一系列研究,取得了一定成果。但是,以往的研究主要集中在应用相关分析、幅值分析和频谱分析来研究系统输入与输出之间的关系,进而获得输出响应的统计特性(例如响应的均方值和频率),而对泄流诱发结构振动响应形式的研究较少,对流激振动机制缺乏系统的认识,对实际工程中出现的一些振动现象不能给出合理的解释。例如,我们通过原型观测资料发现,三峡水电站左导墙泄流条件下实测动位移响应的振动过程较平稳,振动幅值没有出现较大的波动;而二滩拱坝泄流条件下实测动位移响应时程的波形包络线随时间有大幅增加或减小的现象,波形很光滑,振幅比较大,其振动形式与三峡左导墙具有明显的差异。这种振动形式很像“拍”现象,即通常研究人员统称的“拍振”。这种现象也曾经出现在导墙等泄流结构流激振动过程中,1982 年对乌江渡水电站泄流振动进行原型观测时,发现左岸滑雪道右导墙结构有强烈“拍振”现象,并且随着泄流量的增大,这种现象越明显。以往研究对泄流激励下二滩拱坝“拍”现象进行研究,证明了拱圈上部分测点的“拍”现象是由拱坝一、二阶振型振动是合成的,但是并未给出拱冠梁上测点的“拍”现象的合理解释。仅从振动响应角度研究“拍”现象,并未揭示其形成机制。就目前情况而言,对泄流激振这一复杂流体动力及结构动力相互作用现象内在机制的了解仍然很不完善。

在流激振动的其他领域,形如“拍”的振动形式屡见不鲜,例如当波浪频率与结构物的固有频率接近时发生的共振响应。此外,Spidsoe 等发现了一种高于海浪主导波频率的高频响应现象,这种响应现象类似于教堂圣钟鸣响时产生的信号特征。在极端波浪作用下,当波浪力的高频分量与结构自身频率接近或成整数倍时,结构将产生高频共振现象。这种振动形式在结构实测风振响应时程中也经常出现。从风致振动和海洋工程结构的振动的研究成果可知,当风、波浪等激励荷载频率位于结构固有频率附近时,结构就会产生共振现象,其振动形式与我们观察到的所谓“拍振”波形相似的窄带响应。

实际上,拍是由两个频率和幅值相差不大的同向简谐振动合成的,对于工程结构振动而言,密频结构的振动响应中往往会出现“拍振”现象。然而泄流结构往往是非密频结构,即便是拱坝这样的密频结构,在坝身不同位置也不一定具备形成“拍振”的条件。因此,仅根据振动形式上的相似,将泄流结构流激振动过程中形如“拍”的波形统称为“拍振”现象,很难在振动机制上给予合理的解释。

2.4.1　泄流结构水力拍振机制

泄流结构大量的原型观测成果表明,泄流结构流激振动主要是外部诱发的振动,高坝泄流振动、紊流脉动压力诱发的消力池导墙振动均属于这类振动范畴。例如,图 2-123 给出了三峡水电站左导墙实测动位移响应时程图,从图中可知,结构响应具有典型的宽带随机数据特征,其振动主要是水流荷载激励下产生的受迫振动。图 2-124 给出了二滩拱坝泄洪振动响应的时程曲线图,图中二滩拱坝振动体现了一种窄带随机数据特征。当泄流结构出现如图 2-124 中所示的响应特性时,结构的振动将加剧,在水流荷载长期作用下容易出现疲劳破坏。以往的研究中,将泄流结构流激振动过程中形如“拍”的波形统称为“拍振”现象。但是,由于泄流结构原型观测资料的不足,国内外水利工程研究领域,对水流荷载激励结构产生的这一现象鲜有系统的论述。

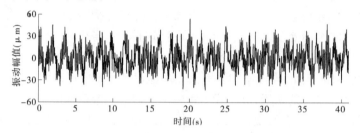

图 2-123　三峡 5 号左导墙段测点 1 动位移时程线

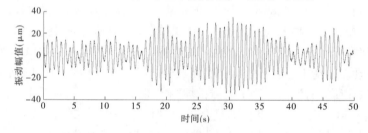

图 2-124　二滩拱坝原型观测拱冠梁上测点的时程曲线

2.4.1.1　拍振波形的合成

两个频率相差不大的同向简谐振动合成时,其合成波形的振幅将随时间做周期性的缓慢变化,这种现象就称为拍现象。取两个频率分别为 2 Hz 和 2.2 Hz 的波形方程:$x_1 = 6\sin(4\pi t)$、$x_2 = 8\sin(4.4\pi t)$,采样频率 200 Hz,采样时间 20 s,将 x_1 和 x_2 进行叠加,x_1、x_2 和叠加后波形曲线如图 2-125(a)所示,叠加后波形的包络线随时间作周期性的缓慢变化,呈现出明显的拍现象,拍出现的周期为 5 s,正好等于两分量频率之差的倒数。图 2-125(b)给出了叠加后信号的功率谱密度曲线,从图 2-125 中可以清楚地看到两个波形分量 x_1 和 x_2 所对应的频率,叠加后的信号中只包含合成前的两个简谐振动,不产生新的简谐成分。

经分析,只有当两个分振动的频率比 ξ 和振幅比 β 满足式(2-1)时,合振动的波形才会体现出明显的拍现象。

$$\begin{cases} 0.85 \leqslant \xi \leqslant 1.18,且\ \xi \neq 1 \\ 0.33 < \beta < 3.0 \end{cases} \tag{2-1}$$

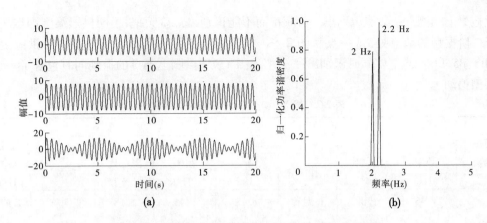

图 2-125　波形 x_1、x_2 叠加后波形及其功率谱密度曲线

2.4.1.2　二滩拱坝泄洪振动响应特性

1. 二滩拱坝的振型分析

二滩水电站位于四川省攀枝花市雅砻江上,拦河坝为混凝土双曲拱坝,坝顶高程 1 205 m,最大坝高 240 m,坝顶弧长 774.65 m。天津大学开展了二滩坝体泄洪振动原型观测,观测工况如表 2-6 所示。在坝顶拱圈自左岸到右岸依次布置 B1~B7 共七个测点,拱冠梁方向自上而下依次布置 B8~B11 共四个测点,测点布置如图 2-126 所示。每个测点布置一个 DP 型地震低频位移传感器,位移信号由 NI 数据采集和分析系统进行采集,采样时间 300 s,采样频率 200 Hz。

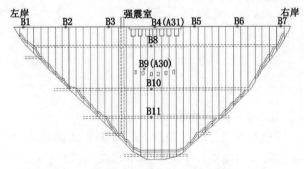

图 2-126　二滩坝体振动观测点布置

表 2-6　二滩拱坝振动观测典型工况

工况	开孔	上游水位(m)	下游水位(m)	泄洪流量(m³/s)
1	3,4,5 中孔	1 195.74	1 016.83	3 040.00
2	3,4 中孔	1 195.79	1 016.20	2 033.00
3	3,4 表孔	1 196.01	1 014.50	896.00
4	3,4,5 表孔	1 196.02	1 014.71	1 336.00
5	2,3,4,5,6 表孔	1 195.99	1 016.03	2 185.00

应用 NEXT 和 ERA 相结合的方法对实测二滩拱坝的振动响应进行模态参数识别。表 2-7 给出了二滩拱坝实测振动响应的模态识别结果。拱圈上 B2、B3、B5、B6 测点在各工况下主频大多在 1.52~1.53 Hz,而各工况下拱冠梁上测点的主频值均为 1.42~1.45 Hz。位

于拱冠梁上的测点一般能识别出一阶频率而不能识别出二阶频率,说明拱冠梁上测点正好位于二阶振型的节点处,这一点从图 2-127 振型识别结果中也可看出。而位于拱圈上的 B2、B3、B5、B6 测点能够同时识别出一、二阶频率,说明拱圈上测点的振动同时包含了一、二阶振型振动。

表 2-7　NEXT 和 ERA 法模态识别结果

| 模态参数 | 工况 1 | | | | 工况 2 | | | |
| | ERA | | | 峰值法 | ERA | | | 峰值法 |
	频率（Hz）	阻尼比（%）	振型	频率（Hz）	频率（Hz）	阻尼比（%）	振型	频率（Hz）
1	1.45	3.89	正对称	1.45	1.45	1.68	正对称	1.42
2	1.54	1.11	反对称	1.53	1.52	1.34	反对称	1.53
3	2.18	1.97	正对称	2.19	2.12	3.01	正对称	2.18
4	2.85	5.61	正对称	2.85	2.80	5.41	正对称	2.81

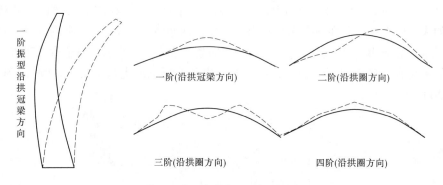

图 2-127　前四阶振型识别结果

2.二滩拱坝坝顶拱圈上测点的振动现象

图 2-128 给出了二滩拱坝测试工况 1 坝顶 B3、B5 测点的振动响应时程图,可以看出 B3 和 B5 测点的响应中存在明显拍现象。工况 1 条件下 B3 和 B5 测点的功率谱密度图在 1.44 Hz 和 1.53 Hz 处存在明显的峰值,如图 2-129 所示,对比拱坝的模态识别结果(见表 2-7),说明 B3 和 B5 测点振动响应中同时含有拱坝的前两阶模态分量。观察各频率峰值的大小可以发现,B3 测点处前两阶工作频率所对应的峰值基本相等,说明一、二阶振型振动在 B3 测点位置处具有近似相等的能量;而 B5 测点处一阶振型振动的能量远小于二阶振动能量,这种现象在各测试工况中均有体现。

首先从 B3 测点振动响应时程图中截取一段波形,并应用 AR 谱分析方法求出该波形的归一化功率谱密度曲线,见图 2-130。波的形式与拍十分相似,功率谱密度曲线上含有两个明显主频 $f_1 = 1.44$ Hz、$f_2 = 1.53$ Hz,它们之比 $f_2/f_1 = 1.06$,满足合成拍的频率要求,它们之差的倒数 $T_p = 1/(f_2 - f_1) = 11$ s,与图 2-130(a)中波形的时间长度一致;同时拍形完整,由振幅比 β 对合成振动的影响可知,形成此拍波形的两个分振动的振幅比近似为 1。由 B3 测点处前两阶工作频率及振型振动能量的特点可知,B3 测点响应中的拍现象主要是由前两阶振型叠加而成。

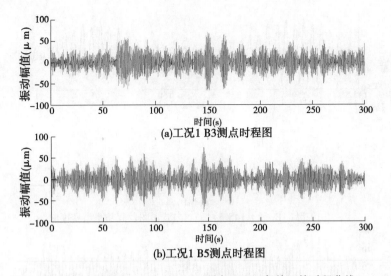

(a)工况1 B3测点时程图

(b)工况1 B5测点时程图

图 2-128　坝顶 B1～B3、B5～B7 测点工况 1 条件下的时程曲线

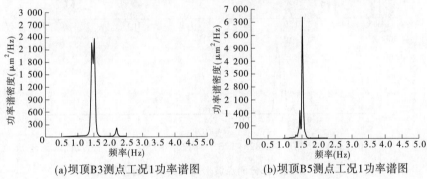

(a)坝顶B3测点工况1功率谱图

(b)坝顶B5测点工况1功率谱图

图 2-129　坝顶测点工况 1 功率谱图

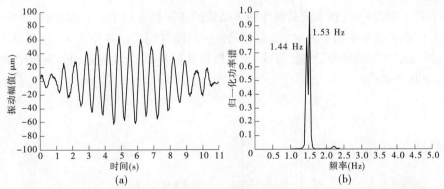

(a)

(b)

图 2-130　工况 1 B3 测点位移时程上一段波形及其相应的归一化功率谱密度曲线

　　同理,可以证明 B5 测点振动过程中也存在拍振现象,但是由于 B5 测点位置处一、二振型振动的能量相差很大,使得前两阶振型在 B3 和 B5 测点处合成的拍振现象具有显著的区别,体现在 B5 测点处拍的包络线不完整,各拍形之间的界限不明显,如图 2-131 所示。

2.4.1.3　泄流结构流激振动响应的形成机制

　　综合水力拍振的形成机制及二滩水电站拱坝、蜀河水电站闸墩结构、炳灵水电站表孔闸

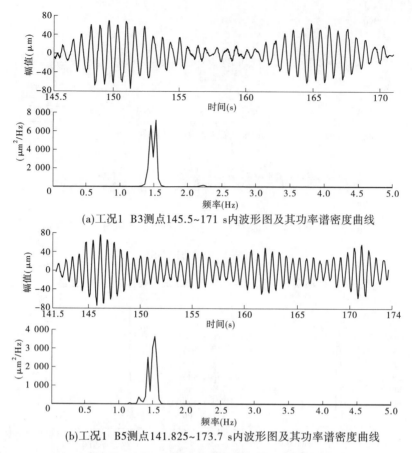

(a)工况1 B3测点145.5~171 s内波形图及其功率谱密度曲线

(b)工况1 B5测点141.825~173.7 s内波形图及其功率谱密度曲线

图2-131 工况1部分测点波形图及其功率谱密度曲线

墩结构等工程实例分析,可以给出水流激励荷载—结构自身特性—结构流激振动响应三者之间的关系:

(1)如图2-132所示,在水流荷载作用下结构的主振型方向上,当结构的前 n 个低阶频率 $f_1 \sim f_n$ 位于荷载主频带范围内时,水流荷载将随机激发结构的频率 $f_1 \sim f_n$ 形成共振现象,结构振动响应中共振响应分量占主导成分,在随机共振基础上,泄流结构的流激振动响应可能存在以下几种形式:

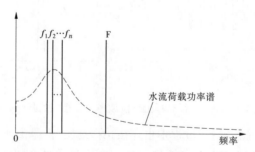

图2-132 结构固有频率与水流荷载之间的关系

①当 $n = 1$ 时,结构只有一个低阶频率位于水流荷载的主频带以内,结构在水流荷载作用下以该低阶频率做随机共振,响应将体现为水力拍振的形式,其功率谱曲线会在该频率处

存在明显的峰值。

②当 $n \geqslant 2$,结构存在两个及以上的低阶频率位于水流荷载的主频带内,且 $f_1 \sim f_n$ 的值符合式(2-1)的要求,即两两之间的频率比满足 $0.85 \leqslant \xi \leqslant 1.18$ 的要求时,结构各阶频率的自振响应(各阶随机共振响应)互相叠加,形成拍振,其响应形式也体现为水力拍振现象,类似二滩水电站坝顶拱圈上的 B3 和 B5 测点。

③当 $n \geqslant 2$,但 $f_1 \sim f_n$ 的值不符合式(2-1)的要求时,结构各阶频率的自振响应叠加后不会形成拍振,其响应体现为不明显的水力拍振现象。

(2)如图 2-132 所示,在水流荷载作用下结构的主振型方向上,当结构的低阶频率 f 远离水流荷载的主频带范围时,结构会在水流荷载作用下产生受迫振动,响应中背景响应分量占主导成分,结构的共振信息比较微弱,其功率谱曲线中主要体现荷载的特性。

(3)对于厂内泄流式水电站,泄流结构在水流荷载作用的同时,还要承受机组运行产生的谐波激励荷载。当谐波荷载频率与结构固有频率接近时将发生共振,因此结构自振频率与机组运行诱发的荷载频率要保持一定错开度,防止共振的发生。

2.4.2 泄流结构振动损伤敏感特征量控制指标

2.4.2.1 波形变化指标

泄流结构出现损伤必然引起结构的固有属性发生变化,在运行条件不变的情况下,结构的振动响应形式也必然发生变化。在模型试验中,试件 C 在工况 3 条件下的振动响应体现为宽带的受迫振动。在距试件 C 底部 5 cm 的位置处锯开一个小口,同样在工况 3 的水流激励条件下,测得其振动响应,如图 2-133 所示,响应中出现了水力拍振现象。对损伤后的结构响应进行模态识别,损伤后结构的固有频率由 6.48 Hz 降到 3.10 Hz,位于工况 3 水流荷载能量的主频带范围内,因此产生了水力拍振现象,加剧了结构的破坏过程。

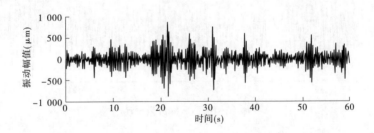

图 2-133 损伤后试件 C 工况 3 的时程线

在激励荷载和结构阻尼一定的情况下,水力拍振现象发生只与结构固有频率有关。若结构出现损伤,其固有频率会出现一定降低,可能导致响应中水力拍振现象的出现或者消失。当损伤的结构响应中出现了水力拍振现象,这必然会引发结构振动的加剧,使得结构的安全运行受到较大的威胁,加快了结构的破坏进程。因此,在水工结构的安全监测过程中,相同运行条件下,结构振动响应中水力拍振现象的出现或者消失,都预示着结构出现异常,需要引起重视。

在相同的运行条件下,水流荷载的频谱特性是相同的,泄流结构上某一点的振动响应形式仅与结构的自身特性有关。在长期荷载作用下,泄流结构会出现疲劳破坏,会引起其固有频率的降低,进而使结构振动响应的形式发生变化。在相同的运行条件下,监测到的结构振动响应形式发生变化必然预示着结构损伤的发生。因此,本书提出了一种基于波形变化的泄流结构损伤在线监测指标。

定义振动响应波形以正斜率穿越 $y = 0$ 时为正穿越零点[如图 2-134(a)和(b)中 1 所示],构建波形判断参数 C:

$$C = \frac{N_1}{N_2} \tag{2-2}$$

式中:N_1 是统计时段内响应去除均值后的极大值总数[如图 2-134(a)和(b)中 2 所示];N_2 是去除均值后响应波形正穿越零点的总次数。窄带响应极大值总数与正穿越零点总次数几乎相同,C 的取值范围是[0.8,1.2];而宽带响应极大值总数大于正穿越零点的次数,C 的取值范围是(1.2,$+\infty$)。构建损伤指标 η:

$$\eta = \frac{|C^{\mathrm{d}} - C^{\mathrm{u}}|}{C^{\mathrm{u}}} \times 100\% \tag{2-3}$$

式中:C^{d} 为未知状态下的波形判断参数;C^{u} 是健康状态时记录的波形判断参数(记录工况与该未知状态下的运行工况相同)。

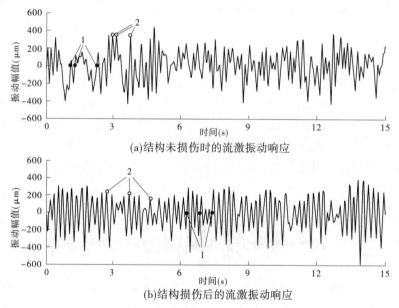

(a)结构未损伤时的流激振动响应

(b)结构损伤后的流激振动响应

图 2-134　结构损伤前后的流激振动响应

当 $\eta \geqslant 10\%$ 时,说明结构的振动出现异常,有可能出现损伤。

以图 2-134(a)和(b)所代表的某结构损伤前后的流激振动响应为例进行分析,结构未损伤时的工作频率为 5.8 Hz,损伤后的工作频率为 4.8 Hz,损伤前后保持水流条件不变,水流荷载功率谱的主频带位于 3~5 Hz。

从图 2-134(a)还可以看出,未损伤情况下结构的振动响应形式体现为具有一定带宽的宽带响应,取一个分析时段 $T = 15$ s,该时段内响应极大值总数 $N_1 = 82$,正穿越零点的总次数 $N_2 = 60$,则波形判断参数 C^{u} 为:

$$- C^{\mathrm{u}} = \frac{N_1}{N_2} = \frac{82}{61} = 1.367$$

从图 2-134(b) 可以看出,损伤情况下结构的振动响应形式体现为窄带响应,即发生了水力拍振现象,取一个分析时段 $T = 15$ s,该时段内响应极大值总数 $N_1 = 72$,正穿越零点的总次数 $N_2 = 68$,则波形判断参数 C^d 为:

$$C^d = \frac{N_1}{N_2} = \frac{72}{67} = 1.075$$

损伤指标

$\eta = \dfrac{|C^d - C^u|}{C^u} \times 100\% = \dfrac{|1.075 - 1.367|}{1.367} \times 100\% = 21.4\% > 10\%$,当连续三个监测时段内 η 值均大于 10%,可以判断结构可能出现了损伤。

综合波形分析和指标计算结果,上例中当结构发生损伤后,其振动响应形式由宽带受迫振动变成窄带的水力拍振,其波形判断参数 C 也明显降低,因此该方法适用于结构损伤的在线实时监测。

2.4.2.2 标准差指标

标准差对初期损伤不敏感,为克服这一缺点,提出了基于标准差变化率 R_r 的损伤指标:

$$R_r = \frac{\sigma_{D,r} - \sigma_{U,r}}{\sigma_{U,r}} \tag{2-4}$$

式中:$r = 1, 2, \cdots, n$ 代表测点的个数;$\sigma_{U,r}$ 是无损状态下结构振动响应的标准差;$\sigma_{D,r}$ 是未知状态下结构振动响应的标准差。

2.4.2.3 时间序列指标

对泄流结构的实测振动信号建立 ARMA 模型(自回归滑动平均模型)之后,系统的固有特性将包含于模型的参数中,因此可根据自回归系数与系统动力特性之间的关系建立损伤指标。首先取结构健康状态下实测的两段数据,每段的采样时间均为 T,采样频率相同,以其中一段作为基准数据 $Y_B(t)$,另一段作为检验数据 $Y_T(t)$,分别对其进行标准化处理:

$$Y_B^*(t) = \frac{Y_B(t) - \overline{Y}_B(t)}{S_{Y_B}} \qquad Y_T^*(t) = \frac{Y_T(t) - \overline{Y}_T(t)}{S_{Y_T}} \tag{2-5}$$

式中:$Y_B^*(t)$ 和 $Y_T^*(t)$ 是标准化后的数据;$\overline{Y}_B(t)$ 和 $\overline{Y}_T(t)$ 分别代表 $Y_B(t)$ 和 $Y_T(t)$ 的均值,S_{Y_B} 和 S_{Y_T} 分别代表它们的标准差。

分别对 $Y_B^*(t)$ 和 $Y_T^*(t)$ 建立 ARMA 模型,对应的参考模式向量分别为 $\boldsymbol{\Phi}_B = [\phi_{1,B}, \phi_{2,B}, \cdots, \phi_{m,B}]$ 和 $\boldsymbol{\Phi}_T = [\phi_{1,T}, \phi_{2,T}, \cdots, \phi_{m,T}]$。然后取未知状态下、时间长度为 T 的实测数据作为待检验数据,其参考模式向量为 $\boldsymbol{\Phi}_D = [\phi_{1,D}, \phi_{2,D}, \cdots, \phi_{m,D}]$。结构不同状态之间的差别可以用参考模式向量之间的欧氏距离来表示,据此建立损伤指标 DSF:

$$DSF = \frac{L(\boldsymbol{\Phi}_D, \boldsymbol{\Phi}_B)}{L(\boldsymbol{\Phi}_T, \boldsymbol{\Phi}_B)} \tag{2-6}$$

式中:$L(\boldsymbol{\Phi}_T, \boldsymbol{\Phi}_B)$、$L(\boldsymbol{\Phi}_D, \boldsymbol{\Phi}_B)$ 分别为 $\boldsymbol{\Phi}_T$ 和 $\boldsymbol{\Phi}_B$、$\boldsymbol{\Phi}_D$ 和 $\boldsymbol{\Phi}_B$ 之间的欧式距离:

$$L(\boldsymbol{\Phi}_T, \boldsymbol{\Phi}_B) = \sqrt{\sum_{i=1}^{m} (\varphi_{i,T} - \varphi_{i,B})^2} \qquad (i = 1, 2, \cdots, m) \tag{2-7}$$

$$L(\boldsymbol{\Phi}_D, \boldsymbol{\Phi}_B) = \sqrt{\sum_{i=1}^{m} (\varphi_{i,D} - \varphi_{i,B})^2} \qquad (i = 1, 2, \cdots, m) \tag{2-8}$$

如果结构没有发生损伤,各个位置的 DSF 值接近 1;当某部位出现损伤时,其对应的

DSF 值将大于 1。实际运用过程中,计算布置在泄流结构上各测点实测振动响应与标准无损伤状态下的 DSF 值,当某个测点连续三个检测时段内的 DSF 均大于 1 时,说明结构已经出现损伤,且损伤位置可能就在该测点附近。

2.4.2.4 频域敏感特征量

定义 FFC_i 为结构损伤前后的第 i 阶频率变化率:

$$FFC_i = \frac{F_{ui} - F_{di}}{F_{ui}} \qquad (i = 1, 2, \cdots, m) \tag{2-9}$$

式中:$i = 1, 2, \cdots, m$ 对应结构的模态阶数;F_{ui} 和 F_{di} 分别为结构损伤前后的第 i 阶固有频率;FFC_i 与损伤的位置和程度有关。

定义正则化的频率变化率 $NFCR_i$ 为:

$$NFCR_i = \frac{FFC_i}{\sum\limits_{i=1}^{m} FFC_i} \qquad (i = 1, 2, \cdots, m) \tag{2-10}$$

$NFCR_i$ 只与损伤位置有关,而与损伤程度无关。应用该参数进行损伤定位,不受损伤程度的影响,从而提高了损伤定位的精度,便于实际应用。

2.4.2.5 时频域敏感特征量

泄流结构振动响应的 Hilbert 能量谱表达了在定义时间区域内每个频率上所积累的能量,将响应的频率区间 $[\omega_{\min}, \omega_{\max}]$ 分成 n 个频带 ω_i($i = 1, 2, \cdots, n$),每个频带上的能量用 $E(\omega_i)$ 表示,定义能量分布向量 η_i 为:

$$\eta_i = \frac{E(\omega_i)}{\sum\limits_{i=1}^{n} E(\omega_i)} \qquad (i = 1, 2, \cdots, n) \tag{2-11}$$

结构发生损伤时,其振动响应 Hilbert 能量谱会发生改变,进而导致能量分布向量 η_i 发生改变。设 η_i^u、η_i^d 分别表示结构在无损伤和未知状态下的能量分布向量,$i = 1, 2, \cdots, n$。定义 $\Phi(\eta_i^u, \eta_i^d)$ 为 η_i^u 和 η_i^d 的互相关系数,构造损伤指标 N_f:

$$N_f = 1 - \Phi(\eta_i^u, \eta_i^d)^2 = 1 - \frac{\left(\sum\limits_{i=1}^{n} \eta_i^u g \eta_i^d\right)^2}{\sum\limits_{i=1}^{n} (\eta_i^u)^2 g \sum\limits_{i=1}^{n} (\eta_i^d)^2} \tag{2-12}$$

当 N_f 等于或接近 0 时,说明结构无损伤发生;当 N_f 值大于 0 时,说明未知状态下的 η_i 值发生变化,结构可能出现损伤。在实际监测过程中,可以事先设置 N_f 的阈值,当连续三个以上分析时段的 N_f 超过阈值,说明结构可能出现损伤。

此外,结构出现损伤后,η_i 分布曲线的各极大值点所对应的频率会发生变化,构建损伤指标 R_f:

$$R_f = \frac{1}{m} \sum\limits_{j=1}^{m} \left| \frac{\omega_j^u}{\omega_j^d} \right| - 1 \tag{2-13}$$

式中:ω_j^u、ω_j^d 分别表示结构在健康和未知状态下 η_i 分布曲线各极大值点所对应的频率;$j = 1, 2, \cdots, m$ 表示 η_i 中极大值点的个数。结构无损伤时,$R_f = 0$;当结构出现损伤,峰值所对应的频率会有所降低,即 $\omega_j^d < \omega_j^u$,R_f 值将大于 0。

2.4.2.6 模态敏感特征量

1.基于坐标模态确认准则

基于相关性原理,采用改进的 MAC 准则来表示坐标模态确认准则,即:

$$COMAC(r) = \frac{\left(\sum\limits_{j=1}^{m} \left| \Psi_{U,j}^{r} \cdot \Psi_{D,j}^{r} \right| \right)^{2}}{\sum\limits_{j=1}^{m} \left(\Psi_{U,j}^{r} \right)^{2} \sum\limits_{j=1}^{m} \left(\Psi_{D,j}^{r} \right)^{2}} \tag{2-14}$$

式中:$j = 1, 2, \cdots, m$ 为实测模态的阶数;$r = 1, 2, \cdots, n$ 为测点位置,$\Psi_{U,j}^{r}$ 和 $\Psi_{D,j}^{r}$ 分别为结构上 r 点在健康和未知状态下的第 j 阶模态矢量值。

坐标模态确认准则表示结构健康状态与未知状态下模态矢量的相关程度。当损伤未发生时,$COMAC(r) = 1$;当结构出现损伤时,$COMAC(r) \neq 1$,$COMAC(r)$ 值越接近 0 的位置处,可能是损伤发生的位置。

2.基于应变模态变化的损伤指标

结构的局部损伤会导致损伤位置附近应变响应及应变模态发生变化,令 $\Psi_{U,i}^{r}$、$\Psi_{D,i}^{r}$ 分别为结构 r 测点处无损伤和未知状态下的第 i 阶应变模态,定义 $\Delta \Psi_{i}^{r}$ 为第 i 阶应变模态差的绝对值:

$$\Delta \Psi_{i}^{r} = \left| \Psi_{U,i}^{r} - \Psi_{D,i}^{r} \right| \tag{2-15}$$

计算结构上各个测点未知状态与健康状况下实测应变响应的应变模态差值 $\Delta \Psi_{i}^{r}$,$\Delta \Psi_{i}^{r}$ 值最大的测点即为最可能的损伤位置,$\Delta \Psi_{i}^{r}$ 与损伤位置和程度有关。文献对应变模态差指标进行了修正,提出了归一化的应变模态差损伤指标 $\Delta \Psi_{i}^{*}$:

$$\Delta \Psi_{i}^{*} = \frac{\Delta \Psi_{i}^{r}}{\sqrt{\sum\limits_{r=1}^{n} \left(\Delta \Psi_{i}^{r} \right)^{2}}} \tag{2-16}$$

可以证明,归一化的应变模态差指标 $\Delta \Psi_{i}^{*}$ 仅是损伤位置的函数,而与损伤程度无关。实际监测过程中,只须通过模态识别方法计算出各测点健康状态下和未知状态下的前几阶应变模态振型值,即可获得结构各个位置处第 i 阶的应变模态差。

3.基于模态振型与频率的损伤组合指标

结构的模态振型对损伤比较敏感,特别是高阶模态,但是对于实测的泄流结构振动响应,很难精确求解结构的高阶模态;而基于结构工作频率的损伤指标对局部损伤敏感性较低,但是结构工作频率的最大特点是测试方便、测量精度高、成本低,是目前所有动态特性中测得最准也是最方便测试的结构动力特征。结合模态振型和结构频率作为损伤组合指标能够弥补各自的不足,仅通过计算结构的低阶工作频率和模态振型即可获得精确的损伤信息。

1)模态振型变化与固有频率平方比的变化量

定义模态振型与固有频率平方比的变化量 NDI_{j}^{r} 为:

$$DI_{j}^{r} = \frac{\left| \Psi_{U,j}^{r} \right|}{f_{U,j}^{2}} - \frac{\left| \Psi_{D,j}^{r} \right|}{f_{D,j}^{2}} \quad (j = 1,2,\cdots,m) \tag{2-17}$$

$$NDI_{j}^{r} = \frac{DI_{j}^{r}}{\sum\limits_{r=1}^{n} DI_{j}^{r}} \tag{2-18}$$

式中:m 为实测模态的阶数;$r = 1, 2, \cdots, n$ 为测点位置;$f_{U,j}$ 和 $f_{D,j}$ 分别为结构在健康和未知状态下的第 j 阶工作频率;$\Psi_{U,j}^{r}$ 和 $\Psi_{D,j}^{r}$ 分别为结构上 r 点在健康和未知状态下的第 j 阶模态值。可以证明,当损伤程度相同时,该损伤指标是损伤位置的单调函数,可进行损伤定位。

2)模态振型变化与固有频率变化平方的比值

定义归一化的模态变化与固有频率变化平方损伤定位指标 $NDSI_{j}^{r}$ 为:

$$NDSI_{j}^{r} = \frac{DSI_{j}^{r}}{\sum\limits_{j=1}^{m} |DSI_{j}^{r}|} \quad (j = 1, 2, \cdots, m) \quad (2\text{-}19)$$

$$DSI_{j}^{r} = \frac{\Psi_{U,j}^{r} - \Psi_{D,j}^{r}}{f_{U,j}^{2} - f_{D,j}^{2}} \quad (j = 1, 2, \cdots, m) \quad (2\text{-}20)$$

式中:m 为实测模态的阶数;$r = 1, 2, \cdots, n$ 为测点位置;$f_{U,j}$ 和 $f_{D,j}$ 分别为结构在健康和未知状态下的第 j 阶工作频率;$\Psi_{U,j}^{r}$ 和 $\Psi_{D,j}^{r}$ 分别为结构上 r 点在健康和未知状态下的第 j 阶模态值。可以证明,$NDSI_{j}^{r}$ 仅与损伤位置有关。

4. 基于模态曲率的损伤指标

1)位移曲率模态

结构位移曲率模态振型是位移振型的二阶导数,可以代替位移模态用于损伤定位。根据中心差分公式计算位移曲率模态 $\varphi_{j}^{r''}$ 为:

$$\varphi_{j}^{r''} = \frac{\varphi_{j}^{r+1} - 2\varphi_{j}^{r} + \varphi_{j}^{r-1}}{h^{2}} \quad (2\text{-}21)$$

式中:φ_{j}^{r} 为 r 测点处的位移振型;φ_{j}^{r-1}、φ_{j}^{r+1} 分别为相邻测点的位移振型;j 为模态阶次;h 为相邻两测点间的距离。结构损伤位置处的位移曲率模态会有较大的变化,因此根据损伤前后曲率模态振型的突变可以识别结构的局部损伤。

2)位移振型差值曲率

结构损伤位置处振型的变化程度可以通过振型差值的二阶导数来表示,即结构的振型差值曲率。令结构损伤前后位移振型系数分别为 $\varphi_{U,j}^{r}$ 和 $\varphi_{D,j}^{r}$,则测点 r 的位移振型差值为:

$$\delta\varphi_{j}^{r} = \varphi_{U,j}^{r} - \varphi_{D,j}^{r} \quad (2\text{-}22)$$

振型差值曲率可以表示为:

$$\delta\varphi_{j}^{r''} = \frac{\delta\varphi_{j}^{r+1} - 2\delta\varphi_{j}^{r} + \delta\varphi_{j}^{r-1}}{h^{2}} \quad (2\text{-}23)$$

式中:$\delta\varphi_{j}^{r-1}$、$\delta\varphi_{j}^{r+1}$ 分别为相邻测点的位移振型差值;j 为模态阶次;h 为相邻两测点间的距离。结构的振型差值曲率在损伤位置处存在较大的取值,而在无损位置处的值较小,或者接近于 0。因此,结构振型差值曲率可以用来识别结构的损伤位置。

3)应变曲率模态振型变化量

给出了结构测点 r 第 j 阶应变曲率模态振型 φ_{j}^{r} 的表达式:

$$\varphi_{j}^{r} = \frac{\Psi_{j}^{r+1} - 2\Psi_{j}^{r} + \Psi_{j}^{r-1}}{h^{2}} \quad (2\text{-}24)$$

式中:h 为两个相邻测点间的距离;Ψ_{j}^{r-1}、Ψ_{j}^{r}、Ψ_{j}^{r+1} 分别为测点 $r-1$、r、$r+1$ 的应变模态。定义第 j 阶应变曲率模态的变化量为:

$$\delta_j^r = \varphi_{\mathrm{D},j}^r - \varphi_{\mathrm{U},j}^r \tag{2-25}$$

式中：δ_j^r 为 r 测点第 j 阶应变曲率模态振型的变化量；$\varphi_{\mathrm{D},j}^r$ 和 $\varphi_{\mathrm{U},j}^r$ 分别为未知状态和无损状态下 r 测点第 j 阶应变曲率模态振型。

4）应变振型差值曲率

结构未知状态和无损状态下 r 测点第 j 阶应变模态振型为 $\Psi_{\mathrm{D},j}$ 和 $\Psi_{\mathrm{U},j}$，则应变模态振型差为 $\Delta\Psi_j^r = |\Psi_{\mathrm{D},j}^r - \Psi_{\mathrm{U},j}^r|$，定义应变振型差值曲率为：

$$\Delta\Phi_j^r = \frac{\Delta\Psi_{j+1}^r - 2\Delta\Psi_j^r + \Delta\Psi_{j-1}^r}{h^2} \tag{2-26}$$

2.4.2.7 泄流结构动态健康监测指标体系

作为泄流结构健康监测特征指标，必须对结构的损伤特征具有良好的表征能力，并且组合在一起具有整体性，可以对损伤特征进行比较全面的刻画。本书选择对泄流结构损伤较为敏感的一系列特征量作为监控指标，构建了泄流结构动态健康监测指标体系，如图 2-135 所示。在实际工程应用过程中，可根据所监测结构的振动特性选择合适的损伤指标、设置相应的阈值。

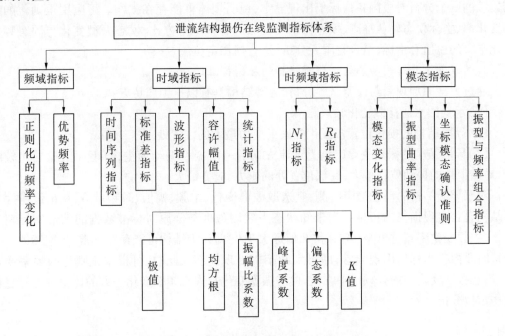

图 2-135　泄流结构健康监测指标体系

2.4.2.8 泄流结构动态健康监测指标的控制标准

1. 拱坝结构动态健康监测指标的控制标准

通过开展二滩拱坝、溪洛渡拱坝、小湾拱坝、构皮滩拱坝及拉西瓦拱坝的水弹性模型试验，以及对二滩、锦屏一级拱坝汛期泄洪振动的原型观测，在高拱坝泄洪振动领域取得的一系列研究成果：

（1）不同泄流条件下，各拱坝振动位移双倍幅值均为 $0.2 \sim 0.6$ mm，满足以 $10^{-5}H$（H 代表水工建筑物的高度）作为"允许幅值"的要求。

（2）原型观测和模型试验结果表明，各拱坝的基频位于 1.0～1.7 Hz，泄洪水流荷载主要激起拱坝的低阶振动，振动响应的各分量主要是低频分量。

（3）振动位移响应的功率谱可以分成两个部分：一是水流荷载的频率区段，该部分主要反映水流激励荷载的影响，对应于结构的背景响应分量，响应形式体现为受迫振动；二是拱坝自振频率区段，该部分反映的是拱坝自振对动力响应的放大作用，对应于结构的随机共振响应分量，响应以水力拍振的形式体现。

（4）坝上附属结构的振动响应较同高程坝体振动响应要放大 2～5 倍。

（5）二滩拱坝不同工况下各测点的振幅比系数均在 0.81～1.19，基本在 1 值上下波动；偏差系数范围在 -0.06～0.08，基本在 0 值上下波动；峰度系数范围在 2.42～3.58，围绕3.0波动，振动过程基本上服从正态分布。

通过上述对高拱坝泄洪振动的认识，在实际健康监测过程中，宜选取幅值、主频率、波形指标、偏态系数、峰度系数、振幅比系数等作为实时监测的指标，当拱坝最大位移双倍幅值超过 0.2～0.6 mm、主频率变化率超过 10%、波形指标超过 10%、偏态系数大于 4 或者小于 2、峰度系数大于 1 或者小于 -1、振幅比系数小于 0 或者大于 2 时，即认为结构可能存在异常，当连续的三个分析时段内各指标仍出现异常，说明坝体可能存在损伤。可应用正则化的频率变化率、坐标模态确认准则、模态振型变化与固有频率平方比、模态振型变化与固有频率变化平方的比值等指标，结合有限元分析，进行损伤定位。

2. 闸墩或导墙结构动态健康监测指标的控制标准

通过大量原型观测与模型试验分析，导墙结构具有以下工作特点：

（1）承受的水流荷载变化频繁。

（2）导墙结构的损伤位置多发生在底部应力最大的位置处。

（3）导墙结构的振动主要以垂直水流方向的一阶振型振动为主，自下而上振动比较同步，导墙顶部的振动位移最大，底部位置处的应力、应变最大。

对于导墙结构的动态健康监测，宜选取波形变化、主频、幅值、时频域 N_f 和 R_f 值作为判断结构是否出现损伤的指标。当未知状态下实测数据与健康时标准数据的波形指标超过 10%、主频变化率超过 10%、N_f 值和 R_f 值远大于 0，即认为结构可能存在异常，当连续的三个分析时段内各指标仍出现异常，即可判断结构出现损伤。此时，可根据正则化的频率变化率、模态振型变化与固有频率平方比、模态振型变化与固有频率变化平方的比值等指标进行损伤定位分析。

2.5 泄洪雾化机制及控制指标

2.5.1 雾化机制

泄洪雾化现象的一般定义是指水利枢纽泄洪过程中，由于水舌的掺气散裂和水舌入水时的溅水所形成的雾流，下游局部区域内产生的非自然的雨雾弥漫的现象。它包括降雨和雾流两部分，水舌入水处附近一般形成强度较大的降雨区，然后沿程衰减，同时产生大量雾流，雾气升腾，其受泄水建筑物布置、上游水流条件、上游大气来流、水舌风和下游地形条件的综合影响。

泄洪雾化是非常复杂的水—气和气—水两相流,影响因素很多,对于泄洪雾化的运动模式,国内同行已基本达成共识,可概括为:下泄水流受泄水建筑物的壁面和周围空气的影响,水流内部产生紊动,射流水股表面产生波纹,并掺气、扩散,导致部分水体失稳、脱离水流主体,碎裂成水滴,而掺气射流的主体落入下游河床内,与下游水体相互碰撞,所产生的喷溅水体向四周抛射形成降雨。同时,喷溅过程中产生的大量小粒径水滴漂浮在空中形成浓雾,雾滴受到水舌风的影响,不断扩散、飘逸形成雾流。

泄洪雾化现象从其结果来看可以归结为雨和雾两方面。从众多工程泄洪雾化原型观测和实际运行情况看,雨比雾对工程的影响要大,而雾的运动规律要比雨复杂。泄洪雾化现象中"雨"的概念与自然现象中的雨有很大的差异,天然降雨一般在较大范围内变化小,且强度较弱,而雾化降雨仅局限在泄洪区域内,且强度大,变化大;现有原型观测的泄洪降雨强度(简称雨强,下同)可以达到 4 000~5 000 mm/h,而天然降雨则小很多,气象学上有记载以来观测到的极值降雨雨强为 636 mm/h,天然降雨中特大暴雨雨强的下限标准也仅为 11.67 mm/h。枢纽泄水建筑物泄洪时,雾化降雨区的雨强大多会超过天然降雨中特大暴雨的标准。而泄洪雾化中产生的雾流则与天然雾流的区别不大,目前缺乏相关的对比研究成果。一般而言,泄洪雾化中的雾流浓度根据可见度分为浓雾、淡雾和薄雾,其划分的原则与天然雾流的划分标准一致。

运行实践表明,大型水电工程的泄洪雾化,由于降雨强度及其影响范围相当大,较之常规的自然降雨过程,这种非自然降雨对水利枢纽及其附属建筑物和下游岸坡所造成的威胁与破坏要大得多。20 世纪 80 年代中后期,随着宽尾墩、窄槽式挑流戽和高低坎等挑跌流消能工的应用,泄洪雾化问题日益突出。如龙羊峡水电站 1989 年泄洪与李家峡水电站 1997 年泄洪时,雾化降雨的入渗作用曾诱发大规模的山体滑坡;二滩水电站 1999 年泄洪时,强烈的雾化降雨也导致了下游岸坡的坍塌;又如白山水电站 1986 年及 1995 年两次开闸泄洪,均在坝下形成较严重的雾化现象,水舌风、暴雨、飞石对水电站的正常运行造成了严重影响。泄洪雾化的危害主要有以下几个方面:降雨积水可能威胁电厂正常运行;影响机电设备正常运行;冲蚀地表、破坏植被;影响两岸交通;影响周围工作和居住环境;危害岸坡稳定,诱发滑坡。

泄洪雾化对工程的影响程度和范围及造成的后果与该工程的布置、当时的泄流条件及下游岸坡地质条件等有关。国内已建的水利枢纽中,因泄洪产生的雾化影响枢纽运行甚至产生更严重后果的并不少见。但也有许多已建工程由于事先充分考虑泄洪雾化的危害,且采取了防护措施,泄洪雾化并未对工程产生严重的影响。因此,对泄洪雾化现象进行深入的分析和研究,估算雾化水流的影响范围和影响程度,并根据研究成果制定相应的防治措施,避免或减少其危害,对确保工程的安全运行有重要意义。

2.5.1.1 泄洪雾化影响因素

公认的造成泄洪雾化有两个主要雾源:一是水舌扩散掺气引起的,二是水舌落水激溅产生的。南京水利水电科学研究院(柴恭纯等,1992)在对泄洪雾化研究成果综合分析的基础上,认为水舌雾化水量只占水舌总量的很小一部分,对水舌的宏观特性没有什么影响,泄洪雾化的雾化源主要是由水舌落水附近的喷溅产生的。陈慧玲等为此专门进行了东江水电站泄洪雾化原型观测,对比分析了不同雾化源所占比重。该电站左岸和右岸滑雪道分别采用扭曲挑坎和窄缝挑坎。二者相比,后者的水舌空中掺气及散裂显著,而入水激溅相对较弱;

前者的水舌入水激溅较强,而空中掺气散裂较弱。将二者的雾雨强度加以比较,可反映出水舌空中掺气散裂与入水激溅对雾化量的贡献大小。观测结果表明,采用窄缝挑坎的右岸滑雪道泄洪时,雾化降水量强度比左岸滑雪道泄洪时小,可见水舌空中掺气散裂所产生的雾化源较小,雾源主要是水舌落水区的激溅引起的。长江科学院陈端等通过对泄洪雾化研究成果的综合分析,也支持该观点。

多年以来针对不同水利工程泄洪雾化情况的原型观测结果表明,泄洪雾化范围和强度与水力条件(水舌出射流速、入水速度、入水角度、入水范围、泄量、落差等)、地质条件(河谷形态等)和气象条件(风速、风向空气湿度、温度等)都密切相关。其中,水力条件和河谷形态是影响泄洪雾化的重要因素。但受观测条件及观测精度限制,关于各影响因素的量化研究不多。孙双科和刘之平通过对大量原型观测资料的收集、整理与分析,发现泄洪雾化纵向边界与泄流流量、水舌入水流速、入水角之间存在良好的相关关系,并基于 Rayleigh 量纲分析方法建立了雾化纵向边界与水力因素之间的定量关系相应的经验关系式。受资料数量的限制,仅对泄洪雾化的纵向边界进行了定量研究,而在工程实际中,人们往往更为关心雾化降雨量等值线图的分布特征及两岸岸坡上的雾化降雨情况,这方面的研究,有待进一步深入。

2.5.1.2 泄洪雾化水流的运动机制

高坝挑流泄洪雾化是水舌在空中运动过程中紊动掺气形成不连续水体和落入下游水体时激溅反弹形成破碎水滴,向周围扩散形成降雨和雾流的现象,如图 2-136 所示。

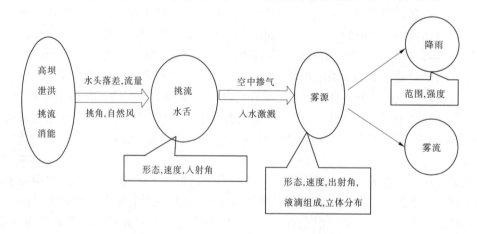

图 2-136　泄洪雾化形成过程

1. 挑流水舌入水喷溅的机制

挑流水舌在空中的运动特性决定了水舌撞水时的惯性,也决定了水舌的入水位置、入水角和入水线。挑流水舌入水喷溅现象可以分为两个阶段:撞击阶段、溅水阶段。

(1)撞击阶段:当水舌与下游水垫刚接触时,还来不及排开水垫中的水,在水垫中产生一个短暂的高速激波。由于水中激波的作用,使水舌落水处的水面升高,发生涌水现象,且水舌落水点下游水面升高值较大,上游水面升高值较小,同时在水舌与水面接触处产生较大的撞击力。

(2)溅水阶段:当水舌和下游水面撞击后,水舌的大部分会进入下游水垫,而其小部分在下游水垫压弹效应和水体表面张力作用下反弹起来,以水滴的形式向下游及两岸抛射出去。由于水滴喷溅是随机性的,不会完全顺直水流,会与流向形成各种角度,而且初始抛射速度又各相异,因而不会有恒定的喷溅轨迹和喷溅距离,而是形成一定的喷溅范围,喷溅轮廓近似为抛物线。由上可见,喷溅运动可视为水滴的反弹溅射运动,其运动主体类似于质点的斜抛运动。

2. 雾流扩散机制

雾流扩散区包括雾流降雨区和薄雾区。雾流扩散区的降雨是由两部分组成的,一部分是挑流水舌从抛射最高点开始的下坠过程中,在各种力的作用下,水舌的外缘部分与水舌主体发生了分离现象,这些分离的水雾受水舌风的影响向下游扩散;另一部分,是在水舌风的作用下,入水喷溅区外缘的水滴向两侧和下游扩散,从而形成雾流降雨。雾流扩散区的降雨主要由后一部分构成。雾流扩散区水雾的运动可视为水雾在空气中的扩散运动,属于气—液两相流的研究范畴。

雾流扩散区的水雾存在以下三种运动:

(1)在水舌风和自然风的综合作用下,空气处于流动状态。空气中存在许多大小不等的雾滴,这些雾滴随空气团的流动而发生迁移现象,这种现象称为随流输送。

(2)在随空气团运动的过程中,雾滴由于受重力的作用产生铅垂方向的相对运动,其运动速度取决于重力和阻力。因雾滴的直径很小,一般地,可以近似认为水雾在空气流中的阻力与在静止空气中的阻力相等。因而雾滴在空气流中铅垂方向的速度与其在静止空气中的沉降速度相同。

(3)空气中的水雾浓度分布不均匀,当紊动空气团在两点间进行交换时,也将造成水雾的不等量交换,使一部分水雾从浓度较大的地方被挟带到浓度较小的地方,即形成水雾的紊动扩散。水雾紊动扩散的通量与其浓度梯度成正比。

2.5.1.3 雾化分区分级

根据以往研究成果表明,空中水舌掺气扩散形成的雾化源不大,雾化源主要来自水舌落水附近水的喷溅。水舌入水时,与水面间形成强烈的激溅作用,激溅起来的水团或水滴可近似地看作弹性体在重力、浮力、空气阻力作用下以不同的出射角度、速度做抛射运动,这些高速溅起的水团或水滴在一定范围内产生强烈的"水舌风"或"溅水风",水舌风又促进水团或水滴向更远处扩散,即向下游和两岸山坡扩散。根据雾化水流各区域的形态特征和形成降雨的强弱,将雾化水流分为两个区域,即强暴雨区和雾流扩散区。强暴雨区的范围为水舌入水点前后的暴雨区和溅雨区;雾流扩散区包括雾流降雨区和雾化区,分区示意图如图 2-137 所示。

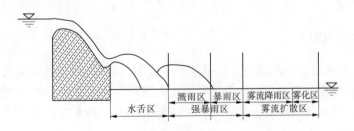

图 2-137　挑流泄洪雾化降雨分区示意图

气象部门关于天然降雨强度的分级标准见表2-8。

表2-8 天然降雨强度分级

等级	雨强（mm/h）	等级	雨强（mm/h）
小雨	0.02~0.42	暴雨	2.50~5.83
中雨	0.42~1.25	大暴雨	5.83~11.67
大雨	1.25~2.50	特大暴雨	>11.67

枢纽泄水建筑物泄洪时，雾化降雨区的雨强大多会超过天然降雨中特大暴雨的标准。泄洪过程中所产生的雾流对周围环境的影响一般是轻微的或暂时的，而泄洪过程中所产生的狂风暴雨甚至特大暴雨对周围环境则具有较大危害，根据雾化降雨的危害性，对降雨强度进行分级。

为研究雾化的危害和防范措施，国内有多家相关单位根据原型观测资料从多个角度对泄洪雾化雨强进行了分级，有的按形态分级，有的按程度分级，还有的进行综合性分级。综合考虑了泄洪雾化对环境的影响并参照了自然降雨中的强度等级划分，将泄洪雾化雨强人为地划分成5个等级：Ⅰ级雾化降雨区，降雨强度 $S \geqslant 600$ mm/h，破坏力强，雨区内空气稀薄，能见度低，此范围不能布置电站厂房、开关站等建筑物和附属设施，边坡需护坡保护，且须禁止人员车辆通行；Ⅱ级雾化降雨区：600 mm/h > $S \geqslant 200$ mm/h，破坏力比Ⅰ区稍低，防护要求同Ⅰ；Ⅲ级雾化降雨区：200 mm/h > $S \geqslant 10.0$ mm/h，该雨强范围大部分超过了自然特大暴雨强度下限（11.7 mm/h），相应范围的边坡仍需保护，必要时需设置相应排水设施，对建筑物设置的限制同Ⅰ、Ⅱ级雾化降雨区，须限制人员和车辆通行；Ⅳ级雾化降雨区：10 mm/h > $S \geqslant 1$ mm/h，雨强介于自然大暴雨和大雨之间，一般不需特殊的雾化防护措施，防护方法类同于自然降雨的防护方法，必要时需设置排水设施；Ⅴ级薄雾和淡雾区：该区域降雨量极低，$S < 1$ mm/h，但对开关站、高压线路及交通和工作与生活环境会产生一些影响。

降雨强度分为3个等级：①大暴雨区：降雨强度≥50 mm/h，雾化降雨达到此标准时，会给山坡和建筑物带来巨大的灾害，可能引起山体滑坡和建筑物的毁坏，因此要对此范围内两岸山体进行防护，并避免将建筑物建在该范围内；②暴雨区：降雨强度≥10 mm/h，此等级雾雨会对电站枢纽造成危害，对建筑物应加以防护，如果公路在此范围内，应禁止车辆通行；③毛毛雨区：雨强≥0.5 mm/h，此范围内对工程危害较小，一般不会造成灾害，该范围外雾化对工程没有影响。

2.5.2　雾化控制指标

泄洪雾化主要控制标准是雨强及影响范围。目前，对雾化问题的研究大体上可分为原型观测、物理模型模拟及理论分析计算三种方法。原型观测成果是了解、掌握雾化现象规律性的一种最直接、最有效的研究方法。表2-9列出了我国部分水电站泄洪雾化原型观测资料（仅限挑流消能方式）。

表 2-9　泄洪雾化原型观测部分资料

工程名称	泄洪工况	上游水位（m）	下游水位（m）	流量 Q（m^3/s）	入水流速 V_c（m/s）	入水角 θ（°）	水舌挑距 L_b（m）	雾雨边界 L（m）
白山	3 深孔联	369.7	292.1	1 668	35.8	68.4	54	304
	1# 高孔	416.5	291.6	830	37.6	41.2	143	400
	18# 高孔	412.5	292.1	484	33.7	38.8	114	415
李家峡	右中孔	2 145.0	2 049.0	100	31.9	61.0	86	224
	右中孔	2 145.0	2 049.0	300	31.9	61.0	86	394
	右中孔	2 145.0	2 049.0	466	32.6	60.2	95	405
	左底孔	2 145.5	2 049.0	400	31.5	36.2	83	297
东江	左滑	282.0	147.1	555	33.9	52.0	124	300
	右左滑	282.0	149.9	767	36.6	59.0	99	240
	右右滑	282.0	150.3	1 043	38.8	63.0	102	320
东风	右中孔	968.9	842.5	999	41.9	39.4	120	480
	中中孔	968.0	840.9	522	38.2	42.2	131	369
	左中孔	967.4	840.0	989	42.1	40.5	121	364
	泄洪洞	967.7	844.7	1 926	42.4	62.5	112	388
二滩	6 中联合	1 199.7	1 022.9	6 856	50.1	51.9	180	728
	7 表联合	1 199.7	1 021.5	6 024	49.0	71.1	114	669
	1# 泄洪洞	1 199.8	1 017.7	3 688	44.7	41.5	194	566
	2# 泄洪洞	1 199.9	1 017.8	3 692	43.5	44.9	185	685
鲁布革	左泄洪洞	1 124.0	1 050.0	1 727	28.4	32.2	60	300
	左泄洪洞	1 127.7	1 050.0	1 800	29.1	31.5	63	277
	左溢洪道	1 127.5	1 050.0	1 700	31.2	38.0	75	305
蓇窝	溢流堰	92.9	63.4	559	19.3	39.9	39	150

由上述资料,雾化纵向边缘与水舌入水点之间的距离 L' 与综合表征水舌的各项水力学指标的参数 ξ 间相关关系如图 2-138 所示,拟合关系列于式(2-27),适用范围为:6 856 $m^3/s > Q > 100\ m^3/s$,50.0 m/s $> V_c > 19.3$ m/s,71.0° $> \theta > 31.5$°。

$$L' = 10.267\xi \tag{2-27}$$

其中

$$\xi = \left(\frac{V_c^2}{2g}\right)^{0.765\,1} \left(\frac{q}{V_c}\right)^{0.117\,45} (\cos\theta)^{0.062\,17} \tag{2-28}$$

通过对李家峡水电站 1997 年、二滩水电站 1999 年泄洪雾化原型观测雾化降雨强度分布规律的分析,经拟合得如下关系式:

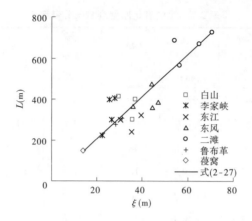

图 2-138　$L-\xi$ 关系曲线

$$\frac{L_p}{L} = f\left(\frac{P}{\xi}\right) = \begin{cases} 1.0 \\ -0.056\,5\ln(P/\xi) + 0.517\,4 \\ 0.602e^{-0.171P/\xi} \end{cases} \qquad (2\text{-}29)$$

$L_p(\mathrm{m})$ 表示沿出流中心线方向各等值降雨量 $P(\mathrm{mm/h})$ 距水舌入水点的距离。式 2-29 的适用范围为 $22.5 < \xi < 112.2$，拟合曲线与数据点的关系见图 2-139。图 2-139 中两条主要拟合曲线的回归系数分别为 0.919\,9、0.802\,5，拟合结果良好。P/ξ—L_p/L 关系曲线与 P/ξ 的量值范围有关。以 $P/\xi = 0.60$（对应于 $L_p/L = 0.55$）为界，在 $P/\xi \leqslant 0.60$ 范围内，P/ξ—L_p/L 呈对数关系曲线变化，变化幅度较大；在 $P/\xi > 0.60$ 范围内，P/ξ—L_p/L 呈幂函数关系曲线变化，变化速度比较缓慢。这一结果与泄洪雾化降雨强度的分布规律相对应：在泄洪雾化影响范围的远区，由于雾化降雨强度比较小，雾流的漂移运动占据主导地位，因而雾化降雨的影响范围相当大，可以延续到比较远的区域；而在泄洪雾化影响范围的近区，由于雾化降雨强度较大，属于强暴雨与暴雨区，雾流漂移运动居次要地位，因而影响范围相对要小得多。

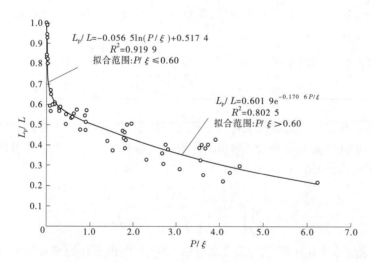

图 2-139　P/ξ—L_p/L 关系曲线

对于雾化沿横向、高度分布,根据国内二十几个大型水电站泄洪雾化原始资料的统计分析,对泄洪雾化按降雨和雾流区提出了估算方法,见表2-10,可供工程防护设计参考。

表2-10　泄洪雾化影响范围估算(H 为坝高)

雾化分类	纵向	横向	高度
降雨区	$(2.2 \sim 4.0)H$	$(1.5 \sim 2.0)H$	$(0.8 \sim 1.4)H$
雾流区	$(5.0 \sim 7.5)H$	$(2.5 \sim 4.0)H$	$(1.5 \sim 2.5)H$

2.6　泄洪诱发场地振动

目前,流激振动问题主要针对泄水建筑物自身,对于由其诱发的场地振动问题鲜有报道,但场地振动对建筑物的结构安全和人身体心理影响不容忽视。俄罗斯 Zhigulevskii 水电站汛期宣泄大洪水曾引起了左岸城市场地和房屋的强烈振动,甚至导致大坝附近区域一些房屋开裂,附近居民出现焦虑、头晕、恶心等现象。我国溪洛渡水电站曾在主汛期坝身4个深孔开启泄洪,坝区下游右岸混凝土拌和系统的制冰楼发生明显振动。2012 年 10 月向家坝水电站中孔开闸泄洪期间,下游县城部分门店卷帘门晃动、民居及校舍的门窗响动、家具颤动、吊灯摆动等,引起坝区民众不安。高坝泄洪消能诱发的场地振动持续时间长、影响范围广、处理难度大,是泄洪消能领域中的新难题。

2.6.1　泄洪诱发场地振动机制

场地振动过程表现为连续型平稳随机振动并伴有冲击特征,振源为消力池脉动压力荷载,但动水荷载并非直接作用于场地,而是通过地层传播而来,因此其影响因素更为复杂,传播途径、地质条件、建筑物结构都对场地振动有极大影响。原型观测和系统的模型试验表明,消能泄水诱发场地振动的机制基于"运行方式—流态特征—激励特性—振动响应"影响链。下面以向家坝水电站为例进行分析。

2.6.1.1　运行方式→流态特征

向家坝泄洪消能方式是在底流消能基础上,融入"分层出流、横向分散"的挑流消能理念的一种复合型消能方式,流态特征复杂多样,其运行方式分三类:表孔单开运行、中孔单开运行和表中孔联开运行。

1. 表孔单开运行

表孔单开运行典型流态特征如图 2-140 所示,表面是由射流上部形成的淹没水跃区,中部是主射流及扩散区,下部是由射流下部形成的顺时针回流区。由顺时针回流引起,在池首角隅区域产生旋涡。在平面上,由于表孔间的间距较大(相邻表孔间距/表孔宽 = 3),因此表孔射流间相互影响较小,各表孔区域流态特征一致。在未开启的中孔区域,水跃表层旋滚能返涌进入中孔泄槽,引起较大水面波动,有向表孔泄槽翻滚的现象,跌坎下游亦为顺时针回流。

2. 中孔单开运行

中孔单开运行典型流态特征如图 2-141 所示,消力池流态呈淹没水跃流态,具有较典型

图 2-140　表孔单开运行典型流态特征

的底流消能特征,流态稳定且平面对称。底部是中孔射流横向扩散区域,部分扩散射流遇下游平静水体受阻后转向在表面形成逆时针方向的回流旋滚。逆时针回流向上游返涌,遇表孔内平静水流时受阻,继而顺着边墙及跌坎向下运动,回流旋滚在此角隅处产生立面剪切,间歇性生成立轴旋涡。

图 2-141　中孔单开运行典型流态特征

3. 表中孔联开运行

表中孔联开运行典型流态特征如图 2-142 所示,射流动能消杀主要集中在消力池的前半池,后半池水体较为平稳。

图 2-142 流态大致可分为以下几个部分:(Ⅰ)射流区,尽管水平入射消力池,但由于泄量大,下游水位高,射流下潜迅速;(Ⅱ)逆时针淹没水跃旋滚区,位于射流上方,表面剧烈翻涌,是消能的重要区域;(Ⅲ)顺时针回流区,位于表孔射流下方,由于射流迅速下潜,顺时针回流长度进一步缩短;(Ⅳ)中孔射流扩散区,位于表孔射流下方,与顺时针回流交织,在 $x/s_表 = 0.8$ 左右处,高频率生成立轴旋涡;(Ⅴ)池首跌坎旋涡区,池首跌坎处流态特征更为复杂,顺时针回流、中孔射流扩散、下潜旋滚回流及横向流相互作用,可能产生横轴旋涡、立轴旋涡及纵轴旋涡。

2.6.1.2　流态特征→激励特性

不同运行方式下,消力池动水压力特性各异。表孔单独开启,消力池呈典型的淹没水跃和顺时针回流特征时底板脉动压力系数沿程分布如图 2-143 所示。底板 c_p' 在相对位置 2 ~ 3 范围内较大,相对位置 2.5 出现峰值 0.035,顺时针回流靠近池首,c_p' 平均为 0.023,约为峰

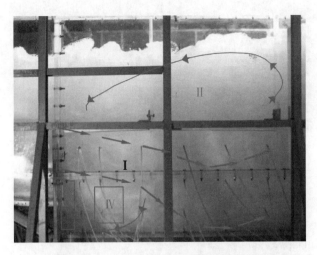

图 2-142　表中孔联开运行典型流态特征

值的 0.7;由于顺时针回流由射流下部受阻转向形成,因此总体看表孔中心线处(中心距 0.19)脉动最大;回流运动过程中向两侧逐渐扩散,故闸墩中心线处脉动略小于表孔中心线,而未开启的中孔中心线处最小;表孔区最大脉动压力系数约为中孔区的 1.3 倍。

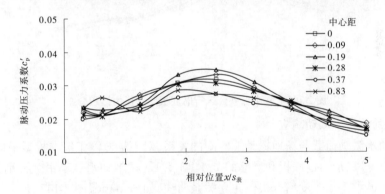

图 2-143　表孔单开时底板脉动压力沿程分布

中孔单独开启,消力池呈典型的淹没水跃和逆时针回流特征时底板 c_p' 沿程分布见图 2-144。c_p' 在相对位置 2.5 ~ 5.0 范围内较大,相对位置 3.75 左右出现峰值 0.043;由于水跃及中孔射流的扩散作用在开启中孔区较强,因此中孔中心线处(中心距 0、0.37)脉动压力最大,闸墩中心线处(如中心距 0.09、0.28、0.83)脉动略小,未开启的表孔区域因横向距离最大而受扩散影响最小,其中心线处脉动也最小;中孔区最大脉动压力系数平均约为表孔区的 1.6 倍。

表中孔联合开启,底板脉动压力沿程分布如图 2-145 所示。底板 c_p' 沿程在相对位置($x/s_{\text{平}}$)约 1.67 处,由中孔射流簇扩散临底、表孔射流簇产生回流,两者相互掺混与剪切使该位置出现较大峰值,约 0.07,是中孔单开的最大值的 1.6 倍,表孔单开时的 2.0 倍;也由于剧烈掺混,除靠边墙的闸墩中心线,底板大部分区域横向分布较均匀,相同的沿程相对位置 c_p' 横向间平均相差在 20% 以内。因边墙在相对高度 0.94 以下设置了 1:3 的贴坎,相当于压缩了边表孔及边中孔射流的运动空间,因此在边闸墩中心线区域脉动相对较大。

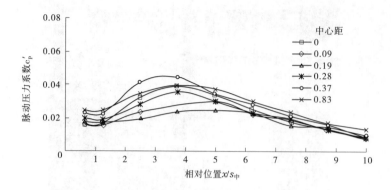

图 2-144 中孔单开时底板脉动压力沿程分布

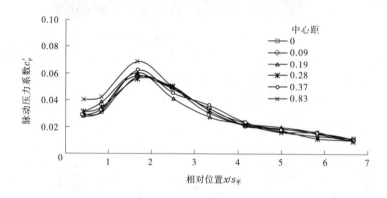

图 2-145 表中孔联合运行时底板脉动压力沿程分布

2.6.1.3 激励特性→振动响应

为研究动水激励荷载与场地振动响应间的关系,对现场监测工况在模型中进行了反演。分别取坝面中隔墙、消力池底板和导墙的 $1.5 \sim 3.5$ Hz 频带动水脉动最大面荷载与下游育才路 5 幢地基最大振动速度均方根值建立关系曲线,如图 2-146、图 2-147 所示。由图可见,场地振动响应与各部位最大面脉动荷载有良好的正相关关系,随着脉动荷载增大,场地振动响应呈增大趋势。但不同部位的对比可见,中隔墙相关度最高,其次是底板,最后是导墙。

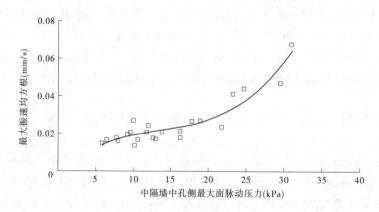

图 2-146 地基振动与中隔墙最大面脉动压力关系

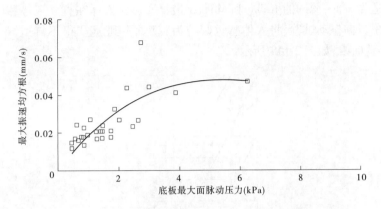

图 2-147　地基振动与底板最大面脉动压力关系

2.6.2　场地振动控制标准

振动响应是诱发振源与建筑物(生物体)相互耦合的结果,振动响应强度决定于振源激励能量、频率及建筑物(生物体器官)的自振频率。当建筑物的空间形式、结构尺寸、构造材质、边界约束、运行介质等确定后,其自振频率即确定,故称为"固有频率"。生物力学对人体各器官自振频率的研究已有确定性成果。如果振动不危害生物、建筑物及环境的安全,一般是允许的;反之,则必须采取措施予以避免,特别是共振,它是由于激励频率等于或接近于建筑物(生物体器官)的自振频率时而产生的低阻尼高响应的振动状态。

振源的复杂性、响应体的多样性决定了连续型流激振动是尤其难解的振动现象。尽管国内外诸多学者根据多年的研究成果和经验积累,试图总结归纳安全评价标准,但到目前为止仍没有形成统一的标准。一般认为,水工结构的安全评价以振动位移控制为主,参照爆破振动(断续型冲击振动)安全控制标准,或相对成熟的研究成果,或相似工程类比,根据建筑物自身特点,提出相应的振动控制范围。房屋建筑安全评价以振动速度控制为主,参考机械振动的《建筑工程容许振动标准》(GB 50868—2013)。人体舒适性评价以竖直向振动加速度控制为主,参考《城市区域环境振动标准》(GB 10070—88)、《住宅建筑室内振动限值及其测量方法标准》(GB/T 50355—2018)。

场地振动建筑物安全控制条件可参考《建筑工程容许振动标准》(GB 50268—2013),建筑振动容许值如表 2-11 所示。

表 2-11　机械振动建筑物结构影响的容许振动值　　　　（单位:mm/s）

建筑物类型	顶层楼面振动速度峰值	基础振动速度峰值		
	1～100 Hz	1～10 Hz	50 Hz	100 Hz
工业建筑、公共建筑	10.0	5.0	10.0	12.5
居住建筑	5.0	2.0	5.0	7.0
对振动敏感、具有保护价值、不能划归上述两类的建筑	2.5	1.0	2.5	3.0

振动舒适度方面,德国的 Reihe 和 Meister 最早通过对人体在直立姿势和横卧姿势下施加竖直和水平方向振动试验,将人体感觉归纳为"感觉不到"至"很不舒适"6 个阶段,得到了 Meister 感觉曲线,如图 2-148 所示。

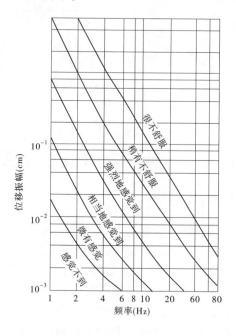

图 2-148　Meister 感觉曲线

《城市区域环境振动标准》(GB 10070—88)、《住宅建筑室内振动限值及其测量方法标准》(GB/T 50355—2018),其均通过竖直向振动加速度振级控制,相关规定值见表 2-12 和表 2-13。

表 2-12　城市各类区域竖直向 Z 振级标准值　　　　　　　　　　(单位:db)

适用地带范围	昼间	夜间
特殊住宅区	65	65
居民、文教区	70	67
混合区、商业中心区	75	72
工业集中区	75	72
交通干线道路两侧	75	72
铁路干线两侧	80	80

表 2-13　住宅建筑物室内振动加速度限值　　　　　　　　　　(单位:db)

1/3 倍频程中心频率(Hz)		1	1.25	1.6	2	2.5	3.15	4	5	6.3	8	10	12.5
1 级限值	昼间	76	75	74	73	72	71	70	70	70	70	72	74
	夜间	73	72	71	70	69	68	67	67	67	67	69	71
2 级限值	昼间	81	80	79	78	77	76	75	75	75	75	77	79
	夜间	78	77	76	75	74	73	72	72	72	72	74	76

第3章 高压瞬变流致灾机制与运行安全控制指标体系

高压瞬变流作用下水电站机组与厂房结构所处环境复杂,为使研究更具说服力和实用性,本节采用原型观测的方法,通过盲源分离方法识别多振源特性,从机组和厂房结构振动响应随负荷变化规律、机组与厂房结构振动响应相关性系数、机组与厂房结构振动时频域相关关系三个方面探讨机组与厂房结构振动响应之间的相关性,以及它们之间复杂的耦联动力特性,总结分析水电站厂房振动控制标准。

3.1 水电站厂房振动现场原型观测

以锦屏一级水电站、锦屏二级水电站及官地水电站为依托工程,开展地下厂房振动现场原型观测。

3.1.1 工程概况

3.1.1.1 锦屏一级水电站

锦屏一级水电站位于四川省盐源县、木里县交界的雅砻江干流,是雅砻江水能资源最富集的中、下游河段五级水电开发中的第一级。锦屏一级水电站以发电为主,兼有防洪、拦沙等作用。水库正常蓄水位 1 880 m,总库容 77.6 亿 m^3,调节库容 49.1 亿 m^3,为年调节水库。电站装机容量 3 600 MW,装机年利用小时数 4 616 h,年发电量 166.20 亿 kW·h。

地下厂房由里向外依次按"一"字形布置安装间、主机间和第一副厂房、空调机房,安装间和第一副厂房分别布置在主机间的两端。厂房全长 276.39 m,吊车梁以下开挖跨度 25.60 m,以上开挖跨度 28.90 m,开挖高度 68.80 m;其中主机间尺寸为 204.52 m×25.90 m×68.80 m(长×宽×高),顶拱高程为 1 675.10 m。

主变室位于主厂房下游,顶拱中心线与主厂房轴线间距 67.35 m,主厂房和主变室之间的岩柱厚度为 45 m(吊车梁以下),洞形为圆拱直墙型,主变室长 197.10 m,宽 19.30 m,高 32.70 m,顶拱高程 1 679.20 m。采用地下开关站布置方案,GIS 设备布置在主变室上层。

尾水调压室采用"三机一室一洞"布置形式,设置两个圆型调压室,直径(上室)分别为 37.00 m、41.00 m,尾水调压室距主变室顶拱中心线间距 77.65 m。①号调压室顶高程 1 689.00 m,高 80.50 m,上室直径 41 m,下室直径 38 m;②号调压室顶高程 1 688.00 m,高 79.50 m,上室直径 37 m,下室直径 35 m;两调压室中心线相距 95.1 m。尾调室设单独交通洞,与进厂交通洞相连。

锦屏一级水电站装有 6 台混流式水轮发电机,额定水头 200 m,单机额定功率 611 MW,最大功率 660 MW。

水轮机主要参数:型式:竖轴混流式;型号:HLD438C - LJ - 660;额定水头:200 m;额定转速:142.9 r/min;最大出力:660 MW;额定出力:611 MW;机组额定流量:331.28 m³/s;装机高程:1 630.7 m。

发电机主要参数:型式:竖轴半伞式;型号:SF647.5 - 42/13130;额定容量/功率:648.6 MVA/647.5 MW;额定电压:20 kV;额定电流:20 207 A;额定功率因数(滞后):0.925;额定效率:98.81%;旋转方向:俯视顺时针。

3.1.1.2 锦屏二级水电站

锦屏二级水电站位于四川省凉山彝族自治州木里、盐源、冕宁三县交界处的雅砻江干流锦屏大河湾上,是雅砻江干流上的重要梯级电站。其上游紧接具有年调节水库的龙头梯级锦屏一级水电站,下游依次为锦屏、二滩(已建成)和桐子林水电站。

锦屏二级水电站工程规模巨大,开发河段内河谷深切、滩多流急、不通航,沿江人烟稀少、耕地分散,无重要城镇和工矿企业,工程开发任务为发电。锦屏二级水电站利用雅砻江卡拉至江口下游河段150 km长大河湾的天然落差,通过长约17 km的引水隧洞,截弯取直,获得水头约310 m。电站总装机容量4 800 MW,单机容量600 MW,额定水头288 m,多年平均发电量242.3亿 kW·h,保证出力1 972 MW,年利用小时数5 048 h,是雅砻江上水头最高、装机规模最大的水电站。

地下厂房从左至右依次布置副厂房、主机组段和安装间,呈"一"字形布置,纵轴线方向为N35°E。主厂房共安装8台水轮发电机组,机组间距31 m,单机容量600 MW,总装机容量4 800 MW。机组安装高程为1 316.80 m,尾水管底板开挖高程为1 292.10 m,顶拱开挖高程为1 364.30 m,总高度为72.20 m。主副厂房洞全长352.44 m,其中机组段长266.44 m,安装场长62 m,副厂房长24 m;主厂房吊车梁以下开挖跨度为25.8 m,以上为28.3 m,总高度为72.2 m。

主变洞平行布置于主副厂房洞下游,两洞净间距为45 m。主变洞全长374.60 m,宽19.8 m,高度34.3 m。锦屏二级水电站装有8台混流式水轮发电机,额定水头288.0 m,单机额定功率610 MW,最大功率659 MW。

水轮机主要参数:型式:竖轴混流式;型号:HL(F32/11) - LJ - 6557;额定水头:288 m;额定转速:166.7 r/min;最大出力:659 MW;额定出力:610 MW;机组额定流量:228.6 m³/s;装机高程:1 316.8 m。

发电机主要参数:型式:竖轴半伞式;型号:SF600 - 36/1204;额定容量/功率:66.7 MVA/600 MW;额定电压:20 kV;额定电流:19 245 A;额定功率因数(滞后):0.90;额定效率:98.78%;旋转方向:俯视逆时针。

3.1.1.3 官地水电站

官地水电站位于雅砻江干流下游、四川省凉山彝族自治州西昌市和盐源县交界的打罗村境内,系雅砻江卡拉至江口河段水电规划五级开发方式的第三个梯级电站。上游与锦屏二级电站尾水衔接,库区长约58 km,下游接二滩水电站,与二滩水电站相距约145 km。距西昌市公路里程约80 km。工程等级为一等工程,主要水工建筑物为1级,次要建筑物为3级,临时建筑物为4级。电站枢纽建筑物主要由左右岸挡水坝、中孔坝段和溢流坝段、消力池、右岸引水发电系统组成。右岸地下厂房装机4台600 MW混流式水轮发电机组,总装机容量 2 400 MW,年平均发电量为 111.29 亿 kW·h。

官地水电站是雅砻江水电基地的主要电源点之一,电站主要供电川渝和华东。水库正常蓄水位 1 330.00 m,总库容 7.6 亿 m³,水库回水长 58 km,与上游水库联合运行,具有年调节性能。电站的开发任务主要是发电,在电力系统中与锦屏一、二级电站作为一组电源同步运行,在系统中承担调峰及调频任务。官地水电站建成后不仅具有明显的梯级补偿效益,与其上游的水库电站联合运行,电能质量较优,而且其建设对加快雅砻江开发,优化四川电源电网结构,增强四川电网外送能力具有重要的战略意义。

电站引水发电建筑物包括地下主副厂房、母线洞、主变洞、出线洞、进水口、压力管道、尾水洞、尾水调压室和 2 条有压尾水隧洞及其他附属洞室和开关站等。官地水电站引水发电系统采用右岸地下厂房的布置形式,引水发电系统主要由进水口、压力管道、主厂房、主变室、尾水调压室及尾水隧洞等建筑物组成。压力管道采用"单机单管"供水,主厂房、主变室及尾水调压室采用平行布置方式,尾水系统采用"两机一室一洞"的布置形式。压力管道内径为 11.8 m,厂房尺寸为 243.44 m × 31.1 m × 76.3 m(长×宽×高),主变室尺寸为 197.3 m × 18.8 m × 25.2 m(长×宽×高),尾水调压室尺寸为 205 m × 21.5 m × 76 m(长×宽×高),尾水隧洞内径为 16 m × 18 m(城门洞型)。官地水电站地下洞室群规模大,厂房开挖跨度大,且存在地应力高(最大主应力达 35 MPa)、下部存在存压水、错动带及结构面发育等问题。

官地水电站装有 4 台混流式水轮发电机,额定水头 115 m,最大水头 128 m,单机额定功率 600 MW,最大功率 611 MW。4 台水轮机由东方电气集团东方电机有限公司制造,4 台水轮发电机由哈尔滨厂有限责任公司制造。

水轮机主要参数:型式:混流式立轴;型号:HLD538 – LJ – 770;转轮名义直径:7 700 mm;最大水头:128 m;额定水头:115 m;额定转速:100 r/min;最小水头:108.2 m;额定出力:611 MW;机组额定流量:586.07 m³/s;装机高程:1 196.80 m。

发电机主要参数:型式:立轴空冷半伞式;型号:SF600 – 60/15940;额定容量/功率:667 MVA/600 MW;额定电压:20 kV;额定及最大容量时功率因数:0.9;额定电流:19 245 A;效率:96.51%;旋转方向:俯视逆时针。

3.1.2 测点布置

测点布置原则:以最能够表征机组轴系统和定子系统的振动特性及反映机组和厂房结构耦联振动机制的显著区域作为选择布置测点的区域。因三个依托工程测点布置方法相同,故下面仅以锦屏一级水电站为例详细说明。

在厂房的楼板(电气夹层与发电机层)、岩锚梁、顶拱、柱子(电气夹层与水轮机层)、顶梁中部、梁柱结合处、水车室边墙、风洞围墙处布置了传感器以监测其振动状态;另外,在 2# ~ 3# 机组安装了测量蜗壳末端及尾水管锥管进口压力的脉压传感器,如表 3-1 所示。

将测点按一定的规则进行编号,测点具体位置如图 3-1 所示。锦屏水电站振动测试中水平 X、Y 方向与水流流向关系如图 3-2 所示,而 Z 方向为铅垂方向。

表 3-1　锦屏一级水电站厂房振动观测测点布置统计

序号	位置	传感器个数			
		1#机组	2#/4#/6#机组	3#机组	5#机组
1	水轮机层柱子	2(H)	2(H)	2(H)	2(H)
2	电气夹层柱子	2(H)	2(H)	2(H)	2(H)
3	电气夹层楼板	2(V)	2(V)	2(V)	2(V)
4	发电机层楼板	2(V)	2(V)	2(V)	2(V)
5	水轮机层梁柱结合处	—	—	1(H)+1(V)	1(H)+1(V)
6	水轮机层顶梁中部	1(H)+1(V)		2(H)+1(V)	1(H)+1(V)
7	电气夹层梁柱结合处	—	—	1(H)+1(V)	1(H)+1(V)
8	电气夹层顶梁中部	1(H)+1(V)	—	2(H)+1(V)	1(H)+1(V)
9	水车室边墙			1(H)+1(V)	
10	风洞围墙			1(H)+1(V)	
11	岩锚梁	2(H)+2(V)	—	2(H)+2(V)	2(H)+2(V)
12	厂房顶拱	2(H)+2(V)		2(H)+2(V)	2(H)+2(V)
13	蜗壳末端		2#机组 1(P)	1(P)	
14	尾水管进口	—	2#机组 1(P)	1(P)	

注:1.表中 H 表示水平方向传感器,V 表示垂直振动传感器,P 表示脉动压力传感器。
　　2.对于柱子与楼板测点,其传感器为临时布置,需定期移动观测。
　　3.岩锚梁及厂房顶拱布置的是加速度振动传感器,其余部位布置的是位移振动传感器。

3.1.3 观测设备

(1)DP 型地震式低频振动传感器,是根据清华大学发明专利研制的新型传感器。它是将机械结构固有频率较高的地震检波器经过一套低频扩展(校正)电路,使其输出特性的固有频率降为原检波器的 1/20 ~ 1/100。该传感器现具有抗震、耐冲击、高稳定度和良好的低频输出特征,又能测量微米级的绝对振动位移,在国内同类产品中的灵敏度是比较高的,适合于大型结构的振动测量。

本次测试中选用测试传感器型号及参数如下:

①DPS − 0.35 − 8 − H(V):频响范围 0.35 ~ 200 Hz,灵敏度 8 mV/μm。

②DPS − 0.5 − 5 − H(V):频响范围 0.5 ~ 200 Hz,灵敏度 5 mV/μm。

③DPS − 0.5 − 15 − H(V):频响范围 0.5 ~ 200 Hz,灵敏度 15 mV/μm。

④DPS − 0.35 − 10 − H(V):频响范围 0.35 ~ 200 Hz,灵敏度 10 mV/μm。

⑤DPS − 0.2 − 8 − H(V):频响范围 0.2 ~ 200 Hz,灵敏度 8mV/μm。

⑥DPS − 0.35 − 12 − H(V):频响范围 0.35 ~ 200 Hz,灵敏度 12 mV/μm。

(2)加速度传感器型号:YD − 302,频率范围:0.1 ~ 2 000 Hz,灵敏度:0.5 V/(m/s²),量程:10 m/s²,分辨率:0.000 05 m/s²,安装谐振点:7.5 kHz,质量:134 g,几何尺寸:六方 30

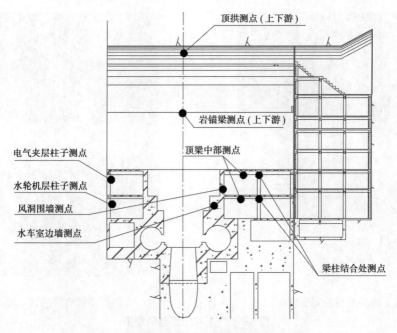

图 3-1　锦屏一级水电站振动测试测点布置

mm×30 mm×27 mm。

（3）水压脉动传感器：量程为 0 ~ 400 m 水柱,供电电压 24 V DC,输出电压 0 ~ 10 V,精度0.5% FS,动态范围 0 ~ 1 000 Hz。

（4）软件 DSNet - Server3.40 网络安全监测系统包括多通道信号采集模块、结构背景噪声剔除、仪器故障信号识别模块等,可对信号常用特征参数进行统计如最大值、最大值时间、最小值、最小值时间、方差、偏差系数、峰度系数及振幅比等。

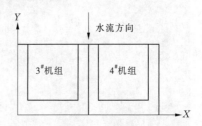

图 3-2　锦屏一级水电站振动测试中 X/Y 方向与水流流向关系

（5）INV 多功能智能采集系统(含抗混滤波器)。该系统采集方式有随机、触发、多次触发、变时基、多时基等;采集数据可以进入基本内存、扩充内存或者直接存入硬盘(随采随存),多通道任意显示,智能化水平高;采集容量可多达 4G(视硬盘大小而定);且该系统低频性能好,尤其适合于大型、超大型结构(大坝、厂房、大桥、大楼等)的动态测试,包括环境激振(大地脉动)下的大型结构的振动测试。

3.1.4　仪器安装

（1）安装振动位移传感器或加速度传感器时,要将传感器用螺钉固定在金属底座上,底座由乙方统一加工制作;而金属底座用膨胀螺栓固定在测点的混凝土壁面上,如图 3-3 所示。

（2）脉压传感器安装在锦屏一级厂房的蜗壳末端压力脉动及尾水管进口压力脉动的相应接口处,且仅在闲置接口处安装,如图 3-4 及图 3-5 所示,该接口位于水轮机仪表柜内。所用脉压传感器的量程为 0 ~ 400 m。

（3）所有测试导线都要求屏蔽,相对固定,避免人为干扰。

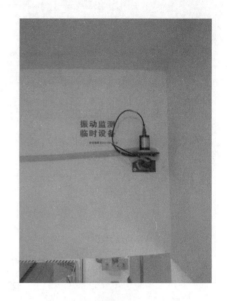

（a）加速度传感器及底座　　　　　　　　（b）振动位移传感器及底座

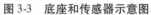

图3-3　底座和传感器示意图

图3-4　蜗壳末端脉压传感器　　　　　　　图3-5　尾水管进口脉压传感器

（4）各传感器导线的长度越长，对信号的干扰越大，信噪比相对会降低，所以在不影响电厂各项工作的前提下，力求尽可能缩短导线长度。

（5）将振动位移传感器安装在待测物体时，应特别注意垂直、水平方向的传感器不能混用。安装角度误差在±2.5°内不会影响使用特性。要将电缆插头与传感器插座连接牢固。电缆插头与直流稳压电源连接时必须仔细检查切勿接错，以防烧坏传感器。红色线接电源正极，蓝色线接电源负极，黑色线（或屏蔽层）接电源地，黄色线为信号输出线。地线应和电源及计算机采集系统共同接地。在检查接线无误后，再接通电源。接通电源后要求至少1min以后才能开始采集信号。

3.1.5 测试工况

测试工作的开展以不影响水电站正常运行和电力生产为原则,因此所监测到的工况完全根据锦屏水力发电厂所提供的机组实际运行工况来确定。同时,需注意如下几点:

(1)原则上对一台或多台机组的不同工况进行测试时,应保持相邻机组停机或保持负荷不变。但由于机组实际运行情况并无明确规律,所获得的某机组不同工况的振动数据无法完全保证其他条件保持一致,即相邻机组的运行情况极有可能发生变化,因此导致分析结果受到影响。

(2)数据的采集方式为 24 h 连续采集无人值守,而在数据采集过程中,有可能发生第三方行为而导致振动数据受到影响,如桥机进行移动操作、测点附近有人员进行施工等。

(3)所监测的工况完全由机组实际运行工况来确定,因此部分工况会由于未曾运行而无法监测,造成工况缺失的情况。

各机组单机测试范围在 0 ~ 600 MW 以内,负荷间隔 50 MW,尽量保证相邻机组停机或保持负荷不变。各机组单机工况下负荷偏差为 ± 10 MW。所监测到的工况如表 3-2 所示,其中"—"表示未监测到该工况。

表 3-2　锦屏一级厂房振动监测单机工况

功率(MW)	1#机组	2#机组	3#机组	4#机组	5#机组	6#机组
50	57	39	40	62	42	64
100	110	109	103	112	106	97
150	158	165	160	135	149	144
200	207	194	199	194	210	186
250	250	263	251	240	260	272
300	305	290	306	299	296	288
350	341	357	360	341	341	350
400	390	385	406	395	398	376
450	447	456	442	453	—	454
500	501	495	502	489	493	513
550	543	536	550	546	546	562
600	601	599	597	—	597	595

相邻机组测试工况范围在 0 ~ 600 MW 以内,负荷间隔 100 MW,所监测到的工况如表 3-3 所示。

表 3-3　锦屏一级厂房相邻机组振动监测工况组合

工况		机组负荷(MW)						
1#机组 停机工况 1	1#机组	0	0	0	0	0	0	0
	2#机组	0	100	200	300	400	500	600
	3#机组	0	0	0	0	0	0	0
1#机组 停机工况 2	1#机组	0	0	0	0	0	0	0
	2#机组	0	0	0	0	0	0	0
	3#机组	0	100	200	300	400	500	600
1#机组 满负荷工况	1#机组	600	600	600	600	600	600	600
	2#机组	0	100	200	300	400	500	600
	3#机组	0	0	0	0	0	0	0

3.1.6　测试分析

3.1.6.1　不同负荷工况厂房结构振动分析

不同负荷工况下 3#机组顶梁中部振动标准差如图 3-6 所示。

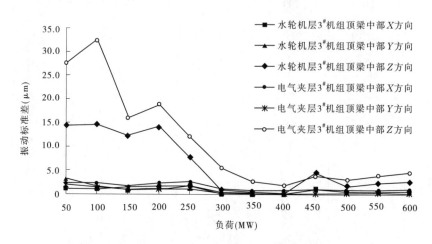

图 3-6　3#机组顶梁中部振动标准差随负荷变化曲线

(1)3#机组在不同负荷下运行时,水轮机层及电气夹层顶梁中部在 250 MW 以下的中低负荷区的振动程度相对较大,在 300 MW 以上的振动程度相对较小。

(2)3#机组顶梁中部的垂向振动在 50~250 MW 的低负荷区域振动较为剧烈,其中水轮机层在 100 MW 时最大,振动标准差达到 14.54 μm;电气夹层在 100 MW 时最大,振动标准差达到 32.51 μm。3#机组顶梁中部的水平方向振动较小,振动标准差均在 5 μm 以下。

(3)3#机组顶梁中部水平振动的频谱分析中,0.3~1.0 Hz 的低频涡带成分和 2.4 Hz 附近的转频成分均占据主要成分,为尾水涡带和水轮机转动引起的机械振动共同作用导致。垂向振动在各负荷下的功率谱主频范围为 0.3～1.0 Hz,属于低频振动,是由尾水涡带引起的。

3.1.6.2　开停机工况厂房结构振动分析

在开停机工况下,振动明显加剧,如图 3-7 所示。根据频谱分析,对于水平方向的位移测点,低频尾水涡带所造成的振动能量最大,此外,机组转频及蜗壳不均匀流、导叶不均匀流也引起了一定的振动;对于垂直方向的位移测点,其振动主要由低频尾水涡带所造成。

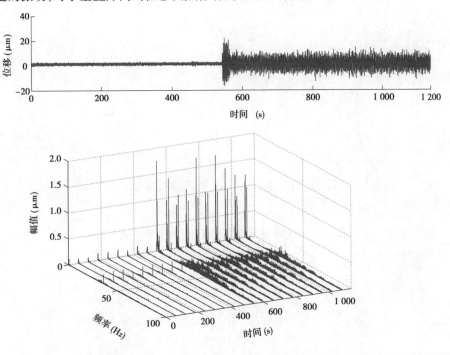

图 3-7　3# 机组开机工况风洞围墙 X 向振动位移时程图及瀑布图

3.1.6.3　不同负荷工况脉动压力分析

2#、3# 机组蜗壳末端脉压双幅值随负荷变化曲线如图 3-8 所示。

总体而言,机组蜗壳末端脉压在低负荷时相对较大,在高负荷时相对较小。其中 2# 机组蜗壳末端脉压在 150 MW 时达到最大,其脉压双幅值为 2.69 m 水柱;3# 机组蜗壳末端脉压在 250 MW 时达到最大,其脉压双幅值为 2.66 m 水柱。在各工况下蜗壳末端脉压的主频都是 80 Hz 左右的高频平稳信号。此外,还存在 2 Hz 以下的低频,为压力管道内低频水击振动对蜗壳末端产生的影响。

2#、3# 机组尾水管进口脉动压力脉压双幅值随负荷变化曲线如图 3-9、图 3-10 所示。

机组尾水管进口脉压在低负荷时相对较大,在高负荷时相对较小。其中 2# 机组尾水管进口脉压在 250 MW 时达到最大,其脉压双幅值为 5.71 m 水柱;其主频是 0.3～2 Hz 的低频信号成分,主要为尾水管的低频涡带作用。3# 机组蜗壳末端脉压在 200 MW 时达到最大,其脉压双幅值为 8.01 m 水柱;其主频大部分是 80 Hz 左右的高频平稳信号。此外,还存在 2 Hz 以下的低频,分析为尾水管内低频涡带产生的影响。

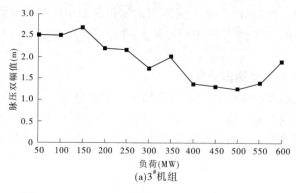

(a)3#机组

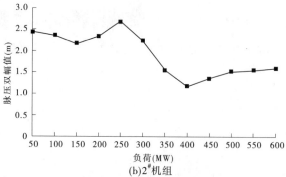

(b)2#机组

图3-8　机组蜗壳末端脉压双幅值随负荷变化曲线

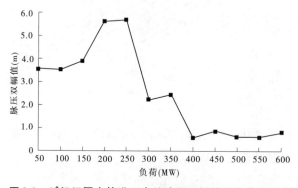

图3-9　2#机组尾水管进口末端脉压双幅值随负荷变化曲线

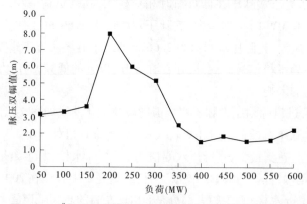

图3-10　3#机组尾水管进口末端脉压双幅值随负荷变化曲线

3.2 水电站机组与厂房结构耦联振动振源分析

3.2.1 振源机制分析及理论计算

水电站机组与厂房结构复杂,引起振动的因素很多,主要有机械、电磁和水力,下面定性、定量分析了各个振源,给出了相应振源频率。

3.2.1.1 机械振源

水轮机组在运行过程中通过主轴旋转带动发电机的转动,进而进行发电,它属于大型旋转机械,产生的振动信号属于机械信号的范畴,如表3-4所示。

表3-4 机械振动状态及其振动原因

振动状态	振动原因
在空载低转速时叶片产生振动	主轴弯曲或挠曲 推力轴承调整不良 轴承间隙过大 转动部件和固定部件不同中心
振动剧烈,伴有噪声	转轮等旋转件与静止件相碰 转轮水封止水片脱落
随转速上升振动增大(与负荷无关)	旋转体不平衡
随负荷增加振动增大	导轴承和推力轴承有缺陷 轴承间隙不等、主轴过细

3.2.1.2 水力振源

水轮发电机组的作用媒体是水流,能量的源泉是水力,因此水力振动是水电机组最主要的振动激励之一,其振动能量往往大于机械振动和电磁振动。其振动状态及原因如表3-5所示。

表3-5 水力振动状态及原因

振动状态	振动原因
负荷增加时振动同时增大	1.转轮等设计和运行条件不一致 2.转轮叶片和导叶数量不合适 3.转轮和导叶之间的距离过小 4.转轮叶片开口不均 5.导叶开口不匀
在低负荷和超负荷时振动增大,伴有音响	1.尾水管内流速不均匀,产生回转涡带 2.空化、空蚀
在流量偏离效率最高点时,振动增大	1.流量增大时,在导叶的压力面产生脱流 2.流量减小时,在转轮进口处产生回流
空化发生时,振动加大,伴随噪声	叶片吸力面产生气泡,产生压力脉动

3.2.1.3　电磁振源

机组的电磁振动包括两类:转频振动和极频振动,其振动状态和振动原因如表3-6所示。

表3-6　水电机组电磁振动状态和振动原因

振动状态	振动原因
运行有振响声,空载时振动小,振频50 Hz和100 Hz	定子铁芯装压不紧
空载时,振动随励磁电流的增长和转速的上升而加剧,但却随定子铁芯温度的上升而减小(冷却振动),振频以100 Hz为主	分瓣机座合缝处铁芯间隙大
空载时振动幅值较小,但却随负载电流增加而成正比增加	定子铁芯或分数槽绕组的次谐波磁动势和主磁场相互作用
空载时打开并联支路,发电机的振动减小	定子并联支路环流产生的磁动势和主磁场相互作用

以上对引起水电站机组与厂房结构振动的机械、电磁、水力振源的振动状态及原因做了分析,但没有进行定量研究,现结合合理论知识,明确各类振源的振动频率,以便更好地识别振源信号。各类振源频率见表3-7。

表3-7　各类振源频率

类别	编号	振动原因	激振频率(Hz)
水力原因	1	尾水低频(中频)涡带摆动;叶片气蚀振动	0.42(1.5~2);100,200,300
	2	导叶与转轮叶片冲击跳动	200
	3	蜗壳不均匀流场	25
	4	导叶水流不均匀	40
	5	压力管道系统的水击	1.351~2.308
	6	卡门涡	80,120,150
	7	①导轴承油膜激振	0.83
		②水轮机轴弓状回旋	3.333;5.000;6.667
机械原因	8	机组转动部分偏心	1.667;3.167
	9	转动部分与固定部分碰撞	1.667;3.167
	10	轴承间隙过大;主轴过细	1.667;3.167
	11	机组部件内部摩擦	1.667;3.167
	12	主轴法兰、推力轴承安装不良;轴曲	1.667
电气原因	13	不均衡磁拉力	1.667;3.333;5.000;6.667
	14	定子极频振动	100
	15	推力瓦制造不良	53.33
	16	发电机定子与转子间气隙不对称	1.667;3.333
	17	发电机线圈短路	1.667
	18	发电机定子铁芯机座合缝不严	50,75,100

根据原型观测振动数据,选取 3# 和 4# 机组联合运行时以下两种工况进行振源分析。工况一:4# 机组负荷为 500 MW,3# 机组负荷 50 ~ 400 MW;工况二:4# 机组负荷为 300 MW,3# 机组负荷 200 ~ 400 MW。表 3-8 ~ 表 3-10、图 3-11 ~ 图 3-13 是典型工况下各部位主次振源统计表及振动功率谱图。

表 3-8　3# 各部位主次振源统计(3#400 MW,4#500 MW)

测点部位	顶盖		定子基础		下机架		下机架基础	
	Y	Z	Y	Z	Y	Z	Y	Z
主频(Hz)	0.52	0.52	3.34	0.52	1.67	1.67	1.67	0.52
次频(Hz)	1.67	1.67	0.52	1.67	0.52	0.52	0.51	1.67

测点部位	水轮机柱子		电气夹层柱子		电气夹层楼板		发电机层楼板	
	Y	Z	Y	Z	楼梯口	吊物孔	楼梯口	吊物孔
主频(Hz)	0.35	0.30	0.35	0.52	0.52	0.52	0.52	0.52
次频(Hz)	1.64	1.30	1.67	25.01	25.01	25.01	25.01	25.01

注:表中 Y 代表水平顺河向,Z 代表垂向。

表 3-9　3# 各部位主次振源统计(3#200 MW,4#500 MW)

测点部位	顶盖		定子基础		下机架		下机架基础	
	Y	Z	Y	Z	Y	Z	Y	Z
主频(Hz)	0.21	0.29	3.33	1.00	1.67	1.67	0.20	0.27
次频(Hz)	1.67	1.67	0.30	2.05	0.37	0.38	1.67	1.36

测点部位	水轮机柱子		电气夹层柱子		电气夹层楼板		发电机层楼板	
	Y	Z	Y	Z	楼梯口	吊物孔	楼梯口	吊物孔
主频(Hz)	0.23	0.28	0.30	0.39	0.34	0.25	1.00	1.03
次频(Hz)	1.30	1.36	1.36	1.42	25.00	28.92	39.20	29.26

注:表中 Y 代表水平顺河向,Z 代表垂向。

表 3-10　3# 各部位主次振源统计(3#50 MW,4#500 MW)

测点部位	顶盖		定子基础		下机架		下机架基础	
	Y	Z	Y	Z	Y	Z	Y	Z
主频(Hz)	0.21	0.24	0.24	0.50	1.67	1.67	0.21	0.32
次频(Hz)	1.67	1.67	3.34	7.65	0.24	0.57	1.67	1.67

测点部位	水轮机柱子		电气夹层柱子		电气夹层楼板		发电机层楼板	
	Y	Z	Y	Z	楼梯口	吊物孔	楼梯口	吊物孔
主频(Hz)	0.27	0.25	0.45	0.41	0.50	0.25	0.50	0.50
次频(Hz)	1.30	1.28	1.50	1.49	25.93	28.75	24.88	29.10

注:表中 Y 代表水平顺河向,Z 代表垂向。

对振动实测信号进行时频分析可知,各工况下主要振源频率有 0.31 Hz、0.43 Hz、0.53 Hz、1.67 Hz、2.3 Hz、3.34 Hz、5.1 Hz、25.3 Hz、29.0 Hz、40.0 Hz、50.0 Hz 等,其中 0.2 ~ 0.8 Hz 及 1.67 Hz 出现的次数占各主频出现次数的一半以上。分析可知对该水电站机组与厂房结构振动影响最大的是尾水涡带脉动压力引起的振动(0.2 ~ 0.8 Hz),其次是转频(1.7 Hz)及相应的倍频(3.34 Hz、5.1 Hz)、蜗壳不均匀流引起的振动(25 Hz)。而导叶不均匀流(40 Hz)以及电磁(50 Hz)等因素对机组与厂房结构的振动影响较小。

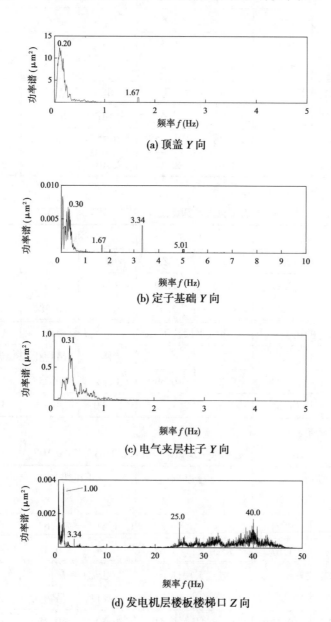

(a) 顶盖 Y 向

(b) 定子基础 Y 向

(c) 电气夹层柱子 Y 向

(d) 发电机层楼板楼梯口 Z 向

图 3-11 3#机组各个部位振动信号功率谱图(3#200 MW、4#500 MW)

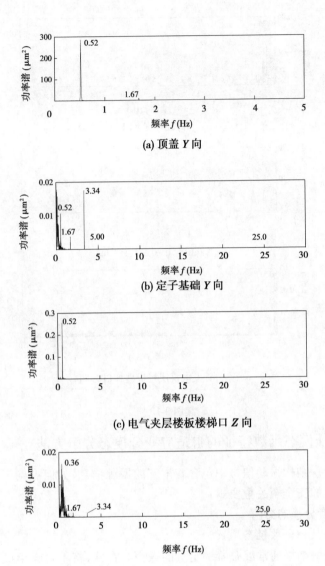

(a) 顶盖 *Y* 向

(b) 定子基础 *Y* 向

(c) 电气夹层楼板楼梯口 *Z* 向

(d) 电气夹层柱子 *Y* 向

图 3-12　3#机组各部位振动信号功率谱图（3#400 MW、4#500 MW）

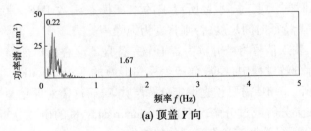

(a) 顶盖 *Y* 向

图 3-13　3#机组各部位振动信号功率谱图（3#50 MW、4#500 MW）

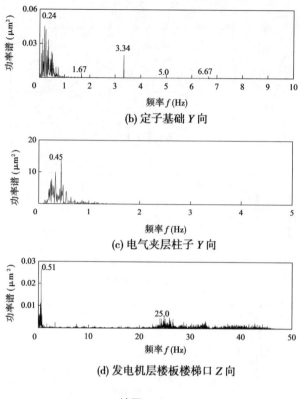

(b) 定子基础 Y 向

(c) 电气夹层柱子 Y 向

(d) 发电机层楼板楼梯口 Z 向

续图 3-13

3.2.2 基于本征模态函数特征的自适应变分模态分解方法

水轮机组与厂房结构振动信号中包含着丰富的振源信息,如何准确识别出各类振源对于分析水电站厂房的安全至关重要。

3.2.2.1 自适应变分模态分解

1.有效模态函数和含噪模态函数

含噪信号的分解结果通常混叠着一定量的噪声。在此,将不含噪声或含噪极少的模态分量称为有效模态函数(efficient mode function,EMF),将混合有一定量噪声的模态分量称为含噪模态函数(mode function with noise,MFN)。需要注意的是,一个有效模态函数 EMF 内部有可能存在两个或更多的特征时间尺度,即在 EMF 内部发生模态混叠。只有当 EMF 内仅存在一个特征时间尺度时,才是所寻求的本征模态函数 IMF。另外,含噪模态函数 MFN 中至少含有一个特征时间尺度,否则将变为纯噪声。

在理想情况下,输入信号将被分解为若干个完备且不混叠的本征模态函数 IMF 和一个噪声余量,但在实际分解过程中,经常会产生模态混叠的 EMF 或 MFN。在应用 VMD 进行模态分解时也不例外。VMD 需要预先设定分解层数 K,而这需对原信号掌握一定的先验信息,否则很容易造成欠分解或过分解。根据 Dragomiretskiy K 的研究分析可知,当出现欠分解或过分解时,VMD 所得的模态具有一定的规律特征。

当 K 值过小造成欠分解时,某些模态会由相邻模态所共享(当惩罚参数 α 较小时)而出现有效态函数 EMF 或含噪模态函数 MFN;或未被 VMD 所识别而缺失(当惩罚参数 α 较大且 Lagranian 乘子 λ 为 0 时)。其中,对于模态被共享的情况,可通过检查模态之间频域的正交性来进行判断;对于模态缺失的情况,则可由重构信号与原信号之间的相关性或残差来判定发生的可能性,但当所缺失的模态能量与噪声能量相比相对较小时则难以判断。

当 K 值过大造成过分解时,若惩罚参数 α 取值较小,会导致一个或多个主要由噪声构成的额外模态,甚至是纯噪声;若惩罚参数 α 取值较大,则会使 IMF 被多个不同的模态共享,产生重复的模态。此时,基于噪声和有效模态函数 EMF 的不同特征,可通过判断噪声分量及重复模态的数量来进行处理。

2. 有效模态函数、含噪模态函数及噪声的判别指标

EMF、MFN 及噪声有其各自的特征,可用如下指标进行判定区分。

1)排列熵

排列熵(permutation entropy,PE)是 Christoph Bandt 等提出的一种表征时间序列随机化程度的算法,具有结构简单、计算快捷等优点。为了应用的方便,在此应用式(3-1)将排列熵值做标准化处理,使其保持在 $[0 \sim 1]$。

$$h(p) = H(p)/\ln(N - d + 1) \tag{3-1}$$

式中:$H(p)$ 是 PE 原始值;N 是时间序列的长度;d 是嵌入维度。当时间序列表现越为规律,复杂度越低,其排列熵越小,如单调函数的标准化排列熵为 0;当时间序列随机性越强,不可预测度越高,如白噪声的标准化排列熵接近于 1。

为研究在不同噪声强度下 PE 值的变化规律,现对信号模态分解过程中较为常见的信号如谐波、一次趋势项、二次趋势项、调幅调频信号、冲击信号、分段信号、噪声进行计算,研究在不同强度噪声影响下各类函数的排列熵值的变化规律,具体测试如下:

$$f(t) = g(t) + an \quad (0 \leqslant t \leqslant 1) \tag{3-2}$$

式中:$f(t)$ 是输入信号;n 是均值为 0、方差为 1 的高斯噪声信号;a 是 $[0 \sim 1]$ 的系数,此处的实际意义为噪声 n 的标准差;$g(t)$ 为待测试信号。为了验证有效模态函数 EMF 的排列熵变化规律,进行双谐波排列熵计算,其中第二个谐波成分的振幅在迭代过程中不断变化,其表达式如表 3-11 所示。

表 3-11　待测信号种类及表达式

序号	类别	表达式
1	单谐波	$g(t) = \cos(8\pi t)$
2	一次趋势项	$g(t) = 1 + 6t$
3	二次趋势项	$g(t) = (t - 0.5)^2$
4	调幅调频信号	$g(t) = 3t\cos[\pi t + \pi t^2 + \cos(10\pi t)]$
5	冲击信号	$g(t) = \begin{cases} 10, t = 0.5 \\ 0, \ t \in [0 \ \ 0.5) \cup (0.5 \ \ 1] \end{cases}$
6	分段信号	$g(t) = \begin{cases} \cos(50\pi t), & 0 \leqslant t < 0.3 \\ 0, & 0.3 \leqslant t < 0.6 \\ \cos(70\pi t - 6\pi), & 0.6 \leqslant t \leqslant 1 \end{cases}$
7	噪声	$g(t)$ 是均值为 0、方差为 1 的高斯噪声
8	双谐波(计算过程中不添加噪声)	$f(t) = \cos(8\pi t) + a\cos(10\pi t)$

测试结果如图 3-14 所示。由图 3-14(a)可知,高斯噪声的排列熵值最大且基本保持不变,而其他测试函数则随着噪声强度的增强而骤然增大;未受噪声干扰的双谐波的熵值始终保持在较低水平。由此可知,排列熵对噪声十分敏感,可由其计算结果判断某信号分量是否为有效模态函数 EMF。由图 3-14(b)可知,当标准化排列熵值 pe 小于 0.4 时,所有测试函数均只含有极少的噪声或不含噪声。因此,将 pe 的阈值 μ_2 设为 0.4 并将 pe 值小于 0.4 的模态函数判别为 EMF,而 pe 值大于 0.4 的模态函数则为 MFN 或纯噪声。需要注意的是,排列熵值的计算结果与其参数嵌入维度及时间延迟的选取有关,将嵌入维数设为 5,时间延迟设为 1。

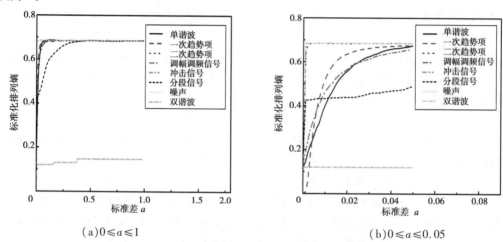

(a)$0 \leqslant a \leqslant 1$ (b)$0 \leqslant a \leqslant 0.05$

图 3-14 测试函数在噪声影响下的标准排列熵对比

2)频域极值

对于分解产生的 EMF,需要进一步判断其内部是否发生模态混叠,这可由 EMF 频域的极值点数量及大小进行确定。若频域中只含一个极值点,则 EMF 内部未发生混叠,而这个EMF 即是分解完全的本征模态函数 IMF;若频域中含多个极值点,则对极值点的大小进行比较,当次极大值 $P_{\text{max}2}$ 与最大值 $P_{\text{max}1}$ 的比值 r 大于设定的阈值 μ_3 时,则判定此 EMF 内部发生模态混叠,需要增大模态数量进一步分解,若 r 未达到阈值,则此 EMF 为混有极少噪声的本征模态函数 IMF。本书中,阈值 μ_3 设定为 0.2。

3)峭度准则

当标准化排列熵大于 μ_2 时,所得的模态函数被视为 MFN 或纯噪声。此时,可通过峭度值来区分 MFN 与纯噪声。

MFN 与纯噪声中都含有噪声,因此只需判断该模态中是否含有本征模态分量即可。本征模态分量在频域内通常只有一个极大值,而在极大值附近的频域值会迅速降低至 0 附近,因此在该极值点一定邻域范围内的峭度值较大;而噪声的频谱具有一定宽度且含多个极值点,这些极值点处的能量相差不大,故而这些极值点在一定邻域范围内的峭度值较小。基于这一特征,对于标准化排列熵大于 μ_2 的模态分量,可计算模态频域极值点处邻域半径内的峭度,当峭度值大于设定的阈值 μ_4 时,则判定该模态属于含噪模态分量 MFN,其内部含有本征模态分量,需要增加分解层数重新进行分解,否则视为纯噪声。

峭度阈值 μ_4 合理设置至关重要,本书中将邻域半径取为 4,因此对于频域极值点 φ_i,需要计算数据序列 $\Phi_i = \{\varphi_{i-4}, \varphi_{i-3}, \varphi_{i-2}, \varphi_{i-1}, \varphi_i, \varphi_{i+1}, \varphi_{i+2}, \varphi_{i+3}, \varphi_{i+4}\}$ 的峭度值,而序列 Φ_i

有两种基本分布形式:与噪声相对应的多点分布和与本征模态分量相对应的单点分布,如图 3-15 所示。

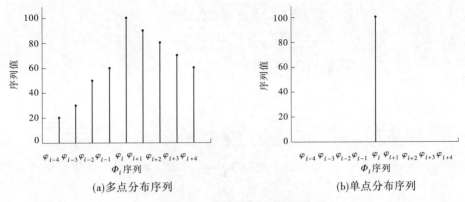

(a)多点分布序列　　　　　　　　　　　(b)单点分布序列

图 3-15　极值邻域分布序列

下面对峭度数进行如下测试:取数据序列 $\Phi = \{20,30,50,60,100,90,80,70,60\}$,对其进行循环运算,每次循环中均将邻域半径内的值减小 1,但极值点 φ_i 处的值保持不变,并计算序列峭度值;若数据序列出现负值,则用 0 进行替换。这样在循环运行 91 次后,序列 Φ 将转化为单点序列。当极值点邻域内的频谱值逐渐减小时,序列峭度值逐渐增大;当邻域内的频谱值减小到 0 使序列转化为单点序列时,峭度值达到最大,为 7.125。由于 MFN 内含有噪声,其本征模态分量频域极值的邻域半径内可能存在幅值较小的频谱值,当此频谱值与极值之比低于一定的临界值时,仍将其视为 MFN。在此将 0.2 作为临界值,此时对应的峭度值为 6.5。因此,当信号分量内部存在峭度值大于阈值 μ_4 的极值点时,判定该分量为含噪模态分量,需增加分解层数进一步分解;否则其为纯噪声分量。

4)模态分量间主频间距 D_f

在判定分解模态中不存在内部发生混叠的 EMF 及 MFN 后,需检验分解结果是否发生过分解,即分解层数过多,导致各模态之间发生模态混叠,或存在多个纯噪声分量。

当模态之间发生模态混叠时,其主频必然十分相近甚至完全相同,因此通过检验各模态分量主频之间的间距 D_f 即可。研究已表明,当分解层数选取得当时,VMD 算法可将密频信号分解为多个不同主频的单独分量,但若分解层数过少,则与 EMD 类似会将其分解为一个调制信号。主频间距 D_f 阈值的设置与信号的采集时间有关,当信号采集时间为 T 时(单位为 s),则可设置的最小主频间距为 $1/T$ Hz。本书中将主频间距 D_f 阈值设为 0.1 Hz,并对 AVMD 的密频信号的分解表现加以验证。

5)能量损失系数 e

AVMD 的运算是在随着分解层数 K 的迭代增加而进行的。那么当 K 值过小时,重构信号与输入信号之间可能会存在极大的偏差,对此唐贵基等提出将能量损失系数作为指标,即分解余量的能量与输入信号 f 的能量之比 e:

$$e = \frac{\| f - \sum u_k \|_2^2}{\| f \|_2^2} \tag{3-3}$$

AVMD 在运算时采用此能量损失系数 e 作为重构信号与输入信号之间的偏差度量指标,其阈值 μ_1 设为 0.01。

3.自适应变分模态分解计算流程

依据上述分析,总结 AVMD 进行模态分解的计算步骤如下,运算流程如图 3-16 所示。

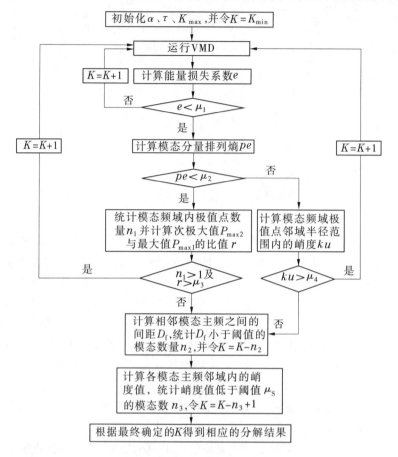

图3-16 AVMD 运算流程

（1）给定惩罚参数 α、步长更新系数 τ 及最大分解层数 K_{max}，并初始化分解层数 $K=1$ 或给定的最小分解层数 $K=K_{min}$。本书中,上述参数设为 $K_{min}=1$，$K_{max}=10$，$\alpha=500$ 及 $\tau=0$。

（2）对输入信号进行 VMD 运算,并计算重构信号与输入信号之间的能量损失系数 e。当 e 高于阈值 μ_1 时,令 $K=K+1$ 重新运行 VMD;否则,进入下一步判断。

（3）计算模态分量的排列熵 pe,当 pe 值高于阈值 μ_2 时,将其判定为 MFN 或噪声;当 pe 值低于阈值 μ_2 时,将其判定为 EMF。

（4）对于 EMF 分量,统计其频域极值点的数量及大小。若频域极值点数量大于 1 且次极大值 P_{max2} 与最大值 P_{max1} 的比值 r 大于设定的阈值 μ_3，则 EMF 分量内部发生模态混叠,令 $K=K+1$ 重新运行 VMD;否则,此 EMF 分量为已完全分解的不存在混叠的 IMF。

（5）对于 MFN 或噪声分量,计算其频域极值点邻域半径范围内的峭度 k_u。若模态分量内部存在峭度值大于阈值 μ_4 的极值点,则判定该模态为含噪模态分量 MFN,令 $K=K+1$ 重新运行 VMD,否则判定其为噪声分量。

（6）在判定分解模态中不存在内部发生混叠的 EMF 及 MFN 后,按照各分量的主频升序排列,并计算相邻主频之间的间距 D_f，统计 D_f 小于阈值的模态数量 n_2，并令 $K=K-n_2$。

（7）对于可能存在多个噪声分量的情况，计算各模态主频邻域范围内的峭度 k_u，统计峭度值低于阈值 μ_5 的模态数 n_3，并令 $K = K - n_3 + 1$，确定最终分解层数 K。

（8）根据所确定的模态数量 K，得到对应的 VMD 分解结果。

3.2.2.2　仿真信号分析

为了验证 AVMD 的分解效果，下面分别对无干扰信号、含噪信号及密频信号进行分析，并与 EMD 及 EWT 的分解结果进行对比。为了便于进行自适应性的比较，本书采用 Gills 无参数尺度空间法改进的 EWT。因此，这三种方法都不需要预设模式数量。但改进的 EWT 仍然需要关于全局趋势去除、正则化和类型检测的参数值，而本书所给出的 EWT 分解结果是不同参数试算情况下最令人满意的结果。此外，由于 AVMD 是原始 VMD 的改进版本，本书也呈现了 VMD 的分解结果。

1. 无干扰信号分析

不含噪声的无干扰信号表达式如式（3-4）所示，包含了一个趋势项 $g_1(t)$、稳定谐波分量 $g_2(t)$ 和一个分段谐波分量 $g_3(t)$，其时程图如图 3-17 所示。

$$f(t) = g_1(t) + g_2(t) + g_3(t) = 3t + \cos(24\pi t) + \begin{cases} \cos(60\pi t), & 0 \leq t < 0.5 \\ 0, & 0.5 \leq t \leq 1 \end{cases} \quad (3\text{-}4)$$

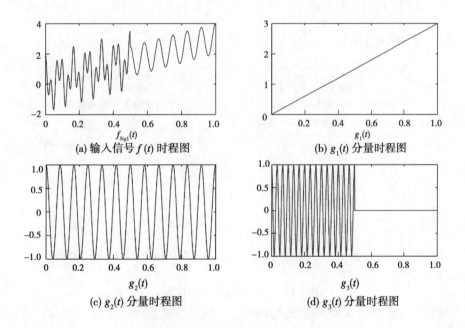

(a) 输入信号 $f(t)$ 时程图　　(b) $g_1(t)$ 分量时程图

(c) $g_2(t)$ 分量时程图　　(d) $g_3(t)$ 分量时程图

图 3-17　输入信号及其各分量时程图

首先，预设模态数量为 3 并用 VMD 方法对 $f_{\text{Sig1}}(t)$ 进行分解；然后，在模态数量无须预先设定的情况下，分别应用 AVMD、EMD 及 EWT 进行自适应地分解，其结果如图 3-18 ~ 图 3-20 所示。

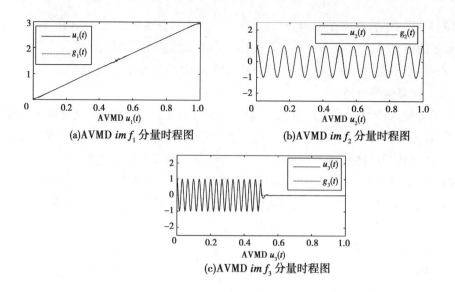

(a)AVMD imf_1 分量时程图   (b)AVMD imf_2 分量时程图

(c)AVMD imf_3 分量时程图

图 3-18　AVMD 模态分量时程图

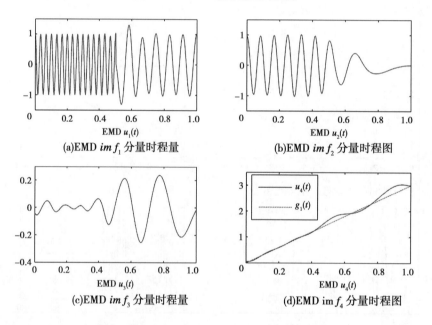

(a)EMD imf_1 分量时程量   (b)EMD imf_2 分量时程图

(c)EMD imf_3 分量时程量   (d)EMD imf_4 分量时程图

图 3-19　EMD 模态分量时程图

　　为了量化地比较不同方法的抗混叠分解能力,提出抗混叠评价指标 ξ,如式(3-5)所示,其中 N_0 表示原信号中的实际信号分量个数(噪声分量被剔除),N_1 表示分解得到的模态分量数(无意义及噪声分量被剔除),N_2 表示各模态分量所含主频的总个数。当 ξ 值为 1 时,模态分解结果中不存在混叠现象;当 ξ 值小于 1 时,存在模态混叠。在本例中,AVMD、EMD 及 EWT 的 ξ 值分别为 1、0.36 及 0.75,如表 3-12 所示。

$$\xi = \frac{\min(N_0,N_1)}{\max(N_0,N_1)} \cdot \frac{\min(N_0,N_2)}{\max(N_0,N_2)} \tag{3-5}$$

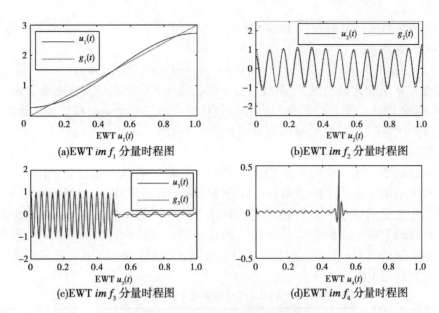

(a)EWT imf_1 分量时程图   (b)EWT imf_2 分量时程图

(c)EWT imf_3 分量时程图   (d)EWT imf_4 分量时程图

图 3-20   EWT 模态分量时程图

表 3-12   AVMD/EMD/EWT 的抗混叠评价指标 ξ

方法	N_0	N_1	N_2	ξ
AVMD	3	3	3	1
EMD	3	4	4	0.36
EWT	3	3	4	0.75

为了更精确地对比这三种方法的自适应分解能力,记录了不同方法分解信号所用的时间 T 及各信号分量与所对应的分解分量之间的相关系数 r_i,如表 3-13 所示。

表 3-13   关于 $f_{Sig1}(t)$ 的自适应分解结果对比

方法	r_1	r_2	r_3	ξ	$T(s)$
AVMD	0.999 95	0.999 55	0.997 50	1	6.58
EMD	0.996 48	0.654 30	0.686 27	0.36	4.79
EWT	0.992 76	0.988 82	0.986 46	0.75	0.89

VMD 与 AVMD 产生了一致的结果,都有效地分离出了信号的三种成分,仅在端点处和信号分量 $g_3(t)$ 的突变处发生少许偏差。因此,所得分量模态的相关系数十分接近于 1 且抗混叠评价指数 ξ 等于 1,表明 AVMD 成功地确定了实际模态数量。而 EMD 分解信号时在 $g_3(t)$ 的突变处发生模态混叠,从而产生严重误差及很低的 ξ 值和相关系数。这些误差会传递到后续的运算当中,分解出若干个无意义的模态分量,导致分解失效;EMD 将趋势项成功地分解了出来,但其分解精度显然比不上 AVMD。EWT 基本区分开了信号中的 3 个分量且用时最少,但发生了一定的模态混叠现象,使其 ξ 值小于 1;另外,EWT 产生了一个混叠了 $g_3(t)$ 的余项。综上所述,AVMD 对不含噪声的非平稳信号的处理能力最强。

2. 含噪信号分析

原信号表达式如式(3-6)所示,包含了两个谐波分量:

$$f_{Sig2}(t) = g_1(t) + g_2(t) = \cos(4\pi t) + 1/2\cos(36\pi t) \tag{3-6}$$

为研究噪声对 AVMD 分解效果的影响,在$f_{Sig2}(t)$中添加不同强度的高斯噪声η,并为η设置不同的标准差σ:

$$f'_{Sig2}(t) = g_1(t) + g_2(t) + \eta = \cos(4\pi t) + 1/2\cos(36\pi t) + \eta \qquad (3-7)$$

在标准差σ值固定的情况下,重复运行 10 次,统计其模态数量判定成功率S_1、模态分解成功率S_2、平均运行时间T_a以及原信号$f_{Sig2}(t)$的平均信噪比snr_0和信号分量的平均信噪比snr_1、snr_2;然后更改标准差σ的值重复上述计算过程。

为了提高 AVMD 的分解质量,将输入信号$f'_{Sig2}(t)$的自相关函数作为输入信号进行 AVMD 运算以确定分解层数K,再用 VMD 将原信号分解为$K+1$个模态分量,并将最后一个分量作为噪声余量。现将其 10 次重复运算的结果统计列于表 3-14。在含噪情况下,AVMD 具有较高的模态分解成功率及较快的运行效率。然而当噪声标准差达到 0.35 以上时,AVMD 未能实现信号分量有效分离,这是由于此时信号分量$g_2(t)$的信噪比snr_2已为负值,说明噪声的能量已高于$g_2(t)$的能量,使该分量受到了噪声的极大干扰并淹没于噪声之中,从而无法对其有效识别。

表 3-14　AVMD 对含噪信号分解结果统计

序号	σ	snr_0 (dB)	snr_1 (dB)	snr_2 (dB)	S_1	S_2	T_a (s)
1	0	—	—	—	100%	100%	2.21
2	0.05	23.97	23.00	16.98	100%	100%	2.28
3	0.10	17.95	16.98	10.96	100%	100%	2.35
4	0.15	14.44	13.47	7.44	100%	100%	2.49
5	0.20	12.01	11.04	5.02	100%	100%	3.10
6	0.25	10.01	9.04	3.02	100%	100%	3.40
7	0.30	8.39	7.42	1.40	100%	100%	3.87
8	0.35	7.05	6.08	−0.02	100%	90%	4.37
9	0.40	5.93	4.96	−1.06	100%	80%	4.16
10	0.45	4.88	3.91	−2.11	100%	50%	5.64
11	0.50	4.00	3.03	−2.99	100%	10%	4.48

下面在原信号$f_{Sig2}(t)$中添加标准差$\sigma = 0.30$的高斯噪声η,随机种子数 seed = 100,分别用 VMD 和 AVMD 算法对其进行模态分解。当预设模态数量K为 2 时,如图 3-21 所示,在大量噪声的干扰下,VMD 并未成功提取信号中的主要成分。而当模态数量K预设为 3 时,VMD 取得了满意的结果,如图 3-22 所示。由此可见,在应用 VMD 时将参数K设置为 3 是非常合理的,其中最后的一个模态可视为噪声余量。AVMD 的分解结果与 VMD 分解结果很相似,其中能量相对较强且频率值较低的信号分量$g_1(t)$基本被完全恢复出来,而频率较高的信号分量$g_2(t)$的分解质量也是可接受的;所产生的噪声余量与所添加的高斯噪声有所差别,这是由于 VMD 和 AVMD 在本质上等价于维纳滤波器组,其在分解信号时包含了去噪的过程,从而导致余量的强度低于原始噪声η。因此,AVMD 表现出了令人满意的去噪效果和自适应性。

三种方法的自适应分解效果的对比指标列于表 3-15,其中r_r表示原始信号$f_{Sig2}(t)$和重建信号f_r之间的相关系数。EMD 在噪声的干扰下分解出 10 个分量,出现了严重的过分解

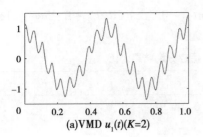
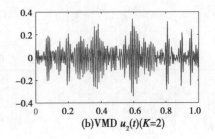

(a)VMD $u_1(t)(K=2)$ (b)VMD $u_2(t)(K=2)$

图 3-21   VMD 对信号 $f'_{\text{Sig2}}(t)$ 的分解结果 $(K=2)$

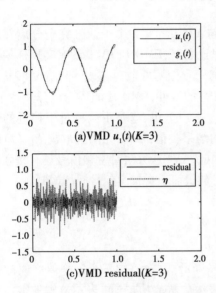
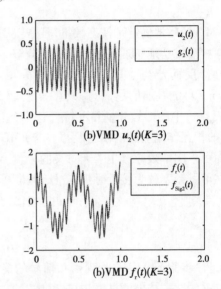

(a)VMD $u_1(t)(K=3)$ (b)VMD $u_2(t)(K=3)$

(c)VMD residual$(K=3)$ (b)VMD $f_r(t)(K=3)$

图 3-22   VMD 对信号 $f'_{\text{Sig2}}(t)$ 的分解结果 $(K=3)$

现象。另外,在噪声 η 的干扰下 EWT 方法产生了 20 个分量,这是因为 EWT 是根据频谱中局部最大值和最小值的全局分布对频谱进行分段,并未考虑极值是否由噪声引起,因此产生了 18 个纯噪声分量。由于产生了大量冗余模式,EWT 在这三种方法中消耗的时间最多。鉴于上述情况,AVMD 在噪声鲁棒性方面优于 EMD 和 EWT。

表 3-15   关于 $f'_{\text{Sig2}}(t)$ 的自适应分解结果对比

方法	r_1	r_2	r_r	ξ	$T(\text{s})$
AVMD	0.996 43	0.967 00	0.988 15	1	3.58
EMD	0.887 29	0.469 91	0.977 84	0.25	7.55
EWT	0.994 41	0.966 74	0.988 77	1	9.29

3. 密频信号分析

在对密频信号进行模态分解时,很容易将频率相近的两个谐波成分当作单个调制信号来处理,从而发生模态混叠现象,这也是 EMD 方法的显著缺点。下面对 AVMD 关于密频信号的处理能力加以分析。构造仿真信号 $f_{\text{Sig3}}(t)$,其表达式如下,三个信号分量的主频依次为 9.5 Hz、10 Hz 及 10.5 Hz,属于典型的密频信号。分别用 VMD、AVMD、EMD 及 EWT 方法对其进行分解,结果见表 3-16。

$$f_{Sig3}(t) = g_1(t) + g_2(t) + g_3(t) = \cos(19\pi t) + 0.5\cos(20\pi t) + 0.25\cos(21\pi t)$$

$$(3-8)$$

表3-16　关于$f_{Sig3}(t)$的自适应分解结果对比

方法	r_1	r_2	r_r	ξ	$T(s)$
AVMD	0.997 72	0.994 14	0.980 19	1	3.69
EMD	0.872 85	0.436 43	0.218 19	0.33	2.49
EWT	0.872 87	0.436 44	0.218 21	0.33	2.36

AVMD 精确地确定了模态数量,且 AVMD 与 VMD 将这 3 个子信号完全分离并与原信号非常吻合,成功地实现了密频信号的分解。对比之下,EMD 与 EWT 没有实现任一信号分量的分离,反而产生了多个无意义的分量。对于包含两个单频分量 $a_1\cos(2\pi f_1 t)$ 和 $a_2\cos(2\pi f_2 t)$ 的叠加信号 $x(t)$,只有满足式(3-10)的条件,EMD 才能成功地分离每个分量。显然,$f_{Sig3}(t)$ 中的信号分量并不符合这个条件。本质上讲,这是由频率过于接近的信号分量之间的相互作用引起的模态混叠。与 EMD 的结果类似,EWT 无法提取出 $f_{Sig3}(t)$ 中的分量,反而由于端部效应产生了无意义的分量。因此,AVMD 方法对密频信号具有较强的处理能力,在信号频率较为接近时仍能准确判断模态数量而不会发生信号间的调制。

$$x(t) = a_1\cos(2\pi f_1 t) + a_2\cos(2\pi f_2 t) \tag{3-9}$$

$$\begin{cases} f_2/f_1 < 0.5 \\ a_1 f_1 > a_2 f_2 \end{cases} \tag{3-10}$$

为进一步验证 AVMD 处理密频信号的能力,降低式(3-8)中三个频率值之间的差并用 AVMD 进行分解,结果请见表3-17,其中"Yes"表示分解成功,"No"表示分解失败。可见在本例的条件下,实现成功分解的频率差值的下限是 0.4 Hz。

表3-17　不同频率差值条件下 AVMD 的分解结果

序号	f_1	f_2	f_3	Δf	结果
1	9.6	10	10.4	0.4	Yes
2	9.7	10	10.3	0.3	No
3	9.8	10	10.2	0.2	No

3.2.2.3　实测信号分析

1. 实测机组平稳信号分析

水电站在运行过程中,厂房结构的振动是由多种振源所引起的,因此现场实测信号是包含着多种频率成分的混合信号。信号分解可识别信号中的不同频率,是进行厂房结构动力特性及安全性评估研究的关键一步。厂房结构振动是水力、机械、电气三者耦合作用的结果,根据振源机制计算该水电站水力、机械、电气的振源激振频率,如表3-18 所示。

表 3-18　振源及其激振频率

类别	编号	振动原因	激振频率(Hz)
水力原因	1	尾水涡带摆动	0.40 ~ 0.79
	2	导叶与转轮叶片冲击脉动	285.8
	3	蜗壳不均匀流场	35.72
	4	导叶水流不均匀	57.16
	5	压力管道系统的水击	0.99
	6	卡门涡	80,120,150
	7	导轴承油膜激振	1.19
	8	水轮机轴弓状回旋	4.736;7.145;9.527
	9	叶片气蚀振动	100,200,300
机械原因	10	机组转动部分偏心	2.382;3.167
	11	转动部分与固定部分碰撞	2.382;3.167
	12	轴承间隙过大;主轴过细	2.382;3.167
	13	机组部件内部摩擦	2.382;3.167
	14	主轴法兰、推力轴承安装不良;轴曲	2.382
电气原因	15	不均衡磁拉力	2.382;4.763;7.145;9.527
	16	定子极频振动	142.9
	17	推力瓦制造不良	76.21
	18	发电机定子与转子间气隙不对称	2.382;4.763
	19	发电机线圈短路	2.382
	20	发电机定子铁芯机座合缝不严	50,75,100

为研究水电站厂房结构的振动机制,在某水电站内布置了振动及脉压测点并进行实时监测。其中 3# 机组水轮机层顶梁中部测点的水平方向(沿厂房轴线方向)的位移实测信号 $f_{Sig4}(t)$ 如图 3-23 所示,此时该机组的运行功率为 98 MW,而其额定功率为 600 MW,且其额定转速为 2.38 Hz。值得注意的是,由于传感器性能的限制,0.2 Hz 以下的频率成分无效。

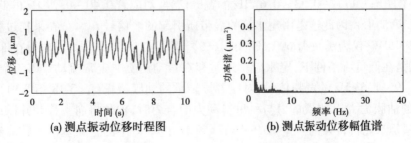

(a) 测点振动位移时程图　　　　(b) 测点振动位移幅值谱

图 3-23　测点信号 $f_{Sig4}(t)$ 的振动位移时程图及频谱图

信号 $f_{\text{Sig4}}(t)$ 分别被 AVMD、EWT 及 EMD 分解为 4 个模态分量。AVMD 的分解结果如图 3-24 所示。

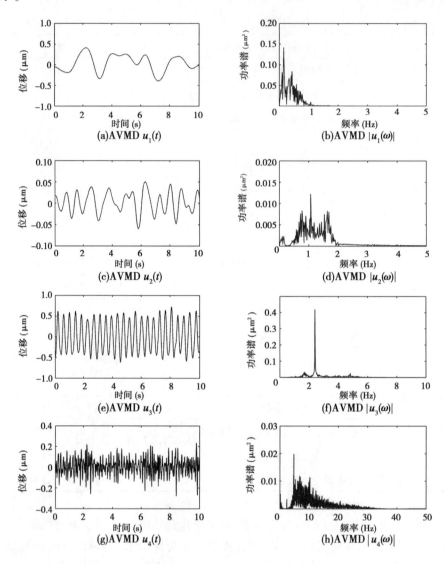

图 3-24　信号 $f_{\text{Sig4}}(t)$ 的 AVMD 分量时程图及频谱图

第一个模态 $u_1(t)$ 是 $0.33 \sim 0.67$ Hz 的宽频信号,对应着 $0.40 \sim 0.79$ Hz 的低频尾水涡带(表 3-18 第 1 项),因此这是由尾水管的涡带所引起的。信号 $f_{\text{Sig4}}(t)$ 在采集过程中,机组的功率为 98 MW,仅为满负荷 600 MW 的 16% 。而事实上,如果水力发电机在部分负荷下运行,特别是在低负荷条件下,尾水管中通常存在紊动涡旋非定常流动。第二个模态分量 $u_2(t)$ 是 $0.79 \sim 1.63$ Hz 的宽频信号,对应着导轴承的油膜激振(表 3-18 第 7 项)。当水轮机轴颈处的油膜力大于轴颈重力与科里奥利力的合力时,轴颈将向上移动并以弓状回旋。回旋的频率是水轮机转频的一半 1.19 Hz,该频率与 $u_2(t)$ 中的主频基本一致。然而,此模态的振动能量相对较小且混杂着大量的噪声。模态分量 $u_3(t)$ 的主频与机组的转频 2.38 Hz 相同,因此 $u_3(t)$ 是机组转动的结果,具体振源可通过检查水轮发电机相关部件的状况来确定。通常由于水轮发电机旋转时的巨大能量,这种类型的振动是不可避免的,只要其振动程度没有超出相关规范或经验阈值,厂房结构处于安全状态。由图3-24(e)可看出$u_3(t)$的振动幅度低于1 μm,这被认为是安全的。模态分量$u_4(t)$的主频是4.8 Hz,为机组转频的2倍,这也是机组转动的结果,且其能量很低并混杂着大量噪声。因此,信号$f_{Sig4}(t)$主要是由尾水涡带和机组转动所引起的。

图3-25为EWT对信号$f_{Sig4}(t)$的分解结果,它共包含8个模态,但后5个都是噪声分量。限于篇幅限制,此处仅列出前4个模态的时程图及频谱图。观察可知EWT中的$u_1(t)$对应着AVMD的$u_1(t)$,而EWT中的$u_2(t)$对应着AVMD的$u_3(t)$,而这两个模态恰恰是$f_{Sig4}(t)$中最重要的两个模态。此外,EWT中$u_3(t)$的主频与AVMD的$u_4(t)$相同,差别仅在于前者所混合的噪声更少。EWT并没有分解出油膜激振所引起的模态,但因该模态能量很低所以并不重要。因此,EWT产生了令人满意的分解结果。然而,$f_{Sig4}(t)$的频谱中存在大量的极值点,这增加了EWT的计算量并使其产生了很多冗余模量。本例中,EWT有5个噪

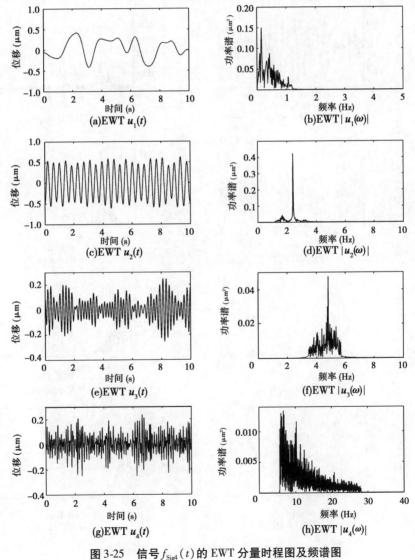

图3-25 信号$f_{Sig4}(t)$的EWT分量时程图及频谱图

声分量且运行时间为 319.8 s,而 AVMD 过滤了大部分高频噪声且运行时间为 73.5 s,显然 AVMD 的效率要高得多。

EMD 分解出了 12 个模态分量,发生了严重的模态混叠,如图 3-26 所示。例如,转频 2.4 Hz 这个模态被分解为 $u_3(t)$ 和 $u_4(t)$ 两个分量;EMD 的分解结果中还存在大量的噪声模态。因此,EMD 并未成功分解信号 $f_{Sig4}(t)$。

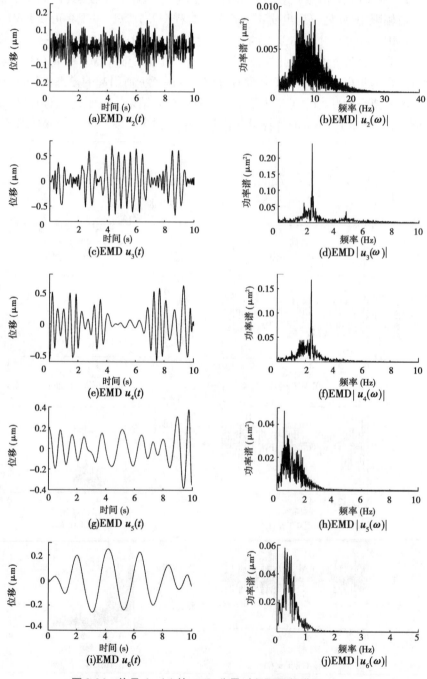

图 3-26　信号 $f_{Sig4}(t)$ 的 EMD 分量时程图及频谱图

2.实测机组非平稳信号分析

水轮机组在关机过程中,发电负荷被卸去,导叶全部关闭,机组转速逐渐降低,因此作用在机组和厂房结构上的荷载发生了较大变化,导致结构振动信号伴随着一定的非平稳特性。该电站水轮机层 $3^{\#}$ 机组梁柱结合处垂直方向的振动信号 $f_{\mathrm{Sig5}}(t)$ 在 $3^{\#}$ 机组关机过程中的振动时程图及傅里叶频谱图如图 3-27 所示。

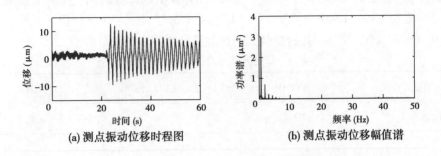

(a) 测点振动位移时程图　　　　　(b) 测点振动位移幅值谱

图 3-27　测点信号 $f_{\mathrm{Sig5}}(t)$ 振动时程图及傅里叶频谱图

现对此信号 $f_{\mathrm{Sig5}}(t)$ 进行 AVMD 分解,并作出时频图以分析其非平稳特性,结果如图 3-28 所示。由信号分量 $u_1(t)$ 的时程图可知,在 22 s 时信号的振动量发生了较大的突变,并形成周期性波动且振动幅度逐渐减小;由其时频图可知机组关机之前的振动主频为 0.6 Hz,且关机之后该能量有所增强,这一频率对应管道系统内水击的振动频率,其能量随着倍数的增大而减小。由信号分量 $u_2(t)$ 的时频图可知该信号主要由 40 Hz 左右的高频成分构成,且在关机过程中其能量明显减小并比 $u_1(t)$ 分量小得多。

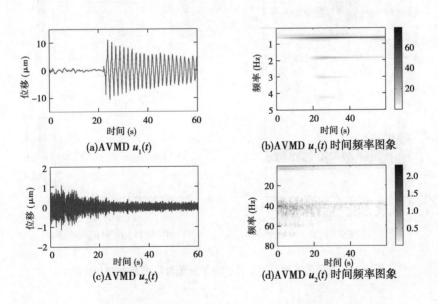

(a)AVMD $u_1(t)$　　　　　(b)AVMD $u_1(t)$ 时间频率图象

(c)AVMD $u_2(t)$　　　　　(d)AVMD $u_2(t)$ 时间频率图象

图 3-28　实测关机信号 $f_{\mathrm{Sig5}}(t)$ 的 AVMD 分量时程图及时频分析图

EWT 对 $f_{\text{Sig5}}(t)$ 进行处理时产生了 16 个分量,但后 13 个分量都是高频噪声。图 3-29 显示了前 3 个模态分量,其中 $u_1(t)$ 含有 0.6 Hz 和 1.8 Hz 两个成分,$u_2(t)$ 包含 3.0 Hz、4.2 Hz、5.4 Hz 及 6.6 Hz 等多个成分。这些都是 0.6 Hz 的奇数倍,其时频特征与 AVMD 的 $u_1(t)$ 一致,只是 EWT 将 AVMD 的 $u_1(t)$ 分解为两个模态。此外,EWT 的 $u_3(t)$ 对应着 AVMD 的 $u_2(t)$,可认为 AVMD 与 EWT 都识别到了 $f_{\text{Sig5}(t)}$ 的时频特征。然而,由于 EWT 产生了大量的噪声模态,使其消耗了相当于 AVMD 的 10 倍的计算时间。三种方法对 $f_{\text{Sig5}}(t)$ 的分解时间见表 3-19。EMD 将 $f_{\text{Sig5}}(t)$ 分解为 14 个分量,图 3-30 仅列出了几个重要的模态。EMD 分解时发生了严重的混叠现象,其性能比另两种方法差得多。

表 3-19　三种方法对 $f_{\text{Sig5}}(t)$ 的分解时间

方法	AVMD	EMD	EWT
Time（s）	10.7	30.8	330.5

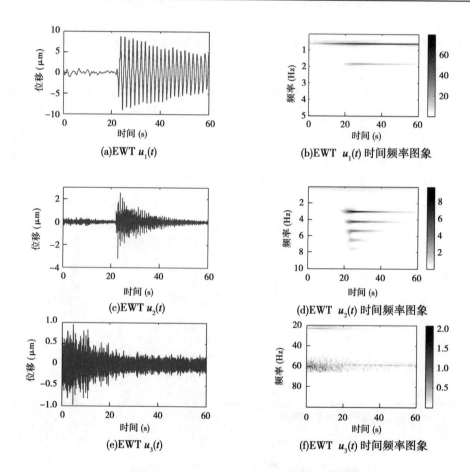

图 3-29　实测关机信号 $f_{\text{Sig5}(t)}$ 的 EWT 分量时程图及时频分析图

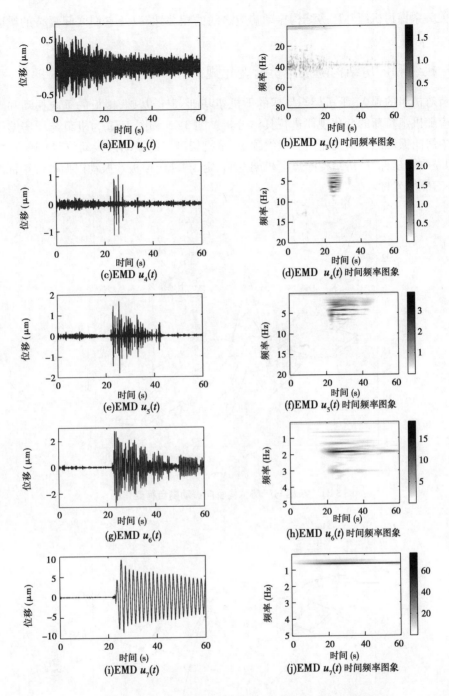

图 3-30　实测关机信号 $f_{\text{Sig5}(t)}$ 的 EMD 分量时程图及时频分析图

3.3　水电站机组与厂房结构耦联动力特性

本节将交叉小波尺度谱分析用于机组和厂房结构时频域相关性分析,从机组和厂房结构振动响应随负荷变化规律、机组与厂房结构振动响应相关性系数、机组与厂房结构振动时频域相关关系探讨机组与厂房结构振动响应之间的相关性,以及它们之间复杂的耦联动力特性。

3.3.1 机组和厂房结构随机组负荷变化规律

本节对机组的顶盖、下机架与厂房的下机架基础、定子基础、楼板的垂向振动和顺河向振动响应随机组负荷的变化规律进行具体分析。图 3-31 和图 3-32 为机组与厂房结构测点垂向和顺河向振动随负荷变化图。机组顶盖、下机架测点的振动以振动位移 95% 双幅值来表示,即左侧纵坐标;厂房结构测点下机架基础、定子基础、楼板的振动以振动位移标准差来表示,即右侧纵坐标。

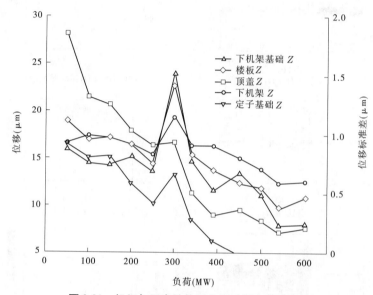

图 3-31　机组与厂房结构垂向振动随负荷变化图

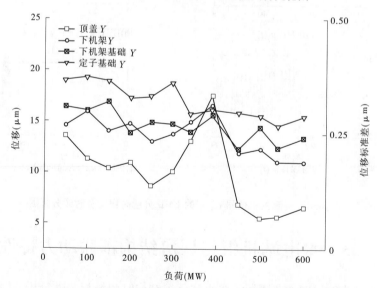

图 3-32　机组与厂房结构顺河向振动随负荷变化图

从图 3-31 可以看出:随机组负荷的增加各测点的垂向振动量整体呈减小趋势,机组负荷为 300 MW 时各测点的振动量突然增大,因此机组和厂房结构各个测点的垂向振动响应随负荷的变化规律比较相似,各测点的动态响应同步性较强,尤其是下机架、下机架基础和定子基础。主要是因为机组负荷为 300 MW 时,机组处于典型的涡带工况区,尾水管中产生涡流现象,涡带摆动引起机组和厂房结构振动增大。

从图 3-32 可以看出:机组的下机架和厂房结构的下机架基础、定子基础的顺河向振动量随机组负荷的增加呈减小趋势,机组和厂房结构各测点的顺河向振动响应同步性较强,尤其是下机架、下机架基础和定子基础;而顶盖顺河向振动在 400 MW 时出现一个峰值点,振动规律和其他测点稍有不同。

综上所述,水轮发电机组和厂房结构振动耦联特征明显,各测点垂向和顺河向振动响应同步性较强,振动响应随机组负荷变化规律相似,尤其是下机架、下机架基础和定子基础。

3.3.2 机组和厂房结构振动相关性系数

机组的下机架和厂房结构的下机架基础垂向和顺河向振动响应的同步性较强,从机组和厂房之前的结构关系来说,下机架和下机架基础之间通过地脚螺栓连接,下机架将机组转动部分的静荷载和动荷载传递给下机架基础,最终传递至块状混凝土机墩位置,因此下机架和下机架基础振动响应的相关性可以在一定程度上反映机组和厂房结构之间的耦联特性。

两个测点相关性大小可以表征测点之间振动响应一致性的强弱,本节主要通过相关分析来讨论机组和厂房结构之间的相关关系。表 3-20 为下机架与下机架基础垂向振动和顺河向振动在不同负荷条件下的相关性系数。

表 3-20　不同负荷时下机架与下机架基础垂向和顺河向振动相关系数

工况	负荷(MW)	50	100	150	200	250	300	340	390	450	500	540	600
相关系数	垂向 Z	0.389	0.466	0.429	0.443	0.502	0.669	0.546	0.552	0.504	0.493	0.386	0.377
	顺河向 Y	0.227	0.257	0.214	0.258	0.255	0.229	0.300	0.228	0.270	0.231	0.211	0.159

由表 3-20 可知,下机架与下机架基础垂向振动的相关系数在中负荷范围内相对较大,在低负荷和高负荷范围内相对较小,当机组负荷为 300 MW 时下机架与下机架基础垂向振动响应的相关性系数最大,最大值为 0.669;下机架与下机架基础顺河向振动响应的相关性系数与垂向振动相关性系数相比相对较小,在中低负荷范围内相对较大,当机组负荷为 340 MW 时,下机架与下机架基础顺河向振动响应的相关性系数最大,最大值为 0.3。

图 3-33 ~ 图 3-35 分别为机组负荷为 300 MW 时下机架、下机架基础垂向振动位移时程图和下机架与下机架基础垂向振动位移之间的互相关系数。

图 3-36 ~ 图 3-38 为 300 MW 时下机架、下机架基础顺河向振动位移时程图和下机架与下机架基础顺河向振动位移之间的互相关系数。

通过以上对机组和厂房结构测点之间垂向和顺河向振动相关系数的分析可知:从不同方向的振动响应相关系数对比来看,下机架和下机架基础垂向振动相关性相对较强,顺河向振动相关性相对较弱,垂向和顺河向振动相关性在 200 ~ 300 MW 的涡带区相关性尤其明显,这在一定程度上也说明了机组负荷变化引起的水力振源对机组和厂房结构垂向振动的

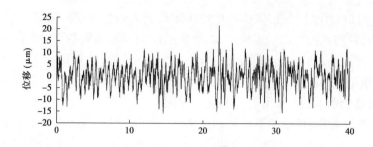

图 3-33　300 MW 时下机架垂向振动位移时程图

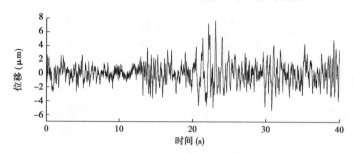

图 3-34　300 MW 时下机架基础垂向振动位移时程图

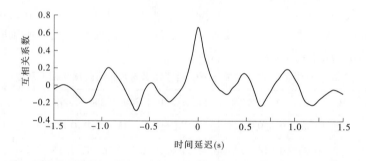

图 3-35　300 MW 时下机架与下机架基础垂向振动位移之间的互相关系数

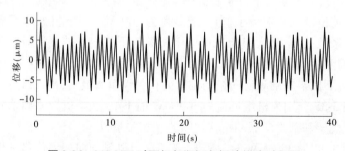

图 3-36　340 MW 时下机架顺河向振动位移时程图

影响相对较大,揭示了机组和厂房结构之间耦联振动特性的复杂性。

3.3.3　机组和厂房结构振动时频域相关关系

前两小节分析了机组与厂房结构测点的动态响应随机组负荷的变化规律和测点动态响

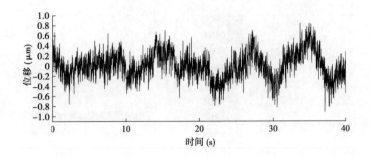

图 3-37　机组负荷为 340 MW 时下机架基础顺河向振动位移时程图

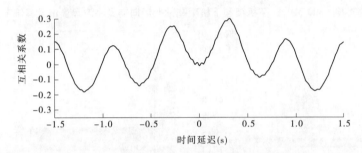

图 3-38　340 MW 时下机架与下机架基础顺河向振动位移之间的互相关系数

应的相关性系数,水电站机组与厂房振动的主振源为低频尾水脉动、机组转动、蜗壳不均匀流,由于水电站机组和厂房结构的自身特性不同,因此水电站机组与厂房结构振动在不同的频域范围内的相关性不同,本节在以上研究的基础上利用交叉小波尺度谱分析对不同主振源引起的机组和结构动态响应相关关系进行分析。

交叉小波变换主要用来分析两不同时间序列信号的时频域相关度,观察其相同频率成分是否有相关性。本节在时频域范围内对机组与厂房结构的动态响应进行分析,以下机架和下机架基础为例,针对互相关功率谱分析方法在时间域和抗噪性方面的不足,对下机架和下机架基础的振动位移进行交叉小波变换,利用交叉小波尺度谱在频域范围内分析振源之间的相关关系。图 3-39 ~ 图 3-44 为不同负荷条件下下机架与下机架基础顺河向振动交叉小波尺度谱及其细节。

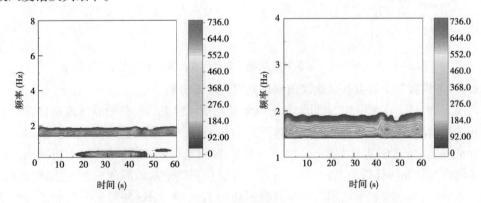

图 3-39　600 MW 时下机架和下机架基础顺河向交叉小波尺度谱及其细节

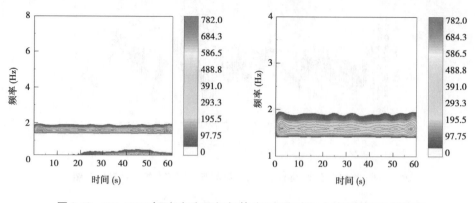

图 3-40　500 MW 时下机架和下机架基础顺河向交叉小波尺度谱及其细节

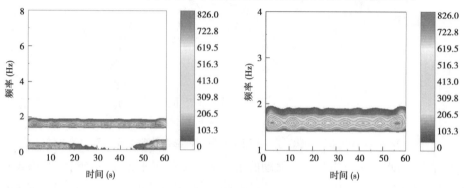

图 3-41　400 MW 时下机架和下机架基础顺河向交叉小波尺度谱及其细节

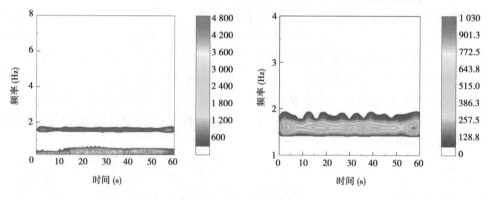

图 3-42　300 MW 时下机架和下机架基础顺河向交叉小波尺度谱及其细节

3.3.3.1　下机架与下机架基础顺河向振动交叉尺度谱分析

由图 3-39～图 3-44 可知,下机架和下机架基础顺河向振动在整个时域范围内都具有较强的相关性,相关振动能量对应的频带范围是 1.6～1.8 Hz 和 0.2～0.8 Hz,分别对应机组转动和低频尾水脉动这两个振源。在 1.6～1.8 Hz 频带区间,在 0～60 s,下机架和下机架基础顺河向振动始终保持较强的同步性;由下机架和下机架基础顺河向交叉小波尺度谱细节图可以看出,下机架和下机架基础顺河向振动在 1.6～1.8 Hz 频带区间的相关性随着负荷降低(600～100 MW)而增大;在 0.2～0.8 Hz 频带区间,在中低负荷条件下,0～60 s 范围内下机架和下机架基础顺河向振动始终保持较强的同步性,在高负荷条件下同步振动间歇

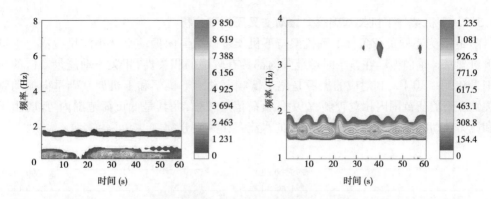

图 3-43   200 MW 时下机架和下机架基础顺河向交叉小波尺度谱及其细节

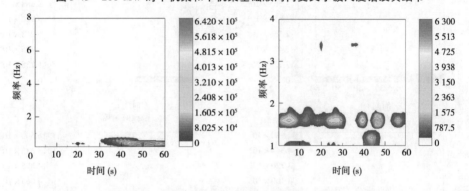

图 3-44   100 MW 时下机架和下机架基础顺河向交叉小波尺度谱及其细节

性出现;下机架和下机架基础顺河向振动在 0.2～0.8 Hz 频带区间的相关性在高负荷范围内(400～600 MW)随着负荷变化呈小幅度增加趋势,在中负荷范围内(200～300 MW)其相关性增加较快,在低负荷范围内其相关性出现跳跃式增加,振动相关性较强,主要因为此时尾水管中的涡带出现偏心,螺旋角度较大,产生了较大的压力脉动。

由此可见,转频和低频尾水脉动对机组和厂房结构之间的顺河向耦联振动影响较大,在高负荷(400～600 MW)范围内转频的影响作用更强,在中低负荷范围内低频尾水脉动的影响作用更强,尤其是低负荷范围内(200 MW 以下)。这在一定程度上也说明了低频尾水脉动和机组转动是机组和厂房结构振动的主振源。

下面从机组和厂房之间的结构关系以及振源角度来解释它们之间的水平向耦联振动:

(1)对于机组而言,机组转动产生的水平动荷载主要包括转子处的水平离心力和转轮处的水平离心力,上导轴承和下导轴承承担转子处的水平离心力;下导轴承固定在下机架上,它所承担的水平不平衡力通过地脚螺栓传递到厂房结构的下机架基础部位,下机架基础相当于该转动部分的基础。从机组与厂房之间的作用力与反作用力方面来说,机组转动产生的水平动荷载通过轴承传递至轴承座,然后传递至机架(定子、下机架),最后传递到钢筋混凝土结构,这也体现了水电站机组与厂房结构耦联作用的复杂性。

(2)同时,部分工况下由于转轮出口带有周向速度,因此会产生做周期性旋转运动的涡带,涡带不仅会引起较大的尾水管内水流本身的压力、速度、脉动,而且由于其为大体积水体的旋转运动,具有很大能量,该能量可以通过水体的相互作用向上传播,从而影响转轮内的流动诱发转轮域的流场对转轮产生同周期性的横向激振力,导致机组转动部分的振动。

3.3.3.2 下机架与下机架基础垂向振动交叉尺度谱分析

图3-45为不同负荷条件下下机架与下机架基础顺河向振动交叉小波尺度谱。下机架和下机架基础垂向振动在整个时域范围内都具有较强的相关性,相关振动能量对应的频带范围是$0.2 \sim 1.0$ Hz,其对应的振源是尾水低频振动。下机架和下机架基础垂向振动频域相关性在高负荷范围内相对较弱,在中低负荷范围较强,尤其是低负荷范围内,此时由于脱流和压力脉动的原因,进入到尾水管中的水流存在涡旋分量。

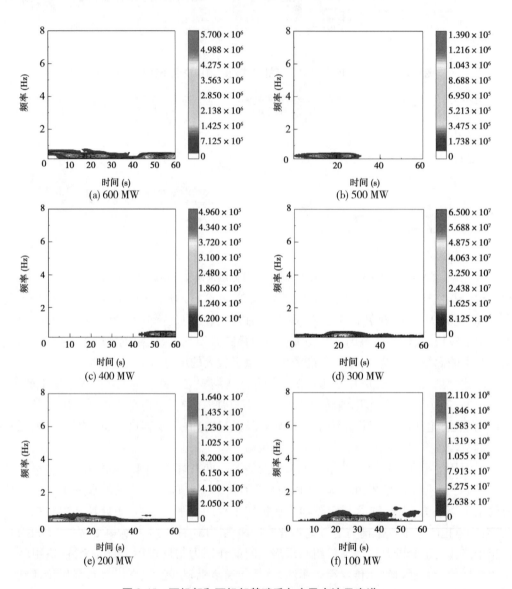

图 3-45　下机架和下机架基础垂向交叉小波尺度谱

由此可见,低频尾水脉动对机组和厂房结构之间的垂向耦联振动影响较大,整体来看,在低负荷范围内机组和厂房结构垂向耦联作用较强。下面从机组和厂房之间的结构关系及振源角度来解释它们之间的垂向耦联振动。

(1)机组和厂房结构垂向振动的能量来自水流,水力振源是垂向振动的主振源,水轮机过流部件的水流脉动或其他荷载作用,会引起机组竖向振动。

(2)对于混流式发电机组来说,机组转动部分的静荷载和动荷载都是通过推力轴承、下机架、地脚螺栓传递至块状混凝土机墩结构。这在一定程度上体现了机组和厂房结构之间的耦联振动关系。

3.4 水电站厂房振动传递路径研究

在机组与厂房振动问题的研究中,主振源的振动传递路径的分析是振动控制与振动处理的关键问题。本节基于传递熵理论进行主振源的传递路径识别,分析尾水涡带的垂向传递路径和转频及其倍频信号的顺河向传递路径。首先使用基于 EMD 的小波熵自适应阈值去噪对实测信号去噪,然后计算两测点不同方向的传递熵,分析其传递路径,并计算不同测点的信息传递率。

3.4.1 基于传递熵理论的模拟信号分析

为了将传递熵理论应用到水电站厂房结构振源传递路径分析中,首先需要检验传递熵计算模型的合理性和有效性,并分析噪声对传递熵大小和特征的影响。首先构造出两个相互关联的信号,利用传递熵模型计算不同方向、不同时间延迟下的传递熵;然后在模拟信号中加入噪声信号,计算加噪信号间的传递熵,分析噪声对传递熵的影响。

首先构造信号 A、B,其中 $f_1 = 40$,$f_2 = 3$,获得两个时域信号:

$$A = \cos(2\pi f_1 t) + 0.2\sin(2\pi f_2 t) \tag{3-11}$$

$$B = \mu A + 0.1\cos(2\pi f_1 t)\cos(2\pi f_2 t) - \cos(2\pi f_2 t) \tag{3-12}$$

式中:μ 代表两个信号之间的相关程度。

由式(3-11)和式(3-12)可以看出,时域信号 B 不仅包含时域信号 A 的信息,还包括自身独立于 A 的信息。图 3-46 是信号 A 的时程图,图 3-47 是信号 B 的时程图。因此,可以通过改变相关参数达到验证传递熵特性的目的。

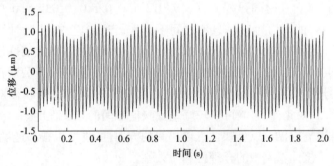

图 3-46 信号 A 的时程图

3.4.1.1 传递熵的不对称性和对相关程度的敏感性分析

信号 A、B 的相关程度 μ 分别取 0.2、0.4、0.8,计算模拟信号间不同方向的传递熵 $T(A \rightarrow B)$ 和 $T(B \rightarrow A)$,绘制不同相关程度的模拟信号间不同方向的传递熵随时间延迟的变化曲线,见图 3-48。

首先分析 $\mu = 0.8$(或 0.2、0.4)时 $T(A \rightarrow B)$ 和 $T(B \rightarrow A)$ 的大小关系,可以发现:在时间

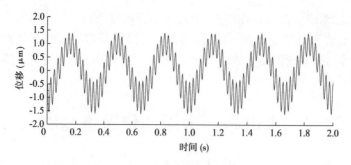

图 3-47　信号 *B* 的时程图

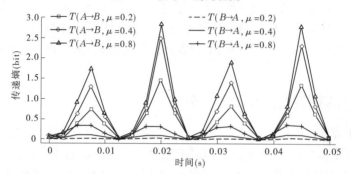

图 3-48　模拟信号间不同方向的传递熵随延迟时间的变化曲线

点 $T=0$ 及时间延滞点 $T=0.0125$、0.0250、0.0375、0.0500 附近,传递熵 $T(A{\rightarrow}B)$、$T(B{\rightarrow}A)$ 的值均为 0,两信息流之间不发生信息传递;在其余时间延滞点处,$T(A{\rightarrow}B)$ 均大于 $T(B{\rightarrow}A)$,且在 $T=0.00625$、0.01875、0.03125、0.04375 附近,传递熵 $T(A{\rightarrow}B)$ 和 $T(B{\rightarrow}A)$ 出现峰值点,$T(A{\rightarrow}B)$ 的峰值远远大于 $T(B{\rightarrow}A)$ 的峰值,说明由 A 流向 B 的信息量比反方向的信息量大,这种不对称性说明了传递熵对判断信息传递方向的有效性。因此,可以判断传递熵可以在一定程度上较为准确地判断两个信息流的信息传递方向。

其次,分析 μ 分别取 0.2、0.4、0.8 时,传递熵 $T(A{\rightarrow}B)$ 和 $T(B{\rightarrow}A)$ 随 μ 的变化趋势,可以发现:在时间点 $T=0$ 及时间延滞点 $T=0.0125$、0.0250、0.0375、0.0500 处,传递熵 $T(A{\rightarrow}B)$ 和 $T(B{\rightarrow}A)$ 的值均为 0,信息流之间不发生信息传递;在其他时间延滞点,随着相关程度的增大,传递熵 $T(A{\rightarrow}B)$ 和 $T(B{\rightarrow}A)$ 的值呈增大趋势,在传递熵峰值点处尤为明显。最大传递熵峰值点($T=0.02$ s)处传递熵 $T(A{\rightarrow}B)$ 随时域信号相关程度的变化规律见图 3-49。随着信号 A、B 相关程度的增大,最大传递熵峰值点处信号 A 对信号 B 的熵值 $T(A{\rightarrow}B)$ 逐渐增大。因此,传递熵可以较好地反映信号间的相关程度。

由此可见,传递熵不仅可以反映信息传递间的方向性,也可以很好地度量两个信号之间的相关程度,证明了该计算模型的合理性和有效性。

3.4.1.2　噪声对传递熵的影响

信号 A、B 的相关程度 μ 取 0.5,在信号 A、B 中分别加入高斯白噪声,分析噪声对传递熵大小和特征的影响。图 3-50 是加噪信号和不加噪信号间不同方向的传递熵随时间延迟的变化曲线。$T(A{\rightarrow}B,$ 加噪声$)$ 的值远小于 $T(A{\rightarrow}B,$ 无噪声$)$ 的值,说明传递熵 $T(A{\rightarrow}B)$ 的值受噪声的影响较大;$T(B{\rightarrow}A,$ 加噪声$)$ 的值稍小于 $T(B{\rightarrow}A,$ 无噪声$)$ 的值,说明传递熵 $T(B{\rightarrow}A)$ 的值受噪声的影响相对较小。噪声的存在使得信息的状态发生变化,因此两个过

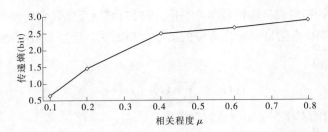

图 3-49 最大传递熵峰值点($T = 0.02$ s)处传递熵 $T(A{\to}B)$ 与时域信号相关程度的关系

程的信息流概率分布发生变化。但是,通过不同方向的传递熵幅值大小可得出不加噪声信号和加噪信号的信息传递方向均是 $A{\to}B$。因此,尽管噪声的存在影响不同方向传递熵的大小,但噪声的存在并不改变传递熵描述信息传递方向的有效性。

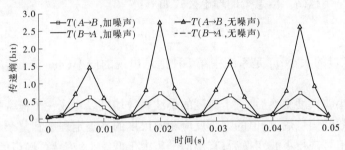

图 3-50 传递熵随延迟时间的变化曲线(含噪信号)

3.4.2 基于 EMD 的小波熵自适应阈值去噪算法

3.4.2.1 EMD 分解算法

经验模态分解是 NASA 的黄锷博士等在 1998 年提出的一种基于数据驱动的自适应信号时频处理方法,与小波分解和短时傅里叶变换不同,EMD 分解中"基函数"的产生依赖于信号自身的时频域特征,特别适用于非线性、非平稳信号的分析处理,EMD 分解的目的是对信号进行平稳化处理。

EMD 分解过程基于以下假设:

(1)信号至少存在一个极值(极大值或极小值)。

(2)信号的时域特性由极值间隔决定。

(3)若信号无极值点但包含拐点,则极值点可通过多次求导来获取。具体方法是由下面的"筛选"过程完成的:

①找出 $x(t)$ 的所有极值点;

②从极值点中找出极小值点,利用插值法绘出下包络 $e_{\min}(t)$,同样的方法绘出上包络 $e_{\max}(t)$;

③计算均值 $m(t) = [e_{\min}(t) + e_{\max}(t)]/2$;

④抽离细节 $d(t) = x(t) - m(t)$;

⑤对残余的 $m(t)$ 重复上述步骤。

信号经过 EMD 分解后,其振荡结构特征和非平稳性可以通过一系列内在的本征模态函数(IMF)分量和一个剩余趋势项来揭示,IMF 分量自适应地按照频率递减的顺序排列,每一个 IMF 分量所包含的频率成分随信号本身变化,可以较好地反映特定时间尺度上信号的局部频率特性,因此 EMD 方法是一种自适应的信号分析方法。经过 EMD 分解后的信号可表示为:

$$x(t) = \sum_{i=1}^{n} c_i(t) + r_n(t) \tag{3-13}$$

式中:$c_i(t)$ 为不同阶的 IMF 分量;$r_n(t)$ 为趋势项。

3.4.2.2 小波熵自适应阈值选取方法

1948 年,香农(Shannon)借鉴著名物理学家克劳修斯(R. Clausius)提出的熵的概念,结合概率论与数理统计方面的理论,提出了"信息熵"的概念,信息熵可以量化系统的有序化程度或者信号的复杂程度,解决了对信息的量化度量问题。系统组成越简单,越有序,信息熵越低;反之,信息熵越高。信息熵的理论公式如下:

$$H = -\sum_{i=1}^{n} p_i \ln p_i \tag{3-14}$$

式中:H 代表信息量的大小;p_i 是系统中第 i 种信息出现的概率;$\ln p_i$ 是该信号带来的信息量。

对信号进行小波尺度变换后,每个尺度的小波系数均可以看成一个概率分布系统,计算每个尺度小波系数的信息熵,熵值的大小反应相应尺度的不确定程度和复杂程度。

对加性噪声信号进行小波变换后,有用信号集中于低频小波系数,噪声信号集中于高频小波系数,可以根据该特征对信号进行小波阈值去噪,而阈值的计算在小波阈值去噪中起关键作用,直接决定去噪效果的好坏。小波熵可以衡量不同尺度的矩阵化的小波分解系数的稀疏程度,每个尺度的熵值大小均不相同,因此可以根据尺度信号小波熵特征自适应地确定对应尺度的去噪阈值,进而去除含噪信号中的噪声。

小波熵自适应阈值的计算步骤如下:

(1)对信号进行 j 层小波分解,将每个尺度的高频小波系数分为 n 个独立相等的子区间,则第 j 尺度第 k 个子区间高频小波系数的能量为:

$$E_{jk} = \sum^{N/n} |d_j(k)| \tag{3-15}$$

(2)第 j 尺度第 k 个子区间包含的能量在该尺度上高频部分总能量中所占的比例为:

$$P_{jk} = E_{jk} / \sum |d_j(k)| \tag{3-16}$$

(3)第 k 个子区间的小波熵为:

$$S_{jk} = -\sum P_{jk} \ln(P_{jk}) \tag{3-17}$$

(4)如果某个子区间的小波熵值最大,则该区间噪声最为集中,此区间的小波系数是由噪声引起的,可以将此区间的方差作为噪声估计方差,利用 Donoho 提出的公式计算去噪阈值。

噪声估计方差:$\sigma_j = median(|d_j|)/0.6475 \tag{3-18}$

去噪阈值为:$T_j = \sigma_j \sqrt{2\lg N} \tag{3-19}$

式中:$median(|d_j|)$ 为最 j 层小波系数子带区间中小波熵最大区间里的小波系数的中值。

小波熵阈值去噪既能发挥小波局域化分析的特点,又能根据高频小波系数的疏密程度有效地抑制信号中的无关分量,在一定程度上减少阈值选取的盲目性,可以较为准确地提取信号中的主要信息量。

3.4.2.3　基于 EMD 的小波熵自适应阈值去噪算法计算流程

对于含噪信号,如果直接舍弃高阶 IMF 分量,会丢失高阶分量中的有用成分,因此为了最大程度地保留有用信号,有必要对信号高阶 IMF 分量进行去噪。本书提出的基于 EMD 的小波熵自适应阈值去噪算法的流程如下:

(1)首先对原始振动信号进行 EMD 分解。

(2)高阶 IMF 分量具有噪声特性,对高阶 IMF 分量进行小波分解,可以得到各尺度下的近似系数和细节系数。

(3)将各尺度下的细节系数作为独立的信号处理,按照上述的小波熵自适应阈值选取步骤计算相应的小波熵自适应阈值,然后进行小波阈值去噪,可以得到去噪后的细节系数。

(4)将去噪后的各尺度的细节系数与近似系数进行小波重构,可以得到去噪后的 IMF 分量。

(5)再次利用经验模态分解方法将去噪后 IMF 分量与未经处理的 IMF 分量进行重构,可以得到去噪后的重构信号。

该方法结合了 EMD 和小波熵阈值去噪理论,只对含有噪声特性的 IMF 分量进行阈值降噪处理,而不是作用于整个信号,可以自适应地根据尺度信号能量特征确定相应的去噪阈值,在一定程度上弥补了小波阈值去噪的缺陷。

3.4.2.4　原型观测数据去噪效果分析

基于工作环境激励下的厂房结构振动原型观测可以在保证水电站正常运行的工作条件下,获得所需的振动参数及响应,进而分析厂房结构正常工作条件下的动力响应。但是,由于观测环境的复杂性以及仪器、仪表自身的原因,通过原型观测获得的振动响应信号不可避免地会受到噪声的干扰,噪声的存在会影响信号的状态,进而影响传递熵的计算结果和后续的振动响应分析。因此,滤波降噪也是结构振动分析与控制中一项重要环节,在进行振源传递路径识别之前有必要对实测振动信号进行去噪,提高其信噪比,降低噪声对传递熵识别传递路径的影响。

首先对现场实测振动信号进行基于 EMD 的小波熵自适应阈值去噪。为了显示该去噪方法的有效性,分别采取软阈值去噪、EMD 去噪和基于 EMD 的小波熵阈值去噪对机组定子基础垂向振动位移信号进行去噪,通过信噪比(SNR)对去噪效果进行评价。SNR 的数学表达式如下:

$$SNR = 10\lg\left\{\sum_{n=1}^{N}s^2(n)\Big/\sum_{n=1}^{N}\left[x(n)-s(n)\right]^2\right\} \qquad (3\text{-}20)$$

式中:$x(n)$ 为原始含噪信号;$s(n)$ 为去噪后的信号。

表 3-21 为软阈值去噪、EMD 去噪、基于 EMD 的小波熵阈值去噪三种去噪方法对实测信号处理后的信噪比。基于 EMD 的小波熵自适应阈值去噪方法对实测振动信号去噪后的信噪比高于软阈值去噪和 EMD 去噪,因此基于 EMD 的小波熵自适应阈值去噪方法可以较好地去除实测振动信号中的噪声,为后续的传递熵计算提供相对纯净的振动信号;信噪比达到 10 db 以后传递熵受噪声的影响较小,因此可以直接使用去噪后的信号进行传递熵计算。

表 3-21　定子基础振动信号不同去噪方法性能指标比较

序号	去噪方法	信噪比/SNR
1	软阈值去噪	6.94
2	EMD 去噪	7.44
3	基于 EMD 的小波熵阈值去噪	11.60

3.4.2.5　传递熵传递路径识别流程

原型观测数据中常混杂各种噪声,因此在利用传递熵方法进行传递路径识别之前应进行去噪处理。本书应用 EMD 的小波熵自适应阈值去噪方法和传递熵理论对实测振动信号进行传递路径识别的流程如下:

(1)获取两个不同测点的实测振动位移时程信息。

(2)采用基于 EMD 的小波熵自适应阈值去噪方法分别对两组振动位移信号进行滤波降噪。

(3)利用小波分解提取去噪后振动位移信号中低频尾水脉动信号和转频及其倍频信号。

(4)对两组提取出来的低频尾水脉动信号和转频及其倍频信号进行自相关函数计算,并做归一化处理。

(5)对两组提取出来的低频尾水脉动信号和转频及其倍频信号进行互相关函数计算,并做归一化处理。

(6)将前面计算得到的低频尾水脉动或转频及其倍频信号的归一化的自相关函数与互相关函数代入到传递熵公式,可以计算出不同方向之间不同时间延迟条件下的传递熵的值。

(7)绘制不同方向之间不同时间延迟条件下的传递熵值随延迟时间的变化曲线,根据不同方向之间传递熵值的关系判断传递方向。

利用传递熵理论进行传递路径识别的具体流程见图 3-51。

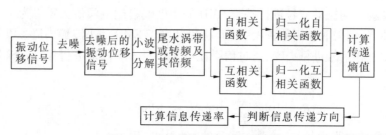

图 3-51　传递熵传递路径识别流程

3.4.3　尾水涡带信号垂向振动传递路径分析

3.4.3.1　传递路径分析

水电站厂房的振源有机械振源、电磁振源、水力振源,其中影响最大的是水力振源,水力振源中的尾水涡带引起的振动具有波动周期长、传递路径远、影响范围大的特点,且尾水涡带与转轮、顶盖、尾水管等结构直接接触,它是造成水轮发电机组功率摆动、顶盖振动和尾水管壁低频振动、噪声的主要根源,因此尾水涡带对水电站厂房结构影响较大。

本节以测点的垂向振动数据为基础,主要研究涡带工况下(250 MW)尾水涡带引起的垂向振动的传递路径,分析其传递规律;结合理论振源计算和实测振源分析可知,尾水涡带对应的频带范围是 0.2 ~ 0.8 Hz。尾水脉动和顶盖压力脉动是机组与结构垂向振动的主要动荷载,低频尾水压力脉动会在水轮机流道中向上传播,引起顶盖下相同频率成分的压力脉动,涡带工况下更为明显,因此顶盖测点在一定程度上可以表征尾水管中水流紊动情况及水流紊动引起的顶盖振动,此处限于实际测点布置情况,将顶盖的垂向振动表征尾水涡带响应特性。顶盖振动信号频谱图如图 3-52 所示。定子基础和下机架基础测点用于表征机墩部位振动情况,发电机层楼板测点用于表征电站厂房上部楼板结构振动情况。

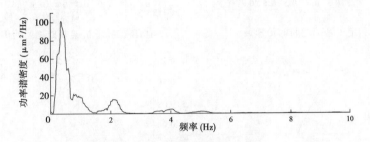

图 3-52　顶盖振动信号频谱图

INV 智能采集系统通道编号和测点位置的对应关系为:CH2—顶盖垂向,CH4—定子基础垂向,CH8—下机架基础垂向,CH15—发电机层楼板垂向。

由于振动位移传感器量程原因,首先利用 Matlab 设计滤波器滤除原始振动信号中 0 ~ 0.2 Hz 及工频信息,其次使用基于 EMD 的小波熵自适应阈值方法对原型观测信号进行去噪,然后采用 db6 小波基函数对去噪后的振动信号进行小波 8 层分解,将尾水涡带对应频带的小波系数进行重构获取尾水涡带信号,最后用传递熵方法对测点间的尾水涡带信号进行传递路径识别。对振动信号进行小波分解,将 a8 和 b8 对应的重构信号作为尾水涡带信号引起的振动位移分量。重构得到的尾水涡带信号可近似看作各态历经的、高斯的时间序列,因此可以直接利用简化的传递熵公式对水电站厂房尾水涡带信号进行传递路径分析。尾水涡带在两个不同测点之间不同方向的传递熵随时间延迟的变化曲线见图 3-53。

根据传递熵的幅值关系,由图 3-53(a)可以看出,除了时间点 $T = 0$ 以及时间延滞点 $T = 0.65$ 附近之外,$TE(2 \rightarrow 4)$ 的值远远大于 $TE(4 \rightarrow 2)$,说明由顶盖流向定子基础的信息量远远大于相反方向,可判断尾水涡带信号由顶盖传至定子基础;同理由图 3-53(b)、(c)、(d)可以判断尾水涡带信号由顶盖传至下机架基础、由定子基础传至发电机层楼板、由下机架基础传至发电机层楼板。

图 3-53 的传递熵是基于两个测点之间的,为了说明尾水涡带引起的振动传递路径,在以上分析的基础上还需对不同测点的传递熵综合分析。图 3-54 是尾水涡带引起的振动在不同测点之间的传递熵随时间延迟的变化曲线。根据信息量传递大小关系,由图 3-54(a)可以判断尾水涡带引起的振动从顶盖传至定子基础,然后由定子基础传至发电机层楼板;由图 3-54(b)可以判断尾水涡带引起的振动从顶盖传至下机架基础,然后由下机架基础传至发电机层楼板。结合水电站机组与厂房的结构特点可知:由于顶盖与水流直接接触,尾水涡带在顶盖位置的振动中可以很好地反映出来,尾水涡带引起的振动通过顶盖传至机墩(定子基础、下机架基础);由于风罩底部与机墩环向连接,顶部与发电机层楼板整体连接,因此

尾水涡带引起的振动通过风罩从机墩（定子基础、下机架基础）向发电机层楼板传递。

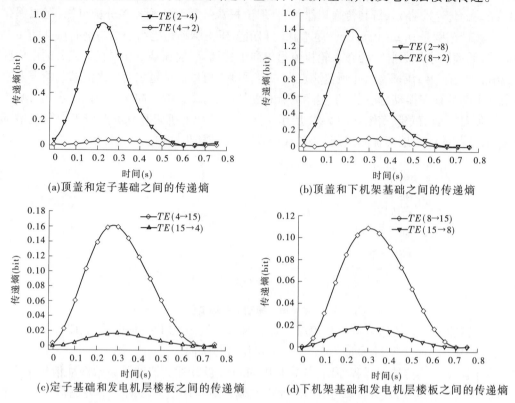

(a)顶盖和定子基础之间的传递熵   (b)顶盖和下机架基础之间的传递熵

(c)定子基础和发电机层楼板之间的传递熵   (d)下机架基础和发电机层楼板之间的传递熵

图 3-53　尾水涡带信号在两个不同测点之间不同方向的传递熵随时间延迟的变化曲线

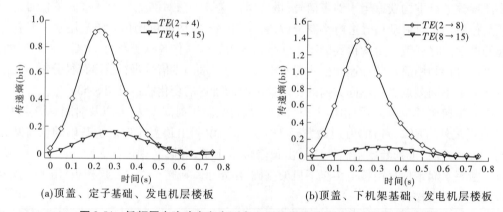

(a)顶盖、定子基础、发电机层楼板   (b)顶盖、下机架基础、发电机层楼板

图 3-54　低频尾水脉动在多个测点之间的传递熵随时间延迟的变化曲线

3.4.3.2　尾水涡带信息传递率

为了定量描述信号间的信息传递关系，在传递熵的基础上提出了信息传递率的概念。对于两个平稳的马尔可夫过程 x 和 y，基于传递熵的信息传递率为：

$$ITR_{y \to x} = \frac{T_{y \to x} - T_{x \to y}}{T_{y \to y}} \in [0,1] \tag{3-21}$$

式中：$ITR_{y \to x}$ 为信号 $y \to x$ 的传递率；$T_{y \to x}$、$T_{x \to y}$ 分别为信号间不同方向的传递熵；$T_{y \to y}$ 为假设信号 y 包含的信息量全部传递至信号 x 条件下的传递熵；$(T_{y \to x} - T_{x \to y})$ 可看作信号 $y \to x$ 的

信息净传递量。

因此，$ITR_{y\to x}$ 可以描述信号 $y\to x$ 的传递率；当 $ITR_{y\to x}=0$ 时，信号 y 与 x 之间不存在信息传递，两信号独立，信号 y 不能为 x 提供额外的信息；当 $ITR_{y\to x}=1$ 时，信号 y 包含的信息全部传递至信号 x。同理可以知道 $ITR_{x\to y}$ 的物理意义，通常 $ITR_{y\to x}\neq ITR_{x\to y}$。信息传递率可以描述两个信号的能量关联信息与原始信息的相对比例关系，因此可以定量描述信号间的能量信息传递特征。

为了验证基于传递熵的信息传递率的性能，表 3-22 列出了在相关程度 μ 取不同值时仿真信号 A、B 之间的相关系数和 $A\to B$ 在最大传递熵峰值点（$T=0.02$ s）处的信息传递率 $ITR_{A\to B}$。随着仿真信号 A、B 之间的相关程度增大，A、B 之间的相关系数和 $A\to B$ 的信息传递率也随之增加，说明基于传递熵的信息传递率可以较好地反映两个相关信息之间的相关性强度，描述信号间信息传递特征。

表 3-22　不同相关程度下 A、B 之间的相关系数和 $ITR_{A\to B}$

相关程度 μ	0.2	0.4	0.8
相关系数	0.38	0.54	0.76
信息传递 $ITR_{A\to B}$	0.48	0.76	0.86

水电站厂房结构测点之间在传递熵峰值点处信息传递量较大，表 3-23 为不同测点之间在传递熵峰值点处的信息传递率。尾水涡带引起的振动信号在测点顶盖→定子基础、顶盖→下机架基础之间的传递率分别为 39.8% 和 58.2%，可见顶盖位置的尾水涡带脉动很大一部分能量传递至机墩（定子基础、下机架基础）；在测点定子基础→发电机层楼板、下机架基础→发电机层楼板之间的传递率分别为 23.5% 和 16.1%，可见机墩（定子基础、下机架基础）到发电机层楼板的传递率相对较低，主要是风罩、梁柱、上下游挡墙等部位起到了一定的消能减振作用。

表 3-23　不同测点之间的信息传递率

测点编号	2→4	4→15	2→8	8→15
传递率（%）	39.8	23.5	58.2	16.1

3.4.4　转频及其倍频信号顺河向振动传递路径分析

3.4.4.1　传递路径分析

除水力因素外，机组机械振动也会对机组与厂房结构的振动产生一定的影响，转频及其倍频也是机组与厂房结构振动的另一主振源。为了保证水轮发现机组能够稳定运行，机组的转轮等旋转部件以及厂房结构的混凝土支撑部位基本都是对称分布的；若因为机械或电磁原因出现偏心，则会产生径向不平衡力。在混流式水轮机中，机组转动不平衡所引起的离心力作用普遍存在，在高水头、高转速的机组中更为常见。由于现场观测点相对较少，本节主要分析几个具有代表性测点的振动。本节主要研究顺河向振动转频及其倍频信号的传递路径，分析转频的传递规律；结合理论振源计算和实测振源分析可知转频及其倍频对应的频带范围为 1.56～12.5 Hz。

本节以机组和厂房结构测点顺河向振动位移测试数据为基础,分析机组转动引起的顺河向传递路径。实测振动信号小波分解,将 b7、b6 和 b5 对应的重构信号作为转频及其倍频信号引起的振动位移分量,重构得到的转频及其倍频信号可近似看作各态历经的、高斯的时间序列,因此可以直接利用简化的传递熵公式对机组转动引起的振动信号进行传递路径分析。转频及其倍频在两个不同测点之间不同方向的传递熵随时间延迟的变化曲线见图 3-55。根据不同方向传递熵的幅值大小关系,由图 3-55(a)可以看出,除时间点 $T = 0$ 以及时间延滞点 $T = 0.3$ 附近外,$TE(5 \to 7)$ 的值远远大于 $TE(7 \to 5)$,说明由下机架向下机架基础的信息量远远大于相反方向,可以判断转频振动由下机架传至下机架基础。由图 3-55(b)可以看出,除时间点 $T = 0$ 以及时间延滞点 $T = 0.175$ 附近外,$TE(5 \to 3)$ 的值远远大于 $TE(3 \to 5)$,说明由下机架流向定子基础的信息量远远大于相反方向,可以判断转频振动由下机架传至定子基础。同理,根据 $TE(7 \to 11)$ 和 $TE(11 \to 7)$ 的关系可以判断转频振动由下机架基础传至电气夹层柱子,根据 $TE(3 \to 11)$ 和 $TE(11 \to 3)$ 的关系可以判断转频振动由定子基础传至电气夹层柱子。可见机组转动引起的下机架位置的顺河向振动传递路径是:下机架→机墩(下机架基础、定子基础)→电气夹层柱子。

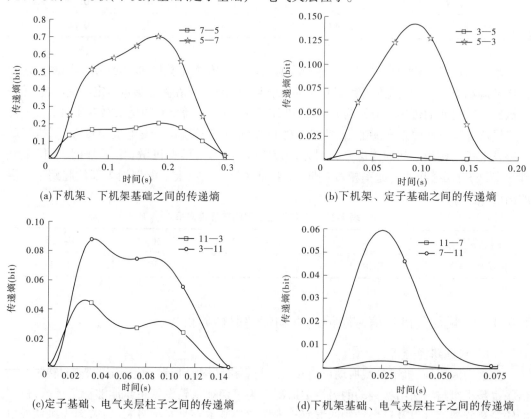

(a)下机架、下机架基础之间的传递熵 (b)下机架、定子基础之间的传递熵

(c)定子基础、电气夹层柱子之间的传递熵 (d)下机架基础、电气夹层柱子之间的传递熵

图 3-55 转频及其倍频在两个不同测点之间不同方向的传递熵随时间延迟的变化曲线

3.4.4.2 转频及其倍频信号信息传递率

不同测点之间的转频及其倍频信号在传递熵峰值点处的信息传递率列于表 3-24。转频及其倍频信号在测点下机架→下机架基础、下机架→定子基础、定子基础→电气夹层柱子、下机架基础→电气夹层柱子之间的传递率分别为 75.9%、18.4%、19.5%、8.6%,可见下机

架位置转频振动的大部分能量由下机架基础承担,少部分能量传递至其他部位。由下机架传递出的能量大部分由下机架基础承担,还有部分能量会通过轴承传递至定子,然后通过定子基础板传递至混凝土机墩上,转频通过下机架基础和定子基础传递至梁柱上,引起电气夹层柱子的顺河向振动。

表 3-24   不同测点之间的信息传递率

测点编号	5→7	5→3	3→11	7→11
传递率(%)	75.9	18.4	19.5	8.6

3.5   水轮机顶盖水压脉动荷载的反演分析

工程中,水轮发电机组的实际运行条件与设计工况大多会有一定差别,导致水轮机顶盖往往会出现一定程度的振动。结合工程经验及已有的研究可知,流道内的水压脉动是机组顶盖振动的振源。国内多个电站的水轮机顶盖位置曾出现较为显著的水压脉动荷载,如刘家峡、李家峡、万家寨等。其中刘家峡水电站 5# 机组顶盖水压脉动幅值曾达到 51% H(H 为电站设计水头 100 m)。剧烈的水压脉动会对顶盖的振动产生显著的影响,获得水压脉动荷载资料对顶盖振动安全的研究具有重要的意义。

顶盖水压脉动荷载的获得会存在两方面的问题。一方面,由于传感器布置时多方面因素的影响,很多工程往往直接缺乏相关的实测资料;另一方面,即使存在实测的顶盖压力脉动数据,但由于厂房结构中动荷载的复杂性,并无法完全保证顶盖水压脉动荷载测量的准确。本工程在水轮机顶盖位置并未布置脉压传感器,因此无法直接得到相应的压力脉动数据。为获得顶盖的水压脉动荷载,本章将在原型顶盖垂直振动位移测试数据的基础上,通过有限元动力分析法对顶盖的水压脉动荷载进行反演,并将反演得到的水压脉动荷载重新施加在顶盖位置进行振动位移的数值模拟计算,对比数值计算结果与对应实测值,验证水压脉动荷载的计算结果的可靠性。

3.5.1   水轮机顶盖垂向振动原型观测分析

原型测试中针对水轮机顶盖进行了横河向(X 向)、顺河向(Y 向)以及垂向(Z 向)三个方向振动位移的观测。通过工程经验及实测数据可知,顶盖的垂向振动要明显大于水平向振动。顶盖的垂向振动是影响其安全的重要因素,本书主要采用顶盖原型垂向振动的观测数据进行分析和计算。以下基于水轮发电机组在变负荷稳定运行工况以及开停机、甩负荷瞬时工况下顶盖的实测垂向振动位移数据,对顶盖垂向振动情况进行了分析。

3.5.1.1   变负荷工况

现由原型测试得到机组顶盖在 100 MW、200 MW、300 MW、400 MW、500 MW、600 MW稳定负荷工况下的振动情况,各工况的顶盖垂向振动时程曲线如图 3-56 所示。

分析实测振动数据,得到各稳定工况下顶盖的垂向振动位移双幅值及均方根值,如图 3-57 所示。可以看出,随着运行负荷的增大,二者变化趋势一致,均表现出整体逐渐降低的规律。机组负荷由 100 MW 升至 600 MW 的过程中,顶盖的垂向振动双幅值由 160.2 μm

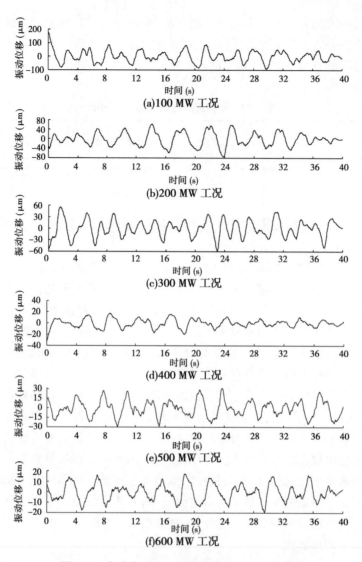

图 3-56　各稳定工况下顶盖的垂向振动时程曲线

降至 28.9 μm，降幅为 83.8%；均方根值则由 42.0 μm 降至 7.6 μm，降幅为 81.9%。通过傅里叶变换分析各工况的主频，结果见表 3-25。各稳定工况的主频为 0.28～0.33 Hz，均属于低频振动。

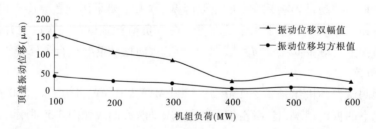

图 3-57　各稳定工况下的顶盖垂向振动双幅值和均方根值

表 3-25　各工况下的主频分析

工况（MW）	100	200	300	400	500	600
主频（Hz）	0.33	0.28	0.28	0.28	0.28	0.28

3.5.1.2　开停机工况

由原型测试得到的开机、停机工况下顶盖的垂向振动时程曲线如图 3-58 所示。

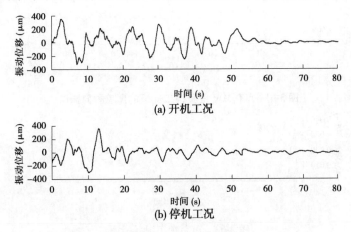

图 3-58　开机、停机工况下的顶盖垂向振动时程曲线

水轮机顶盖在开机、停机工况下会出现较为剧烈的振动。对开机、停机工况下顶盖的垂向振动进行分析，可知开机工况时顶盖的垂向振动位移双幅值为 662.2 μm，约为 100 MW 稳定工况时的 4.1 倍；其均方根值为 108.2 μm，约为 100 MW 稳定工况时的 2.6 倍。停机工况时顶盖的垂向振动位移双幅值为 656.1 μm，约为 100 MW 稳定工况时的 4.1 倍；均方根值为 80.1 μm，约为 100 MW 稳定工况时的 1.9 倍。整体而言，开停机工况下顶盖的垂向振动要明显剧烈于各稳定负荷工况。同时，开机工况下的顶盖振动位移双幅值和均方根值均略大于停机工况。对开机、停机工况下的振动位移时程进行傅里叶变换，得到相应的功率谱密度，如图 3-59、图 3-60 所示。可以看出，开机工况下的主频为 0.13 Hz，停机工况下为 0.18 Hz，两个工况下顶盖的垂向振动均属于低频振动。

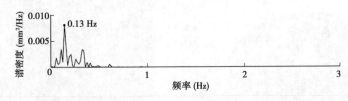

图 3-59　开机工况频谱图

3.5.1.3　甩负荷工况

甩负荷工况下顶盖垂向振动的时程曲线如图 3-61 所示。对于甩负荷瞬时工况，顶盖的垂向振动双幅值远远大于变负荷稳定工况，达到 2 360 μm，约为 100 MW 稳定工况时的 14.7 倍。对甩负荷工况下顶盖振动位移时程进行傅里叶变换，计算得到的功率谱密度如图 3-62 所示。甩负荷瞬时工况下的顶盖垂向振动主频为 0.10 Hz。

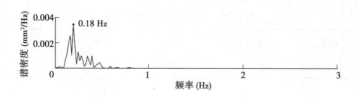

图 3-60　停机工况频谱图

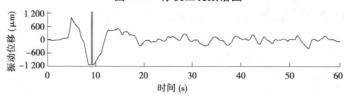

图 3-61　600 MW 甩负荷工况下的顶盖垂向振动

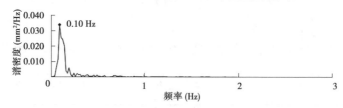

图 3-62　甩负荷工况频谱图

3.5.2　顶盖有限元模型的建立

根据水电站机组的顶盖资料,建立有限元计算模型,如图 3-63 所示。该模型含有长筋板 10 块、短筋板 12 块,外法兰上螺栓 110 个。其节点总数为 130 502,单元总数为 80 482。螺栓的螺杆同螺母之间的接触以及螺母底面同顶盖外法兰之间的接触均采用离散化方式为表面—表面的绑定约束,边界条件为顶盖外法兰以下的螺杆部分设置为完全固定,即对其 6 个自由度进行全部约束。

(a) 模型整体

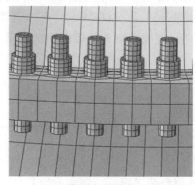

(b) 螺栓细部结构

图 3-63　水轮机顶盖有限元模型

3.5.3　水轮机顶盖的水压脉动荷载

由工程经验可知,顶盖的安全往往受到螺栓疲劳因素的影响。实际中,螺栓上的应力测试往往比较困难,通过上节构建的顶盖有限元模型,结合原型测试振动位移数据来反演顶盖的水压脉动荷载,进而对顶盖螺栓的应力进行计算。

3.5.3.1　顶盖水压脉动荷载的反演

顶盖上的垂向动荷载主要作用于顶盖底部底板及泄水锥位置(见图3-64),故采用在顶盖底部施加动压力的方式进行简化模拟。在顶盖水压脉动荷载 F 的作用位置施加双幅值为 $2\%H$、$10\%H$(H 为水电站额定水头,288 m)正弦荷载进行试算,得到顶盖垂向振动位移的计算值并与相应的实测值进行对比,再逐渐精确逼近。

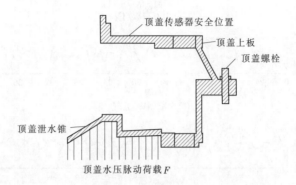

图 3-64　顶盖模型水压脉动作用位置(1/2 剖面图)

通过试算,计算出各工况下顶盖实测振动位移双幅值所对应的水压脉动荷载,见表3-26。原型实测振动位移与有限元的计算误差均在5%以内,基本符合精度要求。随着负荷的增大,水压脉动荷载整体呈下降趋势,符合实际的变化规律。100 MW($16.7\%Pe$, Pe 为额定功率)时水压脉动荷载最大,其幅值为 $6.7\%H$,约 19.3 m 水头,为额定出力(600 MW)时的 5.6 倍。

表 3-26　顶盖水压脉动荷载幅值的试算结果

负荷(MW)	水压脉动幅值	计算垂直位移(μm)	实测垂直位移(μm)	误差百分比(%)
100	$6.7\%H$	163.21	160.2	1.88%
200	$4.6\%H$	109.01	110.9	1.73%
300	$3.6\%H$	87.64	86.6	1.20%
400	$1.3\%H$	30.95	30.1	2.82%
500	$2.0\%H$	50.42	49.0	2.90%
600	$1.2\%H$	29.47	28.9	1.97%

由于螺栓始终没有脱开失效,且顶盖及螺栓均终未达到材料屈服强度,故假设顶盖的水压脉动荷载与垂向振动位移之间为线性关系。由表3-26计算可知单位微米垂向位移对应的水压脉动为0.001 204 MPa,进而由各负荷下顶盖的垂向振动时程曲线求得水压脉动荷载时程曲线,见图3-65。顶盖水压脉动荷载时程的变化趋势与其对应的振动时程相一致,仅在值的大小上有所差别。

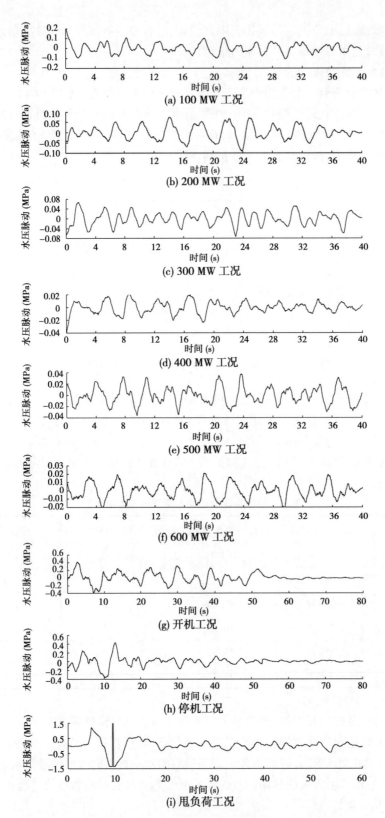

图 3-65　各工况下的顶盖水压脉动荷载时程曲线

3.5.3.2 反演结果的验证

在有限元模型中对顶盖施加各工况水压脉动荷载的反演结果,计算顶盖的垂向振动。以 100 MW 工况为例,其计算结果如图 3-66 所示。

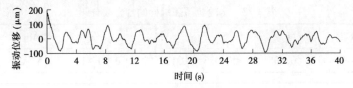

图 3-66 模型计算振动

对比图 3-66 与原型实测的 100 MW 工况下的顶盖垂向振动情况,可知施加反演得到的水压脉动时,得到的顶盖振动情况与原型测试的结果基本一致,由此可证明本文的荷载反演方法是合理可行的。

3.6 水轮机顶盖螺栓应力与疲劳分析

水轮机顶盖的振动安全问题与其紧固螺栓的安全问题密切相关。螺栓对顶盖起着重要的连接作用,工程中常常通过在螺栓上施加一定的预紧力来满足顶盖的强度和刚度要求。当代水轮发电机组容量及水头的大幅提升,水轮机顶盖所承受的循环性冲击荷载不断提高,导致顶盖螺栓也承受着长期复杂、高强度的拉伸荷载与剪切荷载,顶盖螺栓的安全问题日益突出。

强度安全问题和疲劳破坏问题是顶盖螺栓正常发挥作用的两个重要方面。水轮机顶盖安装时易出现螺栓预紧力施加不当的问题,导致机组运行时顶盖上的部分螺栓很容易发生松动甚至断裂失效。即使不发生强度破坏,由于水轮机顶盖处于长期的复杂受力状态,顶盖螺栓的疲劳问题也难以避免。近年来,针对顶盖螺栓方面的研究不断增多,为进一步探讨顶盖螺栓的安全问题,本章主要从顶盖螺栓的强度问题和疲劳极限问题两个方面进行研究。基于前文建立的一电站混流式水轮机顶盖的有限元模型,通过对顶盖螺栓的布置方案进行设计,研究不同因素对螺栓应力水平的影响规律;同时基于本章各工况下顶盖水压脉动荷载的计算结果,通过有限元方法对顶盖螺栓的应力过程进行分析,按照疲劳极限的相关理论与统计方法,对各工况下顶盖螺栓的疲劳寿命进行计算。

3.6.1 水轮机顶盖螺栓的计算资料

某机组水轮机顶盖及螺栓的相关计算参数见表 3-27。

表 3-27 水轮机顶盖及螺栓的相关计算参数

参数	值数	参数	值数
额定水头(m)	288	顶盖质量(t)	260
最大水头(m)	318.8	螺栓规格	M110×6
机组转速(r/min)	166.7	螺栓材料	35CrMo
顶盖外形尺寸(mm)	$\phi 9\ 400 \times 2\ 330$	螺栓孔分度圆直径(mm)	9 240

顶盖螺栓的材料类型为35CrMo,具有较高的静力强度、冲击韧性和疲劳极限。35CrMo 的屈服强度 σ_s 为 510 MPa,极限抗拉强度 σ_b 为 740 MPa,延伸率 δ 为 14%,疲劳极限 σ_{-1} 为 335 MPa。35CrMo 的合金成分见表3-28。

表3-28　水轮机顶盖螺栓的合金成分

成分	C	P	S	Si	Cr	Mn	Mo
含量(%)	0.32 ~ 0.40	≤0.035	≤0.035	0.17 ~ 0.37	0.90 ~ 1.2	0.5 ~ 0.8	0.15 ~ 0.25

该工程中,水轮机机组顶盖螺栓的具体分布形式及各个螺栓的编号情况俯视图如图 3-67 所示,以水平向右为 X 轴正方向,竖直向上为 Y 轴正方向,第一象限至第四象限在图中标明,下文的螺栓平面布置图均采用此坐标系。顶盖螺栓的个数为 110 个,且螺栓的布置呈180°对称分布,连续布置的相邻螺栓与顶盖中心连线间所成的夹角为3°。

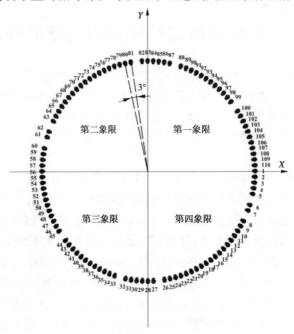

图3-67　顶盖螺栓的编号俯视图

3.6.2　顶盖螺栓强度影响因素

结合已有工程经验,可知影响顶盖螺栓应力水平的主要因素有螺栓的个数、螺栓的分布形式及螺栓的直径等。基于前文建立的混流式水轮机顶盖有限元模型,将主要针对顶盖螺栓的个数及螺栓的分布形式进行体型修改,探究某种典型荷载工况下螺栓强度的变化规律。

3.6.2.1　不同螺栓个数的影响规律

1.方案设计

在工程实际布置方案基础上逐渐减少顶盖螺栓的个数,探究螺栓的应力大小变化及分布规律。结合机组顶盖上其他设备的安装情况,为避免出现过分的偏载和突变情况,本次方案设计时保证各方案的螺栓个数均大于原始资料中螺栓个数的 50%。在本章建立的顶盖有限元模型基础上进行修改,设计螺栓个数分别为 110、100、90、80、70、60 的六个不同方案

（见图3-68）。各方案坐标系为：水平向右方向为 X 轴正向，竖直向上方向为 Y 轴正向。

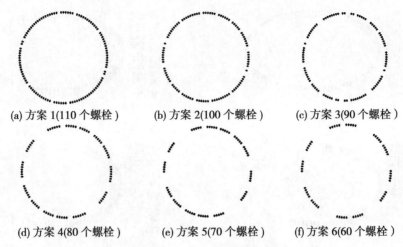

(a) 方案 1(110 个螺栓)　　　(b) 方案 2(100 个螺栓)　　　(c) 方案 3(90 个螺栓)

(d) 方案 4(80 个螺栓)　　　(e) 方案 5(70 个螺栓)　　　(f) 方案 6(60 个螺栓)

图 3-68　各方案下的螺栓分布

　　方案 1 为工程中顶盖螺栓的实际布置方式，由于顶盖为分两瓣构造的对称结构，故各方案下的顶盖螺栓均采用 180°对称布置，不同方案下顶盖螺栓的个数设置情况见表 3-29。方案 1~方案 6 中顶盖螺栓的个数以 10 为单位逐次减少，且各方案减少后的螺栓分布与上一方案一致，由此对螺栓分布变量进行控制。

表 3-29　顶盖螺栓的布置方案

方案	螺栓个数	方案说明（相对上一方案去掉的螺栓编号）
方案 1	110	机组顶盖螺栓的实际布置方式
方案 2	100	去掉 7、17、39、52、53、62、72、94、107、108 号螺栓
方案 3	90	去掉 16、18、29、30、38、71、73、84、85、93 号螺栓
方案 4	80	去掉 6、14、15、119、20、27、51、61、69、70、74、75、82、106 号螺栓，并恢复 29、30、84、85 号螺栓
方案 5	70	去掉 13、21、50、54、55、68、76、105、109、110 号螺栓
方案 6	60	去掉 33、34、35、36、37、88、89、90、91、92 号螺栓

2. 模型计算与分析

　　有限元计算时采用动力时程法，考虑重力和静水压力，对各方案的顶盖模型施加典型工况下(600 MW 稳定工况)的水压脉动时程荷载以实现对顶盖螺栓的工作状态的模拟，其中模型边界条件的设置与前文一致。

　　通过有限元分析得到各方案的顶盖螺栓应力分布云图。图 3-69 为顶盖螺栓整体的应力云图，图 3-70 为螺栓的应力集中区域的局部应力云图。可以看出，各方案均存在不同程度的偏载和受力集中情况。不同螺栓个数时的整体受力云图均存在呈 180°对称的应力集中的区域，且螺栓的应力以这些区域为中心向两边逐渐降低，下降速度较为明显。由于顶盖结构及螺栓布置的对称性，各方案下单个螺栓受力状态具有一致性。在各种静力及水压脉动的作用下，螺栓侧面在面向顶盖中心的一侧处于受拉状态，在面向顶盖外部一侧则处于受压状态。

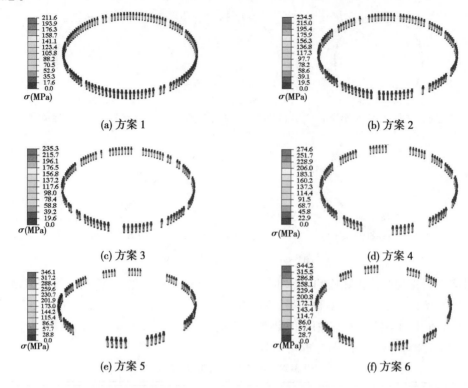

图 3-69　各方案顶盖螺栓的整体应力云图

对于每根螺栓而言,其应力最大值均出现在螺栓面向顶盖中心的一侧,且集中于螺杆与法兰接触的中间位置。每个螺栓的应力值由中间位置附近沿其轴向扩散时逐渐减小,螺栓顶部和底部位置的应力值均较小,一般不超过 20 MPa。

结合整体应力云图,对各方案下所有螺栓的受力情况进行分析。将最大应力螺栓的出现位置标注为红色,如图 3-71 所示,其坐标系的定义方式同前。

结合顶盖螺栓的编号情况及象限位置,对不同螺栓个数方案下最大应力螺栓出现位置的特点进行描述,结果列于表 3-30。

表 3-30　各方案下最大应力螺栓的位置特点

方案(螺栓个数)	象限位置	最大应力螺栓编号	位置描述
方案 1(110 个)	第四象限	7 号	两个连续布置螺栓之一
方案 2(100 个)	第二象限	61 号	单个布置的螺栓处
方案 3(90 个)	第四象限	6 号	单个布置的螺栓处
方案 4(80 个)	第二象限	76 号	无螺栓布置长间隔的边缘螺栓处
方案 5(70 个)	第二象限	67 号	无螺栓布置长间隔的边缘螺栓处
方案 6(60 个)	第二象限	77 号	无螺栓布置长间隔的边缘螺栓处

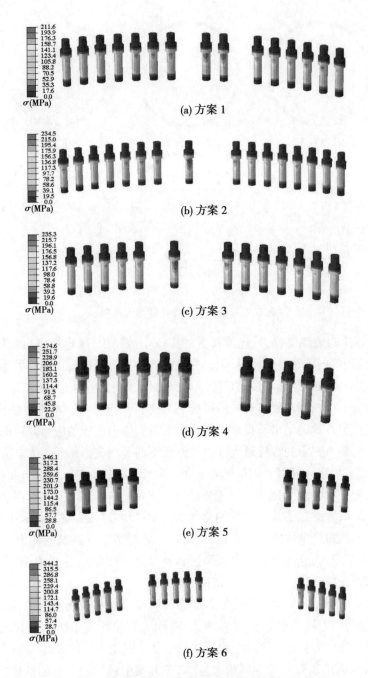

图 3-70　各方案螺栓应力集中区域的应力云图

可以看出,随着螺栓个数的变化,螺栓中最危险的位置均出现在第二象限或第四象限。最大应力的出现位置主要有两个特点:①易出现在布置较为孤立的螺栓位置。方案 1、方案 2 和方案 3 均存在 1 个或 2 个与其他螺栓不连续布置的螺栓,而最大的应力往往出现在这些位置。②易出现在较长无螺栓布置范围后的第一个有螺栓布置的位置。方案 4、方案 5 和方案 6 中的螺栓均为 5 个或 6 个连续布置,中间存在一定的空白范围,而最大的螺栓应力均出现在这些无螺栓布置间隔范围的边缘螺栓处。总体而言,顶盖螺栓的最大应力基本出

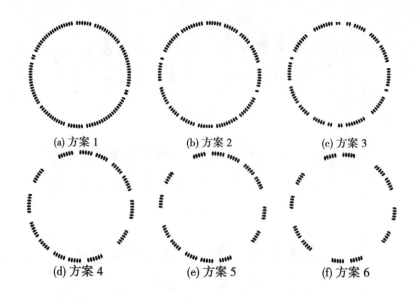

(a) 方案 1　　　　　(b) 方案 2　　　　　(c) 方案 3

(d) 方案 4　　　　　(e) 方案 5　　　　　(f) 方案 6

图 3-71　最大应力螺栓的出现位置

现在连续布置螺栓的边缘位置,且连续布置的螺栓个数越少,越容易在边缘处出现高应力区。同时较长的距离内不布置螺栓时,也会在该距离的边缘螺栓处出现应力集中区域。

螺栓的最大应力位置是其承载的危险部位,该区域附近的高应力区也是交变荷载下极易出现疲劳破坏的部位,因此要对此处的螺栓应力进行重点分析。本次数值模拟中采用应力时程法,根据数值计算的结果。提取出各方案下最大应力螺栓的应力时程曲线,如图 3-72 所示。可以看出,各方案下的螺栓最大应力与时程下的平均应力相差不大。方案 1 ~ 方案 6 的顶盖螺栓时程平均应力分别为 210.0 MPa、232.8 MPa、233.6 MPa、272.6 MPa、343.6 MPa 和 341.6 MPa,应力双幅值分别为 2.5 MPa、3.0 MPa、2.8 MPa、3.0 MPa、4.0 MPa 和 3.8 MPa。其中,方案 1、方案 2、方案 3 螺栓的整体应力水平均较低,方案 3 相对于方案 2 基本无明显变化;方案 4 的螺栓整体应力水平有所升高;方案 5、方案 6 的螺栓应力水平相接近,均处于较高的应力范围内,且此时的应力水平达到螺栓材料屈服强度(510 MPa)的 67% 左右(小于 80%),其值较高但仍处于安全的范围之内。

由于荷载的一致性,各方案下螺栓最大应力时程曲线均呈现出相同的变化规律。各方案应力时程曲线的应力幅相差不大,基本为 2 ~ 4 MPa,可见正常工作状态下,由于交变荷载的作用,顶盖螺栓的应力会在一个均值附近波动变化。对于不同的方案,这个均值会呈现一定的变化规律,从而出现对应的不同最大应力,各方案中最危险位置的螺栓的应力云图如图 3-73 所示。结合各方案的计算结果,绘制出顶盖螺栓的最大应力随螺栓个数的变化曲线,如图 3-74 所示。随着顶盖螺栓个数的减少,顶盖螺栓的最大应力呈现出逐渐上升后基本不变的趋势。当螺栓个数由 110 个减少到 90 个时,螺栓最大应力的上升相对较缓慢,上升幅度约为 11%。当螺栓个数由 90 个逐渐减少到 60 个时,螺栓最大应力上升明显加剧,其上升幅度为 17% ~ 26%。其中,当顶盖螺栓分别由 100 个减少到 90 个,以及由 70 个减少到 60 个时,顶盖螺栓的最大应力则基本保持不变。

由此可见,在保证一定数量的顶盖螺栓的前提下(大于初始设计方案的 50%),随着螺

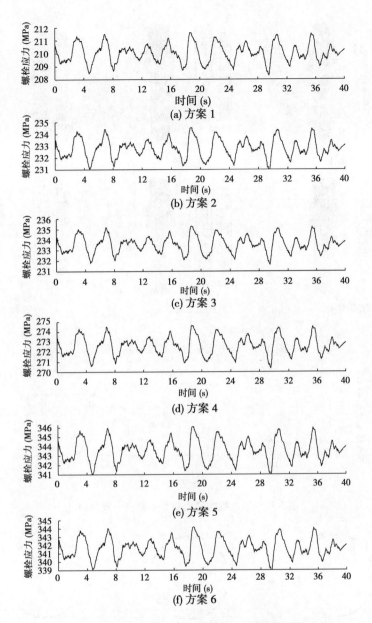

图 3-72　各方案的螺栓最大应力时程曲线

栓个数的减少,螺栓的应力会出现不同程度的上升。当螺栓的个数整体较多时,螺栓应力上升的程度并不明显;而随着螺栓个数的减少,其应力上升的幅度会出现较大程度的增加,随后又变得很小,基本可以忽略不计。

3.6.2.2　不同分布形式的影响规律

1.方案设计

　　分别在方案 5 和方案 6 的基础上,保证螺栓的个数保持不变而调整螺栓的分布形式,探究不同分布形式对螺栓应力水平的影响规律。本节以螺栓个数分别为 70 个和 60 个设置两组方案,每组方案中只改变螺栓的分布形式,使其分布特点由最为均匀到最不均匀过渡。各方案顶盖的螺栓布置情况俯视图如图 3-75 所示,其采用的坐标系与前文相同。

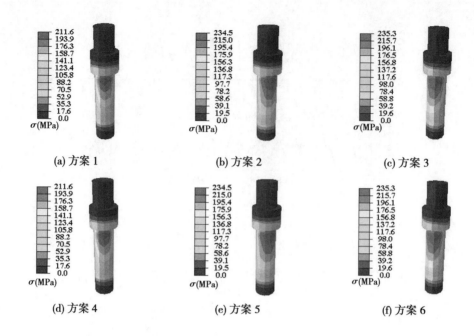

(a) 方案 1   (b) 方案 2   (c) 方案 3

(d) 方案 4   (e) 方案 5   (f) 方案 6

图 3-73   各方案最危险螺栓的应力云图

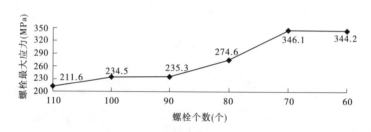

图 3-74   顶盖螺栓最大应力—螺栓个数曲线

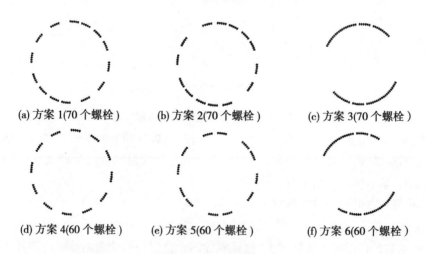

(a) 方案 1(70 个螺栓)   (b) 方案 2(70 个螺栓)   (c) 方案 3(70 个螺栓)

(d) 方案 4(60 个螺栓)   (e) 方案 5(60 个螺栓)   (f) 方案 6(60 个螺栓)

图 3-75   各方案下的螺栓分布

本节设置了两组螺栓个数水平,各组螺栓的布置仍采用 180°对称布置形式。方案 1、方案 2、方案 3 为第一组,其顶盖螺栓的个数均为 70 个;方案 4、方案 5、方案 6 为第二组,其顶盖螺栓的个数均为 60 个。在每组螺栓个数水平下,方案 1、方案 4 中螺栓的分布最为均匀,方案 2、方案 5 中螺栓的分布较为均匀,方案 3、方案 6 中螺栓的分布最不均匀。各方案的螺栓布置情况见表 3-31。

表 3-31　顶盖螺栓的布置方案

方案	螺栓个数	方案说明(相对机组顶盖螺栓的实际布置方式去掉的螺栓编号)
方案 1	70	6 ~ 8、14 ~ 18、24 ~ 26、27、38、39、45、51 ~ 55、61 ~ 63、69 ~ 73、79 ~ 81、82、93、94、100、106 ~ 110
方案 2	70	6、7、13 ~ 21、27、38、39、50 ~ 55、61、62、68 ~ 76、82、93、94、105 ~ 110
方案 3	70	1 ~ 7、43 ~ 55、56 ~ 62、98 ~ 110
方案 4	60	6 ~ 8、14 ~ 18、24 ~ 26、27、33 ~ 36、42 ~ 44、45、51 ~ 55、61 ~ 63、69 ~ 73、79 ~ 81、82、88 ~ 91、97 ~ 99、100、106 ~ 110
方案 5	60	6、7、13 ~ 21、27、33 ~ 39、50 ~ 55、61、62、68 ~ 76、82、88 ~ 94、105 ~ 110
方案 6	60	1 ~ 7、38 ~ 55、56 ~ 62、93 ~ 110

2. 模型计算与分析

根据有限元计算结果,得到顶盖螺栓的整体分布云图及应力集中区域的局部应力云图分别如图 3-76、图 3-77 所示。

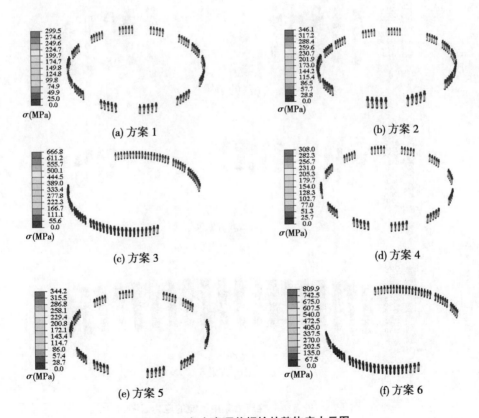

图 3-76　各方案顶盖螺栓的整体应力云图

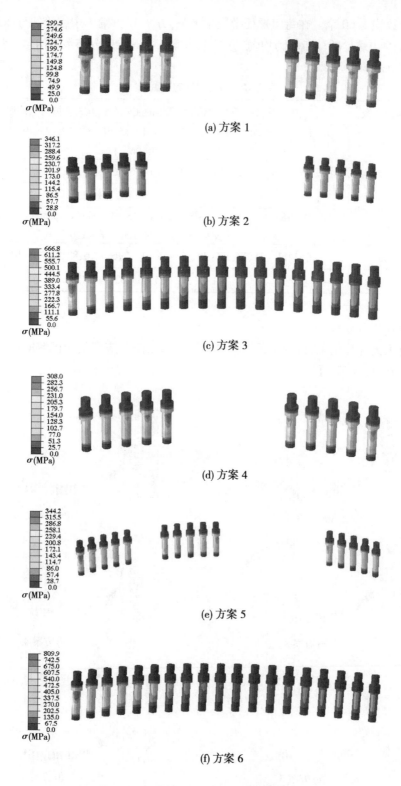

图 3-77　各方案螺栓应力集中区域的应力云图

从顶盖螺栓的整体及局部应力云图可以看出,各方案下,当由螺栓最均匀到最不均匀布置时,螺栓的偏载情况也发生了明显变化。对于螺栓分布最为均匀的方案1(方案4),螺栓的偏载情况较不明显:应力较为集中的现象仅出现在连续布置的边缘螺栓位置,并由这些应力集中区向周围螺栓远离时逐渐下降。对于螺栓分布最不均匀的方案3(方案6),螺栓的偏载情况较为明显:在螺栓连续布置的边缘螺栓位置出现了极高的应力区,由这些高应力区向周围区域远离时急剧下降。方案6螺栓应力由边缘最大的位置(809.9 MPa)向连续布置的一侧过渡时明显下降,连续布置的中间位置的螺栓受力已很低,这些螺栓上的最大应力基本上不超过100 MPa。各方案单个螺栓的受力规律基本与上节相同,螺栓的应力主要集中在螺栓面向顶盖中心的一侧,且均在中间位置处受力最大。沿中间区域向两边时螺栓的应力逐渐降低,螺栓顶部和底部位置的应力均较低。

结合整体应力云图顶盖螺栓的应力最危险点进行分析,将最大应力螺栓的出现位置用红色标注出来,如图3-78所示,其坐标系的定义方式同前。

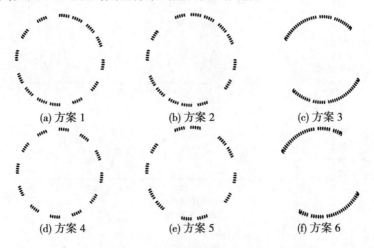

(a) 方案1　　　　　　(b) 方案2　　　　　　(c) 方案3

(d) 方案4　　　　　　(e) 方案5　　　　　　(f) 方案6

图3-78　各方案最大应力螺栓位置示意图

结合顶盖螺栓的编号情况及象限位置,总结各方案的螺栓的最危险位置特点,见表3-32。

表3-32　各方案下顶盖螺栓的受力特征

方案	象限位置	最大应力螺栓编号	位置描述
方案1(70个螺栓)	第四象限	23号	5个连续布置螺栓的边缘螺栓处
方案2(70个螺栓)	第二象限	67号	无螺栓布置长间隔的边缘螺栓处
方案3(70个螺栓)	第四象限	8号	无螺栓布置长间隔的边缘螺栓处
方案4(60个螺栓)	第四象限	23号	5个连续布置螺栓的边缘螺栓处
方案5(60个螺栓)	第二象限	77号	无螺栓布置长间隔的边缘螺栓处
方案6(60个螺栓)	第四象限	8号	无螺栓布置长间隔的边缘螺栓处

可以看出,不同分布形式最大应力螺栓主要出现在第二象限和第四象限。最大的螺栓应力总是出现在连续布置的边缘螺栓处,尤其在较长距离无螺栓布置时,更易在该距离边缘

的螺栓处出现最大的应力。分别对比方案 1 与方案 4、方案 2 与方案 5、方案 3 与方案 6 可知,螺栓个数发生变化时,均匀程度相近的方案中的最大螺栓应力基本出现在类似的位置。

螺栓的最大应力位置往往是其最危险部位。结合有限元计算结果,得到各不同分布形式方案的螺栓最大应力时程曲线,如图 3-79 所示。

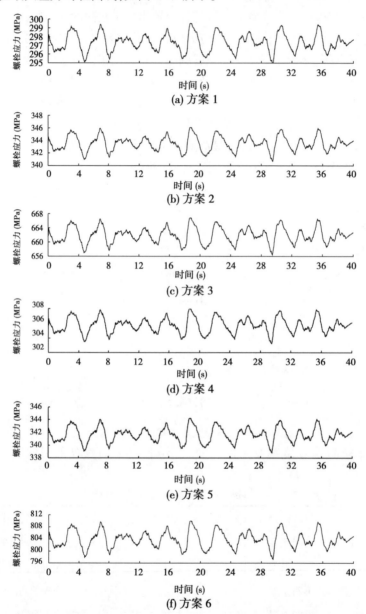

图 3-79 各方案顶盖螺栓的最大应力时程曲线

从图 3-79 可以看出,由于受到同一工况荷载的作用,不同螺栓分布形式的螺栓最大应力时程曲线的变化规律一致。螺栓分布由最均匀向最不均匀变化,当螺栓个数为 70 个时,螺栓的时程平均应力分别为 297.3 MPa、343.6 MPa 和 661.9 MPa,对应的应力双幅值分别为 3.3 MPa、3.5 MPa 和 6.9 MPa;当螺栓个数为 60 个时,螺栓的时程平均应力分别为 305.8

· 180 ·

MPa、341.6 MPa 和 804.0 MPa,对应的应力双幅值分别为 3.2 MPa、3.5 MPa 和 9.2 MPa。一般而言,当材料的应力不超过期屈服强度的 80% 时,则处于较安全的范围,该工程螺栓的屈服强度为 510 MPa,即螺栓的应力不超过 408 MPa 时较为安全。

严重的应力集中现象会威胁到螺栓的强度安全,因此有必要对螺栓最大应力进行分析。各方案最大螺栓的应力云图如图 3-80 所示。

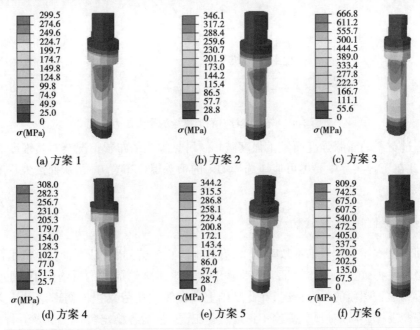

图 3-80　各方案螺栓应力集中区域的应力云图

方案 1、方案 2、方案 4、方案 5 的螺栓最大应力为 300 ~ 350 MPa,应力水平较高但仍处于强度的安全范围之内。而方案 3 和方案 6 的螺栓最大应力分别达到 666.8 MPa 和 809.9 MPa,此时远远超过螺栓材料的屈服强度 510 MPa,顶盖螺栓会出现强度破坏。

结合各组方案的计算结果,绘制出不同个数下顶盖螺栓的最大应力随螺栓分布形式的变化曲线,如图 3-81 所示。"均匀分布"对应方案 1、方案 4,"较均匀分布"对应方案 2、方案 5,"不均匀分布"对应方案 3、方案 6。

可以看出,顶盖螺栓的分布形式对螺栓的应力有着显著的影响。当螺栓的分布形式由均匀到较均匀变化时,螺栓的最大应力会出现较小幅度的上升。由方案 1 到方案 2,顶盖螺栓最大应力上升幅度为 15.6%,由方案 4 到方案 5,其上升幅度为 11.8%。当螺栓的分布由较均匀向不均匀变化时,螺栓的最大应力则会急剧升高甚至超出允许范围而发生强度破坏。由方案 2 的 346.1 MPa 到方案 3 的 666.8 MPa,顶盖螺栓最大应力上升幅度达到 92.7%,由方案 5 的 344.2 MPa 到方案 6 的 809.9 MPa,其上升幅度达到 135.3%。

总体而言,当螺栓个数一定时,随着顶盖螺栓的分布由均匀向不均匀变化,螺栓的最大应力呈现出增大趋势,且增大的速率随着不均匀程度的增加而明显增大。当螺栓的分布由均匀向较均匀变化时,不同螺栓个数下螺栓最大应力的增大幅度为 10% ~ 20%,而当螺栓的分布由较均匀向不均匀变化时,螺栓的最大应力增加十分明显,增大幅度为 90% ~

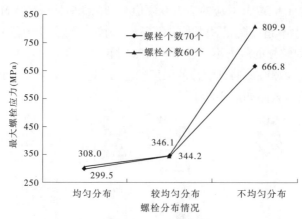

图 3-81 不同螺栓分布时螺栓的最大应力

140%,且超过材料的屈服强度而发生强度破坏。可见螺栓的布置情况会对其强度产生明显的影响,因此在工程实际中要尽可能地选择均匀的顶盖螺栓布置方式,从而最大程度地满足其强度要求。

3.6.3 顶盖螺栓的疲劳分析

疲劳损坏是水轮机的最基本故障类型,有效地防止疲劳问题,是水轮发电机组在设计寿命内安全稳定发挥效益的重要保证。本节基于顶盖水压脉动荷载的反演结果,通过有限元动力计算得到顶盖螺栓的受力情况,在此基础上结合线性疲劳累积损伤理论以及金属材料的应力—寿命规律,分别对顶盖螺栓年正常运行工况(包括各稳定负荷工况及开停机工况)和极端工况(甩负荷工况)下的疲劳极限进行了分析。

本工程中水轮机顶盖螺栓的主要成分为 35CrMo,其极限抗拉强度为 740 MPa,疲劳极限为 335 MPa,平均应力折算系数 $\psi_\sigma = 0.45$。35CrMo 在不同存活率 P 下的材料常数 b_P、a_P 值见表 3-33。

表 3-33 35CrMo 的材料常数

存活率	90%	95%	99%
b_P	− 6.797 4	− 6.228 2	− 5.161 2
a_P	23.546 4	21.935 2	18.915 1

3.6.3.1 年正常运行工况

年正常运行工况主要包括机组变负荷稳定工况以及正常开停机工况。对顶盖模型施加重力、静水压力及各工况下的水压脉动荷载,其中重力按顶盖的实际重量(260 t)考虑,其作用位置位于顶盖模型中心,方向竖直向下;静水压力按水电站额定水头 H(288 m)考虑,其作用位置与顶盖水压脉动荷载的作用位置相同,方向竖直向上。

通过对各工况顶盖螺栓振动的计算,得到 100 ~ 600 MW 的稳定工况及开停机工况下顶盖螺栓的应力时程曲线,如图 3-82 所示。

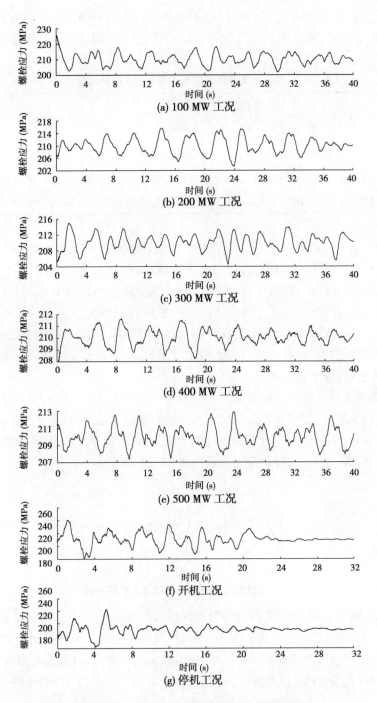

图 3-82　各工况下的顶盖螺栓应力时程曲线

采用雨流计数法对机组变负荷及开停机工况下的顶盖螺栓应力时程曲线进行统计,提取出各工况下的应力幅及平均应力,进而计算得到相应的螺栓破坏循环次数,列于表 3-34。其中,雨流计数法通过 MATLAB 程序实现。

从表 3-34 可以看出,在各稳定运行工况下,顶盖螺栓破坏循环次数的量级为 $10^7 \sim 10^8$,开机、停机工况下相应的破坏循环次数的量级为 $10^6 \sim 10^8$。由于开机时的振动较停机工况更为剧烈,因此同一存活率条件下,开机工况的破坏循环次数要明显低于停机工况。整体而言,相对于各稳定运行工况,开、停机工况下的振动明显加剧,因此对应的螺栓破坏循环次数也会明显下降。

表3-34　变负荷及开停机工况的顶盖螺栓破坏循环次数

存活率 P	负荷(MW)					开机	停机
	100	200	300	400	500		
90%	1.059×10^8	1.028×10^8	1.289×10^8	6.350×10^7	1.043×10^8	1.352×10^7	1.099×10^8
95%	6.488×10^7	6.288×10^7	7.887×10^7	3.879×10^7	6.374×10^7	8.271×10^6	6.720×10^7
99%	2.415×10^7	2.331×10^7	2.925×10^7	1.435×10^7	2.360×10^7	3.070×10^6	2.492×10^7

机组在同一运行负荷下时,随着存活率的增大,顶盖螺栓的破坏循环次数均出现较大程度的降低。以机组负荷为100 MW的稳定工况为例,当存活率为90%时,顶盖螺栓的破坏循环次数为 1.059×10^8 次;存活率为95%时,螺栓的破坏循环次数为 6.488×10^7 次,相对90%的存活率下降了38.7%;存活率为99%时,螺栓的循环次数为 2.415×10^7 次,相对95%的存活率下降了62.8%。可见,存活率的选择对顶盖螺栓的疲劳寿命的计算结果影响显著。实际工程中,究竟以90%、95%还是99%的存活率为设计标准,需要综合顶盖螺栓的可靠性要求和经济性要求来考虑。

3.6.3.2　甩负荷工况

甩负荷瞬时工况下,顶盖垂向振动双幅值远远大于稳定工况,达到 2 360 μm,约为100 MW稳定工况下的14.7倍。此时顶盖水压脉动剧烈,有必要单独对其疲劳破坏进行探究。600 MW甩负荷工况下的顶盖螺栓应力时程曲线如图3-83所示。

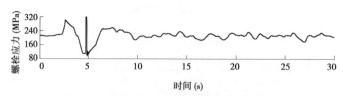

图3-83　甩负荷工况顶盖螺栓应力时程曲线

对于甩负荷瞬时工况,顶盖螺栓应力时程表现出较强的突变特性,没有平稳随机信号的周期特点,上文的雨流计数法并不适用。本书仅针对甩负荷工况下的应力双幅值进行疲劳分析,螺栓修正后的应力为336.22 MPa。计算其破坏循环寿命,得到依次考虑90%、95%、99%存活率标准时,顶盖螺栓的破坏循环次数分别为 2.355×10^6 次、1.581×10^6 次和 7.494×10^5 次。

甩负荷工况下螺栓破坏循环次数的量级处于 $10^5 \sim 10^6$。以99%的存活率为例,甩负荷工况下的螺栓循环次数为 7.494×10^5 次,仅为各稳定工况下的3%～5%,可见甩负荷工况下顶盖螺栓的疲劳加剧明显。分析可知,机组在甩负荷时会产生剧烈的水压脉动,使顶盖螺栓中产生较大的应力变化,进而加剧顶盖螺栓的疲劳破坏而导致失效。在机组实际运行过程中优化调度方式,尽量减少极端工况的次数。

3.7 水电站厂房动力安全评估研究

3.7.1 水电站厂房动力安全评价框架

水电站厂房是将水能转换为电能的场所,是水工建筑物和机电设备的综合体。水电站厂房发电机层以上的结构称为上部结构,包括板梁柱、吊车梁、屋顶和围护墙等结构;发电机层以下,水轮机层以上称为厂房支承结构,包括机墩、风罩等结构;厂房水轮机层以下的部分为下部块体结构,包括蜗壳和尾水管外围边墙等结构。水电站厂房结构传力过程如图3-84所示。

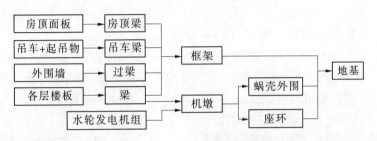

图3-84 水电站厂房结构传力过程

水电站的运行伴随着机组的振动。如果长期过大振动,会严重影响水电站的正常运行。通过分析水电站厂房振动实测数据,并对其进行动力安全评价,是保证水电站厂房安全稳定运行的必要环节,也是维持整个水利枢纽安全的重要内容。影响水电站厂房安全的因素主要包括厂房结构振动和机组振动,从这两部分出发,分别进行动力安全评价。

(1)水电站厂房结构振动安全评价。

水电站厂房结构复杂,了解其动力特性,评估厂房结构振动安全是水电站厂房动力安全评价中不可或缺的内容。水电站厂房结构不同部位其振动状态也有所不同,针对不同部位分别进行振动安全评价,有利于找到厂房结构的薄弱环节。具体的结构评价内容包括机墩、风罩、板梁柱和厂房顶拱等关键部位。

(2)水电站机组振动安全评价。

水轮发电机组振动安全评价部位主要包括顶盖、上下机架、定子机座、定子铁芯、主轴轴线、蜗壳和尾水管等部位,其中用于评价机组顶盖、上机架、下机架、定子机座及定子铁芯等部位振动的参考指标为平稳随机过程95%置信度双幅值,用于评价主轴轴线的参考指标为摆度,用于评价蜗壳和尾水管振动的参考指标为脉动压力。

根据厂房在水电站枢纽中的结构位置特征,水电站厂房一般可分为坝后式、河床式和地下式三种基本形式。基于各形式水电站厂房结构特点的不同,机组和厂房结构振动特性也会有所区别,故针对坝后式、河床式及地下式三种基本结构形式的厂房分别采用不同的动力安全评价框架。

3.7.1.1 地下式厂房动力安全评价框架

地下式厂房布置在地下洞室中,除了主厂房布置在地下洞室中,还需要开挖其他各种洞室,以用于机械设备、电气设备及其他附属设备的布置和作为交通运输、出线以及通风的通道。

1. 厂房结构振动安全评价部位

地下式厂房结构振动安全评价的部位主要包括以下部分:

(1)厂房顶拱。地下式水电站厂房主洞室的断面形式通常采用直墙拱顶形,即其边墙为垂直形,洞顶为拱形,见图3-85。地下厂房洞室在开挖过程中,如果地应力的侧压力系数较小,则洞顶容易出现拉应力,若洞顶岩石抗拉强度低,则可能会出现拉应力破坏,松动岩石在自重作用下会塌落冒顶,故除采取必要支护措施外,地下厂房主洞室还会建设厂房顶拱。对厂房顶拱进行动力安全评价,是地下式厂房安全评价过程中区别于地面式厂房的重要一环。

(2)岩锚梁。地下式厂房的吊车梁除地面厂房中采用的结构形式外,还可以采用悬挂式、锚着式、岩台式、带形牛腿式等形式。其中,锚着式吊车梁(岩锚梁)是地下式厂房中经常采用的吊车支承结构,如图3-86所示。岩锚梁的监测包括施工期和运行期,施工期监测主要为了在洞室开挖过程中,及时掌握岩锚梁的变形、受力状态,对其安全进行评估;运行期的监测,其目的主要是了解岩锚梁的稳定状态,及时发现异常,确保桥机运行安全。《爆破安全规程》(GB 6722—2014)规定在施工期以峰值质点振动速度作为岩锚梁振动安全评价标准。而在运行期,监测岩锚梁安全的振动指标未有规定。

图3-85 地下式厂房顶拱

图3-86 地下式厂房岩锚梁

(3)机墩。机墩是水电站厂房结构中的机组支承结构,其主要承受发电机组的重量和动力荷载。它的结构形式随机组容量的不同而有如下几种形式:圆筒式、环梁立柱式、钢架式和板梁式。大型水轮发电机组通常采用圆筒式机墩型式,其为一厚壁圆筒,受力均匀,抗震、抗扭性能好。机墩组合结构包括定子基础、下机架基础等部位。《水电站厂房设计规范》(GB 266—2014)规定机墩的动力计算应验算共振、振幅和动力系数,大型机组宜采用有限元法进行计算。根据以往工程的研究成果和计算经验,机墩振幅常常是机墩刚度和结构设计的最主要的控制因素之一,所以机墩振幅的复核应放在机墩安全评价的首要位置。

(4)楼板。水电站厂房楼板孔洞比较多、形状也不规则,其承受荷载比较大,存在冲击荷载的作用,且其刚度比较低。楼板是厂房结构振动中的振动幅值最大的部位,是厂房结构的薄弱环节,因此必须对楼板振动进行安全评价,通常把其振动幅值作为主要的评价指标。

(5)风罩。通常把振动标准差值作为评价指标。

（6）梁柱结构。通常把振动标准差值作为评价指标。

2．机组振动安全评价部位

（1）顶盖。通常把振动双幅值作为评价指标。

（2）上、下机架。通常把振动双幅值作为评价指标。

（3）定子铁芯、定子机座。通常把振动双幅值作为评价指标。

（4）蜗壳。一般把脉动压力作为评价指标。

（5）尾水管。一般把脉动压力作为评价指标。

（6）机组轴线。一般以轴线摆度值为评价参数。

3．安全评价指标

水电站机组和厂房结构在水力、机械、电磁三大因素的影响下振动情况复杂，振动频率分布广泛。水电站厂房不同的结构部位振动频率不同。一般对于低频振动的部位，常取位移或速度作为评价指标；对于中频振动部位，一般取速度作为评价指标；对于高频振动部位，一般取加速度作为评价指标。水电站厂房楼板、机墩、风罩及梁柱结构等部位采用平稳随机过程振动标准差值作为安全评价指标；水轮发电机组顶盖、定子铁芯、定子机座、上机架、下机架等部位振动频率一般为低频振动，故采用平稳随机过程95%置信度双幅值作为评价指标；岩锚梁、厂房顶拱等部位振动频率属于高频振动，故采用振动加速度作为评价指标。水轮发电机组轴线摆度在不同的测量部位评价参数不同。发电机轴集电环处采用绝对摆度（在测量部位测出的实际摆度值）作为安全评价指标；发电机轴上、下轴承处轴颈及法兰处、水轮机轴导轴承处轴颈采用相对摆度（绝对摆度与测量部位至镜板距离之比值）作为安全评价指标。蜗壳进水口和尾水管进水口处通过测取脉动压力为评价指标。

4．安全评价框架

水电站厂房安全评价结果取决于水电站机组和厂房结构各部位振动特征指标是否均满足振动控制标准，若都满足，则该水电站厂房是处于安全稳定运行状态；反之，如果厂房结构或机组某些部位达不到振动控制标准的要求，则有必要采取相对应的安全整改措施。综合以上，地下式厂房动力安全评价框架如图 3-87 所示。

3.7.1.2　坝后式厂房动力安全评价框架

坝后式厂房位于拦河坝下游坝趾处，不起挡水作用，发电用水经坝式进水口沿坝身压力管道引入厂房。挑越式厂房、溢流式厂房和坝内式厂房是在坝后式厂房的基础上，适当调整厂坝关系和局部厂房结构后形成的厂房形式，其安全评价也归属于这一类。

坝后式厂房动力安全评价框架中的数据处理、评价指标、评价标准等内容与地下式厂房安全评价框架基本一致。由于坝后式厂房结构特点与地下式厂房结构特点的不同，其具体的安全评价部位也会有所区别，比如坝后式厂房不存在岩锚梁及蜗壳形一般采用的是金属蜗壳形式。坝后式厂房动力安全评价框架如图 3-88 所示。

3.7.1.3　河床式厂房动力安全评价框架

河床式厂房位于河床中，与进水口连接成一整体建筑物，本身也起到挡水的作用。若厂房机组段内还布置有泄水道，则成为泄流式厂房。河床式厂房通常采用混凝土蜗壳，其安全评价框架与坝后式厂房安全评价框架基本一致。河床式厂房动力安全评价框架如图 3-89 所示。

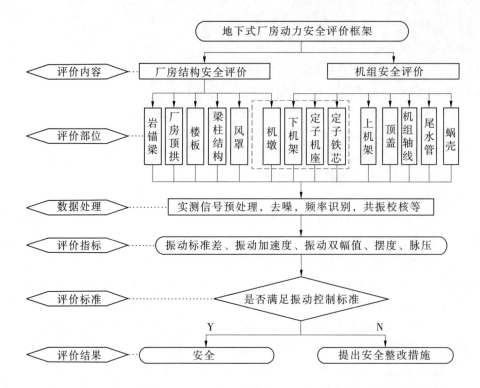

图 3-87　地下式厂房动力安全评价框架

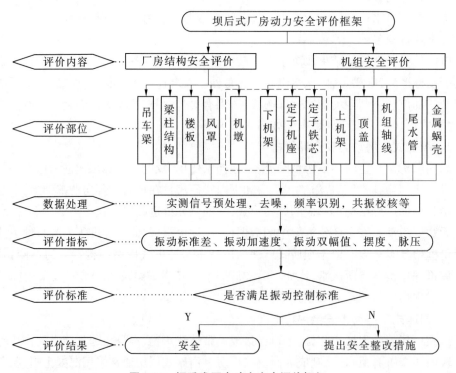

图 3-88　坝后式厂房动力安全评价框架

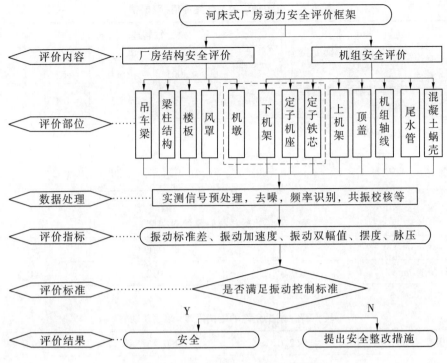

图 3-89　河床式厂房动力安全评价框架

3.7.2　水电站厂房振动控制标准研究

　　水电站厂房与机组的振动问题极为复杂,而关于这一方面的标准也是种类繁多,即使在同一状态下的同一点的振动允许值在不同标准中也是有着不同的取值。而本节中,就对标准中的取值进行了总结,并进行了相应的分析与研究,为水电站厂房的动力安全评价提供了有力的评价标准支撑。

3.7.2.1　水轮发电机组振动标准

　　国内关于水电站水轮发电机组振动的标准数目繁多,其中包括从水轮发电机组的安装、调试、首次运行到稳定运行的各方面,现分别评述如下。

　　1. 水轮发电机组的安装

　　《水轮发电机组安装技术规范》(GB/T 8564—2003)规定了推力轴承刚性盘车时,在机组轴线调整完毕后,机组各部摆度值应不超过表 3-35 的要求。水导轴承绝对摆度控制标准见表 3-36。盘车时镜板边缘处的轴向摆度控制标准见表 3-37。

　　2. 水轮发电机组的试运行

　　关于水轮发电机组的试运行情况,《水轮发电机组安装技术规范》(GB/T 8564—2003)和《水轮发电机组启动试验规程》(DL/T 507—2014)中均有相关规定。表 3-38 给出了机组试运行时各部位的振动控制标准。如果振动值大于允许值,则需要通过动平衡试验来调整机组振动值,直到满足振动控制标准。

表 3-35 机组轴线的允许摆度值(双振幅)

轴名	测量部位	摆度类别	轴转速 n(r/min)				
			$n < 150$	$150 \leqslant n < 300$	$300 \leqslant n < 500$	$500 \leqslant n < 750$	$n \geqslant 750$
发电机轴	上、下轴承处轴颈及法兰	相对摆度(mm/m)	0.03	0.03	0.02	0.02	0.02
水轮机轴	导轴承处轴颈	相对摆度(mm/m)	0.05	0.05	0.04	0.03	0.02
发电机轴	集电环	绝对摆度(mm)	0.50	0.40	0.30	0.20	0.10

表 3-36 水轮机导轴承绝对摆度

转速(r/min)	< 250	250 ~ 600	> 600
绝对摆度(mm)	≤0.35	≤0.25	≤0.20

表 3-37 镜板允许的轴向摆度(端面跳动)

镜板直径(m)	< 2.0	2.0 ~ 3.5	> 3.5
轴向摆度(mm)	≤0.10	≤0.15	≤0.20

表 3-38 水轮发电机组各部位振动允许值 （双幅值,单位:mm）

机组形式		项目	额定转速 n(r/min)			
			$n < 100$	$100 \leqslant n < 250$	$250 \leqslant n < 375$	$375 \leqslant n < 750$
立式机组	水轮机	顶盖水平振动	0.09	0.07	0.05	0.03
		顶盖垂直振动	0.11	0.09	0.06	0.03
	水轮发电机	带推力轴承支架的垂直振动	0.08	0.07	0.05	0.04
		带导轴承支架的水平振动	0.10	0.09	0.07	0.05
		定子铁芯部位机座水平振动	0.04	0.03	0.02	0.02
		定子铁芯振动	0.03	0.03	0.03	0.03
卧式机组		各部轴承垂直振动	0.11	0.09	0.07	0.05
灯泡贯流式机组		推力支架的轴向振动	0.10		0.08	
		各导轴承的径向振动	0.12		0.10	
		灯泡头的径向振动	0.12		0.10	

注:振动值是指机组在除过速运行外的各种稳定运行工况下的双振幅值。

3. 水轮发电机组的稳定运行

关于水轮发电机组的稳定运行也有两个规范涉及,分别是《水轮机基本技术条件》(GB/T 15468—2006)和《水轮发电机基本技术条件》(GB/T 7894—2009)。同样,二者在单机容量和转轮名义直径上的适用范围不同,但是我们同样可以选取较安全的值来操作。在正常运行时,水轮发电机组各部位振动双幅值应小于表 3-39 中的允许限值。水轮发电机导轴承处轴的相对运行摆度双幅值应小于轴承总间隙值的 75%。

表 3-39　水轮发电机组各部位振动允许限值　　　　（单位:mm）

机组形式	项目	额定转速 n(r/min)				
		$n < 100$	$100 \leqslant n < 250$	$250 \leqslant n < 375$	$375 \leqslant n < 750$	$750 < n$
立式机组	带推力轴承支架垂直振动	0.08	0.07	0.05	0.04	0.03
	带导轴承支架水平振动	0.11	0.09	0.07	0.05	0.04
	定子铁芯机座水平振动	0.04	0.03	0.02	0.02	0.02
	定子铁芯振动	0.03	0.03	0.03	0.03	0.03
	顶盖水平振动	0.09	0.07	0.05	0.03	
	顶盖垂直振动	0.11	0.09	0.06	0.03	
卧式机组	各部轴承垂直振动	0.11	0.09	0.07	0.05	0.04
	各部轴承水平振动	0.12	0.10	0.10	0.10	
灯泡贯流式机组	推力支架的轴向振动	0.10	0.08			
	各导轴承的径向振动	0.12	0.10			
	灯泡头的径向振动	0.12	0.10			

注:振动值是指机组在除过速运行外的各种稳定运行工况下的双振幅值。

而在《水轮机基本技术条件》(GB/T 15468—2006)和《旋转机械转轴径向振动的测量和评定—第 5 部分:水力发电厂和录站机组》中,则是根据将水力机械或机组的最大工作转速与转轴的相对振动位移峰—峰值联系起来,做出函数关系图,由此来评价水力机械或机组的振动状态。水利机械相对振动位移最大值 S_{max} 的推荐值如图 3-90 所示,在图中可分为 A、B、C、D 四个振动区域。其中,对于首次开机运行的水利机械,其振动值一般在 A 区域内;水利机械的振动值如果在 B 区域,则可以长期安全稳定运行;如果水利机械的振动值在 C 区域内,则应该采取相应的补救措施,以阻止该机械在这个区域里长期运行;如果水利机械的振动值在 D 区域,则说明该机械振动值过大,一般会出现机械损坏现象。图 3-91 中给出了水利机械或机组转轴相对位移峰—峰值 S_{p-p} 的推荐值。S_{max} 的推荐值和 S_{p-p} 的推荐值是机组在额定转速运行时,承载轴承处或靠近该轴承处转轴径向振动值,都是最大工作转速的函数。

在实际操作中,为了水电站机组的长期运行,通常的做法是确定振动限值,其设定的值分别为报警值和停机值。

1)报警值的设定

机组的振动值已经达到警示限值,或者说明机械振动发生了重大变化。机组振动值超过报警值时,应该及时去发现改变振动的原因并采取相应的降振措施。报警值的设定是通过和基线值比较后确定的,不同机械的报警值也会有所区别。基线值则是通过长期测量特定的机械后累计的经验来确定的。一般来说,报警值应该比基线值高一些,相当于图 3-90

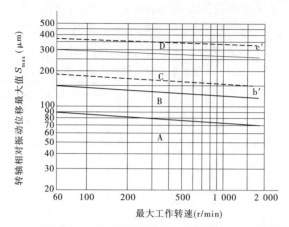

图 3-90　水利机械或机组转轴相对振动位移最大值推荐评价区域

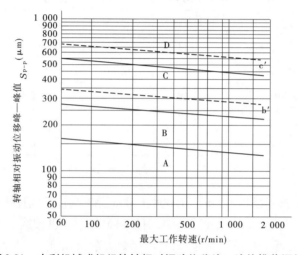

图 3-91　水利机械或机组转轴相对振动位移峰—峰值推荐评价区域

和图 3-91 中区域 B 上限值的 25%,如图中 b′所示。报警值在基线值比较低的时候有一定概率设定在区域 C 下面。对于新出厂的机组,由于没有基线值,其报警值可根据同类机组的经验或厂家验收值来设定。等机组安全稳定运行一定时间段后再重新根据稳定状态下的基线值来设定新的报警值。在设定报警值时,对于不同的测量部位,由于其支撑刚度和动荷载不同,加上测量方向的多向性,使得其报警值也会有所差别。总之,报警值的设定应随着基线值的改变而做出相应的调整。

　　2)停机值的设定

　　机组振动值超过这个值时,应该立即停机或采取对应的降振措施,否则机器会出现损坏现象。停机值的设定与基线值无关,而与机械所追求的某些特定的设计性能有关。停机值一般是设定在区域 C 或区域 D 内,但是它不能超出区域 C 上限的 1.25 倍,即图中的 c′。不同的机械,如果其机械性能都设计成可以承受相同的非常规荷载,那么它们的停机值可以相同。而对于拥有不同设计性能的机械,其停机值也不同。

　　3)特殊运行工况

　　当机器在正常负荷范围以外运行和在瞬态工况运行时,必须解除报警和停机功能。如果在这些工况运行期间机器也要监测,必须按照机器试运转时可接受的最大振动值选择第二组报警值和停机值。

4.水力发电机组振动的日常测量和评价

在《非旋转部件上测量和评价机器的机械振动—第5部分:水力发电厂和泵站机组》(GB/T 6075.5—2002)中规定了水力发电厂和泵站机组在非旋转部件上振动的测量和评价准则。根据径向轴承刚度的不同,水力机械设备可分为4大类型,如表3-40所示,其中伞式机组属于第4类。表3-41、表3-42分别给出了常用的第3类、第4类机组主轴承处评价区域边界推荐值。

表3-40　水力机械设备类型

类型	第1类	第2类	第3类	第4类
机组类型	卧式	卧式	立式	立式
轴承座安装位置	刚性基础上	水利机械外壳上	基础上	基础上
机组转速 n(r/min)	$300 \leqslant n$	$n < 300$	$60 \leqslant n \leqslant 1\,800$	$60 \leqslant n \leqslant 1\,800$

表3-41　推荐的第3类机器的评价区域边界值

区域边界值	在所有主轴承处	
	位移峰—峰值(μm)	速度均方根值(mm/s)
A/B	30	1.6
B/C	50	2.5
C/D	80	4

表3-42　推荐的第4类机器的评价区域边界值

区域边界值	测点位置1		所有其他主轴承处	
	位移峰—峰值(μm)	速度均方根值(mm/s)	位移峰—峰值(μm)	速度均方根值(mm/s)
A/B	65	2.5	30	1.6
B/C	100	4	50	2.5
C/D	160	6.4	80	4

3.7.2.2　水电站厂房结构的振动标准

1.机墩振动控制标准

《水电站厂房设计规范》(SL 266—2014)中对于水电站厂房机墩结构的振幅有着明确的规定。圆筒式机墩的动力计算应验算共振、振幅和动力系数。大型机组或必要时宜采用有限元法或其他分析方法进行复核。机墩强迫振动的振幅应满足:垂直振幅不大于0.15 mm,水平横向与扭转振幅之和不大于0.20 mm。

2.楼板振动控制标准

各国标准和各行业标准对振动影响的评价依据和参考因素不同,在振动控制标准上也存在较大差别。各标准一般从振动对建筑物、机械设备、仪器设备和人体健康等方面对振动影响进行评定。目前，国内对于水电站厂房结构中的楼板结构的振动控制标准还没有比较明确的规范，故参考国内外对建筑结构、动力机械基础和人体健康等振动控制标准，主要考虑振动的频率特性，分别以振动加速度、速度和振幅为参考量，综合其振动控制标准值列于表 3-43。

表 3-43　建筑物振动限值

受振对象	参考振动标准	使用说明	允许标准		
			振幅（mm）	速度（mm/s）	加速度（m/s²）
建筑物	R. WESTWATER	普通建筑物	0.067		
		强度特别好的建筑物	0.135		
	A. G. REID	设备和基础	0.406		
		住宅和建筑物	0.203		
	E. BANIK	基本无损坏～轻微损坏		5～10	
		有相当的损坏发生		50	
		损坏相当大		1 000	
	E. J. GRANDELL	损坏危险范围		>84	
		损坏发生		>119	
	日本·烟中元弘	安全范围			0.102g
		损坏开始发生			1.02g
大型机械	ISO 推荐	频率 10～40 Hz，需重点检查，可能损坏	0.175～0.04	10	
	GB 50040	动力机器基础，转速小于 500 r/min	0.16		
人体保健	GB/T 13442	8 h 工作，垂直 37.5 Hz	0.16	5	0.5
		8 h 工作，水平 37.5 Hz			1.3

水电站厂房中安装有各种水利机械，而厂房楼板上往往布置有各种类型的电气设备，故而参考表 3-43 中动力机器基础和人体保健相关标准，选择得到水电站厂房楼板的振动幅值控制标准为 0.16 mm，振动速度控制标准为 5 mm/s，振动加速度控制标准为 1 m/s²。

3. 德国的标准

德国标准 DIN 4024 Part 1 和 DIN 4024 Part 2 给出了动设备基础的应用范围、概念、基础类型、荷载计算、设计方法等完整体系，是这一研究领域公认权威标准，其中推荐了对建筑物可能损坏的振幅范围，振动影响主要根据振动的频率和振幅或速度加以评价，如图 3-92 所示。其中，①代表无损坏区；②代表粉刷出现裂缝区；③代表承重结构可能损坏区；④代表承重结构损坏区。

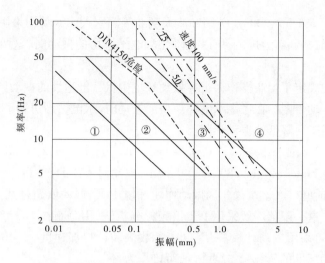

图 3-92　建筑物可能损坏的振动范围

4. 美国的标准

美国水泥协会标准《foundations for dynamic equipment》ACI 351.3R 给出动设备基础限值图,图中纵坐标为振动限值,横坐标为转速,体现了动设备、建筑结构和人对振动的感知,如图 3-93 所示。

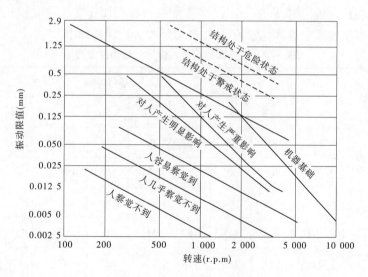

图 3-93　设备基础振动限值

3.7.2.3　人体舒适度标准

目前,国内仍旧没有建立在自己研究基础上的容许振动标准和可以借鉴的研究成果,关于振动对人体影响的主要依据还是根据国际标准化组织颁布的两部标准。分别为《Mechanical vibration and shock：Evaluation of human exposure to whole body vibraton – I. General requirements；II. Risks for health》ISO 2631 – 1：1997 和《Evaluation of human exposure to whole – body vibration – part 2：continuous and shock – induced vibration in buildings

(1 to 80 Hz)》ISO 2631 - 2:2003。英国和澳大利亚等国家人体振动均采用此标准。我国也将这两个标准翻译,并颁布为规范,所以在研究水电站厂房的振动时,这两个规范有着极大的借鉴意义。

这两本规范中规定了生产操作人员在振动环境中保持舒适性的振动界限以及不使操作人员工效降低的振动界限。在考虑水电站厂房的振动时,水电站厂房属于工作区,故这里应考虑不使操作人员工效降低的振动界限。

《Evaluation of human exposure to whole - body vibration - part 2: continuous and shock - induced vibration in buildings (1 to 80 Hz)》中指出,振动对人体的作用取决于三个参数:振动强度、方向和暴露时间。在生产操作区振动作业环境中,当振动值超过某一限值时,会出现明显的工效降低。这一限值一般采用1/3倍频程分析法,用分布在1/3倍频段的加速度值表示振动限值;也可采用振动计权法,用单一参数振动计权加速度值(dB)表示振动限值。在水电站厂房振动标准的研究中,这些限值可以作为参考。

1. 1/3 倍频程分析法

采用1/3倍频分析法时,需将振动做频谱分析,得到不同受振时间、不同振动方向时,每个1/3倍频对应的加速度值,与规范中推荐值做比较,若超过限值,则认为该振动环境超过劳动保护标准。

2. 振动计权分析法

采用振动加权分析法时,直接采用仪器测得振动加权加速度级,然后与表3-44的规定数值进行比较。超过表中值,则认为该振动环境超过劳动保护标准。

表3-44　生产操作区容许振动计权加速度级　　　　　　（单位:dB）

界限		暴露时间								
		24 h	16 h	8 h	4 h	2.5 h	1 h	25 min	16 min	1 min
舒适性降低界限	竖向	95	98	102	105	109	113	117	118	120
	水平向	90	95	97	101	104	108	112	113	116
疲劳—功效降低界限	竖向	105	108	112	115	119	123	127	128	130
	水平向	100	105	107	111	114	118	122	123	126
暴露界限	竖向	111	114	118	121	125	129	133	134	136
	水平向	106	111	113	117	120	124	128	129	132

当某一振动环境的振动能量全部集中在一个1/3倍频程内,两种方法得到的评价结果完全一致。当某一振动环境的频谱为一宽带谱,具有一个与之相适应的1/3倍频程谱,采用计权法的振动加速度级可能比最灵敏频带内的1/3倍频程级高13 dB,产生的加速度比用1/3倍频程分析法的容许值低4倍。显然,在这种情况下计权法比较保守。由于计权法偏于保守,其对于劳动保护是有利的。

第4章　高水头渗流灾变演化规律与安全控制指标研究

从高坝渗流破坏的模式多样、自组织、突变和不确定性等复杂性理论和方法分析高水头渗流灾变演化的复杂特性,根据耗散结构原理研究渗流灾变耗散结构形成机制;针对复杂条件下高坝及坝基高水头渗流灾变问题开展数值模拟研究,研究渗透变形过程分形分维特性,从渗流水头、渗透坡降和渗流量分维数角度提出渗透变形发展阶段判别方法。

4.1　高坝渗流广延耗散系统

通过对高坝系统结构特征的分析,表明其是一个由许多子系统组成的、复杂的开放系统,系统内部的相互作用是非线性的,在渗流作用下由近平衡态逐渐演化至远离平衡态,当外界条件的变化达到一定阈值时,可以形成有序的耗散结构。

随着混沌分析和耗散结构理论在非线性领域的飞速发展,使得很多用经典方法难以解决的许多问题有了新的解决思路和途径。耗散结构理论是研究远离平衡态的开放的系统,在与外界交换物质和能量的过程中,由无序逐步走向有序的过程。耗散结构理论是由比利时著名化学家 IPrigogine 教授为首的布鲁塞尔学派于 1969 年提出来的,目前已在地质、物理、化学、生物、医学等学科领域得到了广泛应用。但在土木、岩土界的研究还刚刚起步,国内主要有秦思清、谢和平、周翠英、朱凤贤等在岩体失稳破坏和变形破坏中的研究,在渗流渗透变形方面的研究尚未见报道。

4.1.1　高坝系统的耗散结构特征

4.1.1.1　高坝系统的开放特征

高坝挡水形成渗流的过程中与外界进行着能量和物质的交换,首先在水位差的作用下水库或河流等地表水渗入坝体或坝基,体现了能量和物质的输入,渗入坝体的水流通过坝体材料孔隙渗漏到下游,在渗流出口渗流挟带细颗粒(渗透变形情况下)从坝体流出,体现了能量和物质的输出。另外,渗透水流中部分离子的吸附和土中易溶性物质的溶解,也体现了物质的交换。雨水的入渗、地震的作用都包含着高坝系统与外界环境的物质和能量的交换,所以高坝系统是与外界存在着广泛的能量、物质交流的开放系统。

4.1.1.2　渗流作用下高坝系统逐渐远离平衡态

当上下游水头差较小(上游水位较低)且基本稳定时,高坝系统中形成稳定渗流,渗流场中各处的渗透坡降小于渗透变形临界坡降,细颗粒没被带走,此时可以认为系统处于近平衡态。随着上游水位的逐渐升高,渗流场各点处渗透坡降逐渐增大,当渗透坡降大于细颗粒启动坡降时,系统中细颗粒被渗流带走,并逐渐形成渗流通道,随后渗流场中各处水头逐渐调整,渗流不断向通道集中,土体颗粒向移动阻力小的方向排列,形成有序结构,此时系统已远离平衡态。

4.1.1.3　高坝系统的组成及非线性特征

高坝系统包含许多子系统,如渗透水流可以看成高坝系统的一个子系统,筑坝材料可以看成另一个子系统。而根据在渗流作用下颗粒是否可以移动又可分为骨架颗粒、可动颗粒和阻塞颗粒(刘忠玉,2004),每种类型都可以看成高坝系统的一个子系统。另外,还可以根据组成高坝材料的不同性质来划分子系统,如地基中的各地层及施工时不同时间或不同施工队填筑部分因施工质量不同,也可以看成高坝系统的不同子系统;还有不同料场或同一料场的不同部位取土后填筑的部分因性质不同,也可分别看成高坝系统的不同子系统。因此,高坝在渗流作用下发生渗透变形的过程是各子系统相互作用的共同结果。

高坝系统的非线性主要表现在:①岩土体强度曲线是非线性的;②水和岩土体材料之间的相互作用是非线性的。一方面,在水的作用下岩土体材料强度将降低;另一方面,渗透压力使土体孔隙减小,而影响土的渗透系数,从而影响渗流。另外,由于颗粒和孔隙分布不均匀使渗流场中各点渗流阻力不相等,使渗透变形的发生和发展非常复杂。所以,渗流渗透变形演化是一个复杂的非线性动态过程。

4.1.1.4　涨落导致有序

布鲁塞尔学派认为涨落在自组织形成耗散结构的机制中起着重要作用(彭少方、张昭,2006),涨落是形成耗散结构的触发机和导火索,高坝系统渗流渗透变形过程中洪水、暴雨等都是造成系统涨落的因素,是系统演化的内在动力。

4.1.2　渗透变形耗散结构形成机制

4.1.2.1　形成过程

下面利用耗散结构原理进一步探讨渗流渗透变形过程中耗散结构的形成过程。

将渗透变形发生和破坏分为 5 个阶段,针对不同的阶段不同规律性:

(1)化学渗透变形阶段:采用试验模拟其形成条件和发展结果。

(2)渗水顶穿上覆盖土层阶段:进行试验模拟,得出上层土顶托破坏的临界水力坡降。

(3)渗透变形发展初期阶段:采用试验了解渗透性变化规律、渗透变形形成条件和临界状态,再进行试验结果的统计学分析和数值模拟分析。

(4)渗透变形回流侵蚀形成渗透变形通道阶段:按水力学和土力学理论确定管流冲刷机制和水击作用对渗透变形产生的通道影响形式和程度。以理论推导为主,借助于数值模拟研究和模拟试验。

(5)渗流破坏阶段:结合地基工程地质水文地质条件以及综合要素的影响,应以试验为主,结合现场调查验证,采用数值模拟相结合的方法综合分析判别,进而得出渗流破坏的概率和相应理论。

4.1.2.2　三状态

1.近平衡区——定态

渗透变形发生前稳定渗流阶段,此时渗透坡降较小,渗流作用使高坝系统应力场和变形场发生变化,但土体颗粒没有移动,渗流处于层流状态,渗透流速与渗透坡降符合达西定律的线性关系,系统处于近平衡区。当外界条件不变时,系统可以演化至一个渗流场、应力场和变形场均不随时间改变的相对稳定的状态,即定态。

2.远离平衡区——紊流态

渗透变形发生后的非稳定渗流阶段,当上游水位逐渐升高超过一定值时,渗透变形发生,如图4-1所示,细颗粒被渗流带走,系统应力重分布,应力场、渗流场、变形场发生改变,在水流拖曳力作用下颗粒排列逐渐趋于有序,表明外部作用已触发系统内部机制,系统远离平衡区。此时,土体孔隙逐渐增大,渗流转变为紊流状态,流速与坡降成非线性关系。

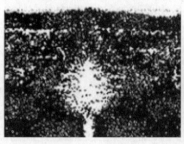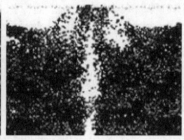

图4-1 渗透变形发生过程

3.非平衡相变——耗散

非平衡相变与耗散结构形成,在渗流作用过程中,当渗透坡降增加到一定值(渗透变形临界坡降)时,系统演化至临界状态,系统结构变得不稳定,一个小的扰动可以引发系统内部结构发生突变即非平衡相变,转变为另一种结构类型(渗透变形结构类型),形成一种有序的耗散结构,而此耗散结构仍需要通过与外界不断地交换物质和能量才能维持其稳定。

下面用图4-2来说明渗流渗透变形的非平衡相变过程。

图中 x 代表系统演化的状态变量,λ 为控制参数,这里可以表示渗透坡降与临界坡降的比值,即 $\lambda = J$,λ_1 和 λ_2 分别代表土体中小颗粒开始移动时的控制参数和较大颗粒开始移动时的控制参数,渗流开始阶段,渗透坡降小于最小渗透变形临界坡降($\lambda < \lambda_1$),系统演化可用曲线 a 表示,系统处于非平衡线性状态,曲线 a 上每一点所对应状态的行为类似于平衡态行为,一个小的扰动不会改变系统的状态,所以 a 曲线称为热力学分支;当 $\lambda > \lambda_1$ 时,热力学

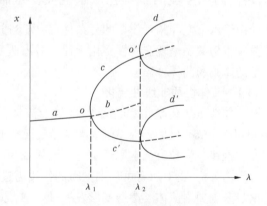

图4-2 非平衡相变过程示意图

分支 a 的延续 b 分支变得不稳定,在这种情况下一个很小的扰动便可使系统离开原来的分支而跳跃到另外某个稳定的分支 c 或 c',分支 c 或 c' 上的每一点代表细颗粒已经开始移动的时空有序状态(渗透变形初期),这样的有序状态属于耗散结构,分支 c 或 c' 称为耗散结构分支;当 $\lambda > \lambda_2$ 时,原来的耗散结构又变得不稳定,一个很小的扰动便可使系统离开原来的耗散结构分支而跳跃到更高层次的耗散结构分支 d 或 d' 上,分支 d 或 d' 上的每一点代表土体中较大颗粒开始移动的时空有序状态(渗透变形后期),这样的有序状态属于更高层次的耗散结构,分支 d 或 d' 称为更高层次的耗散结构分支。图中 O、O' 点称为分叉点、分支点或相变失稳点,而从 $\lambda > \lambda_2$ 以后,系统已远离平衡态。

4.1.3 高坝渗流的广延耗散系统演化动力机制

无黏性土中,渗流对土颗粒的剪应力(渗透力)是颗粒移动的动力,而颗粒本身的形状、重力及周围颗粒的摩擦力成为颗粒移动的阻力。对于垂直向上的渗流而言,考虑固体密度恒定时,颗粒本身的重力和周围颗粒的摩擦力是颗粒发生移动的阻力;对于水平渗流而言,水平摩阻力对颗粒移动有影响,这和平面摩擦系数及重力有关,摩擦系数反映颗粒之间的咬合程度,即周围颗粒的摩擦情况,而周围颗粒的摩擦力也对颗粒的移动有影响,阻碍颗粒移动的依然是重力和周围颗粒的摩擦力。颗粒均匀时,形状越大,重力越大,颗粒移动的临界应力越大;土体越密实,颗粒之间的摩擦力也越大。

对于砂砾石渗透变形而言,忽略形状阻力情况下,颗粒大小体现重力,细粒密实程度体现周围颗粒的摩擦力,当细粒含量较多时,土体密实,颗粒之间的摩擦力起主要的阻力作用,临界坡降与细粒含量关系较大;当细粒含量较少时,细颗粒松散,颗粒之间的摩擦力较小,颗粒移动的阻力主要由颗粒本身的重力控制,这与粒径有关,粒径和重力成正比关系,所以粒径越大,临界坡降越大。砂砾料中,当填料含量大于25%时,填料越密实,临界坡降越大;当填料含量小于20%时,剩余颗粒最小粒径越大,临界坡降越大。

对于无黏性的均匀细料而言,颗粒起动的阻力主要表现为颗粒之间的摩擦力,级配相同的土体,密实程度越高,临界坡降越大,当土体均匀和级配连续情况下,多表现为颗粒群起的流土破坏,临界坡降较大,只有在土体不均匀、松散或者级配不连续时,可能出现渗透变形。

4.1.4 高坝渗流的广延耗散系统灾变机制

由于水土之间相互作用的复杂性,高坝渗透变形发展过程中,流体性质、渗流空间、渗透系数及本构关系呈现非线性变化规律。对渗透变形过程非线性规律的充分认识是构建预警模型的基础和前提。

4.1.4.1 **流体性质非线性变化**

流体性质变化是指渗透变形过程中流体黏滞性发生了非线性变化。离散元创始人Cundall 和 Strack(1979)最先提出颗粒流,指出土颗粒与纯流体在渗透变形过程中呈现非线性变化规律。颗粒流基本原理是先将流体视为纯流体,对每个溶入流体的可动细颗粒分别进行受力分析,再对所有可动细颗粒的作用力进行积分求和,然后根据牛顿第三定律将作用力反过来施加给流体。渗透变形发展过程中,原来的纯水变为含有一定土颗粒的混合流体,土颗粒与水体之间存在相对运动,因此流体黏滞系数会发生非线性变化。考虑到一般流体运动的纳维-斯托克斯(Navier-Stokes)方程中流体的黏滞系数会发生变化,将流体速度的随体导数按时间与空间分别求导,用剪应力张量的变化率取代速度的拉普拉斯算子,并考虑流体与土体结构的相互作用,因此考虑流体性质非线性变化的运动方程表达式为:

$$\frac{\partial(n \cdot v_f)}{\partial t} = -(\nabla v_f \cdot v_f) - \frac{n}{\rho_f}\nabla p - \frac{n}{p_f}\nabla \tau + nf_g + \frac{f_{int}}{\rho_f} \tag{4-1}$$

式中:n 为孔隙率;v_f 为流体平均速度矢量;∇p 为压力梯度;τ 为流体平均应力张量;ρ_f 为流体密度;f_g 为重力加速度矢量;f_{int} 为固体与液体之间相互作用力矢量。

4.1.4.2 **渗流空间非线性变化**

渗流空间非线性变化主要体现在土颗粒起动与止动时围压随时间呈现非线性变化规

律。渗透变形发展过程中,可动细颗粒在渗流作用下发生运移或调整,因而流体和固体连续性方程存在非线性迭代问题。当静止颗粒起动时,由于可动细颗粒从骨架孔隙中流失,土体孔隙率增加,含水率也相应增加,起动的可动细颗粒占有一部分流体体积;当可动细颗粒被其他土颗粒吸附静止时,土体孔隙率减少,含水率也相应减小。流体可动细颗粒运动状态变为相对静止,停留在渗流场某个位置,这减少了流体运动的范围,增加了土颗粒的体积,因此土颗粒起动与止动对渗透变形发展过程中渗流场的影响是非线性的。

对单个土颗粒的临界起动条件,国内外学者提出了诸多临界水力坡度公式,大部分是从竖直向上的方向考虑渗透变形的形成。考虑渗透变形发生时,土体可动细颗粒可能在任何方向,土体颗粒间存在相互黏滞力,因而土体颗粒起动前的围压随时间成指数变化,按临界平衡方程推导土颗粒的临界水力坡降公式:

$$J_c = 4.34d\sqrt{\frac{n^3}{k}}\{\sin\theta + \lambda\cos\theta + [(A + Be^{-\frac{1}{r}})\lambda + \zeta d]/G\} \tag{4-2}$$

式中:J_c 为土颗粒的临界水力坡降;d 为等效粒径;k 为渗透系数;n 为孔隙率;θ 为渗透变形方向与水平的夹角;ε 为土体颗粒间相互作用系数;λ 为土体内摩擦系数。

4.1.4.3 渗透系数非线性变化

由于渗流空间发生变化,可动细颗粒在运移过程改变了多孔介质孔隙大小及分布,土体渗透性能发生了变化,多孔介质的渗透系数呈现非线性变化规律。渗透变形发展过程中,由于可动细颗粒逐渐流失,土体孔隙率逐渐增大,骨架颗粒不断重组排列,因此渗透系数的变化也是非线性的。目前,已有大量经验公式表征了土体孔隙特性与物理渗透性之间的非线性关系,常用的有 d_{10}、d_{20}、d_{50} 等多种表达形式。基于层流状态下管流的渗透系数经验公式如下:

$$k = \frac{0.003\ 1n^3 g\rho d_{20}^2}{\mu} \tag{4-3}$$

式中:d_{20} 为占总土重 20%的颗粒粒径;μ 为黏滞系数。

4.1.4.4 本构关系非线性变化

达西定律推导的前提条件是渗流运动状态为层流,在稳定渗流情况下,地下水渗流是满足或近似满足线性达西定律,达西定律的线性关系也为理论计算与数值模拟提供依据。然而,在渗透变形发展过程中,当水力坡降或孔隙水压力较大的情况下,渗流速度和雷诺数很大,由于惯性力作用,水力坡降与渗流速度不再符合达西定律线性关系,而是呈现复杂的非线性关系。由于渗透变形过程复杂性,常用 Forchheimer 二次多项式及指数型公式来描述非线性渗流。渗流本构关系非线性变化是指水力坡度与渗流速度关系为非线性,由此推导出来的渗流控制偏微分方程也为非线性。鉴于难以求解渗流本构关系的非线性偏微分方程,可考虑从分形、混沌及动力系统角度,用一个简单的微分算子代替影响渗透变形发展的各种复杂因子,再判断整体吸引子或抵抗外荷载的谱半径。

研究高坝渗透变形发展过程机制目的是判别渗透变形发展的稳定性,预测抵抗渗透变形的时间,即有效的预警时间。若高坝动力系统不具有整体吸引子,即在一定渗流作用下微分算子最终会破坏,则根据微分算子发散程度,以时间为计算步长,确定高坝动力系统的发散程度。若能判断高坝除险加固后,在设计荷载作用下,渗透变形具有稳定吸引子,则微分算子收敛,不发生渗流破坏;若不能收敛,则需要预测高坝渗流有效的预警时间。

4.2　高水头渗流灾变演化过程数值模拟

4.2.1　高坝渗流突变理论

高坝运行状态具有突变模型所描述的突跳性、滞后性、多模态、发散性及不可达性。在正常运行状态下,高坝渗流压力过程线是光滑连续的,但在突发情况下,渗透力足够大或者高坝材料抗渗能力降到足够小,土体会发生渗透破坏,高坝结构性态随之变化,此时高坝、坝基或其他建筑物从一种连续稳定的运行状态突然跳跃到另一种非连续非稳定的运行状态。

1972 年,法国数学家 Thom 在拓扑学、分叉理论、奇点理论等数学分支基础上创立了突变理论,用来描述自然界中广泛存在的、不连续的突然变化现象。突变理论基本思想是通过势函数临界点,将不同领域中突变现象分到各种类别的拓扑结构中,从而揭示不同物理现象临界点附近非连续状态特征。若控制变量不超过 4 个,则函数最多只有 7 种突变形式,分别是尖点、折叠、蝴蝶、燕尾、椭圆脐点、双曲脐点、抛物脐点突变。尖点突变模型是相对简单的一类突变模型,在工程地质领域,尖点突变模型适用于描述作用力或其他动力的渐变导致状态突变的现象,如地震、滑坡、渗透变形等渐变到突变过程,因此可借助突变理论研究渗透变形过程的预测预警。

突变理论特点是过程连续而结果不连续,用来辨识并预测复杂动力系统行为。尖点突变模型的势函数一般表达式为:

$$V(x) = x^4 + ux^2 + vx \tag{4-4}$$

式中:x 为状态变量,u、v 为控制参数。$V(x)$ 表示一种势,即状态为 x 时,系统存在的能量。当系统处于平衡状态时,则:

$$V'(x) = 0 \tag{4-5}$$

其平衡曲面方程可表示为:

$$4x^3 + 2ux + v = 0 \tag{4-6}$$

此三次方程的实根为一个或三个,其判别式为 $\Delta = 8u^3 + 27v^2$,当 $\Delta > 0$ 时,有一个实根;当 $\Delta < 0$ 时,有三个互异的实根;当 $\Delta = 0$ 时,三个实根中有两个相同(u、v 均不为零)或三个均相同($u = v = 0$)。

一般情况下,系统处于平衡态所确定的曲面称为突变流形图,见图 4-3。该图反映了在不同状态 x 下势 V 的变化情况,上叶、中叶、下叶分别表征动力系统可能存在的三个平衡状态,其中上叶和下叶是渐进稳定的,中叶是不稳定的,势 V 由上叶向下叶或下叶向上叶的变化中,存在一个突变过程,在这个过程中动力系统必将处于不稳定状态。

4.2.2　分形渗流维数突变

不可压缩流体在刚体介质中流动的连续性方程为:

$$\frac{\partial v_x}{\partial x} + \frac{\partial v_y}{\partial y} + \frac{\partial v_z}{\partial z} = 0 \tag{4-7}$$

考虑到渗透变形过程孕育和形成阶段土体结构稳定,渗流运动服从达西定律,将达西公式代入上式,则得到稳定渗流微分方程式:

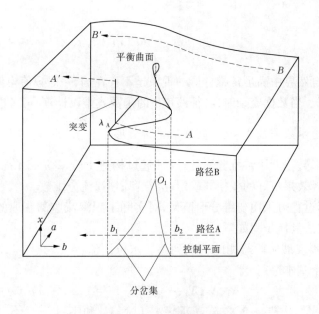

图 4-3　尖点突变模型曲面

$$k_x \frac{\partial^2 h}{\partial x^2} + k_y \frac{\partial^2 h}{\partial y^2} + k_z \frac{\partial^2 h}{\partial z^2} = 0 \qquad (4\text{-}8)$$

式中：k_x、k_y、k_z 分别为 x、y、z 三个方向的渗透系数；h 为水头。

类似的，将 Hurst 指数代入稳定渗流微分方程式中，则分形渗流的微分方程可表示为：

$$D_x \frac{\partial^2 H}{\partial x^2} + D_y \frac{\partial^2 H}{\partial y^2} + D_z \frac{\partial^2 H}{\partial z^2} = 0 \qquad (4\text{-}9)$$

式中：D_x、D_y、D_z 分别为 x、y、z 三个方向的分形系数；H 为 Hurst 指数。

若为各向同性，则 $D_x = D_y = D_z$，式(4-9)可变为：

$$\frac{\partial^2 H}{\partial x^2} + \frac{\partial^2 H}{\partial y^2} + \frac{\partial^2 H}{\partial z^2} = 0 \qquad (4\text{-}10)$$

式(4-10)中只含有一个未知数，结合边界条件就有定解。该方程表征了稳定渗流场任意空间的某一点(坝体或坝基)，H 指数是定值，即渗流分维数是定值。高坝渗流分维数反映了渗流压力时间序列的规律性变化的程度，一旦高坝结构性态发生异变，渗流压力分形特征随之发生变化，高坝渗流分维数会发生突变。

4.2.3　变维分形模型构建

高坝渗透变形发展过程中，高坝渗流分维数会发生突变，渗流压力时间序列在双对数坐标上呈现非直线函数关系，常维分形无法解决。变维分形是特征线度 r 的函数，可表征高坝渗流分维数变化，其表达式为：

$$F(r) = \frac{C}{r^D} \qquad (4\text{-}11)$$

式中：D 为高坝渗流分维数；r 为特征线度；C 为待定常数。

N 和 r 之间的任意函数关系均可转化为变维分形的形式，求出高坝渗流分维数，其表达

式为:

$$D = \frac{\ln C - \ln F(r)}{\ln r} \qquad (4\text{-}12)$$

严格意义上,自然界中满足常维分形的现象是不存在的,一般数值模型采用变维分形的方法进行模拟计算。当数据庞杂时,特征线度 r 的函数式难以计算,可考虑将数据进行累计和系列变换,对任意函数关系 $N=f(r)$ 转换成常维分形 $N=\dfrac{C}{r^D}$ 的形式。将时间序列进行一系列变换,使变维分形数据能用常维分形处理,即通过构造 1 阶、2 阶、3 阶……累计和的分段变维分形模型,选择效果最好的变换并确定相应的高坝渗流分维数。

高坝渗透变形过程可采用变维分形模型,对实际工程渗流监测获取的时间序列数据进行拟合计算。该方法具体步骤如下:

(1)将渗透变形发展阶段监测的一系列渗压水位测值 $(N_i,r_i)(i=1,2,\cdots,n)$ 绘于双对数坐标上,排成一个基本序列,即

$$\{N_i\} = \{N_1,N_2,N_3,\cdots,N_n\} \quad (i=1,2,\cdots,n)$$

(2)根据基本序列构造一阶、二阶、三阶……I 阶累计和序列。

一阶累计和序列:$\{S1_i\} = \{N_1,N_1+N_2,N_1+N_2+N_3,\cdots\}$

二阶累计和序列:$\{S2_i\} = \{S1_1,S1_1+S1_2,S1_1+S1_2+S1_3,\cdots\}$

三阶累计和序列:$\{S3_i\} = \{S2_1,S2_1+S2_2,S2_1+S2_2+S2_3,\cdots\}$

……

I 阶累计和序列:

$$\{SI_i\} = \{S(I-1)_1,S(I-1)_1+S(I-1)_2,S(I-1)_1+S(I-1)_2+S(I-1)_3,\cdots\}$$

(3)建立各阶累计和的变维分形模型。

以一阶累计和序列为例,计算数据 $(S1_i,r_i)$ 和 $(S1_{i+1},r_{i+1})$,在双对数坐标中拟合各散点,直线斜率的相反数 $D1_{i,i+1}$ 为一阶累计和的变维分维数,根据 n 个数据对,可以得到 $n-1$ 段分段变维分维数。这些分段分维数组成的序列为分维数序列,用 $D(N_{i,i+1})$ 表示 N 阶累计和的分段变维分维数序列,$N=1,2,\cdots;i=1,2,\cdots,n-1$。

(4)根据变换并确定高坝渗流分维数。

比较每个阶段变维分形模型,选择一条拟合效果最好的直线,再用最小二乘法或作图法确定渗透变形发展阶段的高坝分形渗流维数。

4.2.4　数值模拟计算

4.2.4.1　依托工程概况

黑龙江省哈尔滨市磨盘山水库总库容 5.23 亿 m³,是一座以生活供水为主,兼有防洪、灌溉等综合利用的大(2)型水利枢纽工程。水库枢纽由拦河坝、溢洪道、灌溉洞和供水洞等建筑物组成。拦河坝为黏土心墙土石坝,坝顶高程 324.50 m,坝顶长度 406 m,坝顶宽度 8 m,最大坝高 49.90 m,正常蓄水位 318.00 m,汛限水位 317.00 m。2003 年 6 月开工建设,2005 年 9 月蓄水验收,2013 年 1 月竣工验收。水库自运行以来发现以下渗流险情:

(1)2009 年 7 月 1 日,管理人员巡视检查发现桩号 0+255 下游侧护坡碎石出现面积 1.95 m×2.35 m、深 1.86 m 的塌坑。灌溉洞出口出现部分乳白色物质,关闭闸门后,坝后排

水棱体与水面接触部位溢出黄色膏状物。7 月 2 日,清理塌坑部位块石,注水检查继续沉陷,稳定后回填砂砾石料。7 月 3 日,再次巡查回填处,未见下沉。

（2）2010 年 5 月 13 日至 5 月 18 日,库水位首次达到正常蓄水位,最高水位为 318.06 m。6 月 6 日下午 1 时,管理人员巡查发现桩号 0+255 坝顶路面和下游侧护坡碎石出现面积 3 m×1.7 m、深 0.9 m 的塌坑。关闭灌溉洞闸门后,坝后流出与 2009 年一样的黄色物质。2010 年 6 月 11 日,对塌陷部位进行冲刷,又沉陷 20 cm,稳定后采用细砂充填,填入 6 m³ 细砂后,未见下沉。

（3）2013 年 9 月 5 日,库水位 317.64 m,水库管理人员人工观测到 0+225 断面 PT2-1 坝体测压管水位为 287.33 m;10 月 8 日,库水位 317.84 m,管水位 313.71 m,管水位突增了 26.38 m。随后出现坝体碎石湿度大、白色雾气上返、下游河道水体变黄等现象。鉴于 0+225 断面测压管异常现象,2014 年 1 月 24 日,水库降低水位运行。截至 2014 年 2 月 28 日,库水位为 313.02 m,但 0+225 断面 PT2-1 测压管水位仍维持在 303.45～304.69 m,未见明显下降趋势。

（4）2014 年 2 月 3 日清理大坝下游坡积雪,0+225 断面、0+310 断面下游坝坡高程约为 285 m 处,发现多处"挂霜"、断续排气现象,表面砂砾石潮湿、已化冻。

4.2.4.2　计算断面

选取大坝渗流异常断面 0+225,坝高 41.50 m,坝顶宽度 8 m,坝体自左向右依次是堆石（弱风化—新鲜岩石利用料区）、上游坝壳（砂砾石）、上游反滤层（砂砾石）、黏土心墙、下游反滤层（中粗砂和砂砾石）、下游坝壳（砂砾石）。坝基自上而下依次是碎石混合土、卵石混合土、强风化花岗岩、弱风化花岗岩、微风化花岗岩。碎石及卵石混合土层,采用塑性混凝土防渗墙处理,防渗墙底高程进入强风化层基岩面以下 1.0 m。0+225 断面在坝体、坝基分别埋设了 3 根测压管,见图 4-4,数值模型材料分区及网格剖分见图 4-5。

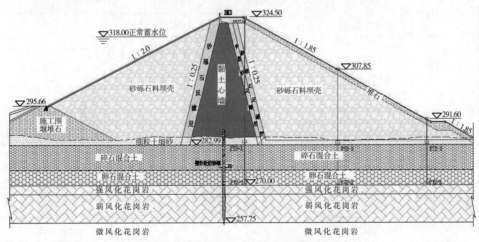

图 4-4　0+225 断面测压管布置

4.2.4.3　边界条件

数值模型中,河床高程为起点高程,对应工程实际高程 283.00 m。上游边界取距外坡脚 80 m,下游边界取距内坡脚 85 m,计算深度取河床面以下 25 m。上游水位取正常蓄水位 318.00 m,下游水位 279.50 m。库水位 35 m 以下为已知水头边界,坝体存在自由面。由于

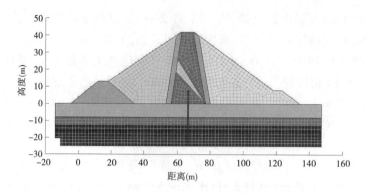

图 4-5 数值模型材料分区及网格剖分

心墙填筑不严,土体颗粒级配不良,中等透水层和弱透水层容易形成集中渗漏通道,根据 0+225 断面钻孔资料,心墙实际破坏范围为 290.33~294.33 m,受到影响高程为 289.00~305.00 m,因此取渗漏通道最大宽度 4 m,最大高度 16 m。

4.2.4.4 参数取值

基于地勘成果反演各材料分区渗透系数,用测压管实际水位来调整边界条件及计算参数;若没有地勘资料,按设计要求并参考《水利水电工程地质勘察规范》(GB 50487—2008)取值;初步取值后再根据观测资料进行反演计算,最终确定各分区材料渗透系数取值,见表 4-1。

表 4-1 各分区材料渗透系数取值

0+225	材料	渗透系数(cm/s)		
		初始值	反演值	地勘资料
坝体上游—下游	上游堆石	$(2\sim5)\times10^{-1}$	5×10^{-1}	—
	上游坝壳	$K>1\times10^{-3}$	5×10^{-3}	—
	上游反滤层	$K\geqslant1\times10^{-3}$	1×10^{-2}	—
	黏土心墙	$K<1\times10^{-5}$	$4.5\times10^{-3}\sim1\times10^{-5}$	2012 年地勘达标率 42.9% 最大 5.01×10^{-3} 2014 年地勘达标率 26.9% 最大 4.37×10^{-3}
	下游中粗砂反滤层	$K\geqslant1\times10^{-3}$	2×10^{-3}	—
	下游砂砾石反滤层	$K\geqslant1\times10^{-3}$	1×10^{-2}	—
	下游壳	$K>1\times10^{-3}$	5×10^{-2}	—
防渗墙	塑性混凝土防渗墙	$K<1\times10^{-6}$	0.5×10^{-6}	
坝基	碎石混合土	5.8×10^{-2}	4.8×10^{-2}	5.8×10^{-2}
	卵石混合土	5.8×10^{-2}	5.8×10^{-2}	
	强风化花岗岩	—	5×10^{-4}	
	弱风化花岗岩	—	6×10^{-5}	
	微风化花岗岩	<5 Lu	5×10^{-6}	

4.2.4.5　计算结果及验证

图 4-6 为大坝等势线分布图,可知大坝等势线密集分布于防渗墙附近,表明防渗墙能够承受剩余水头压力而不被顶穿,起到很好的防渗作用。随着可动细颗粒的流失,心墙软弱结构面(B 点)和下游坝脚(C 点)两处流速增大,孔隙水压力升高,极易发生渗透破坏,浸润线及流速矢量分布见图 4-7,孔隙水压力分布见图 4-8。

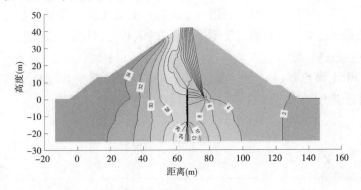

图 4-6　大坝等势线分布　（单位:m）

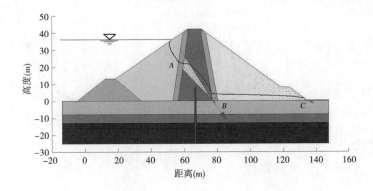

图 4-7　浸润线及流速矢量分布

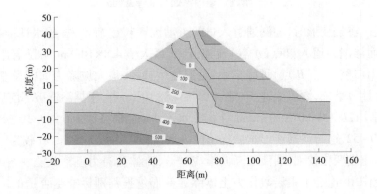

图 4-8　孔隙水压力分布　（单位:kPa）

根据黏土发生渗透破坏时临界水力坡降计算公式,心墙发生渗透破坏的临界水力坡降为 $J_{cr}=2.55$,取安全系数 2.0,则心墙发生渗透破坏的允许水力坡降为 $J_{允许}=1.28$。根据数值模拟节点信息,C 点渗透坡降 $J_C = 0.47$,小于允许水力坡降,不会发生渗透破坏;而 B 点渗透坡降 $J_B = 3.19$,大于允许水力坡降,极易发生渗透破坏。考虑到反滤层保护,允许水力坡降可提高 $2 \sim 3$ 倍,但下游坝壳料级配不良,与第二层反滤料的层间关系不满足规范要求,不能对第二层反滤料或过渡层起到保护作用。一旦下游坝壳不能保护第二反滤层的细颗粒,则第二层反滤料的细颗粒将流失,导致第二反滤层对第一反滤层的保护作用减弱降低,甚至不能有效保护第一层反滤料,进而发展到第一层反滤对心墙细颗粒反滤保护作用的降低或消失,心墙细颗粒将通过第一层和第二反滤保护层,进入坝壳,导致下游反滤保护未能发挥设计功能,心墙发生渗透破坏。

选取长度 30 m,宽度 $0 \sim 4$ m 的渗漏通道为土体局部渗透变形位置,A 点为渗漏通道入口点,B 为渗漏通道出口点,渗漏通道内流速与坡降空间分布见图4-9。

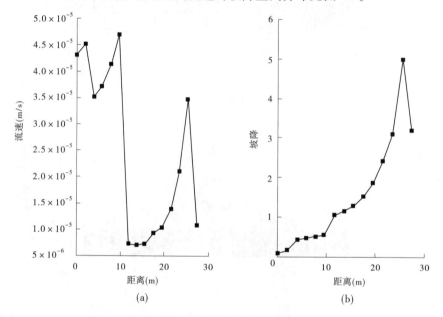

(a)　　　　　　　　　　　　　　(b)

图 4-9　渗漏通道内流速与坡降空间分布

当心墙发生渗透变形时,渗漏通道入口的可动细颗粒逐渐流失,透水性能加强,孔隙水压力增大,因而渗漏通道入口点(A 点)流速最大,最大值 4.8×10^{-5} m/s;随着细颗粒不断流失,渗漏通道出口破坏点(B 点)坡降集中,土层发生冲蚀,最大坡降为 5.02。基于渗漏通道中各节点渗流计算结果,渗流流速为 $7.5 \times 10^{-6} \sim 4.8 \times 10^{-5}$ m/s,根据渗透破坏前后颗粒级配曲线,颗粒流失平均粒径为 $0.075 \sim 0.1$ mm,常温下水流运动黏滞系数为 0.839×10^{-3} Pa·s,由此可得雷诺数为 $30 \sim 52$,这与渗透变形试验提出的发展阶段雷诺数 $5 < Re \leqslant 50$ 较为一致。表明渗漏通道中渗流速度变化较大,层流逐渐向紊流过渡,流体黏滞力逐渐失去主导作用,惯性力逐渐占据主控作用,论证了雷诺数作为土体渗透变形过程判别标准是合适的。根据渗流观测资料分析得出"大坝整体防渗体系不可靠,心墙已经形成渗漏通道,并逐渐发展,建议立即采取应急加固措施"结论,这与本章通过心墙土体渗透通道雷诺数计算,得出渗透变形已经处于发展阶段结论一致。

4.3 高坝渗流分形特性

4.3.1 土体结构分形特性

基于现场钻孔试验成果,依据心墙土体颗粒级配,计算出土体结构分维数,运用提出的土体结构分维区间判别法,判别渗流异常断面 0+225 心墙土体渗透变形类型。

4.3.1.1 心墙土颗粒级配

心墙由含砾低液限黏土构成,局部为粉土,含有少量砂砾、卵石或碎石,个别孔段有块石,见表 4-2。

表 4-2　心墙土体颗粒组成

心墙土体透水层	分类名称	颗粒组成(粒径以 mm 计,比重以%计)								
		卵石	粗砾	中砾	细砾	粗砂	中砂	细砂	粉粒	黏粒
		>60	60~20	20~5	5~2	2~0.5	0.5~0.25	0.25~0.075	0.075~0.005	<0.005
中等透水层	碎石混合土	18.5	5.2	3.1	5.0	5.2	1.5	2.8	37.2	21.5
	低液限黏土	—	—	—	3.1	3.0	1.4	3.1	48.3	41.1
	含砾低液限黏土	1.6	2.4	7.2	11.8	8.2	2.6	5.9	34.2	26.1
弱透水层	粉土质细砾	—	1.1	13.4	26.7	9.1	2.3	4.1	26.8	16.5
	低液限黏土	—	—	—	7.5	4.7	1.8	4.2	41.1	40.7
	含砾低液限黏土	—	1.5	7.9	12.6	8.1	2.4	4.9	35.0	27.6
微透水层	含砾低液限黏土	14.0	0	3.1	8.3	6.4	2.3	4.2	32.3	29.4
	低液限黏土	—	—	—	—	—	1.3	1.6	51.1	46.0
	含砾低液限黏土	0.4	0.8	5.2	8.1	6.2	2.4	4.7	39.8	32.4
极微透水层	含砾低液限黏土	4.3	7.8	9.6	12.4	6.2	2.3	4.2	29.5	23.7
	低液限黏土	—	—	—	6.1	6.8	2.6	5.0	45.5	34.0
	含砾低液限黏土	0.2	1.6	7.6	12.5	7.3	2.5	4.7	35.8	27.8

依据《水利水电工程地质勘察规范》(GB 50487—2008)中的附录 F 土体渗透性分级标准,心墙土体结构组成按渗透性可分为中等透水(10^{-4} cm/s$\leqslant K<10^{-2}$ cm/s)、弱透水(10^{-5} cm/s$\leqslant K<10^{-4}$ cm/s)、微透水(10^{-6} cm/s$\leqslant K<10^{-5}$ cm/s)和极微透水($K<10^{-6}$ cm/s)4 个级别。从现场注水试验结果看出,76 组试样(占 58%)不满足原设计心墙渗透性要求($K\leqslant 1\times$

10^{-5} cm/s）。心墙渗透性能空间分布见图 4-10。

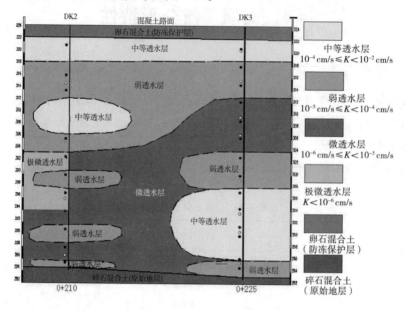

图 4-10　心墙渗透性能空间分布

从心墙土体颗粒级配曲线看,中等透水层和弱透水层存在直线段,缺少中间粒径 0.075~0.1 mm,属于级配不良土,见图 4-11。在渗流作用下,心墙中等透水层和弱透水层可动细颗粒容易流失,形成渗漏通道,发生渗透破坏。

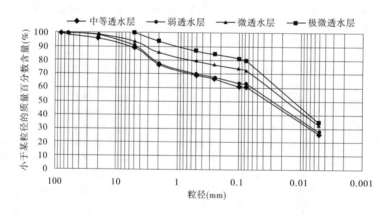

图 4-11　心墙不同透水层土体颗粒级配曲线

4.3.1.2　土体结构分维数

（1）依据心墙土体颗粒级配曲线,计算可得心墙土体不同透水层结构分维数为 2.88~2.92,与渗透破坏试验土样结构分维数 2.57~2.99 统计结果较为一致,见表 4-3。心墙土体结构分维数与渗透性能密切相关,土体结构分维数越大,细颗粒含量越高,渗透系数越小,表明无标度区内土体颗粒比重和细颗粒含量是决定土体结构分维数的主要因素,而土体结构分维数是渗透系数的主导因素。

表 4-3　心墙土体结构分维数变化规律

心墙渗透性	渗透破坏前			渗透破坏后			降维百分数
	细粒含量（%）	无标度区（mm）	分维数	细粒含量（%）	无标度区（mm）	分维数	
中等透水层	66.2	0.075~20	2.880 4	60.3	0.01~10	2.761 6	4.1%
弱透水层	67.5	0.005~0.01	2.884 8	62.6	0.005~0.075	2.780 9	3.6%
微透水层	76.9	0.002~0.005	2.886 0	72.2	0.002~0.005	2.853 7	1.1%
极微透水层	80.3	0.002~0.005	2.926 8	79.5	0.002~0.005	2.877 3	1.7%

（2）心墙土体发生渗透破坏后结构分维数呈现下降趋势,与渗透变形试验结果一致,见图 4-12~图 4-15。渗透破坏前,心墙中等透水层土体结构分维数为 2.880 4,弱透水层土体结构分维数为 2.884 8,微透水层土体结构分维数为 2.886 0,极微透水层土体结构分维数为 2.926 8;渗透破坏后,心墙中等透水层土体结构分维数为 2.761 6,弱透水层土体结构分维数为 2.780 9,微透水层土体结构分维数为 2.853 7,极微透水层土体结构分维数为 2.877 3。心墙结构分维数下降了 1.1%~4.1%,而且渗透性较强的透水层,无标度区越小,分维数下降显著,进一步论证了心墙中等透水层和弱透水层可动细颗粒容易流失。

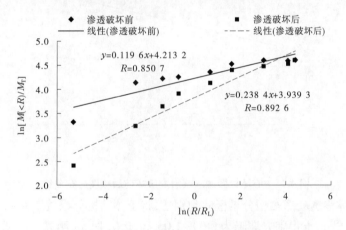

图 4-12　心墙中等透水层渗透破坏前后粒度分布曲线

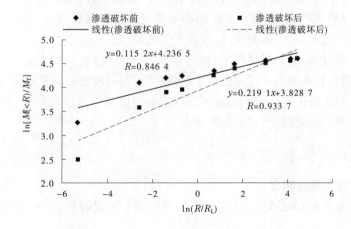

图 4-13　心墙弱透水层渗透破坏前后粒度分布曲线

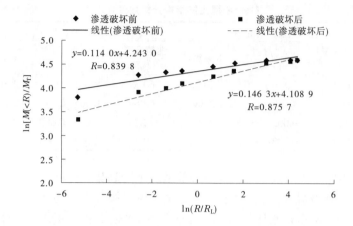

图 4-14　心墙微透水层渗透破坏前后粒度分布曲线

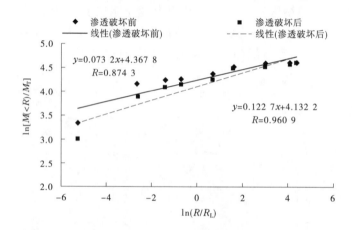

图 4-15　心墙极微透水层渗透破坏前后粒度分布曲线

（3）运用土体渗透变形类型分维区间判别法，将土体结构分维数 2.88~2.92 代入幂律函数（$Y=4\times10^{-6}X^{11.653}$），求得临界坡降为 0.90~1.06，位于 C_2 区，表明黏土心墙发生流土破坏。事实证明，2013 年在 0+225 断面坝顶下游侧钻孔时，出现掉钻及颗粒缺失现象，位于反滤层和心墙交界处（高程 300.50 m）以下 8 m 的心墙质量取样率仅有 30%~50%，进一步验证该处可动细颗粒已经流失，形成渗漏通道，发生了渗透破坏。

（4）2009 年和 2010 年出现塌坑时，坝后渗水呈黄色，有黄色絮状物沉淀，通过采样分析，下游析出的黄色絮状物为渗透水流携带的氧化物，与心墙土料的化学成分有很高的相关性（相关系数为 0.96 和 0.94），表明心墙可动细颗粒已经穿过下游两层反滤层，从排水棱体下方流失，反滤材料未能起到很好的保护作用。

4.3.2　渗透变形过程分形特性

4.3.2.1　渗透变形阶段性特点

选取渗流异常断面 0+225，绘制坝体坝基测压管水位过程线，分析渗透变形阶段性特点，见图 4-16。

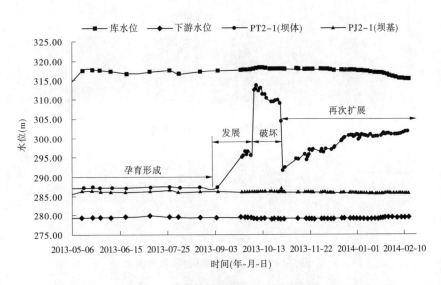

图 4-16　0+225 断面测压管水位过程线

由图 4-16 可知,坝体测压管渗压水位并不是单调变化,而是有急有缓起伏地变化,心墙经历了由量变到质变的渐进式破坏过程,可以定性地分为 4 个阶段:①形成阶段:2013 年 9 月以前为缓慢抬升阶段,渗压水位过程线整体趋势是滑速缓慢平稳,渗压水位从 283.78 m 缓慢抬升到 287.21 m;②发展阶段:2013 年 9 月 3 日至 10 月 8 日为急速上升阶段,10 月 8 日出现拐点,斜率突增,渗压水位达到峰值 313.71 m;③破坏阶段:2013 年 10 月 9 日至 10 月 30 日为迅速回落阶段,渗压水位降到 291.76 m;④再扩展阶段:2013 年 10 月 31 日至 2014 年 2 月 14 日为匀速上升阶段,渗压水位呈阶梯状持续上升,渗压水位上升到 301.71 m,增速特征显著。

PT2-1 测压管水位的异常波动体现了心墙土体内侵蚀渗透变形的演变过程,见图 4-17~图 4-20。测压管水位突升,表明心墙防渗作用大大减弱,心墙中等透水层已形成渗漏通道;测压管水位骤降,表明心墙防渗性能部分恢复,原来渗流通道可能被塌落土体堵塞,这体现了黏土心墙的自愈能力;最后测压管水位持续缓慢上升,且高于渗透破坏前的稳定水位,表明短暂自愈后的心墙在渗流作用下再次被侵蚀,如此往复,反滤层保护逐渐失效,渗漏通道呈现逐渐扩大的态势。

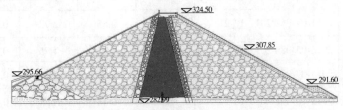

图 4-17　渗漏通道形成阶段示意图

4.3.2.2　渗透变形趋势性预测

基于 R/S 分析方法,选取渗流时间序列 2008 年 5 月 18 日至 2014 年 2 月 14 日,分段计算渗透变形全过程(形成—发展—破坏—再扩展)的渗流分维数。先计算 R/S 值,在 $\ln(R/S)$—$\ln(N)$ 双对数坐标轴上拟合直线,求出各个阶段的分形指数,进而求出大坝渗流分维

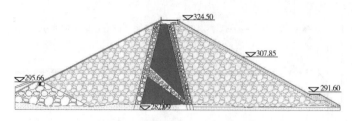

图 4-18　渗漏通道发展阶段示意图

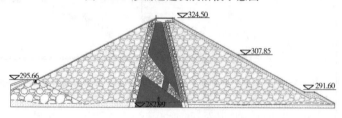

图 4-19　渗漏通道破坏阶段示意图

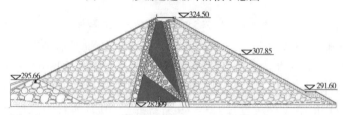

图 4-20　渗漏通道再次扩展阶段示意图

数。根据大坝渗流分维数降维或突变对渗透破坏过程进行分析及预测。如果双对数散点图存在突变点,那么突变点对应的临界时刻为预警模型的时间阈值,根据分形特征时间尺度的计算公式,可以推求有效的预测时间,结果列于表 4-4 及图 4-21。

表 4-4　渗透变形各阶段渗流分维数计算结果

渗透变形	时间序列	R	S	R/S	H	D
形成阶段	2008-05-18 ~ 2008-11-24	2.40	0.52	4.57	0.604 0	1.396 0
	2009-04-24 ~ 2009-12-10	1.37	0.69	1.97	0.615 2	1.384 8
	2010-04-17 ~ 2010-11-23	1.56	0.77	2.04	0.648 3	1.351 7
	2011-04-26 ~ 2011-12-21	2.32	0.85	2.73	0.685 4	1.314 5
	2012-05-08 ~ 2012-11-04	3.56	0.75	4.75	0.693 8	1.306 2
发展阶段	2013-09-03 ~ 2013-10-08	4.84	0.77	6.28	0.747 7	1.252 3
破坏阶段	2013-10-09 ~ 2013-10-30	7.59	0.44	16.96	0.915 9	1.084 1
再扩展阶段	2013-10-31 ~ 2014-02-14	8.31	1.27	6.53	0.969 6	1.030 4

　　渗透破坏过程中,大坝渗流分维数呈现降维和突变的规律。渗透变形形成阶段时间较长,从 2008 年 5 月 18 日至 2012 年 11 月 4 日,分形指数 H 为 0.604 0 ~ 0.693 8,大于 0.5 且逐年增大,表明大坝渗流随时间具有趋势性和随机性的双重特性,随机性减弱,趋势性增强,过

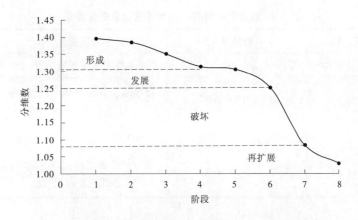

图 4-21　渗透变形各阶段渗流分维数变化规律

去渗压水位升高,将来渗压水位上升趋势仍将增强,并具有持久性,渗流分维数 D 从 1.396 0 下降到 1.306 2,下降过程缓慢,无突变点,表明大坝渗流相对稳定。渗透变形发展阶段时间较短,从 2013 年 9 月 3 日至 2013 年 10 月 8 日,分形指数 H 为 0.747 7,渗流分维数 D 为 1.252 3,介于 1.2~1.3,与渗透变形发展阶段判别式一致,表明心墙可能形成渗漏通道,并逐步呈现扩展的趋势。渗透变形进入破坏阶段时间极短,从 2013 年 10 月 9 日至 2013 年 10 月 30 日,分形指数 H 为 0.915 9,大坝渗流分维数 D 为 1.084 1,二者都接近 1,表明大坝渗流趋势性特征明显,心墙部位已经发生渗透破坏。渗透变形再扩展阶段持续加强,从 2013 年 10 月 31 日至 2014 年 2 月 14 日,分形指数 H 为 0.969 6,大坝渗流分维数 D 为 1.030 4,表明细颗粒运移致使心墙在短暂性自愈后,再次被渗流冲蚀,渗漏通道会再次扩展。

进一步对比心墙测点(PT2-1)与坝基测点(PJ2-1)渗流时序分形规律,见图 4-22。坝基测点双对数散点图不存在突变,具有较好的线性特征,表明坝基渗流分形特性长期稳定,坝基渗流不存在渗流异常,而心墙部位双对数散点图有突变点,表明渗透变形过程时间序列存在时间限度,超过这一时间限度,渗流分形自相似特征丧失,预测时间失效。心墙部位突变点对应的临界时刻 $T_c = 2.18$,根据渗流时序时间尺度的计算公式,推求有效的预测时间 $T = 151$ d,即预警模型的时间阈值为 151 d。

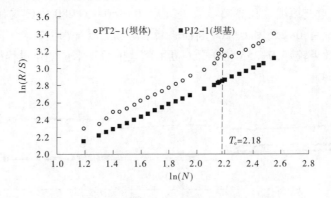

图 4-22　0+225 断面坝体与坝基测点渗流 R/S 分析

根据渗透变形过程中大坝渗流分维数变化规律,结合运行管理中出现的渗流险情,依据渗流分形预警指标分级,评价渗流安全状态,见表 4-5。

表 4-5　渗透变形过程预测预警指标及安全等级

渗透变形	分维数	趋势性	渗流描述	安全等级
形成阶段	1.31~1.40	$0.97 < D_{n+1}/D_n \leq 0.99$	渗压水位缓慢抬升	A
发展阶段	1.25	$D_{n+1}/D_n = 0.95$	渗压水位异常升高,有析出物,下游河道水体变黄	B_1
破坏阶段	1.08	$D_{n+1}/D_n = 0.86$	渗压水位有下降,但不明显	B_2
再扩展阶段	1.03	$D_{n+1}/D_n = 0.82$	下游护坡多处挂霜、断续排气,砂砾石潮湿、化冻	C_1

渗透变形形成阶段,渗流分维数下降缓慢,局部出现渗流异常,但不影响大坝安全,安全等级评为 A;渗透变形发展阶段,渗流分维数出现突变,表明心墙土体已经形成渗漏通道,并呈不断扩大的趋势,结合渗压水位异常升高,雾气上返,有析出物,下游河道水体变黄等渗流异常现象,安全等级评为 B_1,此时应发布蓝色预警,适时采取措施;渗透变形破坏阶段,渗流分维数再次下降,表明渗透通道已经逐步扩展,降低库水位已然不能控制心墙的渗透破坏,安全等级评为 B_2,此时应发布黄色预警,尽快采取措施;渗透变形再扩展阶段,渗流分维数 D 接近 1,渗压水位回落,表明细颗粒运移堵塞了部分渗漏通道,心墙土体短暂性自愈后在渗流作用下再次侵蚀,渗漏通道再次扩大,下游护坡出现多处挂霜、断续排气,砂砾石潮湿,化冻等渗流异常,安全等级评为 C_1,此时应发布橙色预警,必须立即采取措施。

4.3.2.3　灌浆前后分维数变化规律

根据竣工验收技术鉴定结论意见以及 2012 年补充勘探试验揭示的心墙工程质量缺陷,2012 年 8 月 21 日至 9 月 29 日,对心墙缺陷进行处理。桩号 0+030~0+301 段心墙进行了黏土充填灌浆,桩号 0+240~0+301 段心墙进行了高喷灌浆。黑龙江水利工程质量检测中心抽检结果表明,充填灌浆后心墙 0+105.75、0+165.75、0+225.75 及 0+250.75 处渗透系数低于设计值;高喷灌浆后 0+250.85 与 0+280.85 处渗透系数低于设计值,满足设计要求。2013 年 9月,0+225 断面坝顶下游侧测压管水位异常上升时,0+255 和 0+260 两个断面的测压管水位并未上升,说明经过充填灌浆和高喷灌浆处理后,0+240~0+280 段经受住了高水位考验。可见心墙缺陷处理后,0+255 和 0+260 断面心墙下游侧测压管水位显著下降,表明充填灌浆和高喷灌浆防渗效果较好,0+255 和 0+260 断面灌浆前后管水位变化过程线见图 4-23,位势变化过程线图 4-24。

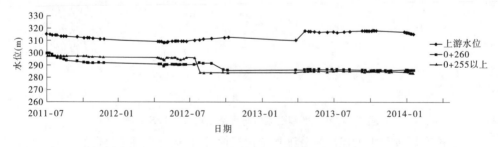

图 4-23　0+255 和 0+260 断面灌浆前后管水位变化过程线

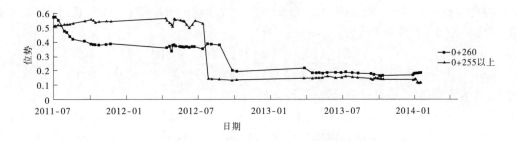

图4-24　0+255 和 0+260 断面灌浆前后位势变化过程线

通过灌浆前后分维数变化规律,验证灌浆修复效果。根据变维分形模型计算流程,分时段计算不同断面灌浆前后渗流分维数,并进行全周期时序分形预测分析,见表4-6。根据灌浆前后分维数变化规律,0+255 和 0+260 断面经灌浆后,渗流分维数提高了23%～37%,均大于1.30,安全等级从 B_2 和 B_1 提升到 A 级,但 0+225 断面渗流分维数仅提高 12%～28%,安全等级从 B_2 提升到 B_1 级。进一步论证了在现状条件下,仅采用水泥黏土充填灌浆不能阻止新的渗透破坏发生,或者无法阻止已经发生了破坏部位渗透变形的继续扩展。根据渗流分维数预警指标分级,0+225 断面存在渗流异常,应发布蓝色警报,适时采取措施。

表4-6　不同断面灌浆前后渗流分维数与安全等级

计算断面	灌浆前后渗流分维数与安全等级			
	灌浆前	安全等级	灌浆后	安全等级
0+255	1.19～1.20	B_2	1.52～1.63	A
0+260	1.20～1.22	B_1	1.49～1.55	A
0+225	1.11～1.12	B_2	1.25～1.28	B_1

4.4　渗透变形分形控制指标

大坝渗流时间序列集中地反映了大坝系统的非线性特性,常作为构建渗流预测预报的理论模型或判据的基础,本章运用渗流时序的重标度极差分析(R/S 分析)方法来预测渗透变形。先概述 R/S 分析方法与原理,利用渗透变形试验渗流监测数据,论证渗流时间序列具有分形标度不变性,从而提出渗流水头分维数、渗透坡降分维数、渗流量分维数三个参数作为渗流分形预警指标,再根据时间序列性质强弱程度、渗透变形分形特性及渗流安全稳定状态,提出土石坝渗流分维数指标、趋势性指标及预警等级划分标准。

4.4.1　R/S 分析方法与原理

4.4.1.1　分形指数定义

标度不变性或无标度性是指研究对象与尺度无关,即将研究对象放大或缩小任意尺度,其结构形式、复杂程度、不规则性等各种特性均不发生改变。当时间序列标度改变时,序列概率分布仍保持不变,这种性质称为标度不变性。

对任意 $\lambda > 0$,若时间序列 $X(t) = \{Xt \mid t = 0,1,2,\cdots,N\}$ 满足 $X(\lambda t) = \lambda^{\alpha}X(t)$,则常数

α 称为自相似标度因子。给定序列从 $-t$ 到 0 的过去增量 $X(0) - X(-t)$ 与 0 到 t 的未来增量 $X(t) - X(0)$ 的相关系数为:

$$C(t) = \frac{E\{[X(0) - X(-t)][X(t) - X(0)]\}}{E\{[X(t) - X(-t)]^2\}} \qquad (4\text{-}13)$$

式中: E 表示期望。当时间序列为分形序列时,有:

$$E\{[X(0) - X(-t)] + [X(t) - X(0)]\}^2 = E[X(t) - X(-t)]^2 \qquad (4\text{-}14)$$

将式(4-14)代入式(4-15),则相关系数 $C(t)$ 可表示为:

$$C(t) = \frac{(2t)^{2H} - 2t^{2H}}{2t^{2H}} = 2^{2H-1} - 1 \qquad (4\text{-}15)$$

式中: H 为分形指数。式(4-15)表明相关系数 $C(t)$ 只与 H 有关,与 t 无关。

4.4.1.2　R/S 分析基本原理

英国水文学家 Hurst 等(1965)在尼罗河试验中提出了一种改变时间尺度分析的新方法,全称为"改变尺度范围的分析"或"重标度极差分析"(Rescaled Range Analysis),简称 R/S 分析。Hurst 利用 R/S 分析法研究了降雨量、树木年轮、河流流量、泥浆沉积量等自然现象,发现其时间序列均在某一范围内具有分形规律。Mandelbrot(1972)在 Hurst 分形理论上进行了补充和完善,并将 R/S 分析法进一步应用于物理学、生物学等领域。

R/S 分析法是一种由自仿射分形衍生出的研究时间序列的统计方法,可以通过改变时间序列尺度大小来分析统计规律变化的动力学特征。传统分析方法在研究物理现象或自然规律形成的时间序列时,认为事件在一定短程范围内具有"记忆性",往往忽略了事件之间的长程动力相关性,而 R/S 分析法论证了事件的发生存在长程动力相关性,即以前发生的事件直接影响将来事件的发展,这体现了时间序列统计特征量的标度不变性。通过改变时间序列尺度,将小比例尺度范围的时间序列动力学规律应用到大时间尺度范围,或将大比例尺度范围得到的时间序列动力学规律应用于小时间尺度范围,这种改变时间序列尺度的研究方法为获得不同尺度下事件的发生过程及发展趋势提供了新思路。

R/S 分析法计算步骤如下:

对观测效应量时间序列 $x_i(i = 1, 2, \cdots, n, \cdots, m)$,取某一时间跨度 $N = t_n - t_1$,在时间段 t 内,该时间序列的均值为:

$$\overline{x_i} = \frac{1}{n} \sum_{i=1}^{n} x_i \qquad (4\text{-}16)$$

在 t_j 时刻, x 相对于其均值的累积偏差为:

$$A(t_j, n) = \sum_{i=1}^{j} (x_i - \overline{x_i}) \qquad (4\text{-}17)$$

式中: $A(t_j, n)$ 与时间 t 及时间跨度 N 有关,每个 N 值对应一个 $A(t_j, n)$ 序列;极差 $R(N)$ 为同一个 N 值所对应的最大值 $\max A(t, n)$ 与最小值 $\min A(t, n)$ 之差,极差表达式为:

$$R(N) = \max A(t, n) - \min A(t, n) \quad (t_1 \leqslant t \leqslant t_n) \qquad (4\text{-}18)$$

标准差为:

$$S(t) = \sqrt{\frac{1}{N} \sum_{i=1}^{j} (x_i - \overline{x_i})^2} \quad (N = 1, 2, \cdots) \qquad (4\text{-}19)$$

引入无量纲比值 R/S,对 R 进行重新标度:

$$\frac{R}{S} = \frac{\max A(t,n) - \min A(t,n)}{\sqrt{\dfrac{1}{N}\sum\limits_{i=1}^{j}(x_i - \overline{x_i})^2}} \quad (t_1 \leqslant t \leqslant t_n) \tag{4-20}$$

Hurst 研究 R/S 统计规律时发现,大多数自然现象的统计结果满足经验公式:

$$R/S \propto (N/2)^H \tag{4-21}$$

式中: H 为分形指数,取值范围为 0~1。

式(4-21)反映了 R/S 统计值与 $(N/2)^H$ 指数式呈正比幂函数关系,这体现了时间序列存在突变分岔或分形降维问题。分形指数反映了事物形成及发展过程的长记忆性程度,揭示了事物过去、现在和未来之间的内在联系。R/S 分析法研究意义在于利用时间序列的自相似性和长程相关性,根据分形指数 H 随时间尺度的变化规律,揭示事物未来发展与过去之间的内在关系,预测事物发生及发展的趋势特征。

4.4.1.3 R/S 分析模型解算

对于分形指数,可以通过变量代换予以求解。将式(4-21)变换为:

$$R/S = c(N/2)^H \tag{4-22}$$

式中: c 为代换变量。

式(4-22)两边取对数,则变换为:

$$\ln(R/S) = \ln c + H\ln(N/2) \tag{4-23}$$

对式(4-23),在双对数坐标系 $[\ln(N/2),\ln(R/S)]$ 中利用最小二乘法拟合一系列散点,每个阶段的分形指数为:

$$\begin{cases} H \cdot \sum\limits_{i=3}^{n}[\ln(N/2)]^2 + \ln c \cdot \sum\limits_{i=3}^{n}[\ln(N/2)] = \sum\limits_{i=3}^{n}[\ln(N/2) \cdot \ln(R/S)] \\ H \cdot \sum\limits_{i=3}^{n}\ln(N/2) + (n-2)\ln c = \sum\limits_{i=3}^{n}\ln(R/S) \end{cases} \tag{4-24}$$

最后基于全周期时段区间的双对数坐标系计算出分形指数为:

$$H = \frac{(n-2)\sum\limits_{i=3}^{n}[\ln(N/2) \cdot \ln(R/S)] - \sum\limits_{i=3}^{n}\ln(N/2) \cdot \sum\limits_{i=3}^{n}\ln(R/S)}{(n-2) \cdot \sum\limits_{i=3}^{n}[\ln(N/2)]^2 - \left[\sum\limits_{i=3}^{n}\ln(N/2)\right]^2} \tag{4-25}$$

分形指数求解过程包括以下两部分:①全周期时序分时段处理,即分别计算出各时间区段的分形指数,然后在所有时段的双对数坐标系中拟合各个分形指数;②将分时段时间序列中前 $M(M \geqslant 3)$ 个数据进行递增处理,分别求取各递增时段区间的分形指数,进而确定整个时间序列区段的分形指数。所有各个时间区段递增处理的分形指数 H_i 及所计算出的 $\ln c$ 值分别为:

$$H_i = \frac{\ln(R/S) - \ln c}{\ln(N/2)} \quad (3 \leqslant i \leqslant n) \tag{4-26}$$

$$\ln c = \frac{\sum\limits_{i=3}^{n}\ln(R/S) - H\sum\limits_{i=3}^{n}\ln(N/2)}{n-2} \tag{4-27}$$

4.4.2 时间序列分维特征

4.4.2.1 时间序列分形维数

时间序列分维数是反映耗散系统奇异吸引子的结构或是描述该吸引子演化所必须的状态变量的最小数目。从长时监测或积累得到的时间序列资料中,挖掘时间序列吸引子的结构特征,并求出其分维数,具有重要的实际应用价值。R/S 分析结果表明,R/S 与所选的时间跨度 N 有关,定义:

$$T(t) = R/S \propto t^H \tag{4-28}$$

采用比例因子 b ,变换式(4-28)时间尺度:

$$T(bt) \propto (bt)^H = b^H t^H = b^H T(t) \tag{4-29}$$

将式(4-29)与仿射分形关系式(4-28)进行比较,分形指数相当于时间变换的标度因子,因此时间序列 $T(t)$ 具有仿射性。研究表明,分形指数 H 与分维数 D 之间存在以下关系:

$$D_H = E + 1 - H \tag{4-30}$$

式中: E 为时间序列的欧拉维数,对点, $E = 0$;对曲线, $E = 1$;对平面, $E = 2$。

R/S 分析法将分形指数 H 与分维数 D 联系起来,先通过时间序列计算指数,再根据式(4-30)计算出时间序列的分维数,通过分维数表征事物发展过程及其内在本质。

4.4.2.2 分形特征时间尺度

具有分形特征的时间序列是有界限的,超出某一时间尺度,时间序列将表现出不相关的随机行为,自相似特征丧失。因此,引入临界时刻 T_c 来确定长程相关的时间序列尺度。根据 R/S 分析方法与原理,时间序列存在突变分岔或分形降维问题,$\ln(R/S)$—$\ln(N)$ 双对数散点图的突变点所对应的时刻,即为临界时刻 T_c,表征原来的长程相关性因系统发生突变而改变,根据临界时刻 T_c 可进一步推求该时间序列有效的预测时间 T ,二者关系为 $T = 10^{T_c}$。

4.4.2.3 分形指数判定依据

R/S 分析在时间序列中有很强的预报作用,即通过 Hurst 指数的变化规律来判断趋势性成分的持续性或者反持续性强度的大小。

(1)当 $0 < H < 0.5$ 时, $C(t) < 0$,表明时间序列具有反持续性。即观测量时间序列在各时间尺度上是负相关,这是一种负反馈机制。H 值越接近 0,反持续性越强。

(2)当 $H = 0.5$ 时, $C(t) = 0$,表明时间序列是随机游走的,未来的增量与过去增量不相关。即观测量时间序列在各时间尺度上是完全独立,这是随机变化的。H 值越接近 0.5,随机性越强。

(3)当 $0.5 < H < 1$ 时, $C(t) > 0$,表明时间序列具有持续性。即观测量时间序列在各个时间尺度上是正相关或长相关,这是一种正反馈机制。H 值越接近 1,持续性就越强。

4.4.2.4 渗流监测资料时间序列分形特性

以土样 A 为例,分析渗透变形过程渗流监测时间序列分形特性。土样 A 管涌过程中 3 根测压管水位变化各不相同,1#测压管渗压水位过程线持续上升;2#测压管渗压水位过程线有起有伏;3#测压管渗压水位缓慢抬升,见图 4-25。根据 R/S 分析法,改变渗压水位时间尺度,在双对数坐标下拟合一系列散点,相关系数均在 0.95 以上,线性特征明显,表明渗流时间序列在任意时间尺度范围内性质不变,见图 4-26~图 4-28。另外,管涌发展过程中渗透坡降与流速呈现非线性变化规律,但在双对数 J—V 坐标下,二者也呈现线性关系,见图 4-29。从渗透变形试验成果可知,基于 R/S 分析的渗流时间序列分维数与杨氏模型提出的土体结构分维数都是在双对数坐标下计算得出,而且线性特征,表明渗流时间序列满足分维规律,即渗流监测时间序列具有分形标度不变性。

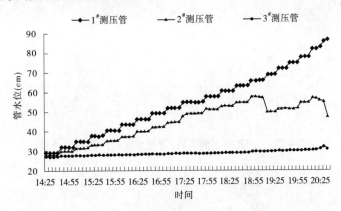

图 4-25　土样 A 测压管渗压水位过程线

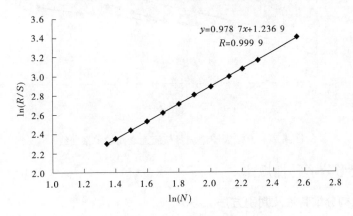

图 4-26　土样 A(1#测压管)渗压水位时序的 R/S 分析

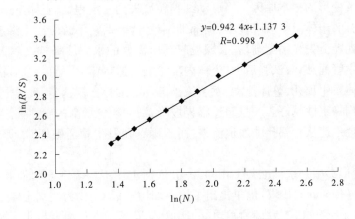

图 4-27　土样 A(2#测压管)渗压水位时序的 R/S 分析

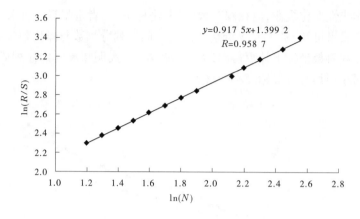

图 4-28　土样 A（$3^{\#}$测压管）渗压水位时序的 R/S 分析

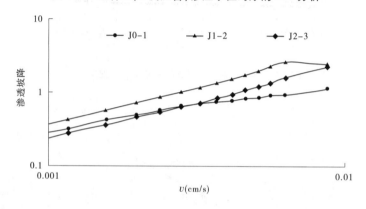

图 4-29　土样 A 渗透坡降与流速之间的关系曲线

4.4.3　渗透变形分形特性规律

4.4.3.1　土体结构分维特性及判别方法

分析渗透变形试验整个过程，土体细粒含量及内在均匀程度是影响临界坡降的主要因素，也是发生渗透变形的根本原因。当可动细颗粒流失到一定程度，土体渗透破坏形式会发生变化。试验初期，土体承受坡降较小，内部细颗粒开始调整，下游段产生渗透变形；试验中期，随着可动细颗粒流失粒径逐渐增大，颗粒起动所需要的水力坡降越来越大，当达到临界坡降的时候，发生管涌破坏；试验后期，土体内部渗漏通道贯穿上下游，表面及内部可动细颗粒全部流失，土体发生顶托，整体浮动，发生流土破坏。细粒含量越多，贯通上下游的临界坡降越大，土体结构稳定性越好。一旦超过临界坡降，细颗粒含量高的砂性土渗透变形发展最快，可动细颗粒会迅速从骨架孔隙通道流失，而砂砾石在发生管涌破坏时，骨架结构仍维持一定的稳定性。

土体渗透变形类型判别标准各不相同，一般依据土体不均匀系数和细颗粒含量。苏联学者伊斯托明娜（Istomina，1957）最早提出了用不均匀系数 C_u 作为判别土体是否发生管涌；巴特拉雪夫提出了土料孔隙与细颗粒直径的比值 d_0/d 来判别管涌土与非管涌土；中国水科院提出细颗粒填充含量 P_f 作为判别管涌的参考。《水利水电工程地质勘察规范》（GB 50487—2008）（简称规范法）提出最优细粒含量 P_{cp}，即粗颗粒孔隙全被细粒料充满时的细颗粒含量,是判别渗透破坏形式的标准。当 $P_f<25\%$ 时,各种混合料中的细颗粒均处于不稳定状态,渗透破坏形式为管涌;当 $P_f>35\%$ 时,细颗粒含量全部填满粗粒孔隙,渗透破坏形式变为流土;当 $25\%<P_f<35\%$ 时,管涌或流土都有可能,见表4-7。

表4-7 土体渗透变形判别规范法

水力坡降	渗透破坏类型				
	管涌		过渡型	流土	
	级配连续	级配不连续 $P_f<25\%$	$25\%\leqslant P_f\leqslant 35\%$	$C_u\leqslant 5$	$C_u\geqslant 5 P_f>35\%$
临界水力坡降	0.2~0.4	0.1~0.3	0.4~0.8	0.8~1.0	1.0~1.5
允许水力坡降	0.15~0.25	0.1~0.2	0.25~0.40	0.4~0.5	0.4~0.8

由于细粒区分粒径难以界定,规范法中的细颗粒含量在实际运用中存在一定的不确定性,考虑到岩土介质颗粒与孔隙从原子尺度到晶粒尺寸范围内均表现出分形特征,可以从土体结构分维数角度,依据颗粒级配曲线,建立土体结构分维数与临界坡降之间的关系。土体结构分维数反映了细颗粒含量及内在均匀程度,临界坡降表征了土体是否发生管涌外在水力条件。本书统计分析30多组试样在不同工况下的水力条件和土体特性,计算临界坡降与土体结构分维数,得出二者存在幂律关系($y=4\times10^{-6}x^{11.653}$),相关系数为0.957 2,见图4-30。因此,根据颗粒级配曲线计算出土体结构分维数,利用幂函数关系式确定临界坡降,判别土体发生渗透变形的可能性,进一步将临界坡降与土体结构分维数以区域形式划分,从而提出了土体结构分维区间判别法,直观地给出了渗透变形发生与否的判别依据。

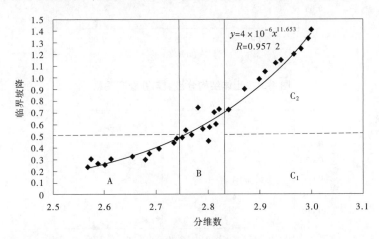

图4-30 土体结构分维区间判别法

从图4-30可知,可以分为三个区域:A区($2.50<D\leqslant 2.75$),B区($2.75<D\leqslant 2.83$)和 C区($2.83<D\leqslant 2.99$)。A区的土体为松散的砂砾石和砂性土,A区临界坡降小于0.5,土体发生管涌破坏。B区的土体为相对密实的砂性土或黏土,土体发生管涌或流土皆有可能。C区的土体为密砂或黏土,C_1 区临界坡降小于0.5,土体不易发生管涌或流土;C_2 区临界坡降大于0.5,土体发生流土破坏。

现用规范法来验证土体结构分维区间判别法的可靠性。以砂砾石(土样 A)为例,先用规范法判别土体渗透破坏形式。根据土样 A 颗粒级配曲线,用平均粒径 3 mm 作为细粒区分粒径,细颗粒含量为 21%,试验所得临界坡降为 0.23,按照规范法判为管涌土。再用土体结构分维区间法判别土体渗透破坏形式,土样 A 结构分维数为 2.58,代入幂函数得出临界坡降为 0.25。以结构分维数 2.58 为横坐标,以临界坡降 0.25 为纵坐标,发现该数值位于 A区,判为管涌破坏。再以砂性土(土样 I)为例,根据土样 I 颗粒级配曲线,不均匀系数2.31,小于 5,用平均粒径 0.11 mm 作为细粒区分粒径,细颗粒含量为 48%,试验所得临界坡降为 0.82,按照规范法判为流土。土样 I 结构分维数为 2.86,代入幂函数得出临界坡降为0.83,以结构分维数 2.86 为横坐标,以临界坡降 0.83 为纵坐标,发现该数值位于 C2 区,判为流土破坏。两种判别方法结果一致。

土体结构分维区间判别法优势在于,只需确定土体结构分维数,再根据幂函数关系,得出临界坡降,即可鉴别渗透变形类型,避免细粒区分粒径带来的细颗粒含量不确定性。

4.4.3.2 渗透变形过程分维数变化规律

1.分维数与孔隙率及渗透系数关系

土体孔隙率和渗透系数与结构分维数成反比关系,土体结构分维数与孔隙率关系见图4-31,土体结构分维数与渗透系数关系见图 4-32。

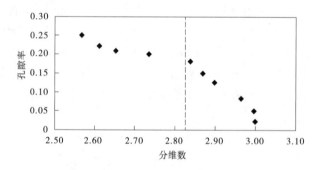

图 4-31　土体结构分维数与孔隙率关系

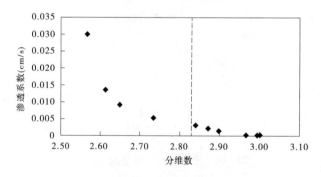

图 4-32　土体结构分维数与渗透系数关系

当 D>2.83 时,孔隙率随着分维数增大而减小的规律更显著,渗透系数随着分维数增大而减小的规律不明显。究其原因,分维数表征了单位体积下逐级颗粒的积累情况,颗粒积累越多,细颗粒填充在土体骨架孔隙数量越多,相应的孔隙率减少。假设细颗粒不断填充骨架孔隙,土体的结构形态会随之发生变化,由松散的砂砾石逐渐过渡到中等密实的粉细砂,最后形成紧实的黏土。当过渡到黏土阶段时,在颗粒之间吸着水和薄膜水形成的黏聚力作用下,孔隙率进一步减小,而渗透系数表征了流体通过骨架孔隙的难易程度,由于水气和气泡的存在,真正流过孔隙的水量减少,因而渗透系数减少相对缓慢。

2.渗透破坏过程分维数变化规律

不同类型土体分形特征各不相同,研究渗透破坏后分形特征是否会发生变化及如何变化,对预测土体渗流隐患具有重要意义。因此,根据土体管涌破坏前后的颗分情况,分析土体管涌破坏前后的分形规律。

以土样 A 为例,从表层、中层、底层分别取样,分析渗透破坏前后的颗分情况,见图4-33~图4-35。

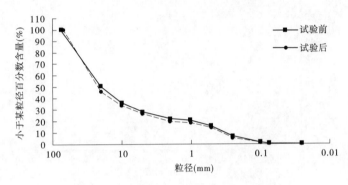

图4-33 渗透破坏前后颗粒级配曲线

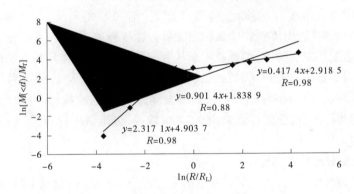

图4-34 渗透破坏前表层土的粒度分布曲线

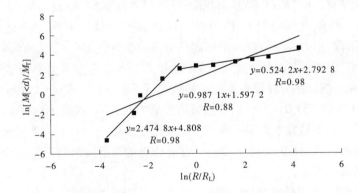

图4-35 土样渗透破坏后表层土的粒度分布曲线

表层土体发生渗透破坏后,随着可动细颗粒逐渐流失,其余土体颗粒出现了粗化现象。渗透破坏前,土体结构分维数 $D_前 = 3-0.417\ 4 = 2.582\ 6$;渗透破坏后,土体结构分维数 $D_后 = 3-0.524\ 2 = 2.475\ 8$。砂砾石渗透破坏前后土体结构分维数略有下降。

通过人工土样 3 和土样 4 颗粒流试验,分析渗透破坏过程中土体结构分维数变化规律,见图 4-36。考虑可动细颗粒从小到大逐级流失,颗粒流土样共分 8 级:>5 mm、5~2 mm、2~1 mm、1~0.5 mm、0.5~0.25 mm、0.25~0.1 mm、0.1~0.075 mm、<0.075 mm。土样按级进行 7 组试验,分别为完整试验、缺失 0.075 mm 以下、缺失 0.1 mm 以下、缺失 0.25 mm 以下、缺失 0.5 mm 以下、缺失 1 mm 以下及缺失 2 mm 以下试验。

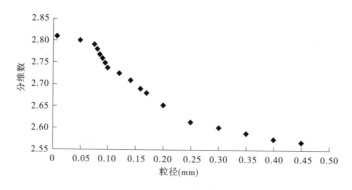

图 4-36 颗粒流试验中土体分维数的变化过程

结果表明,渗透变形孕育阶段,土体整体稳定,细颗粒尚未流失,土体结构分维数为 2.82;渗透变形形成阶段,土体颗粒中累积的能量会逐步释放,细颗粒重新排列,土体结构分维数为 2.80;渗透变形发展阶段,细颗粒不断从骨架孔隙流失,土体颗粒开始松散,分维数呈现降低的趋势,当细颗粒流失到 0.075~0.25 mm 粒径,分维数下降趋势更为明显,此时土体结构分维数从 2.78 降至 2.63;渗透变形破坏阶段,可移动的细颗粒已经完全流失,土体较大颗粒骨架维持结构稳定,当细颗粒流失到 0.5 mm 粒径,分维数下降缓慢,趋于稳定,此时土体结构分维数为 2.55。

4.4.3.3 渗透变形分形特性结论

基于土体渗透变形内因,研究渗透变形演变过程分形特征,得到以下结论:

(1)基于雷诺数 Re 统计分析结果,提出了土体渗透变形过程的判别标准。渗透变形过程可定量地分为孕育阶段($Re<0.85$)、形成阶段($0.85 \leqslant Re \leqslant 5$)、发展阶段($5<Re \leqslant 50$)和破坏阶段($Re>50$)。孕育和形成阶段,水力坡降与渗透速度呈线性关系,渗流运动符合达西定律;发展和破坏阶段,水力坡降与流速呈远离平衡态的非线性关系,层流逐渐向紊流过渡。

(2)根据颗粒级配曲线和室内试验结果,提出了土体渗透变形类型分维区间判别方法和判别依据,避免了细粒区分粒径带来的细颗粒含量不确定性。A 区($2.50<D \leqslant 2.75$),土体发生管涌破坏;B 区($2.75<D \leqslant 2.83$),管涌或流土皆有可能;C 区($2.83<D \leqslant 2.99$),C_1 区土体临界坡降小于 0.5,不易发生管涌或流土,C_2 区临界坡降大于 0.5,发生流土破坏。《水利水电工程地质勘察规范》(GB 50487—2008)附录 G 土的渗透变形判别方法验证了土体结构分维区间法判别结果可靠。

(3)土体孔隙率、渗透系数与分维数成反比关系。分维数越大,表明细颗粒填充在土体骨架孔隙数量越多,相应的孔隙率减少。当分维数大于 2.83 时,孔隙率随着分维数增大而减小的规律显著,在颗粒之间吸着水和薄膜水形成的黏聚力影响下,渗透系数随着分维数增大而减小的规律反而不明显。

(4)渗透变形各个阶段分维数变化有所区别。孕育阶段,土体结构分维数不变;孕育阶段,分维数略微下降;发展阶段,细颗粒从骨架孔隙通道不断流失,分维数呈现下降趋势,当流失到 0.075~0.25 mm 粒径,分维数下降趋势更为明显;破坏阶段,可移动的细颗粒已经完全流失,土体较大颗粒骨架维持结构稳定,此时土体结构分维数趋于稳定。

4.4.4　渗透变形分形预警控制指标

根据高坝渗透破坏控制原则和影响机制,考虑到下游剩余水头和侧岸渗水高度,选取渗流水头作为坝体浸润线的预警指标;考虑到渗流出口坡降容易集中,内部可能发生渗流侵蚀,选取渗流坡降作为大坝渗透稳定性的预警指标;为估算水库漏水损失和检验下游排水效果,选取渗流量作为大坝透水能力的预警指标。渗流分形预警控制指标拟定见图 4-37。

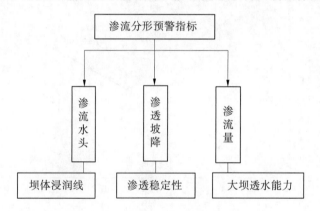

图 4-37　渗流分形预警指标

4.4.4.1　渗流水头分维数

基于 R/S 分析法的基本原理,分别选取室内试验的天然土样和人工土样,对渗透变形试验渗压水位的时间序列进行 R/S 分析。分析之前,对原始数据的可靠性和真实性进行甄别与处理,剔除原始监测数据中异常测值,并对少量缺失的监测数据进行插值,最终形成 25 min 等时距的渗压水位时间序列。在进行 R/S 分析时,N 的初值不宜过小($N \geq 10$),否则将造成较大的统计误差,渗压水位时间序列计算时初值选取 $N = 10$。

以土样 C 为例,测压管渗压水位过程线见图 4-38。由图 4-38 可知,在渗透变形形成和发展阶段,渗漏通道逐渐扩大,各个测压管的渗压水位过程线呈现阶梯式上升,靠近上游侧的 1# 和 2# 测压管尤为明显;在渗透变形破坏阶段,渗漏通道迅速扩展,各个测压管的渗压水位过程线达到峰值后呈现断崖式回落,表明土体内部已经发生渗透破坏。土样 C 测压管渗压水位时序的 R/S 分析见图 4-39、图 4-40。由图可知,$\ln(R/S)$—$\ln N$ 散点图的线性特征明显,相关系数均很高(0.98 以上),表明渗压水位分维数信度很好,渗压水位时间序列的 R/S 分析结果可体现土体渗透变形过程中水位变化的分形特性。

不同试验土样各测压管渗压水位的时序 R/S 分析统计结果见表 4-8。由表 4-8 可知,不同测点的渗压水位分形指数均大于 0.5,表明土体发生渗透变形时,渗压水位随时间具有趋势性和随机性的双重特性,不仅长程相关,而且趋势增强,并具持久性。分形指数偏离 0.5

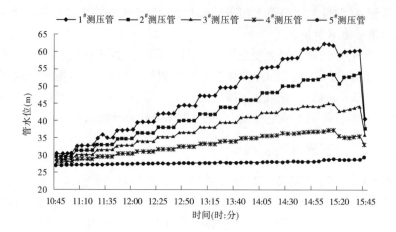

图 4-38　土样 C 测压管渗压水位过程线

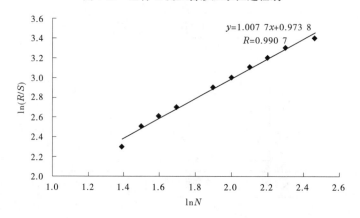

图 4-39　土样 C(1#测压管)渗压水位时序的 R/S 分析

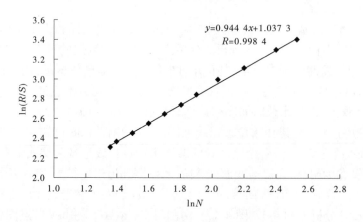

图 4-40　土样 C(2#测压管)渗压水位时序的 R/S 分析

的程度,衡量了趋势因素(确定性)与扰动因素(随机性)在渗压水位时序变化中的比重。土体靠近上游侧(1#测压管)的渗压水位分形指数最大,分维数最小,土体中部(2#、3#、4#测压管)分形指数次之,靠近下游侧(5#测压管)分形指数最小,分维数最大。这表明靠近上游侧的渗压水位增加的趋势性最强,没有受到随机扰动,但越靠近下游,这种趋势性越弱,随机性更大。统计结果分析可知,渗流水头分维数与空间分布位置密切相关。

表 4-8 不同试验土样测压管渗压水位的时序 R/S 分析统计结果

试验土样	测压管	拟合方程	分形指数	分维数	相关系数
土样 C (天然土料,砂砾石)	1#	$y=1.007\ 7x+0.973\ 8$	1.007 7	0.992 3	0.990 7
	2#	$y=0.944\ 4x+1.037\ 3$	0.944 4	1.055 6	0.998 4
	3#	$y=0.908\ 7x+1.076\ 9$	0.908 7	1.091 3	0.999 9
	4#	$y=0.797\ 5x+1.339\ 8$	0.797 5	1.202 5	0.998 7
	5#	$y=0.708\ 7x+1.596\ 7$	0.708 7	1.291 3	0.993 3
土样 F (天然土料,砂性土)	1#	$y=0.981\ 2x+1.230\ 3$	0.981 2	1.018 8	0.988 5
	2#	$y=0.922\ 5x+1.332\ 7$	0.922 5	1.077 5	0.983 3
	3#	$y=0.853\ 2x+1.221\ 9$	0.853 2	1.146 8	0.982 7
	4#	$y=0.783\ 2x+1.785\ 1$	0.783 2	1.216 8	0.981 9
	5#	$y=0.724\ 5x+1.696\ 8$	0.724 5	1.275 5	0.980 8
土样 1 (人工土料,砂砾石)	1#	$y=0.995\ 2x+1.230\ 3$	0.995 2	1.004 8	0.991 7
	2#	$y=0.933\ 2x+1.332\ 7$	0.933 2	1.066 8	0.982 5
	3#	$y=0.866\ 5x+1.221\ 9$	0.866 5	1.133 5	0.981 8
	4#	$y=0.794\ 5x+1.785\ 1$	0.794 5	1.205 5	0.992 1
	5#	$y=0.743\ 2x+1.696\ 8$	0.743 2	1.256 8	0.992 4
土样 2 (人工土料,砂砾石)	1#	$y=0.983\ 3x+1.230\ 3$	0.983 3	1.016 7	0.984 3
	2#	$y=0.914\ 5x+1.332\ 7$	0.914 5	1.085 5	0.982 7
	3#	$y=0.877\ 2x+1.221\ 9$	0.877 2	1.122 8	0.981 6
	4#	$y=0.792\ 2x+1.785\ 1$	0.792 2	1.207 8	0.983 6
	5#	$y=0.732\ 5x+1.696\ 8$	0.732 5	1.267 5	0.981 5

4.4.4.2 渗透坡降分维数

土样 C 不同部位渗透坡降过程线见图 4-41,不同部位渗透坡降时序的 R/S 分析见图 4-42、图 4-43。

在渗流水头作用下,渗透坡降呈现阶梯式缓慢上升,靠近上游侧的土体渗透坡降较大,靠近下游侧的土体在锋面处出现坡降集中的现象。$\ln(R/S)$—$\ln(N)$ 图的线性特征明显,相关系数均很高(0.93 以上),说明渗透坡降分形指数信度较好,分形规律明显,渗透坡降时间序列的 R/S 分析结果可体现土体渗透变形过程中渗透力变化的分形特性。

不同试验土样渗透坡降的时序 R/S 分析统计结果见表 4-9。由表 4-9 可知,在渗透破坏过程中不同土样渗透坡降分形指数为 0.973 2~0.998 5,大于 0.5 且接近 1,相应的分维数为

1.001 5~1.026 8,表明土体在渗透破坏过程中渗透坡降是趋势增强的,强度很高,随机性很弱,即渗透坡降分维数确定性很强,受外界扰动因素影响较小,作为土体渗透稳定性的预警指标是合适的。

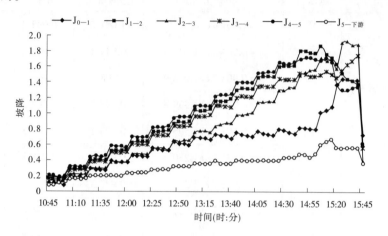

图 4-41　土样 C 不同部位渗透坡降过程线

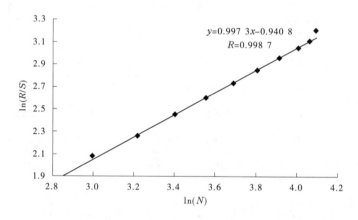

图 4-42　土样 C 渗透坡降(J_{0-1})时序的 R/S 分析

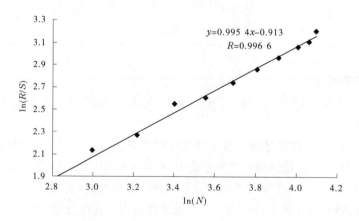

图 4-43　土样 C 渗透坡降(J_{1-2})时序的 R/S 分析

表 4-9　不同试验土样渗透坡降时序 R/S 分析统计结果

试验土样	土体部位	拟合方程	分形指数	分维数	相关系数
土样 C （天然土料,砂砾石）	$J_{0—1}$	$y = 0.997\ 3x - 0.940\ 8$	0.997 3	1.002 7	0.998 7
	$J_{1—2}$	$y = 0.995\ 4x - 0.913\ 0$	0.995 4	1.004 6	0.996 6
	$J_{2—3}$	$y = 0.988\ 0x - 1.198\ 2$	0.988 0	1.012 0	0.931 5
	$J_{3—4}$	$y = 0.983\ 4x - 1.039\ 6$	0.983 4	1.016 6	0.981 8
	$J_{4—5}$	$y = 0.980\ 4x - 1.164\ 4$	0.980 4	1.019 6	0.930 7
	$J_{5—下游}$	$y = 0.975\ 6x - 1.161\ 8$	0.975 6	1.024 4	0.942 2
土样 F （天然土料,砂性土）	$J_{0—1}$	$y = 0.994\ 5x - 0.962\ 8$	0.994 5	1.005 5	0.992 5
	$J_{1—2}$	$y = 0.983\ 1x - 0.932\ 0$	0.983 1	1.016 9	0.981 7
	$J_{2—3}$	$y = 0.981\ 1x - 0.389\ 8$	0.981 1	1.018 9	0.945 5
	$J_{3—4}$	$y = 0.979\ 8x - 0.689\ 7$	0.979 8	1.020 2	0.976 5
	$J_{4—5}$	$y = 0.975\ 4x - 1.056\ 0$	0.975 4	1.024 6	0.976 9
	$J_{5—下游}$	$y = 0.973\ 6x - 1.232\ 0$	0.973 6	1.026 4	0.965 4
土样 1 （人工土料,砂砾石）	$J_{0—1}$	$y = 0.995\ 4x - 1.342\ 2$	0.995 4	1.004 6	0.991 5
	$J_{1—2}$	$y = 0.984\ 3x - 1.213\ 3$	0.984 3	1.015 7	0.992 8
	$J_{2—3}$	$y = 0.981\ 2x - 1.198\ 2$	0.981 2	1.018 8	0.984 5
	$J_{3—4}$	$y = 0.980\ 4x - 1.324\ 6$	0.980 4	1.019 6	0.983 3
	$J_{4—5}$	$y = 0.978\ 9x - 1.167\ 7$	0.978 9	1.021 1	0.967 7
	$J_{5—下游}$	$y = 0.974\ 5x - 1.113\ 4$	0.974 5	1.025 5	0.955 9
土样 2 （人工土料,砂砾石）	$J_{0—1}$	$y = 0.998\ 5x - 0.940\ 8$	0.998 5	1.001 5	0.994 2
	$J_{1—2}$	$y = 0.993\ 7x - 1.053\ 0$	0.993 7	1.006 3	0.994 3
	$J_{2—3}$	$y = 0.983\ 4x - 1.238\ 2$	0.983 4	1.016 6	0.983 2
	$J_{3—4}$	$y = 0.982\ 7x - 1.156\ 6$	0.982 7	1.017 3	0.985 6
	$J_{4—5}$	$y = 0.978\ 8x - 1.235\ 7$	0.978 8	1.021 2	0.957 7
	$J_{5—下游}$	$y = 0.973\ 2x - 1.328\ 0$	0.973 2	1.026 8	0.952 9

4.4.4.3　渗流量分维数

　　在渗流水头作用下,渗流量过程线呈现波浪式振荡上升,当土体发生渗透破坏时,渗流量迅速增大,见图 4-44。$\ln(R/S)$—$\ln(N)$图的线性特征明显,相关系数均很高(0.97 以上),说明渗透坡降分形指数信度较好,渗流量时间序列的 R/S 分析结果体现了渗透变形过程中土体透水能力的分形特性,见图 4-45、图 4-46。不同试验土样渗流量的时序 R/S 分析统计结果见表 4-10。由表 4-10 可知,不同土样在渗透破坏过程中渗流量分形指数集中在 0.953 6~

0.992 6,大于0.5且接近1,相应的分维数为1.007 4~1.046 4,表明土体渗透破坏过程中渗流量是趋势增强的,强度较高,随机性较弱,即渗流量分维数确定性很强,受外界扰动因素影响较小,作为土体透水能力的预警指标是合适的。

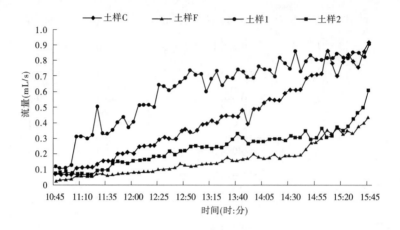

图 4-44　不同试验土样渗流量过程线

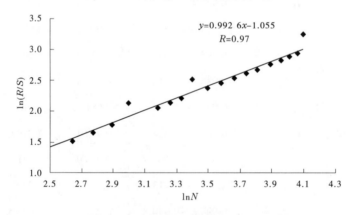

图 4-45　土样 C 渗流量时序的 R/S 分析

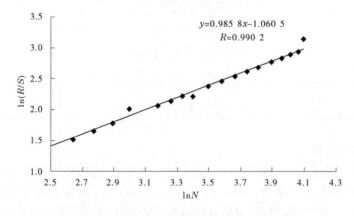

图 4-46　土样 F 渗流量时序的 R/S 分析

表 4-10　不同试验土样渗流量的时序 R/S 分析统计结果

表 4-10　不同试验土样渗流量的时序 R/S 分析统计结果

试验土样	拟合方程	分形指数	分维数	相关系数
土样 C	$y = 0.992\ 6x - 1.055\ 0$	0.992 6	1.007 4	0.970 0
土样 F	$y = 0.985\ 8x - 1.060\ 5$	0.985 8	1.014 2	0.990 2
土样 1	$y = 0.974\ 6x - 1.011\ 8$	0.974 6	1.025 4	0.984 4
土样 2	$y = 0.953\ 6x - 0.947\ 9$	0.953 6	1.046 4	0.991 0

4.4.4.4　渗流分形控制指标分级

渗透变形演变过程与渗流分维数 D 密切相关。根据 R/S 分析理论,当 $H = 0.5$,即 $D = 1.5$ 时,表示时间序列在各尺度上都互相独立,属于随机性系统;当 $H = 1$,即 $D = 1$ 时,表示时间序列完全正相关,属于确定性系统;当 $0.5 < H < 1$,即 $1 < D < 1.5$ 时,表示时间序列是有偏的随机过程,具有正持续性。过去信息与未来信息是正相关性,而且是趋势增强的时间序列,如果这个阶段渗流水头、渗透坡降和渗流量异常,那么在将来的一段时间,这种异常趋势会持续增强;当 $0 < H < 0.5$,即 $1.5 < D < 2$ 时,表示时间序列反相关,在各个时间尺度上,具有反持续性。过去信息与未来信息是负相关性,如果这个阶段渗流水头、渗透坡降和渗流量异常,那么在将来的一段时间这种异常趋势会相对减弱。

渗透变形试验结果表明,当发生渗透变形时,土体可动细颗粒从骨架孔隙通道逐渐流失,分形指数 H 逐渐增大,渗流分维数 D 逐渐减小。当某测点后一个时段的分维数 D_{n+1} 小于前一个时段 D_n 时,预示着渗流出现异常,该测点处及附近土体可能已经形成渗漏通道,并呈现逐步扩大的趋势,因此可以根据大坝渗流分维数的下降程度来预测渗流发展趋势。当某测点后一个时段的分维数 D_{n+1} 大于前一个时段 D_n 时,表明渗流状态趋于稳定,这种情况一般出现在除险加固工程或采取应急处置措施后,渗流分维数 D 随着渗流安全等级的提升而增大,因此通过大坝渗流分维数的增大幅度可以评价工程修复效果。

参考《水库大坝安全评价导则》(SL 258—2017)中关于大坝渗流安全评价的最新规定,结合时间序列性质强弱程度与渗流安全稳定状态,提出了大坝渗流分维数指标及相应的预警等级,见表 4-11。根据分维数指标、趋势性指标及渗透变形整个过程试验结果,绘制了土石坝渗透变形预警指标分布图,见图 4-47。

表 4-11　大坝渗流分维数预警指标及等级划分标准

安全等级		分维数指标	趋势性指标	警情	处理要求	分级描述
A		$1.3 < D$	$0.95 < D_{n+1}/D_n \leqslant 1$	无	无	无渗流异常
B	B_1	$1.2 < D \leqslant 1.3$	$0.90 < D_{n+1}/D_n \leqslant 0.95$	蓝色	应适时采取措施	有渗流异常但不影响安全
	B_2	$1.1 < D \leqslant 1.2$	$0.85 < D_{n+1}/D_n \leqslant 0.90$	黄色	应尽快采取措施	
C	C_1	$1.0 < D \leqslant 1.1$	$0.80 < D_{n+1}/D_n \leqslant 0.85$	橙色	必须立即采取措施	严重渗流异常
	C_2	$D \leqslant 1.0$	$D_{n+1}/D_n \leqslant 0.80$	红色	必须立即采取措施	

当 $D > 1.30$ 且 $0.95 < D_{n+1}/D_n \leqslant 1$ 时,大坝渗流分维数趋于定值,不存在渗透破坏可能性,渗流安全等级评为 A;当 $1.10 < D \leqslant 1.30$ 且 $0.85 < D_{n+1}/D_n \leqslant 0.95$ 时,时间序列随机性增强,渗

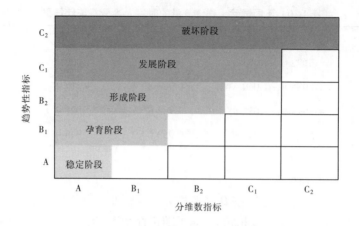

图 4-47 渗透变形控制指标分布

流状态存在一定异常,但不影响安全,渗流安全等级评为 B,应发布蓝色或黄色预警,尽快采取措施;当 $D \leqslant 1.10$ 且 $D_{n+1}/D_n \leqslant 0.85$ 时,时间序列正持续性增强,如果大坝已经存在渗透破坏,那么这种破坏程度会持续增强,渗流状态不安全,渗流安全等级评为 C,应发布橙色或红色预警,必须立即采取措施。

根据分维数指标、趋势性指标及等级划分标准可以预测渗流发展趋势,揭示渗流时间序列系统属性及内在趋势特征,提高大坝渗流隐患及早预警能力。

第 5 章   通航安全控制指标体系研究

通航是枢纽运行控制的重要目标之一,随着多线、多级、大尺度、高水头船闸的建设,对通航水力安全提出了更高的要求。目前,随着我国船闸工程的发展,为了提高通航效率,闸室尺度和上下游水位差越来越大,并且在引航道宽度和水深基本不变的前提下,要求缩短输水时间,快速开启输水阀门,船闸灌泄水从上下游取、泄水流量越大,通航水流条件愈加复杂,而不利的水流条件有可能导致船舶及通航建筑物的破坏。例如葛洲坝三江船闸在 1982 年初 2# 和 3# 船闸同时泄水时发生了由于泄水长波运动而引起船舶擦底事故;麦克阿尔宾船闸上游引航道为最低通航水位时,船闸灌水引起了引航道中波幅高达 1.2 m 的水面波动,发生海事事故;京杭运河泗阳船闸和刘老涧三线并列船闸一线船闸泄水时,下游引航道内非恒定流在另一线船闸下闸首人字门处产生较大反向水头,导致过大的反向推力而损坏人字门启闭构件。为此,本章拟从船舶操控目标及航行特性出发,将通航过程划分为三个典型区域:引航道、口门区及下游航道,并分别提出其安全评价指标及部分控制条件,为枢纽调控条件下通航安全评价指标体系及评估区间划分提供依据及基础。

5.1   引航道内水流特点及评价指标

引航道是连接船闸闸首与主航道的一段航道,其作用是引导船舶迅速安全地进出闸室,它分为上、下引航道。船舶受引航道导航航行,在引航道内调顺、制动、停泊,对水流变化比较敏感,而引航道内水流却又很复杂,常出现一些不利的流态,所以为保障船舶进出引航道安全必须弄清引航道内的水流特点。

5.1.1   引航道内水流特点

引航道内常见非恒定流属于明渠非恒定流。明渠非恒定流是一种波动现象,主要依靠重力传播,与海洋或湖泊中的风成波不同。明渠非恒定流具有传递流量的性质,波动所到之处,河道断面水位及流量均会发生变化,各过水断面水位流量关系一般不是单质对应关系。在引航道内,非恒定流是一种传输水体的长波运动,周期较长,在船闸或升船机一端水位变幅最大。非恒定流波动分为内源波和外源波两种:内源波即波源来自引航道内部,是由于船闸短时间灌泄水所致;而外源波则是由电站负荷日调节及枢纽泄洪等在引航道内形成的不稳定波流。下面分别进行简单分析。

船闸灌泄水过程为一个不稳定流过程,其流量变化过程即流量由零增至最大,然后又逐渐减小至零。船闸输水时,引航道内将发生流量随时间变化的不稳定流,这种不稳定流所形成的长波运动将使水面变化,水面在发生倾斜的同时伴随有水流的纵向运动,如图 5-1 所示。在船闸灌水过程中,大量水体进入闸室,上引航道水位下降,在很短的时间内水位下降到最低点,这时引航道外的水位高于引航道,使水体向引航道倒灌。这样引航道水位不断上升,由于水体运动的惯性,使得引航道水位超过引航道的起始水位,而后回落,形成第一个周期,如此往复数次方趋平衡。引航道内的水面波动在闸前水域最大,距离闸门越远,水面波动的幅度越小,到口门附近幅度衰减尤快,口门外的波幅几乎为零。引航道的流速也有明显的往复现象,因水体存在明显的往复振荡现象,故称之为往复流。实际上,由于引航道不可能为无限长,引航道的断面亦不规则,推进波在运行过程中将会多次反射,而使波浪剖面发生变化,引航道中的波浪及水流呈周期性往复波动并逐渐衰减;在船闸泄水过程中,刚好相反,短时间内大量水体泄入下引航道壅高而产生非恒定波流运动,该波流具有推移波性质和传递流量的能力,其特征近似于洪水波使得水面呈周期性的上下波动而直接影响船只进出引航道或在引航道内停靠。泄水水量、流量增率以及最大流量是决定初始波波形的主要因素,因此双线闸室同时向引航道内泄水时整个引航道内的水位波动及流速都很大,通航水流条件十分恶劣。

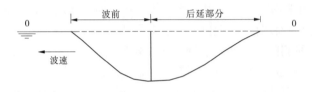

图 5-1　引航道推进波示意图

尽管船闸灌泄水时都会产生波动现象,但产生的波是有所不同的。船闸灌水时上引航道内水位下降引起的是落水波(负波),其波动是在静水位下传播的,推进方向与水流方向相反;而船闸泄水在下引航道引起的是涨水波(正波),其波谷水位高于静水位,推进方向与水流方向一致。无论是哪一种波,它们都属于变位波,在波及区域内,要引起当地流量和水位的改变。

外源波的产生相对内源波要复杂得多,它是由引航道外的水位变化、波动而引发的。大坝泄洪、电站日调节、风及坝前稳定流等均是主要动因。研究表明大坝泄洪、电站日调节等对上游引航道内水力特性影响甚微,因为上游已经库化了,水域面积和水深均很大,水利枢纽的运行不会引起上游水位明显的变化和波动,对船舶安全航行不构成威胁;但是对坝下游引航道通航水流条件却会产生很大的影响。李发政等研究指出在调洪过程中,由于涨水和落水在引航道这一“盲肠”河段内形成水体的往复运移和激荡,水面长时程抬升和跌落,并伴随产生一定周期的起伏,形成往复流和浅水重力长波运动。涨水过程中水体自口门向“盲肠”内倒灌并缓慢向封闭端运移,涨水波在推进过程中,遇边壁、弯道、岔道、束窄、封闭端反射,形成反射波,反射波与后续原生波叠加,水面隆起后又跌落。落水过程中“盲肠”内的水体经由口门向主河槽入汇,落水波逆向而行,在弯道、岔道、封闭端同样遭反射;快慢不一的相邻水体发生能量的转换和传递,形成次生波,导致水面起伏不断。薛阿强根据三峡船闸下引航道不稳定流试验指出船闸在不泄水的情况下,主辅廊道联合泄水在引航道内引起的波高,由船闸泄水波和外江恒定流随机波两部分组成。随着通航流量的增加,泄入引航道内的水量逐渐减少,相应的波高也随之减小。并且在波高中由恒定流产生的随机波占主要成分。由外江恒定流在引航道内产生的随机波,随着流量的增加而有所增加,其特性是频率高、周期短。

5.1.2　对船舶的不利影响

引航道中的这种不稳定波流是一种极为不利的流态,对船舶的航行安全威胁很大,主要表现为以下几个方面:

(1)由于波浪的传播将使引航道中水位高低起伏,当处于波谷时水位降低,从而减少了船底的富裕水深,引起船触底。如葛洲坝工程三江下游引航道,在 1982 年 1 月 30 日发生了东方红 32 号轮在离 2# 船闸出口 2.4 km 处擦底的事故,其主要原因即是 2# 船闸泄水时在三江引航道产生的不稳定波流使船底富裕水深减小 0.30 m 多。

(2)对停泊在引航道中的不系缆船舶,船舶由于受到波面坡降及水流速度的影响,由静止而开始运动,将使船舶互相碰撞或使船舶与船闸或与其他结构物相撞。因而,在引航道内不系缆停泊的船舶是不允许的,同时亦应避免在船闸输水时在有影响的引航道中进行停靠系缆操作。

(3)对停泊在引航道中的系缆船舶,将因水面坡降及水流速度而使系缆缆绳张紧受力。

西德学者 Partenscky 考虑到系缆绳的松、紧程度及水面坡降等因素,此力的最大值计算方法如下:

$$P_{max} = \sqrt{2EA_r(W_0 i_w - P_0)\frac{S - l_0}{S}} \tag{5-1}$$

式中:E 为缆索的弹性模量;A_r 为缆索的净断面面积;W_0 为船舶排水量;i_w 为水面坡度;P_0 为缆索的初始拉力;S 为缆索的弧长;l_0 为缆索的弦长。

他通过分析计算认为对于 $W_0 = 1\ 240\ t$ 的船舶,只要 $i_w \leqslant 1.3‰$,就不致产生什么危害;又认为当最大系缆力不超过船舶排水量的 1/600,过闸时使用的系缆索长度为 2~6 m 的情况下,闸室充水过程中的水面允许比降、波前和后延部分的比降 $i_w \leqslant 0.4‰$。

(4)对行驶中的单船或顶推船队,将因波浪通过时流速的影响而降低船舶的操纵性。

这个影响主要对船舶自河道进入引航道向船闸行驶时较为严重,由于这时船舶减速行驶,航速较低,当波浪运动的水流速度与船舶行驶方向一致时,将使船舶与水流的相对速度降低而影响到舵效和船舶或船队的操纵性,其影响将视船舶与水流相对速度变化的程度而定。

对上游引航道这种影响在第一次推进波在引航道运行时即发生,而对下游引航道则仅发生在当正推进波到达口门又以负的反射波返回时,由于波浪的衰减和叠加,在上游引航道波浪对船舶操纵性的影响将比下游引航道强。至于船舶出闸由引航道驶向河道,由于船舶是加速行驶,因此引航道中这种不稳定流的波浪运动不致对船舶的运行产生太大的不利影响。此外,由于船舶行驶遇到波浪区,船舶行驶阻力发生变化,原先的平衡被破坏,此时按波浪运动的方向,船舶将发生加速或减速运动。

(5)对行驶中的拖船队,由于水流速度的影响,将使拖绳上的力增加或减少,容易导致船舶失控,发生事故。

5.1.3　评价指标及控制条件

按照引航道内波浪运动特性及对船舶的不利影响,无论是内源波还是外源波,在船闸引航道内产生最大瞬时水面坡降和流速是衡量船舶安全航行的重要因素,而水面坡降和水流速度与波幅大小有相关关系。因此,引航道内评价通航水力安全的指标主要是流速、水面坡降和波动(水位波幅)。而为了保证引航道中船舶停泊安全和航行条件良好,必须对引航道中不稳定流引起的波高、坡降、流速等水力指标加以限制。

波兰在进行维斯杜拉河的渠化开发中做了引航道中波高小于 0.20 m、流速小于 0.40 m/s 的规定。法国的一船闸上游引航道给出了一个许可的涌波(波高 0.80 m,比降 2 cm/m),而在另两个船闸上游引航道负涌波分别限制为 0.30 m 和 0.40 m;在另一篇法国资料中也提出水面波动的变化最好以 0.3 m 为最大允许极限以及 1‰ 的最大水面坡降为宜。苏联规范(1980 年版)提出在连续两船闸之间有错让航道的情况下,闸门开启时的最大允许波高不可大于 0.2 m。美国圣劳伦斯海道上的船闸在其过渡河段规定波高约 0.304 8 m,已使用多年没有发生重大问题。我国的船闸规范中上游引航道中的纵向允许流速为 0.5~0.8 m/s,下游引航道中应不大于 0.8~1.0 m/s,对波高并未给出具体的限制,但引航道内波高不应超过 0.3 m 为宜。赵德志研究引航道中的水流要素最大值时初步提出以下允许值:①涌波 ≤30 cm 或最大波幅 ≤60 cm,且满足引航道中固定式码头对水位波动和人字闸门运转的要求;②水面比降 ≤1‰~1.3‰,要满足船舶(队)停泊和航行条件;③流速 ≤0.8~1.0 m/s,要满足船舶(队)航行条件和调度要求。

综合国内外文献资料及运行经验,引航道内通航安全评估区间如下。对于安全等级,流速 ≤0.5 m/s、水面比降 ≤1‰、波高 ≤0.3 m;对于基本安全等级,流速 0.5~1.0 m/s、水面比降 1‰~1.3‰、波高 0.3~0.6 m。

5.2 口门区通航水流条件及控制指标

5.2.1 控制指标

口门区及连接段是通航建筑物引航道与河流、水库、湖泊中航道相连接的区域,是船舶进出引航道的必经之地,又是河流动水与引航道静水交界的水域,因此存在着垂直航线方向的横向流速、沿航线方向的纵向流速、回流,有的情况还会出现泡漩等流态。当船舶航经该水域时,就会受到横向流速、纵向流速、回流等的作用和影响。为保证船舶航行的安全,这种水流的作用和影响必须控制在一定的范围内。目前,采用较多的控制指标有横向流速、纵向流速、航道中心线与主流向夹角。

5.2.1.1 横向流速

横向流速指与航线垂直方向的水流流速,是衡量船舶能否安全进出引航道口门的主要标准之一。其限值除受水流条件本身影响外,还与引航道口门布置和宽度、船舶性能等有关。目前,尚难准确地计算这些因素与横向流速的关系。引航道口门区的横向流速,因受枢纽泄水建筑物和导航、分水建筑物等边界条件的影响,常常分布不均,存在较大的流速梯度。行进中的船舶驶入有横向水流的口门区时,所受到横流压力与横向流速的平方成正比,船舶在该横向力的作用下,将会发生横向漂移。当横向流速为非均匀分布时,行驶在该水域的船舶受不均匀流侧压影响发生回转运动,使船舶偏离航向及航迹带,船舶为保持航向需操纵舵角,如果这种运动超出了船舶正常操作能力即舵力所允许的范围,就会出现失控,使船舶不能安全进入引航道内。如果引航道口门区的横向流速超过一定的限值,船舶也不能安全进入引航道口门。

5.2.1.2　纵向流速

纵向流速指与航线方向一致的水流流速,在口门区水流流速一定时,纵向流速与横向流速存在着共轭关系,横向流速允许值在一定条件下,纵向流速不可能很大。如限定水流与航线夹角不大于20°,横向流速为0.3 m/s时,则纵向流速只允许为0.8 m/s。由于上下游引航道口门区水流流向不同,其纵向流速的允许值可不同,即下游可比上游大些,但要视过闸船队的性能而异。下游引航道口门区的纵向流速主要视过闸船队顶流上驶能克服的流速而定。上游引航道口门区纵向流速的允许值,一是取决于船队航速和引航道长度,不同的航速能克服的流速不同,为了不过大地增加引航道长度,船舶在引航道口门区的航速不应太快;二是取决于航行安全,当船舶下行进引航道口门时,如果对岸航速较快,使船队在航行中的动能较大,以致对航向的任何改变都需要花较大的力量和较长的时间,同时当作用在船身的横向流速推动船舶向引航道口门外偏转和漂移时,即使适时操舵仍将不能按计划航线进引航道口门,船队可能会撞到堤头或泄水建筑物,因此水流的纵向流速值不应超过一定的限值。

5.2.1.3　航道中心线与主流流向的夹角

通航建筑物口门航道中心线与河流主流流向总是存在一定夹角,该角的大小将影响到船队进出引航道的安全。因船舶在航向与流向存在一定的夹角时,由急流区驶入缓流区(或静水区)或由缓流区(或静水区)驶入急流区,船队受到的水流作用力急速改变,而转弯航行更加剧了船队受到的水流作用变化,使船队发生偏转和横移。偏转和横移均需在允许范围内,船舶才能安全进出引航道,因而需要限制航向与流向间的夹角。

5.2.2　控制指标研究现状

为保证船舶(队)通航安全,发展航运,各国航运部门和学者对通航水流条件进行了研究,提出了相关控制条件及标准。

5.2.2.1　口门区

《通航建筑物应用基础研究》中提出了内河航运水流条件判别标准(包括横流标准)受多种因素制约,如航道等级、船舶(队)的操纵性能、船型、船队组成、载量、驾引技术、航道段特性等。

米哈依洛夫《船闸》中提出安全通航的规定,其中横流限制要求为:水流方向与航道轴线间允许夹角 $\theta \leqslant 15° \sim 20°$,航道允许纵向流速 $V_y \leqslant 2.0 \sim 2.5$ m/s,横向流速 $V_x \leqslant 0.2 \sim 0.3$ m/s,回流流速 $V_h \leqslant 0.4 \sim 0.5$ m/s。

苏联《船闸设计规范》(1975年版)规定,航道上允许纵向流速,对Ⅰ、Ⅱ级航道 $V_y = 2.0$ m/s,对Ⅲ、Ⅳ级航道 $V_y = 1.5$ m/s,对各级航道在引航道入口断面(包括引航道内)处,垂直于航道轴线的允许横向流速 $V_x \leqslant 0.25$ m/s,在引航道口门区范围内允许横向流速为 $V_x \leqslant 0.4$ m/s。

苏联《船闸设计规范》(1980年版)规定,引航道与水库(或河流)的连接段内,超干线及干线上航道允许纵向、横向流速分别为 $V_y \leqslant 2.5$ m/s, $V_x \leqslant 0.4$ m/s,地方航道及地方小河航道则分别为 $V_y \leqslant 2.0$ m/s, $V_x \leqslant 0.4$ m/s。

美国主要依靠船模航行试验,判断水流情况是否影响航行。如俄亥俄河上的贝利维利船闸下游引航道口门处 $V_y \leqslant 2.28$ m/s,$V_x \leqslant 0.3$ m/s,$V_h \leqslant 0.5$ m/s,满足船队安全进出引航道口门要求。通过水电站泄流对船闸下游引航道流场影响的研究,提出航行条件的临界允许值:当回流长度为任意值时,$V_h \leqslant 0.3$ m/s;当回流长度小于船队长度的一半时,$V_h \leqslant 0.61$ m/s。陆军工程兵团工程师手册 EMll10-2-1611,浅水航道规划设计中提到,经验表明:涡流超过 0.305 m/s 是有害的,影响船舶(队)航行程度取决于涡流的强度和驾驶人员的经验。

西德联邦水工研究所进行了大量的水利枢纽口门布置形式试验,得出口门区的最大允许横向流速一般为 0.3 m/s 左右。莱茵河伊赛次海姆水利枢纽船闸外港的模型试验中,对允许的横向流速进行了研究,认为除考虑水流因素外,还需考虑航道宽度、船舶的传动功率、操作灵敏程度及航速等因素,在这些因素有利的情况下可允许横向流速超过 0.3 m/s。

20 世纪 50~60 年代,我国在进行水利枢纽通航建筑物进出口条件试验研究中,认识到天然航道水流的复杂性和船舶性能的变化,在寻求安全通航水流条件的同时,从船舶(队)的适航性、稳定性等方面研究船舶(队)的安全指标,提出航速指标、舵效指标、横移指标、横倾指标、摇摆指标、船舶结构强度指标以及船舶动力指标等,并以这些水力指标与船舶航行安全指标一同作为优化进出口布置形式的依据。

我国在编制《船闸设计规范》(JTJ 261~266—87)过程中,对船闸的通航条件进行较全面的研究,进行了实船、船模及船模动态校核等项试验,得到了船舶(队)进出口门时安全的水力条件,并由试验得到顶推船队不同航速时相应的允许横向流速限值:$V_{航} \geqslant 8.51 V_x$,并要求船队在不均匀的横流航区,当发生偏转运动时,船队舵的转动力矩应大于横向流速对船体的转动力矩。最终在《船闸设计规范》(JTJ 261~266—87)及《船闸总体设计规范》(JTJ 305—2001)中均规定,引航道口门区水面最大流速限值:对于 I~IV 级船闸,纵向流速 $V_y \leqslant 2.0$ m/s,横向流速 $V_x \leqslant 0.3$ m/s,回流流速 $V_h \leqslant 0.4$ m/s;对于 V~VII 级船闸,纵向流速 $V_y \leqslant 1.5$ m/s,横向流速 $V_x \leqslant 0.25$ m/s。

我国在 20 世纪 70 年代开始应用遥控自航船模,并开发应用船模操纵模拟器等新技术,将研究船闸引航道口门区的斜流效应及减小横流的措施提高到一个新水平。经过研究提出了相应的规定,如船舶(队)航行漂角 $\beta \leqslant 10°$,船队航行操舵角 $\delta \leqslant 20°$ 等。

周华兴等在《船闸引航道口门区水流条件限制的探讨》一文中,由通航水流条件限值在使用中存在的问题,结合国内外通航水流条件限制,提出限值可提高为 $V_y \leqslant 2.2$ m/s,$V_x \leqslant 0.35$ m/s;$V_h \leqslant 0.45$ m/s,但作为标准实施,需进一步的论证工作。在《再论〈船闸引航道口门区水流条件限制的探讨〉》一文中,通过对水利、水电及航运(电)枢纽通航水流条件模型试验的成果资料的收集,对航运枢纽工程中水流与航运参数进行了归纳、统计和分析,得出在口门区航道宽度外侧边缘测点的纵、横向流速绝大部分超过限制值,大部分枢纽工程的舵角与漂角超过有关规定,但结论都是满足水流与航行条件的要求,因此认为口门区的水流条件限值可适当提高为 $V_y \leqslant 2.4$ m/s,$V_x \leqslant 0.35$ m/s,航行条件限值可适当提高为 $\delta \leqslant 25°$,但需要实船试验的进一步论证。

龚德成等通过嘉陵江凤仪场航电枢纽工程水流条件及船模试验成果分析,认为对 IV 级航道,在引航道口门至 1~1.5 倍船队长(针对顶推船队)范围内允许横向流速 $V_x \leqslant 0.3$ m/s,而对于 1~1.5 倍船队长以外的口门区范围内,允许横向流速 $V_x \leqslant 0.35$ m/s。

李一兵在《船闸引航道口门外连接段通航水流条件标准》中提出,对于 I~IV 级船闸,纵向流速 $V_y \leqslant 2.5$ m/s,横向流速 $V_x \leqslant 0.4$ m/s,回流流速 $V_h \leqslant 0.3$ m/s,连接段中心线与河道主流流向之间夹角不大于10°。

张声明等根据淮安水利枢纽实船和船模试验的成果,得到船队在横流的推压下,在增大漂角的同时,还会发生横向漂移,并整理得到船队横向漂移速度 V_f 与横向流速 V_x 的关系,即:

$$V_f = (V_x - a)/0.76 \tag{5-2}$$

式中:a 为系数,顶推船队取0.09;拖带船队取0.07。

陈永奎在水力学试验基础上,通过简化假设,建立了船舶在均匀和非均匀斜流场用舵条件下的横漂速度与横向流速关系式:

均匀斜流场:
$$V_f = \frac{B}{A}(1 - e^{-At})V_x \tag{5-3}$$

式中:t 为时间;A、B 为系数,在均匀斜流场中为常量。

非均匀斜流场和用舵:
$$V_f = \overline{V}_f + V_{fP} = \overline{V}_f \pm \frac{1}{2B_s}(\Delta \overline{V}_x)^2 t \tag{5-4}$$

式中:t 为时间;B_s 为船舶长度;$\overline{V}_f$ 为均匀横流 $\overline{V}_x$ 相应的横漂速度;$\Delta \overline{V}_x$ 为作用于船体上 V_x 非均匀部分沿船长方向的线平均值;V_{fP} 为舵力引起的横漂速度;V_{fP} 与 $\overline{V}_f$ 同向取正号,反向取负号。

5.2.2.2　连接区

苏联《挡土墙、船闸、过鱼及护鱼建筑物设计规范》中提到,水利枢纽和航运运河上船闸布置时,应考虑泄水建筑物及电站最大流量对航行条件不致产生不良影响,同时在引航道及其水库或河流相连接的区段内横流不应超出表5-1中所列的允许值。

表5-1　苏联引航道与水库或河流连接段的横流限值

航道	横流允许值(m/s)	
	引航道中	引航道与水库或河流的连接区段内
超干线及干线航道	0.25	0.4
地方航道及地方小河航道	0.25	0.4

注:当水利枢纽运行处于最不利的水力情况或当下泄设计频率的最大流量时,对于超干线航道(相当于我国的Ⅰ~Ⅲ级航道)不超过2%;对于地方航道(相当于我国的Ⅳ~Ⅶ级航道)不超过5%,引航道与水库或河流的连接区段的横流不应超过允许值。

葛洲坝枢纽大江船闸下游通航水流条件试验研究中的船模航行试验结果表明:连接段航道个别区域横向流速达到0.47 m/s时,船队模型在进出连接段时操纵有一定的难度,航态也不好,但对船队的航行未造成太大的影响。

三峡水利枢纽通航建筑物口门区及其连接段的通航水流条件试验研究中,根据1954年的淤积地形,坝前水位145.0 m,采用上游引航道全包方案,当 $Q = 35\,000$ m³/s 时,上游连接段个别点的纵横流速超标,$V_{ymax} = 2.16$ m/s,$V_{xmax} = 0.45$ m/s,基本满足通航水流条件要求;当 $Q = 45\,000$ m³/s 时,连接段 $V_{ymax} = 2.67$ m/s,$V_{xmax} = 0.39 \sim 0.62$ m/s,不满足通航水流条件的要求。

三峡枢纽通航水流条件试验研究中,交通部天津水运工程科学研究所综合船模在不同水流条件下连接段航道的航行试验情况,得出连接段航道的横向流速限制值:直线航道的上

行航线上 $V_x = 0.45$ m/s、下行航线上 $V_x = 0.40$ m/s；弯曲航道的上下行航线上 $V_x = 0.40$ m/s。

三峡枢纽坝区通航水流条件试验研究中，长江科学院通过永久船闸上游连接段船模航行试验发现，当纵向流速 $V_y = 1.9$ m/s、横向流速 $V_x = 0.5$ m/s 时，三、九驳船除航态稍差外，基本能顺利通过连接段；临时船闸上游连接段船模航行试验结果表明，当 $V_y = 2.8$ m/s、$V_x = 0.68$ m/s 时，三驳船队即使用 4.5 m/s 的航速行使，也基本无法正常航行。

西南水运工程科学研究所在三峡工程二期施工期通航设施航线规划及航道整治水工模型试验得出：临时船闸上游连接段航道中心线上的表面流速为 2~3 m/s，水流偏角为 10°~20°，航线附近最大横向流速为 0.6 m/s 左右；临时船闸下游连接段航道中心线上的表面流速为 0.2~3.2 m/s，水流偏角为 11°~22°，航线附近最大横向流速可接近 0.7 m/s。三驳一顶模型船队上行静水航速采用 4.5 m/s，下行静水航速采用 3.5 m/s；二驳一顶模型船队静水航速采用 3.8 m/s 时，均能顺利通过上下游连接段。三峡枢纽终结布置通航水流条件试验研究中综合船模在船闸上下游连接段航行试验结果提出：连接段航道内最大横向流速为 0.45 m/s。

在株洲枢纽通航水流条件试验研究试验中，口门外连接段航道内局部最大纵向流速为 2.4 m/s、最大横向流速为 0.48 m/s 时，船队上、下行静水航速采用 3.0 m/s，除航态稍差外，船模基本能正常航行，操纵难度不大。

在那吉航运枢纽通航水流条件试验研究中，观测了 10 年一遇流量 $Q = 3\,540$ m³/s 时的通航水流条件，连接段纵向流速一般为 2.2 m/s 左右，最大值为 2.39 m/s，横向流速一般为 0.35 m/s 左右，最大值为 0.54 m/s，当 $1 + 2 \times 1\,000$ t 船队在连接段的操舵角 20° 左右，漂角在 10° 左右，船队基本能上行。

周勤等结合嘉陵江苍溪、新政、金溪、凤仪场枢纽等工程，通过水工模型和船模试验研究认为船闸引航道口门外连接段出现回流的概率低，其水流条件主要由纵向流速和横向流速控制，对山区河流Ⅳ级航道，当连接段布置在主航道一侧时，其水流限值指标为 $V_y = 2.6$ m/s，$V_x = 0.4$ m/s。

李一兵等根据实船试验资料和船模航行试验资料，认为口门外连接段通航水流条件仍宜采用纵向流速、横向流速和回流流速指标来衡量。对于 Ⅰ~Ⅳ 船闸来说，其横向流速限值指标为 $V_x = 0.40$ m/s。在船闸引航道口门外连接段航道通航水流条件专题研究中根据三峡船模试验资料进一步得出横向流速与船舶、船队横漂速度、航向偏角的关系：

三驳船队： $\qquad V_f = 1.533 V_x - 0.020 \qquad V_x = 0.652 V_b \sin\beta + 0.013 \qquad$ (5-5)

六驳船队： $\qquad V_f = 1.490 V_x - 0.033 \qquad V_x = 0.671 V_b \sin\beta + 0.022 \qquad$ (5-6)

九驳船队： $\qquad V_f = 1.375 V_x - 0.043 \qquad V_x = 0.727 V_b \sin\beta + 0.031 \qquad$ (5-7)

式中：V_b 为船队的对岸航速，m/s；β 为船队航行偏角，(°)。

在《内河通航运河设计指南》中，对干线航道上操纵性良好的内燃机船，受侧向水道来水影响时，给出了允许的横向流速参考范围，如图 5-2 所示。图 5-2 中曲线适用于标准横断面的航道（$A_c/A_m = 7$，其中 A_c 为过水面积，A_m 为船舯面积），对狭窄横断面（$A_c/A_m = 5$）所允许的侧流速降低至 65%，对单行航道（$A_c/A_m = 3.5$）降低至 50%。若是从航道取水，其碍航程度相对较小，侧向流速允许高于曲线所示的 50%。

荷兰 Rijkswaterstaat 和 Delft 水力学试验室研究了解决横流问题的半经验方法：在几倍于船长的均匀横流流场中，水流对航行船舶的作用力，可通过测量在给定漂角下，船在静水中拖动时所受的力来概算，其漂移速度等于要模拟的横流速度，并指出横流的区域长度和脉

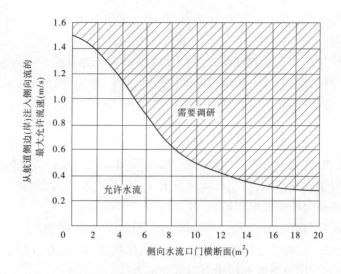

图 5-2　通航运河中是否需要调研侧向流

冲强度似乎是人工控制的船舶产生航迹偏差的主要因素。

　　德国 Rostock 大学考虑内河船舶大型化,采用数学模型与物理模型相结合方法,研究航行于浅水航道中的船舶受横流(横流范围为 0.5 倍船长,呈 U 形分布,最大横向流速为 0.3 m/s,最小为 0.05 m/s)作用的影响,数模结果与通过影像分析航模在航道中变化横流下航行的操纵试验数据吻合,船模能安全通航。

5.2.3　船舶航行的受力分析

5.2.3.1　无舵角航行

　　船舶采用不操纵舵角的航行方式沿预设航线穿越不均匀横流区时,船舶受力主要为自身的推力 F、平行于船体的水流阻力 R'_y 及垂直于船体的横流作用力 R'_x。垂直船体的横流作用力 R'_x 可等效为作用于船舶重心 O' 的横流力 R''_x 和力矩 M_{yx},如图 5-3 所示。船舶在平面上的运动既有平动又有转动。

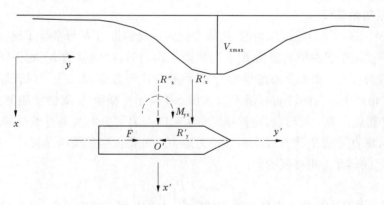

图 5-3　船舶无舵角航行时沿程横流变化及受力示意图

横流对船体的作用力可用下式表示:

$$R'_x = \frac{1}{2}\rho C_q L_s T V_x^2 \tag{5-8}$$

式中：ρ 为水的密度；L_s 为船舶垂线间长度；T 为船舶平均吃水深度；C_q 为流压力系数，与流舷角、水深吃水比有关，需通过实船或船模试验测定。

设 $K_a = \frac{1}{2}\rho C_q L_s T$，则

$$R'_x = K_a V_x^2 \tag{5-9}$$

由式(5-9)可知，航行于横流中的船舶受到的横流作用力与横向流速的平方成正比。船舶在该作用力下发生横向漂移，船舶自身的推力 F、水流阻力 R'_y 则使船舶纵向前进，三者作用力的共同结果使得船舶做平移运动。

当横向流速不均匀分布时，船舶将受到不均匀侧向流压，使船舶发生转动。若简化横流沿船长方向按线性分布，船头处横流为 $V_x + \Delta V_x$，船尾横流为 V_x，并近似地认为船体重心为船体中心，则由不均匀横流造成的转船力矩可表示为：

$$M_{yx} = R'_x a = \frac{1}{2}\rho C_q L_s T \left(\frac{1}{2}\Delta V_x\right)^2 \frac{1}{6}L_s = \frac{1}{12}\rho C_q L_s^2 T (\Delta V_x)^2 \tag{5-10}$$

式中：a 为不均匀横流合力作用点至船舶重心的距离，当船体重心与中心重合时，$a = \frac{1}{6}L_s$，ΔV_x 为横流不均匀程度。

设 $K_b = \frac{1}{12}\rho C_q L_s^2 T$，则

$$M_{yx} = K_b (\Delta V_x)^2 \tag{5-11}$$

可见，作用于船体上的力矩大小与沿船体上的横流不均匀程度有关，当横向流速越不均匀，由转动力矩造成的漂角也相应越大。

船舶航行试验也表明：船舶在航行过程中一方面平行于预设航线前进，另一方面又垂直于预设航线被推离航线，同时在航行的过程中逐渐与预设航线产生偏角。随着横流大小及不均匀程度的增大，偏角逐渐增大，到达极值后因横流减小、分布反向，偏角逐渐减小。

5.2.3.2 无艏向角航行

船舶在横流区沿预设航线航行时，船体除受到自身的推力 F 与平行于航线的水流阻力 R_y 外，还受到横流引起的横向推力 R_x。当横流不均匀时，横向推力 R_x 的作用点偏离船重心，R_x 可等效为作用于船舶重心的横流力 R'_x 和平面转动力矩 M_{yx}，为了保证船位与航线平行，需操纵舵角产生反向的转动力矩 M_{xy}，如图5-4所示。横流力 R'_x 促使船舶横向漂移，转动力矩 M_{yx} 使得船舶顺时针转动，由操纵舵角引起的力 P 可分解为垂直航线的 R_x 以及平行于航线的 R_y，垂直分量 R_x 产生反向的转动力矩 M_{xy}，亦促使船舶横向漂移。

舵力引起的转动力矩可表示为：

$$M_{xy} = l_P P \cos\delta \tag{5-12}$$

式中：l_P 为舵上水压力作用点至船舶重心的距离，$l_P \approx 0.5 L_s$；δ 为舵角；P 为舵上水压力，可采用式(5-13)确定：

$$P = \frac{1}{2}\rho C_P A V_r \tag{5-13}$$

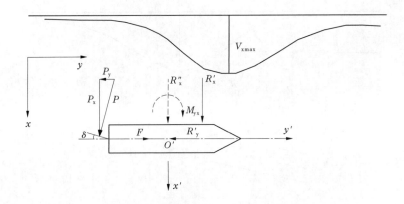

图 5-4 船舶无艏向角航行时沿程横流变化及受力示意图

式中：C_p 为流压力系数，与舵角、水流方向有关；A 为舵面积；V_r 为舵叶对水航速，与船舶车速、舵角、水流大小及方向、船舶上下行等有关。

将式(5-13)代入式(5-12)，并令 $K_c = \dfrac{1}{2}\rho C_p A l_p$，可得：

$$M_{xy} = K_c V_r \cos\delta \tag{5-14}$$

可见，舵力转动力矩与舵角及舵叶对水航速有关，当船舶穿越横流不均匀程度较大的区域时，船舶需操纵较大的舵角或加速前行时方可抵抗不均匀横流在船体上造成的转动力矩。

当船舶穿越横流峰值 V_{xmax} 后，不均匀横流在船体上的分布反向(船体后半部分值大于前半部分)，导致转动力矩 M_{yx} 变为逆时针方向，船舶需操纵右舵以阻碍船体逆时针转动，此时，垂直分量 P_x 产生反向的转动力矩 M_{xy} 起到阻碍船舶转动。试验资料也表明：沿程横流不均匀区域，船舶需相应操纵舵角以阻碍船舶的转动，横流不均匀程度越大，船舶操纵的舵角值也相对较大；当沿船体上的横向水流分布反向时，船舶操纵的舵角也相应反向。

5.2.3.3 限制航路航行

限制航路航行船舶受力情况与无艏向角航行方式基本一致，但因艏向角存在，船舶受力方向与航道中心线不一致，当船舶所受外界水流作用力及自身推力的合力方向偏离航线方向时，船将偏离航线，此时需操纵舵角调整艏向角以保持船舶沿预设航线航行。垂直于船体的横流力 R'_x 及平行于船体的水流阻力 R'_y 是横向流速与纵向流速共同作用的结果，并需考虑艏向角影响，见图5-5。

5.2.3.4 限制航路航行时速度矢量分析

船舶限制航路航行时，横向流速与船舶航行参数的关系比较复杂，分析船舶上下行过程中的速度矢量图，如图5-6所示。图中 V_s 为纵、横向水流的合成速度，与船舶的静水航速 V_0 合成后为船舶的对岸航速 V_b，对岸航速可分解出垂直于船舶的横向速度 V'_x，横向速度 V_x 及垂直于船舶的横向速度 V'_x 可分别由下式表示：

$$V_x = V_s \sin\theta \tag{5-15}$$

$$V'_x = V_s \sin(\theta \pm \alpha) \tag{5-16}$$

式中：V_s 为水流的合成速度；θ 为水流合成速度与设定航线之间夹角；α 为艏向角，"+"表示船舶下行，"−"表示船舶上行。

由式(5-15)、式(5-16)可知，航道内横向流速较大时，船舶上行扬艏顶着水流穿越横流

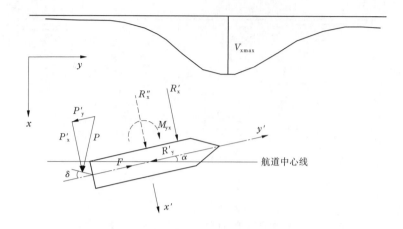

图 5-5　船舶限制航路航行沿程横流变化及受力示意图

区，$V'_x < V_x$，可减小横流对船体的作用力；下行穿越横流区时，船舶仍需扬艏顶流并采用较大的车速，此时，虽 $V'_x > V_x$，增加了对船体的横流力，但凭着船舶自身较大的推进力仍可抵抗横流力防止被横流推离航线。

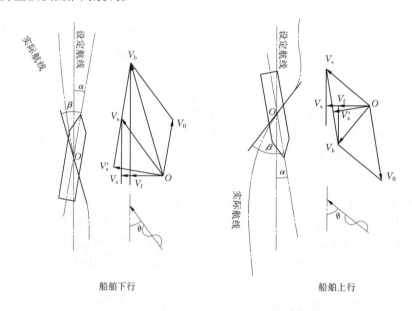

船舶下行　　　　　　　　　　　　　船舶上行

图 5-6　船舶限制航路中航行时速度矢量图

由于航线附近 V_s 沿程大小、方向均不断变化，船舶为了保持船位的平衡，需不断调整艏向角，当船舶自身的推进力与水流作用力在某一方向失去平衡后，船舶因惯性的作用而偏离航线，这时船舶需要操纵很大的舵角以迅速达到更大的艏向角，以恢复船舶的正常平衡船位。由于艏向角的不断人为调整，船舶受力情况复杂，船舶航行参数与横向流速之间关系亦复杂。

5.2.4　口门区船舶航行特性

目前，口门区通航水流条件控制未能充分考虑通航水流条件与船舶航行特性的关系，而实际上船舶在水流中的运动是其本身的操纵运动和水流等对其作用的综合结果。本节依托思林水电站枢纽工程,采用自航船模试验的方法,研究口门区船舶航行特性。

5.2.4.1 工程概况

思林水电站位于长江上游支流乌江上,是乌江干流的第八级梯级电站,距上游构皮滩水电站 89 km,距下游沙沱水电站 115 km,距乌江河口涪陵市 366 km。

思林水电站枢纽工程为一等工程,工程规模为大(1)型。枢纽拦河坝采用碾压混凝土重力坝,坝身表孔泄洪,戽式消力池消能防护;右岸布置引水发电系统,厂房为地下式布置;左岸布置单级垂直升船机。

碾压混凝土重力坝坝顶高程 452 m,最大坝高 117 m,坝顶全长 326.5 m。引水系统采用一洞一机单元式供水方式,安装 4 台 262.5 MW 水轮发电机组,单机引用流量 468.4 m³/s。

思林水电站垂直升船机布置于溢流坝段左侧,按钢绳卷扬机平衡重式垂直升船机方案设计。过坝船舶吨位 500 t 级,年过坝能力为 375.69 万 t。升船机由上游引航道、过坝渠道、升船机本体段(包括上闸首和塔楼)、下闸首及下游引航道等主要部分组成,全线总长 951.80 m。下游引航道紧靠左岸布置,全长 441 m,起止桩号为航 0+172.4 m 至航 0+613.4 m,为向左侧单向扩宽形式。由下闸首开始依次布置有导航段、调顺段及停泊段,该三段直线布置,总长约为 220 m,底板高程为 360.00 m。下游导航段及调顺段紧靠下闸首布置,为渐变形式,其宽度由 12 m 逐渐扩大至 38 m,总长为 164.5 m。调顺段后接停泊段,长 56 m,净宽 38 m,其左侧设有四个靠船墩。停泊段后接半径 220 m,中心角为 15°的圆弧转弯段,宽 38 m,底高程为 360.0 m,转弯段后为直线段口门区,与主航道相接。

水库正常蓄水位 440 m,上游最高通航水位 440 m,上游最低通航水位 431 m;下游最高通航水位 374.6 m,下游最低通航水位 363.3 m。最大通航流量 4 420 m³/s,最小通航流量 193 m³/s,通航船型尺寸 55 m×10.8 m×1.6 m(长×宽×吃水)。

5.2.4.2 自航船模

思林垂直升船机代表船型为 500 t 级机动驳船,设计尺寸为 55 m×10.8 m×1.6 m(长×宽×吃水)。

船模作为实船在水中运动的一个力学过程的模拟,应该满足几何相似和重力相似条件。对于满足几何相似的船模,其几何尺度、形状、吃水和排水量都应与实船相似;对于满足重力相似条件的船模,其运动速度及时间也应与实船相似。与物理模型一致,船模设计为几何正态,比尺为 1:80,根据量纲分析,对于几何正态的船模,其物理量之间的比尺关系如下:

几何比尺:$\lambda_L = 80$ 　　　　　　　　吃水比尺:$\lambda_L = 80$

排水量比尺:$\lambda_V = \lambda_L^3 = 512\ 000$ 　　　速度比尺:$\lambda_v = \lambda_L^{\frac{1}{2}} = 8.944$

时间比尺:$\lambda_T = \lambda_L^{\frac{1}{2}} = 8.944$

船体采用玻璃钢制作。先按实船的线型图分别做出船体的外形阳模,再用阳模翻制出船体阴模,然后在阴模中浇制玻璃钢船体。经过整形、上隔舱、封甲板、打磨、刷漆等工艺,制作出满足外形尺度、强度等要求的玻璃钢船体。螺旋桨和舵加工完后,按照实船总体布置图、舵系图和桨系图进行安装。根据《内河航道与港口水流泥沙模拟规程》的要求,船模在制作过程中主要严格控制船体水线以下部分尺寸的精确度。对上层结构则进行了简化,以便减轻质量。船模见图 5-7。

图 5-7　船模实物

1.静水性能

船舶的静水性能主要是指船舶在静水中的吃水、排水量、浮态及重心位置等。船体制作完工后，进行了精心配载，从而使船模与实船在静水中的排水量、吃水量及平面重心位置达到相似要求。

2.航速

航速率定在静水中进行。首先检验并调整船模的直航稳定性，然后调整螺旋桨的转速，使船模的航速与实船相似。

3.运动和操纵性能

船模操纵性能是指受驾驶者的操纵而保持或改变其运动状态的性能，反映了船舶航行过程中的航向稳定性以及避免碰撞时的机动性。根据国内船模试验资料，目前 1∶80 比尺的船模均会因缩尺而产生尺度效应，需要进行修正。由于没有设计船舶的实船试验资料，对本试验的船模按已有类似比尺船模的试验结果，采用减小舵面积的方法改变舵效，进行了尺度效应修正。本船模舵面积为实船舵面积的 75%，对舵面积修正后，单船的左、右舵 35°，回转半径均为 150 m，是单船长度的 3 倍左右。

5.2.4.3　船舶的横漂速度

航行中的船舶受到横向水流及船舶自身的操舵作用将会横向漂离航线，船舶横向漂离的速度称为船舶的横向漂移速度，简称横漂速度 V_f，该速度是横流对船舶航行产生影响的一个重要效应，直接反映了船舶偏航程度的大小，通常横漂速度小于横向流速。

横漂速度可由下式表示：

$$V_f = V_b \sin\psi \tag{5-17}$$

式中：V_b 为船舶对岸航速；ψ 为船舶航向角（$\psi = \beta - \alpha$）；β 为船舶航行漂角；α 为船舶艏向角。

船舶无艏向角航行试验中虽基本保证船位与航线平行，但实际航行过程中船舶仍存在一定的艏向角，只是数值较小，在横漂速度计算中统计了艏向角不超过 2° 的试验数据，并按式(5-18)计算了相应的横漂速度。影响船舶横漂速度的因素，除横流大小与船舶自身因素（主要指船舶的车速大小及操舵情况）外，可能与纵向流速大小有关。船舶车速大小和纵向流速大小可由对岸航速来表达。根据统计后的试验资料，点绘了船舶在对岸航速分别为 2.0 m/s、3.0 m/s 下横漂速度与横流大小之间的关系，如图 5-8 所示。

由图 5-8 可见，V_f 与 V_x 间基本成线性关系，令其形式为 $V_f = kV_x + n$，由于船舶横向亦受水流阻力作用，当横流力达到某一值时方能克服水流横向阻力发生横向漂移，即 V_x 由 0 逐

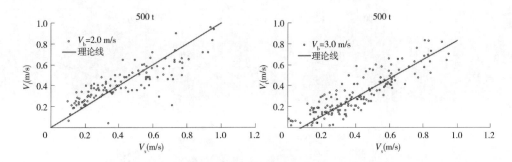

图 5-8　船舶不同对岸航速下横漂速度与横流大小关系

渐增至某一值时方产生横漂速度,之前 $V_f = 0$,故 $n \leqslant 0$。可见,船舶横漂速度主要与横向流速有关,但同时受对岸航速及船型的影响。横流是船舶产生横漂的直接动力,横流越大,横漂速度就越大;对岸航速越大,船舶受横流影响较小,其横漂速度亦小;对不同船型,船舶吨位越小,惯性就越小,受横流影响就越大。综合横流速度和对岸航速对横漂速度的影响,如图 5-9 所示,可得关系式:

$$V_f = 0.99 \frac{V_x}{V_b^{0.1}} - 0.06 \tag{5-18}$$

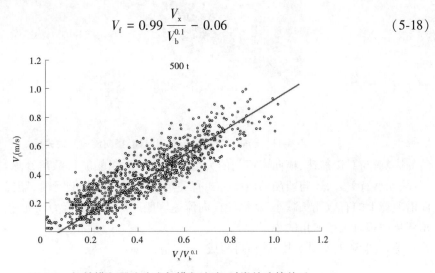

图 5-9　船舶横向漂移速度与横向流速、对岸航速的关系

5.2.4.4　船舶航行漂角

船舶航行于横流区因受横流力的作用,其航迹线逐渐偏离预设航线,使得船舶中轴线与船舶重心处航迹线切线成某一夹角,该夹角称为船舶航行漂角 β。

根据无舵向角航行试验资料,点绘了船舶在对岸航速为 2.0 m/s、3.0 m/s 时的船舶航行漂角 β 与船体上的平均横向流速 V_x 之间的关系图,如图 5-10 所示。可见,船舶航行漂角与横向流速呈现线性关系,当横向流速增大时,船舶航行漂角也增大。

船舶航行漂角 β 与横流速度、对岸航速及船型有关,漂角 β 与横向流速间的关系式并不一致,不是单纯的线性关系,如图 5-11 所示。横流仍是船舶产生漂角的直接动力,因而船舶吨位越小,受其影响越大;对岸航速越大,船舶受横流的影响较小,其对船舶的漂角有抑制作用,漂角随着对岸航速的增大而变小。

船舶在限制航路航行时,在进入横流区前需预先扬艏,漂角同时受频繁操舵及船舶艏向

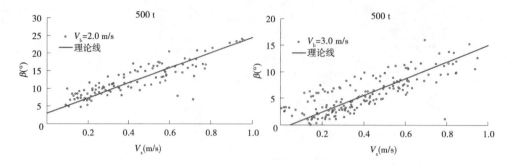

图 5-10　船舶不同对岸航速下漂角与横向流速大小间关系

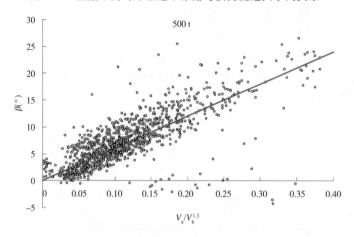

图 5-11　船舶航行漂角与对岸航速、横向流速间的关系

角的影响,与对岸航速、横向流速间的关系见图5-12。船舶航行漂角 β 除与对岸航速、横向流速、船型有关外,还与船舶的航行方式有关。船舶限制航路航行时,艏向角的存在使得船体沿航线上的有效船长减小,从而使横向流速对船舶产生的横流力较无艏向角时小,航行漂角变化率相对无艏向角的小。

综合图5-11及图5-12,漂角可写成一般式:

$$\beta = k_2 \frac{V_x}{V_b^{1.3}} L_s + p \tag{5-19}$$

式中:β 为船舶航行漂角;L_s 为船舶长度;k_2 为与船舶航行方式、船型有关的系数;p 为初始漂角,与船舶的航行方式有关(无艏向角航行时为0);V_x 为垂直于规划航线的横向流速;V_b 为对岸航速。

5.2.4.5　航迹带宽度

由于船舶航行漂角的存在,船舶航迹带宽度 B_f 将增加。根据无艏向角航行试验资料,点绘了船舶操纵舵角在左右25°之内、对岸航速分别为2.0 m/s、3.0 m/s时的航迹带宽度 B_f 与船体上的平均横向流速 V_x 之间的关系图,如图5-13所示。

由图可见,航迹带宽度 B_f 与横向流速、对岸航速及船型有关,航迹带宽度与横向速度间的关系式并不一致,不是单纯的线性关系。航迹带宽度受影响的主要因素为对岸航速,其次为横向流速。横流仍是船舶产生漂角的直接动力,因而船舶吨位越小,受其影响越大;对岸航速越大,船舶受横流的影响较小,其对船舶的漂角有抑制作用,航迹带宽度随之减小。

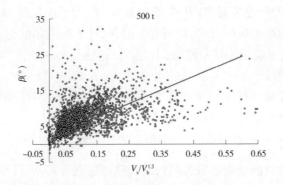

图 5-12　限制航路航行时船舶航行漂角与对岸航速、横向流速间的关系

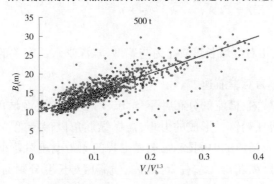

图 5-13　无艏向角航行时航迹带宽度与对岸航速、横向流速间的关系

船舶在限制航路航行时,在进入横流区前需预先扬艏,漂角同时受频繁操舵及艏向角的影响,从而影响航迹带宽度。航迹带宽度与对岸航速、横向流速间的关系见图 5-14。

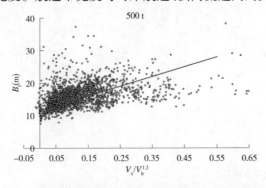

图 5-14　限制航路航行时航迹带宽度与对岸航速、横向流速间的关系

可见,船舶航迹带宽度除与对岸航速、横向流速、船型有关外,还与船舶的航行方式有关。船舶限制航路航行时,由于艏向角的存在使得船舶沿航线上的有效船长减小,从而船体上的横流力相对无艏向角的小,航迹带宽度变化率相对无艏向角的小。

当横流不存在(即 $V_x = 0$)时,船舶以无艏向角航行,理论上,航迹带宽度与船舶型宽一致,即 $B_f = B_s$。船舶在限制航路航行时,由于初始漂角的存在,使航迹带宽度增大。故航迹带宽度可写成一般式:

$$B_f = k_3 \frac{V_x}{V_b^{1.3}} L_s + q B_s \qquad (5\text{-}20)$$

式中：B_f 为船舶航行的航迹带宽度；B_s 为船舶宽度；L_s 为船舶长度；k_3 为与船舶航行方式、船型有关的系数；q 为船舶航行方式、船型有关的系数（无艏向角航行时为1，限制航路航行时大于1）；V_x 为垂直于航线的横向流速；V_b 为对岸航速。

5.2.4.6 船舶航行的漂距

在横流作用下，船舶将产生一定的横漂速度及航行漂角，当船舶穿越航线附近横流区后，船舶将横向偏离初始船位一定距离，该距离为船舶的漂距 ED。漂距的大小一方面取决于横漂速度 V_f 的大小，另一方面取决于船舶航行于横流区的时间 t。船舶穿越横流区的时间 $t = \dfrac{L}{V_b}$（L 为某一数值的横流区域长度），结合横漂速度公式，可得到下式：

$$ED = V_f \times t = \left(k_1 \frac{V_x}{V_b^{0.1}} + n\right) \times \frac{L}{V_b} = k_4 \frac{V_x}{V_b^{1.1}} c L_s \qquad (5\text{-}21)$$

式中：$c = \dfrac{L}{L_s}$，c 为横流相对区域长度；k_4 为与船型、水深吃水比有关的系数；V_x 为垂直于规划航线的横向流速；V_b 为对岸航速。

实际上，在横流区域内，横流的分布并不均匀，V_x 是该横流区域内横向流速的平均值，船舶为克服不均匀横流在船体上形成的力矩，需操纵舵角以保持船位。当船舶对岸航速较大时，由于船舶沿程遭受横流的时间较短，船舶沿程的漂距也相对较小。根据无艏向角试验资料，统计了两种船型操纵舵角在左右 25° 之内，横流相对长度分别为 0.25、0.5、0.75、1.0 的船舶漂距与 $\dfrac{V_x}{V_b^{1.1}}$ 之间的关系，如图 5-15 所示。

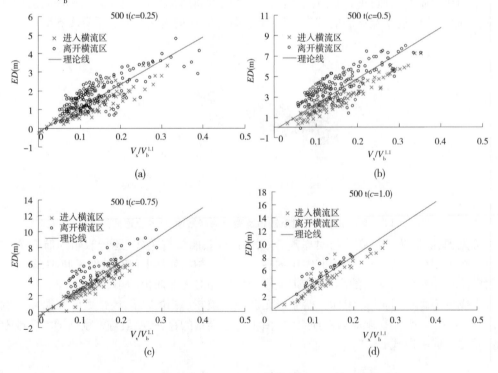

图 5-15 船舶不同横流区域长度下漂距与 $V_x/V_b^{1.1}$ 间的关系

可见,漂距不仅与横向流速、对岸航速、船型有关,还与船舶穿越的横流区域长度有关,综合横流区域长度可得到如图 5-16 所示关系图。

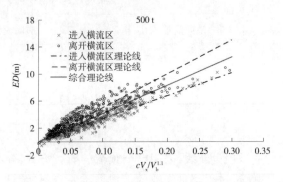

图 5-16　航行漂距与 $cV_x/V_b^{1.1}$、航行过程间的关系

横向流速越大,漂距越大;对岸航速越大,船舶穿越横流的时间越短,漂距越小;船舶所穿越的横流区域长度越小,漂距越小;船型较小时,同样水流条件下漂距较大;船舶进入横流区航段的漂距较离开横流区航段的漂距小。漂距可写成一般式:

$$ED = k_5 c \frac{V_x}{V_b^{1.1}} L_s \tag{5-22}$$

式中:ED 为船舶的航行漂距;L_s 为船舶长度;k_5 为与船型、航行过程有关的系数;$c = \dfrac{L}{L_s}$,c 为横流相对区域长度;V_x 为垂直于航线的横向流速;V_b 为对岸航速。

5.2.5　评价指标及控制条件

《通航建筑物应用基础研究》一书中对船舶安全航行的衡量标准进行了说明:如果试验中用了过大的舵角(20°或 25°以上)、出现了过大的漂距、船模在航行中危险的接近了航道底部和边缘或船舶采用规定的最高车速仍不能上滩,则认为航道是不安全的;反之,航道是安全的。

通常船舶的最大舵角为 35°,该舵角值一般是使船舶具有最大转船力矩的舵角。船舶航行于口门区时,除受横流作用外,常伴有其他外力(如风、临近船的兴波等)作用的叠加影响,为克服这种外力影响,必然要消耗部分舵力,所以船舶安全行驶舵角一般不超过 20°~25°,大于该舵角值说明船舶已经处于事故临界状态。因此,确定船舶安全航行的舵角值为 25°。

5.2.5.1　无艏向角航行

根据上节中得到的船舶航迹带宽度及航行漂距的关系式(考虑船舶左右操纵舵角不超过 25°,其中航行漂距公式选择综合船舶进入和离开横流区的漂距关系式),由此确定船舶在对岸航速分别为 2 m/s、3 m/s 下的横向流速限值指标,列于表 5-2。

表 5-2   船舶在各对岸航速下的横流限值指标（无艏向角航行）

对岸航速 （m/s）	横向流速限值指标	
	横向流速大小（m/s）	横向流速相对区域长度 c
2	0.17	1.17
3	0.29	1.08

5.2.5.2   限制航路航行

限制航路航行时，为通过预设航线，采用扬艏顶流的航行方式，航行过程中一旦船舶触及航道边线就认为后面的航行过程都是失败的。根据试验资料，统计了船舶在各水流条件下，在安全航行段最大横向流速附近约 1 倍船长的航行参数值，并据此绘制了横向流速与对岸航速关系，如图 5-17 所示。船舶在限制航路中航行时，船舶安全航行的横流限值呈现带状分布，这是因为各驾驶人员的航行经验不同，可能以不同的船舶初始船位、艏向角穿越横流区，因而横流限值存在一定的范围。对岸航速分别为 2.0 m/s、3.0 m/s 时的横流限值平均值列于表 5-3。

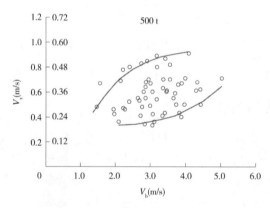

图 5-17   限制航路船舶安全航段横流限值图

表 5-3   船舶在各对岸航速下的横流限值指标（限制航路航行）

对岸航速 （m/s）	横向流速限值指标	
	横向流速大小（m/s）	横向流速相对区域长度 c
2	0.28	1.00
3	0.38	1.01

综合国内外文献资料及口门区内船舶航行特性，口门区内通航安全评估区间如下。对于安全等级，纵向流速≤2 m/s、横向流速≤0.3 m/s、回流流速≤0.3 m/s；对于基本安全等级，纵向流速 2~3 m/s、横向流速 0.3~0.4 m/s、回流流速 0.3~0.4 m/s。

5.3 下游航道通航水流条件及控制指标

对大型水利枢纽而言,为满足发电、泄洪需求,水利枢纽在运行过程中工况切换频繁,下泄流量变幅和变率较大,故不可避免地在下游航道内产生非恒定流现象,引起水位波动及表面波浪,威胁船舶航行安全。

5.3.1 水流条件对船舶航行的影响

5.3.1.1 水流流速

为保证船舶的安全航行,航道内的表面流速不能过大。当表面流速过大时,上行船舶的推力不能克服逆流阻力而前进,下行船舶的舵效不能发挥,使船舶操纵困难。电站日调节期间下泄的非恒定流使得坝下游河段流速不断地发生变化,甚至某些河段可能产生回流、泡水、漩水、滑梁水、扫弯水等不良流态,船舶航行方向与水流流向不一致,船舶受侧向水流力影响而偏离正常航线,将造成航运安全隐患。

5.3.1.2 水面比降

船舶逆水航行,除要克服水流阻力外,还要克服水面比降引起的坡降阻力。坡降阻力大小取决于船舶排水量和水面坡降,当船舶排水量一定,水面比降越大,阻力越大。川江有些急流滩,水面局部比降(一个船队长)达到 6‰~10‰,在此情况下,水面坡降阻力一般大于水流阻力。

船舶上驶通过急流河段,必须克服水流阻力和坡降阻力,并且需要有一定对岸航速。按规定,在桥区河段,最小对岸航速为 4 km/h;过急流滩,最小对岸航速 3.6 km/h 左右;在最困难的很短的局部河段,最小对岸航速应大于 1.8 km/h,船舶才能控制。

5.3.1.3 水位变幅

水位变幅对航道尺度的影响主要表现在航深的变化,一是随着电站及泄水建筑物的运行,坝下河床出现冲刷下切,水位逐年下降,直至达到新的水沙平衡;二是坝下沿程水位波动频繁,谷底水位取决于电站瞬时下泄流量的大小,当瞬时下泄流量小于设计流量时,谷底水位将低于设计水位,造成浅滩段航深不足。另外,水位变幅过大也会影响升船机船厢对接、码头及港区的船舶作业与锚泊停靠的正常进行。例如,赣江万安枢纽,因电站调峰,近年来枯季每日只夜间发电 3~4 h,其余时间只发一点厂用电,下泄流量极小,万安至吉安 115 km 河道基本断流,无法航行。富春江七里垄电站,1976 年 5 月一艘 20 t 的石灰船停在坝下 2.5 km 的沙湾码头卸货,电站突然关机停水,水位骤减,船舶断缆翻沉;同年 7 月该港又有一艘停靠码头装石灰的船只,因电站突然开机发电,码头前水位猛增,船舶受冲击沉没。湖南柘溪枢纽自投入运用到 1986 年,船舶发生搁浅、翻沉事故共 325 艘次,损失船只 172 艘。贵州乌江渡电站,枯季下泄流量原定为 200 m³/s,1989 年元旦前后,由于电力调度关系,下泄流量骤减至 100 m³/s 左右,致使下游龚滩至武隆断航。

5.3.2 船舶自航上滩能力

下游航道中,船舶正常航行的基本条件必须是船舶有效推力大于水流阻力,有效推力与主机功率、船舶排水量及船型有关,水流阻力则主要受水流流速、比降的影响。

5.3.2.1 船舶有效推力

船舶有效推力与其功率大小和对水航速等有关,可用下式进行估算:

$$T_0 = \frac{75eH_p}{V_s} \tag{5-23}$$

式中:T_0 为机动船有效推力;H_p 为主机总功率;e 为有效推力系数;V_s 为上水船的船水相对速度,$V_s = V_f + V_w$,V_f 为水流表面流速,V_w 为船舶上行时应保持的最低对岸速度。

5.3.2.2 船舶航行阻力

船队航行时不仅需要克服水流阻力 R_v,还要克服比降阻力 R_J,其计算方法分别如下。

船队水流阻力包括驳船的水流阻力和机动船的水流阻力,分别用 R_{v1}、R_{v2} 表示,故船队水流阻力可表示为:

$$R_v = R_{v1} + R_{v2} \tag{5-24}$$

其中,驳船水流阻力为:

$$R_{v1} = f\Omega V_1^{1.83} + \xi_1 \delta A_m V_1^{1.7 + 0.03 V_1} \tag{5-25}$$

机动船水流阻力为:

$$R_{v1} = f\Omega V_1^{1.83} + \xi_2 \delta A_m V_1^{1.7 + 4Fr} \tag{5-26}$$

式中:f 为摩阻系数,钢壳船取 0.17;V_1 为考虑浅水影响,修正后的水流对船舶的相对速度,$V_1 = \eta V_s$,η 为因浅水、窄槽、紊流等影响引入的相对流速修正系数,可取 $\eta = 1.15 \sim 1.30$;A_m 为船舶浸水部分舯剖面面积;Fr 为船舶佛氏数;Ω 为船舶浸水面积,按下式计算:

$$\Omega = L(1.8T + \delta B) \tag{5-27}$$

式中:L 为船长;T 为船舶吃水;B 为船舶型宽;δ 为船舶方形系数。

ξ_1 为驳船剩余阻力系数,在长江一般为 6.0;ξ_2 为机动船剩余阻力系数,按下式计算:

$$\xi_2 = \frac{17.7\delta^{2.5}}{(L/6B)^3 + 2} \tag{5-28}$$

船队比降阻力计算方法如下:

$$R_J = \beta w J \tag{5-29}$$

式中:w 为船队总排水量;J 为船队长度范围内的平均比降;β 为船队上滩时对水面比降的修正系数,大型船舶取值为 1.05,中小船队取值为 $1.1 \sim 1.2$。

船舶航行总阻力为:

$$R = R_J + \sigma R_v = R_J + \left(\sum_{i=1}^{j} R_{v1i} + R_{v2} \right) \tag{5-30}$$

式中:σ 为船舶编队系数;j 为驳船数。

5.3.3 评价指标及控制条件

枢纽运行调控对下游航道产生的非恒定流是一种重力长波和往复流的复合运动,有着极为复杂的态势和演变规律,对通航水流条件产生较严重的影响。由水流条件对船舶航行的影响及船舶自航上滩能力可知,下游航道内通航水流条件的主要评价指标为水流流速、水面比降、最大日变幅、最大小时变幅。目前关于非恒定流通航技术标准,国内外可供查询和参考的资料极少,因此很有必要在这方面进行研究,给航运河流通航水力指标规定一个合理的限值。

5.3.3.1 水流流速、水面比降

各航区因河道特性不同,水流条件相差甚远,航行于这些河道的船舶,应适应河道的水流和航道特性。一般来讲客船着重考虑速度和舒适,而货船着重考虑船舶队载货后的对岸航速,使之达到或接近经济航速。货船拖带少,载货少,航速快,但不经济;货船拖带多,载货多,走不动,到处都是困难河段,不能做到安全通航。根据收集相关河流水流及船舶资料,现归纳如下。

1. 山区河流

这类河流又可分为两类,一类是流经高山、峡谷,河床地形极不规则,流急坡陡,水流紊乱,航道狭窄弯曲,如川江、乌江、金沙江、红水河等。航行这些区域的船舶应具有较高的航速,良好的急流稳性,双车双舵,操纵性能好。

1)客船

(1)高速船(水翼船、气垫船),航速 60 km/h 左右,可在高流速(6~7 m/s)条件下航行。

(2)长轮集团江渝系列客船,静水航速 27 km/h 左右,可自航通过局部急流段[$v=5.5$ m/s,$i=2‰~3‰$,这一组数据表示航线上表面流速和相应的水面比降,其长度大于一个船舶(队)长度,以下括号内含义相同]。

(3)地方客船,川陵、川东等系列客船,航速 22~24 km/h,可自航通过急流段($v=4.5$ m/s,$i=3‰~4‰$)。

2)自航驳船(货船)

(1)300 t 级、500 t 级自航驳,静水航速 20 km/h 左右,半载可自航通过急流段($v=4.0$ m/s,$i=3‰$)。

(2)乌江 350 kW 机驳,载货 100 t 级,可自航通过急流段($v=4.5$ m/s,$i=5‰$)。

3)顶推船队

(1)长轮集团 1 940 kW 顶推 2 艘 1 000 t 级驳半载,静水航速 18~20 km/h,可自航通过急流段($v=3.5~3.8$ m/s,$i=2‰~3‰$)。

(2)地方顶推船队,一般是 400~600 kW,顶推 3~4 艘 500 t 级驳,下水满载,上水空载,其船队空载静水航速 16~19 km/h,空载船队能自航通过局部急流段($v=3.0~3.5$ m/s,$i=1‰~2‰$)。

另一类山区河流,河床质主要是卵石,如嘉陵江、岷江、红水河和川江上游河段等。这类河流最大表面流速一般为 2.5~3.5 m/s,$i=1‰~3‰$,水流流态较好,航行船舶多为单船或 1 顶 1 驳、1 顶 2 驳船队,船舶静水航速 16~18 km/h,滩涂段航线上允许最大流速 3.0~3.5 m/s,比降 2‰~3‰。

2. 平原河流

这类河流分布很广,如长江中游、汉江、湘江、赣江、西江南宁至广州段、松花江等。这类河道,航道水流条件较好,流速、比降都不大,一般河段 $v=1.0~2.0$ m/s,$i=0.01‰~0.1‰$,局部河段 $v=2.5$ m/s,$i=0.1‰~0.5‰$,极个别地方 $v=3.0$ m/s。

(1)长江中游,1 942 kW 顶推 6×1 000 t 级驳,满载静水航速 12 km/h 左右;500 t 级、1 000 t 级机驳,满载静水航速 14 km/h 左右,均可适应上述水流条件。

(2)汉江、湘江、赣江,270 kW 或 400 kW 推船,顶推 4×500 t 级或 6×500 t 级驳船,船队满载静水航速 10 km/h 左右;500 t 级机驳,满载静水航速 12~14 km/h,均可适应上述水流

条件。

川江、乌江、长江在干流航道整治中,通过大量实船试验研究提出了航线上允许最大流速、比降值作为设计标准,如表5-4~表5-6所示。

表5-4 乌江设计船队允许的最大表面流速与相应水面比降

乌江 350 kW 200 t 级~300 t 级机驳、368 kW 500 客位客轮		
水面比降(‰)	7.0	6.5
流速(m/s)	4.1	4.5

表5-5 川江设计船队允许的最大表面流速与相应水面比降

项目	重庆—宜宾段			重庆—宜昌段					
	850 kW 推船 顶推 1 艘千吨 驳载货 1 000 t			1 942 kW 推船,顶推 1 艘千吨驳和 1 艘千吨 500 t 驳,载货 2 000 t			1 942 kW 推船,顶推 1 艘千吨驳和 1 艘千吨 300 t 驳,载货 1 500 t		
水面比降(‰)	1.0	2.0	3.0	0.8	2.1	3.0	1.5	3.5	4.3
流速(m/s)	4.0	3.0	2.5	4.0	3.1	2.0	4.3	3.2	2.5

表5-6 武汉—重庆万 t 级船队允许流速、比降

水面比降(‰)	0.1	0.2	0.3	1 942 kW 推船,顶推 9×1 000 t
流速(m/s)	2.5	2.3	2.1	级驳,静水航速 11.3 km/h

5.3.3.2 最大日变幅、最大小时变幅

水位涨落变化是日调节非恒定流产生的必然现象。水位变率是反映水位升降速率的指标,也是衡量非恒定流对通航影响的重要参考依据。《内河通航标准》中规定"枢纽进行电站日调节引起的枢纽上下游水位的变率,应满足船舶安全航行和作业要求",但缺乏具体数值。若水位变幅值太大必定对下游航运安全造成影响,太小则制约发电效益。为此,收集了国内一些枢纽结合其所在流域的水流特征和营运船型提出的相应的水位变幅限值。澜沧江上 300 t 级机动驳要求每小时水位变幅不超过 1 m;航运部门对乌江干流下游彭水枢纽提出的通航水文要求是:最大日变幅为 8 m,最大时变幅为 1 m,飞来峡下游航道航运控制条件是水位时升幅控制在 1.5 m 左右,时降幅控制在 1 m 以下;向家坝水电站坝下游水位最大日变幅不超过 4.5 m/d,水位最大涨落率不超过 1 m/h。

水位的频繁变化,将直接影响升船机承船厢与引航道水位对接,过大的水位变率还可能给升船机带来安全运行问题。为此,我国已建几个枢纽对升船机运行条件中的下游水位变率提出了限制:水口升船机的限制指标为 30 min 水位变率应不超过 0.5 m,三峡升船机为 1 h 不超过 0.5 m,向家坝枢纽升船机对下游水位变率的要求是 20 min 不超过 0.5 m。

第6章 枢纽运行水力安全评价指标
体系及可拓评价方法

随着越来越多特大水利枢纽的建成和投入运行,对特大水利枢纽的水力安全保障技术的需求越来越紧迫,过去我国使用的大坝安全评价方法并不能全面地评价水利枢纽工程泄洪、发电、通航等多目标的水力安全状态。国内相关评价规范中只涉及部分枢纽运行水力安全指标,并且更侧重于设计标准的复核,如对泄流建筑物的安全评价中更侧重于泄洪能力复核、建筑物结构安全性等,对运行过程中存在的水力学问题如空蚀、振动、雾化等关注较少。现阶段大批高水头、大流量水利枢纽的建成及运行,泄洪、渗流、发电、通航的水力安全对水利枢纽整体安全的重要性愈加突出,然而国内现行相关评价规范对枢纽运行水力安全评价的适用性较差,亟待形成独立又完整的枢纽运行水力安全综合评价体系及评价方法。因此,本章分析枢纽运行水力安全评价的特点,确定指标体系的构建原则,参考相关行业标准规范结合水力学专业知识构建了枢纽运行水力安全评价指标体系并划分了评价等级区间,在此基础上基于可拓理论,改进传统层次分析法,形成枢纽运行水力安全可拓评价方法。

6.1 枢纽运行水力安全综合评价指标体系

6.1.1 水力安全评价指标体系构建原则

6.1.1.1 水力安全评价的特点

枢纽运行水力安全评价和大坝安全评价在内容上有着很大区别,和水利枢纽设计则有着本质的不同。首先,水力枢纽设计是为了实现水利枢纽在设计基准期内完成预定功能的能力,而大坝安全评价则考虑在一定的使用年限后,水利枢纽结构的安全性、适用性和耐久性降低后对枢纽整体可靠性的影响,为维修加固、改建扩建提供参考数据。枢纽运行水力安全评价是从各建筑物水力安全角度出发,综合考虑水利枢纽运行调控中水力安全要素的影响,确保枢纽运行水力安全。枢纽运行水力安全评价主要具有以下特点。

1. 多目标多层次分析

由于水利枢纽工程水力安全问题十分复杂,因此枢纽运行水力安全评价中会涉及很多评价指标。首先,从泄洪消能、高水头渗流、发电系统、通航四个方面来综合进行枢纽运行水力安全评价。而每一方面又可以向下划分为许多指标。以泄洪消能为例,可以划分出临底流速经验指标、空蚀指标、泄洪结构振动指标、雾化影响指标等。相对重要的指标甚至可以继续细分,来确保指标的准确性。

2. 定性和定量结合评价

枢纽运行水力安全评价是一个指标体系复杂的系统,需要将定性评价和定量评价结合。定量分析虽然指标数值相对精确,但实际使用中能准确表征枢纽运行水力安全某项评价要素的定量指标常常难以选定,或者选定的指标值不能准确表征该评价要素使其失去真实性。

定性分析则容易造成研究的粗浅化,没有实际数据的支撑会使结果信服力大打折扣。所以将定量分析和定性分析有机结合才有助科学客观、全面综合地反映枢纽运行水力安全的实际状态。

3. 评价指标分值量化难

由于水力安全问题的复杂性,即便是评价体系中最底层的指标也有着多样的评价方式选择,并且在实际操作中部分指标难以进行定量计算和衡量。而且基于现阶段国内水力安全评价还没有足够成熟的规范以及法规的现状,如何确保定性分析的相对准确性,如何对数量众多的定性指标进行定性分析,最终给出定量的指标分值将是枢纽运行水力安全综合评价结果真实反映安全现状的关键所在。

6.1.1.2　枢纽运行水力安全评价指标构建原则

科学合理的安全评价指标体系是准确进行枢纽运行水力安全综合评价的基础,建立枢纽运行水力安全评价指标体系应当遵循以下原则:

1. 目的性原则

构建枢纽运行水力安全评价指标体系应把握住水力安全评价这一核心要素,枢纽的水力安全状况主要由评价指标体系来体现。因此,在建立指标体系时必须保证和枢纽运行水力安全评价目标的一致性。

2. 科学性原则

建立评价指标体系应坚持科学性原则,保证体系自身结构、内容科学合理,各指标必须概念明确,能够反映水利枢纽工程的实际情况。

3. 全面性原则

评价指标体系应能广泛地涵盖水利枢纽工程中的各个建筑物水力安全问题和重要影响因素,能相对全面地反映水利枢纽工程的水力安全状态。

4. 简明性原则

在遵循全面性原则的同时,指标体系的设立也应力求指标简明有效,尽可能地选择有代表性的评估指标以减少指标总数量,便于分析计算。

5. 可操作性原则

指标体系所采取的评价指标必须容易理解,并且能通过现有手段和方法直接或者间接度量与采集。

6. 独立性原则

指标体系同层次的指标应尽量排除相容性,即能相互独立地反映水力安全状况某一方面的特征。

6.1.1.3　枢纽运行水力安全评价的相关依据

枢纽运行水力安全评价主要有水利行业内最新规范标准和各建筑物常见水力安全问题前沿研究成果文献。

参考的规范标准包括:

(1)《水库大坝安全评价导则》(SL 258—2017)。

(2)《水电站大坝运行安全评价导则》(DL/T 5313—2014)。

(3)《水库大坝安全鉴定办法》水利部(水建管〔2003〕271 号文)。

(4)《水闸安全鉴定规定》(SL 214—98)。

(5)《混凝土坝安全监测技术规范》(SL 601—2013)。

(6)《土石坝安全监测技术规范》(SL 551—2012)。

(7)《建筑工程容许振动标准》(GB 50868—2013)。

(8)《城市区域环境振动标准》(GB 10070—88)。

(9)《住宅建筑室内振动限值及其测量方法标准》(GB/T 50355—2018)。

(10)《水轮发电机安装技术规范》(GB/T 8564—2003)。

(11)《水力发电厂机电设计规范》(DL/T 5186—2004)。

(12)《船闸总体设计规范》(JTJ 305—2001)。

(13)《船闸输水系统设计规范》(JTJ 306—2001)。

(14)《溢洪道设计规范》(DL/T 5166—2002)。

(15)《水力发电厂机电设计规范》(DL/T 5186—2004)。

6.1.2 枢纽运行水力安全评价等级划分

评价指标是枢纽运行水力安全综合评价的基本元素,在选定安全评价指标并构建好枢纽运行水力安全评价指标体系之后,如何度量安全评价指标就成了最为关键的问题。要对枢纽运行水力安全做出评价,首先需将水力安全评价指标特性划分为若干个可度量的评价等级,并详细定义每个评价等级。评价指标特性和最终评价目标等级数量划分,涉及相应规范标准、工程经验、人类主观思想等多方面因素。若水力安全评价等级数量划分过少,将导致最终的评价结果过于模糊,不能清晰反映枢纽运行水力安全状态;若水力安全评价等级数量划分过多,又会使各评价等级间界限确定的难度增大。

由于目前我国对于枢纽运行水力安全综合评价缺乏研究,尚未制定枢纽运行水力安全的安全等级和评价标准,所以枢纽运行水力安全评价评语集的选择主要是参照水利行业内相关安全鉴定及设计规范,安全类别通常分为三到五类。

在《水库大坝安全评价导则》(SL 258—2017)中规定,大坝安全状态分为三类。

一类坝:大坝现状防洪能力满足《防洪标准》(GB 50201—2014)和《水利水电工程等级划分及洪水标准》(SL 252—2017)的要求,无明显工程质量缺陷,各项复核计算结果都满足规范要求,安全监测等管理设施完善,维修养护到位,管理规范,能按设计标准正常运行的大坝。

二类坝:大坝现状防洪能力不能满足《防洪标准》(GB 50201—2014)和《水利水电工程等级划分及洪水标准》(SL 252—2017)的要求,但满足水利枢纽工程除险加固近期非常运用洪水标准;大坝整体结构安全、渗流安全、抗震安全满足规范要求,运行性态基本正常,但存在工程质量缺陷,或安全监测等管理设施不完善,维修养护不到位,管理不规范,在一定控制运用条件下能安全运行的大坝。

三类坝:大坝现状防洪能力不满足水利枢纽工程除险加固近期非常运用洪水标准,或者是工程存在比较严重的安全隐患,不能按设计标准正常运行的大坝。

在《混凝土坝安全监测技术规范》(SL 601—2013)和《土石坝安全监测技术规范》(SL 551—2012)中分为三个等级:正常状态、异常状态、险情状态。在《水电站大坝运行安全评价导则》(DL/T 5313—2014)中大坝安全综合评定等级分为正常坝(A级或A–级)、病坝(B级)、险坝(C级)三等四级。

参照此方法,各层评价指标和最终安全综合评价状况划分为三个等级,即:

$W = \{A 级, B 级, C 级\} = \{安全, 基本安全, 不安全\}$

各等级的含义见表6-1。

表6-1　枢纽运行水力安全等级含义

安全等级		含义
A 级	安全	枢纽工程在实际工况下各项水力安全指标均符合规范以及经验标准的要求,各种功能无水力安全问题,可保证安全运行
B 级	基本安全	枢纽工程实际运行中大部分水力安全指标接近允许值或者存在个别水力安全问题,不影响工程正常运行
C 级	不安全	枢纽工程实际运行中多项水力安全指标不能满足现行规程、规范、标准以及相关研究要求,可能影响到枢纽工程的正常使用

6.1.3　水力安全评价指标体系构建

枢纽运行水力安全评价指标体系是多目标多层递阶的体系结构,将各层评价指标分别排列,即得到了一个最顶层为最终评价目标、中间层为各评价指标层、最下层为基础指标层的综合评价指标体系。每两个相邻上下层之间都具有关联隶属关系,每一级都是其上一级的评价信息源,也是其上一级的一个评价分目标,而对每一级的评价又都是对下一级评价结果的综合。

指标体系共分为四个层次,第一层次为评估的总目标即枢纽运行水力安全评价,第二层次为目标建筑物的水力安全(包括泄水建筑物、发电系统、挡水建筑物、通航建筑物),第三层次为安全要素(如冲磨、空蚀、振动、失稳、疲劳等),第四层次为基础评估指标即要素控制指标(如流速与泄量、压力与脉动、振幅与频率、冲刷与蚀损、变形与稳定等)。本节将从第二层次的四个指标,即泄洪消能、发电系统、高水头渗流、枢纽通航出发,结合专业水力学知识,从上而下构建枢纽运行水力安全评价指标体系。

6.1.3.1　泄洪消能指标

我国自主设计及在建的大型水利枢纽工程的坝高和泄量、泄洪功率都已超过目前世界最高水平,居世界领先水平。在水利枢纽工程的建设中,确保泄洪安全往往是第一位的。由于高速水流、水气二相流、水流—结构相互作用的复杂性及巨大破坏作用,国内外已经发生多起泄流建筑物破坏的工程实例,典型案例见于表6-2。由此可见,泄洪消能安全问题在水利枢纽的整体水力安全中占据很重要的位置。

表6-2　泄流建筑物破坏实例

工程名称	国家	情况说明	原因
奥罗维尔	美国	2017 年 2 月,水库水位持续上涨,主溢洪道泄洪流态异常,在泄槽底板混凝土出现大洞,停用主溢洪道并启用非常溢洪道,非常溢洪道下游严重冲蚀,主溢洪道被迫再次恢复运行后,严重侵蚀溢洪道边坡,冲蚀物堵塞尾水渠导致电站停运	空蚀冲蚀破坏持续发展

工程名称	国家	情况说明	原因
萨扬	苏联	1975～1993 年期间经历了长时间泄洪,消力池底板发生多次破坏	消力池内流态紊乱,动水压强过大
五强溪	中国	1995 年和 1996 年期间左右消力池均发生严重破坏,底板倒悬,严重威胁大坝安全,原因主要有超标准运行和不合理闸门启闭引起的消力池水力指标过高	消力池水力指标过高
安康	中国	1995 年和 1998 年消力池底板出现多达 20 多条裂缝	消力池底板结构缝间止水破坏,在动水压力作用下底板混凝土上抬导致
德克萨尔卡纳坝	美国	隔水墙发生破坏,和底板的连接处发生断裂	剧烈的侧向振动导致的金属疲劳破坏
那佛角坝	美国	导墙发生严重冲蚀破坏并且出现整齐的疲劳裂缝	水流脉动引起的振动导致的疲劳破坏

水利枢纽在泄洪消能中不仅会影响自身的结构安全,也会引起下游场地振动、泄洪雾化严重等现象,对坝区附近环境产生不利影响(见表 6-3)。

表 6-3　枢纽泄洪消能环境影响案例

工程名称	工程概况	情况说明	原因
金安桥	坝高 160 m,底流消能	2010 年 11 月下闸蓄水,运行中发现,发电机组正常发电,右岸溢流表孔泄流时,不仅厂房建筑物有振动现象,水电站左岸建筑物也产生明显振动,并产生了由振动引起的严重的周边环境噪声	场地振动
向家坝	坝高 162 m,底流消能	2012 年 10 月 12 日向家坝水电站中孔开闸泄洪,期间下游局部区域出现房屋门窗振动现象,引起少部分民众的不安	场地振动
二滩	坝高 240 m,挑流消能	流量为 3 688～7 748 m^3/s 时,雾化范围纵向达 760～1 230 m,上升高度最大可超过坝高 80 m,造成了水垫塘两岸的局部滑坡	泄洪雾化
新安江	坝高 105 m,挑流消能	流量为 1 040～4 995 m^3/s 时,坝下最大风速达 13～15 m/s,右岸离开坝下 1 km 处仍见雾状水汽,造成两岸交通中断,开关跳闸,机组停机	泄洪雾化
白山	坝高 149.5 m,挑流消能	流量为 300～1 668 m^3/s 时,雾化影响范围坝下大于 700 m,水舌下方两侧水雾区风速 17～22.4 m/s,爬高 386 m,造成开关站电气设备被溅水飞石砸坏,地下厂房进水,设备及器材被冲走,两岸冲刷	泄洪雾化

泄洪消能水力安全指标体系见图6-1。

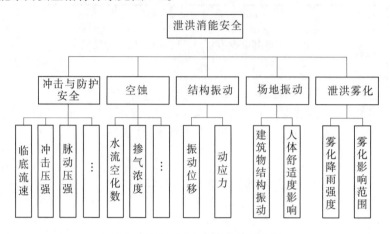

图 6-1　泄洪消能水力安全指标体系

1. 冲刷与防护安全

随着水利枢纽工程筑坝高度的增大,水库水位壅高,泄水建筑物泄流功率大,流速高,挟带着巨大能量,必须在坝下河床或者泄洪道中设置消能工集中消杀水体能量,一旦泄洪设施发生破坏,将造成严重的安全影响。高速水流冲击坝下消力池,产生的冲击压强、脉动压强等过高可能会导致底板脱离发生破坏,临底流速过高使消力池混凝土发生冲蚀磨损,进一步发展也会破坏消力池底板。消力池自身的安全与稳定是安全消能防冲实现的关键所在。消力池底板的安全状态评价可以从两个角度出发:①根据实测冲击压强、脉动压强数据与设计标准比较;②条件允许情况下,根据消力池底板实时安全监控数据进行综合评判。

1)临底流速

高水头大单宽流量的工程在泄洪消能时入池流速常常很大,可能会导致较大的临底流速。当临底流速较高,泄流含沙量大时,高速含沙水流可能对消力池底板产生磨蚀,诱发底板空化空蚀破坏,进一步发展可能导致消力池底板失稳。泄洪消能采用底流消能方式时,消力池的临底流速是影响其结构安全的核心要素之一,是该泄洪消能形式必须控制的主要水力指标。把最大临底流速作为实际评价指标,安全等级划分见表6-4。

表 6-4　临底流速指标安全评价等级

安全等级	A 级	B 级	C 级
最大临底流速(m/s)	[0,15]	[15,20]	[20, +∞]

2)冲击压强

冲击压强 ΔP_m 指标内涵丰富,并且应用起来比较简洁、方便。消力池底板防护形式主要有平底板和反拱式底板两种形式。参考国内采用平底板防护形式的高坝如二滩、小湾、构皮滩等水电工程设计时采用的时均冲击压强标准,平底板冲击压强 ΔP_m 安全允许值为 150 kPa。相关研究表明,反拱式底板通过拱式结构将荷载传递到两岸山体,具有一定的超载能力,抗力较平底板抗力提高 50%~100%。因此,可认为反拱式底板冲击压强 ΔP 安全允许值为 250 kPa。

3）脉动压强

实际研究表明,消力池底板发生破坏主要是高速水流进入消力池后水流紊乱产生的脉动压强,通过破坏的止水、岩石缝隙等传入底板下形成压力差,产生超出底板抗浮能力的脉动上举力而导致的。将脉动压强作为控制指标,底板上的脉动压强均方根不超过入池流速水头的 5% ~10%,或者取 $0.45\Delta P_m$ 为安全允许值。

4）底板运行状态

上述时均压强和脉动压强指标通常用于指导水垫塘底板设计,对水垫塘底板的实际安全状态评价的直接影响作用有限。参照相关文献,可根据相关原型观测和安全监测数据,提取所需的信息特征,建立底板振动响应综合评价体系,安全要素包括频域指标、幅值域指标、分形特征指标,下属的控制指标集包括优势频率、容许振幅、统计指标、盒维数等。其中,主频在止水破坏之后会出现振荡特性并且数值降低,幅值在止水破坏后会出现一系列孤立的低频波峰,分形维数在消力池底板泄洪振动发生异常时变化十分灵敏,因此综合三者所得的底板运行状态评价结果具有很好的准确性。该方法将底板运行状态划分为多个评价等级,并采用模糊综合评判得到实时底板运行状态评价结果,十分契合枢纽运行水力安全综合评价。笔者认为可把底板运行综合评价结果作为一个定性指标加入泄洪消能指标体系中加强评价准确度。

2. 空蚀

水流在常温下,当压强降低到低于某一临界数值(一般为水的汽化压强)时,水流内部会形成空洞、空穴或空腔,这种现象称为水力空化,空化进一步发展会导致空蚀。中高水头泄水建筑物中的部分部位由于设计不妥或施工控制差等原因,常常会在高速水流过流面出现空蚀破坏,导致过流表面破坏,泄流能力降低,严重时可能导致泄流建筑物无法正常运行,甚至引起振动,最终导致工程破坏等。空化现象影响因素较多,主要有液体的含气量、温度影响、压强影响,以及固体边壁表面条件和液体中杂质的影响。

空蚀主要特征指标有掺气减蚀效果和平整度。

1）掺气减蚀效果

高坝溢洪道过流表面流速多高达 40 m/s,工程实践表明,在高速过流表面设置合理的掺气设施促使水流掺气以达到减免空蚀破坏是最有效而又经济的工程措施。掺气减蚀效果直观的评价指标有稳定空腔长度、通气孔通气量和水体掺气浓度等。

通常认为,当水体掺气浓度在 1.5% ~2.5% 时,固体边壁空蚀破坏大大减轻;达到 3% ~5% 时,即可达到掺气减蚀作用;当掺气浓度达到 5% ~7% 时,则空蚀破坏会完全消失。可结合稳定空腔长度、通气孔通气量和水体掺气浓度的指标对掺气减蚀效果定性评价。溢洪道、泄洪洞反弧段处流速达到最大,掺气浓度则相对较低,是最容易发生空蚀破坏的部位,应重点关注该部位的各项指标。

2）平整度

众多工程实例表明,空蚀破坏的一个重要原因是施工误差造成错台、残留钢筋头等不平整。过流边壁不平整会导致水流脱离边壁,形成低压区,引起空蚀。因此,可通过现场观察泄洪道(洞)施工质量平整程度、混凝土抗空蚀性能、空蚀破坏现状等综合评判平整度。

3. 结构振动

近年来,随着水利工程高水头、大流量、超高流速泄水建筑物的修建,尤其是高强度建筑材料的开发并且应用于水利工程中,工程结构更加倾向于轻质化,从而导致水流诱发的结构振动问题愈加突出。

流体诱发的结构振动是流体和结构相互作用的一种极其复杂的现象。由于泄水过程中水流的强烈紊动,泄流结构普遍存在振动,当振动幅度和振动频率较低时,通常是无害的。但在某些情况下,泄流结构会出现剧烈的振动,并导致操作运行故障、结构原件破坏或结构整体失事,一般发生在部分轻型结构(如导墙、闸门或阀门等)。由于各部分结构材料及形态不同,受泄流影响程度不同,结构振动应当按结构种类分别评价,定量评价指标取振动位移(动位移均方根值)、动应力均方根值。

1)振动位移

现阶段水利界还没一个振动位移的统一安全标准。当评价对象为导墙结构时,参照苏联学者提出的"振动位移低于水工建筑物高度的十万分之一时,结构振动状态为安全的,一般不会出现泄流结构疲劳破坏",把导墙高度的十万分之一作为"允许振幅"。

当评价对象为闸门结构时,可根据美国阿肯色河通航枢纽中采用的以振动构件平均位移划分的判别标准,本书以此为依据划分了闸门流激振动位移的安全等级区间,列于表6-5。

表6-5　闸门流激振动安全评价等级

安全等级	平均位移(mm)	振动危害程度
A 级	0 ~ 0.050 8	忽略不计(可正常运行)
B 级	0.050 8 ~ 0.508	微小危害
C 级	>0.508	严重危害

2)动应力

当评价对象为导墙结构时,根据伯野无彦的土木工程振动手册,认为混凝土疲劳极限强度大致可以取 0.5 倍混凝土的静力极限强度。据此,导墙结构的允许拉应力为 0.5 倍的混凝土静力极限强度。当评价对象为钢闸门结构时,钢闸门的允许动应力取钢闸门材料允许应力的20%。

4. 场地振动

高坝泄洪诱发的场地振动随着坝高、泄洪流量、泄洪功率的不断提高逐渐受到重视。泄洪引起的水流脉动荷载会诱发泄流结构及其他水工建筑物产生振动,振动由大坝上部结构传递至大坝基础,进而通过地基传递至周边场地,对周边环境造成影响。高坝泄洪引起的水流脉动荷载传递到周边场地时,遇到特定的场地条件时,会产生振动的"放大效应",而场地上的房屋等建筑物又可能"二次放大"该振动,经过"多次放大"后的场地振动会造成环境危害,对场地建筑物的结构安全和人的身体心理等造成不利影响。场地振动危害的评价主要是评价对建筑物结构的危害以及对人体或环境(结构、设备)的危害。因此,场地振动的评价指标有建筑物结构振动和振动人体影响。

1)建筑物结构振动

泄洪引起的场地振动多为连续型平稳随机振动并伴有冲击特征,建筑物结构振动以振动速度评价为主,可参考《建筑工程容许振动标准》(GB 50868—2013),见表6-6。

表 6-6　机械振动建筑物结构影响的容许振动值　　　　　　（单位：mm/s）

建筑物类型	顶层楼面振动速度峰值	基础振动速度峰值		
	1 ~ 100 Hz	1 ~ 10 Hz	50 Hz	100 Hz
工业建筑公共建筑	10.0	5.0	10.0	12.5
居住建筑	5.0	2.0	5.0	7.0
对振动敏感、具有保护价值、不能划归上述两类的建筑	2.5	1.0	2.5	3.0

2）人体舒适度

长期的场地振动会导致下游居住的人民群众出现头晕、焦虑、恶心等现象，振动现象会导致坝区和城区民众恐慌不安。场地振动对人体舒适度影响评价可依据《城市区域环境振动标准》（GB 10070—88）、《住宅建筑室内振动限值及其测量方法标准》（GB/T 50355—2018），其均通过竖直向振动加速度振级控制，相关规定值见表 6-7 和表 6-8。

表 6-7　城市各类区域竖直向 Z 振级标准值　　　　　　（单位：db）

适用地带范围	昼间	夜间
特殊住宅区	65	65
居民、文教区	70	67
混合区、商业中心区	75	72
工业集中区	75	72
交通干线道路两侧	75	72
铁路干线两侧	80	80

表 6-8　住宅建筑物室内振动加速度限值　　　　　　（单位：db）

1/3 倍频程中心频率（Hz）		1	1.25	1.6	2	2.5	3.15	4	5	6.3	8	10	12.5
1 级限值	昼间	76	75	74	73	72	71	70	70	70	70	72	74
	夜间	73	72	71	70	69	68	67	67	67	67	69	71
2 级限值	昼间	81	80	79	78	77	76	75	75	75	75	77	79
	夜间	78	77	76	75	74	73	72	72	72	72	74	76

5. 泄流雾化

水利水电工程中的泄流雾化是指水利枢纽采用特定的泄流消能方式，水流在与边界空气相互作用产生雾化水流，并以雨滴或雨雾的形式在坝后的一定范围内形成的高浓度雾流。随着国内越来越多高水头、大泄量、高功率的水库建于狭窄河谷之中，新型消能防冲形式的使用也带来了更严重的雾化问题。高水头泄洪时常常会在坝下游形成较严重的雾化现象，在相当大的范围内表现为水雾弥漫，狂风暴雨。如果雾化影响范围超过坝下下游河床而进入岸坡和建筑物布置区，则会对水利枢纽的运行安全及周围环境产生不同程度上的影响。主要有威胁电厂的正常运行，影响输(变)电系统的运行，造成交通瘫痪，冲蚀两岸诱发滑坡等。泄洪雾化常用的评价指标有雾化影响范围、雾化降雨强度、空气含水率等。

1)雾化降雨强度

泄洪雾化的影响包括:雾化降雨影响和雾流的影响，其中雾化降雨的影响更大，并且更能直观地反应泄洪雾化的影响程度。雾化降雨强度数据可通过泄洪原型观测和物理模型试验及数值模拟等得到。根据大量泄洪雾化原观资料分析，参照自然降雨中暴雨等级标准和地质气象灾害等级划分标准，结合雾化降雨特点，对雾化降雨强度进行分级(见表6-9)。

表6-9   雾化降雨强度安全评价等级

等级	12 h雨量(mm)	平均降雨强度(mm/h)	危害程度
A级	<120	<10.0	小
B级	120～1 200	10.0～100.0	较小
C级	>1 200	>100.0	较大

2)雾化影响范围

泄洪雾化影响范围大致为半个椭圆，椭圆的长轴方向为自然风和水舌风合成风速的方向。本书把泄洪雾化影响范围作为一个定性指标进行评价，并根据对泄洪雾化影响范围的相关研究制定安全评价等级划分标准(见表6-10)。

表6-10   雾化影响范围安全评价等级

等级	描述
A级	泄洪引起雾化未充满消力池整体范围
B级	泄洪引起雾化集中在消力池及导墙范围内，不会波及岸边
C级	泄洪引起雾化充满消力池，并波及岸边护岸及边坡

6.1.3.2　发电系统指标

随着我国水电事业的飞速发展，越来越多的水电站如三峡、白鹤滩、溪洛渡的装机容量都超过千万千瓦;进入21世纪后我国有一大批特大型机组陆续投入运行，如小湾、溪洛渡、向家坝、白鹤滩等单机容量都达到了700～1 000 MW。随着这些巨型水力发电机组的单机容量和总装机容量的不断增长，人们对它们的安全稳定运行的关注度越来越高，发电系统中水力安全问题日益突出。

美国大古力电站的600 MW、700 MW机组曾发生尾水管进人孔裂纹等机械安全事故;苏联的萨扬水电站在2009年8月由2号水轮机剧烈振动引发转子射出击穿混凝土层，导致多个机组发生毁灭性事故，造成75人死亡和多达130亿美元的经济损失。在国内，岩滩200 MW机组曾出现高负荷工况压力脉动，甚至引起了厂房楼板的振动;五强溪5台240

MW 机组投入运行后出现过振动摆度大、叶片出现裂纹等问题,天生桥、二滩、小浪底等大型机组也出现过类似的振动现象,不同程度地影响了电站的安全稳定运行。它们的运行状况不仅关乎到水利枢纽的安全运行和效益,还将直接影响到局部甚至整体电力系统运行的安全稳定。水力发电系统的不稳定现象主要由电气、机械和水力三个方面因素引起,其中水力安全在发电系统的安全运行中最为重要。发电系统水力安全指标体系见图 6-2。

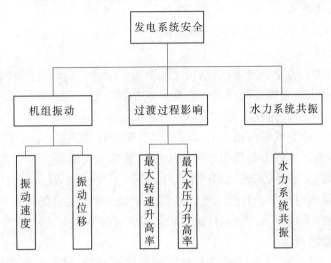

图 6-2　发电系统水力安全指标体系

1. 机组振动

机组振动是指机械系统的固定部件相对于平衡位置的位移水电机组的振动,主要包括机组在部分负荷运行时由尾水管压力脉动引起的振动、蜗壳等过流通道内水力不平衡引发的机组振动、水轮机迷宫密封间隙不均引起的机组振动等。

水轮发电机组振动水平在国内一般用振动位移和振动速度来表征。振动位移的优点是读数直观,并且有着在水电机组长期的安全监测中积累的大量经验;振动速度则适用于含有高频或非周期分量的振动测量。可根据机组额定转速,300 r/min 以下的机组使用振动位移进行评价,以上的机组则使用振动速度评价,评价可参照专业标准《水轮发电机安装技术规范》(GB/T 8564—2003)和《水轮发电机基本技术条件》(GB/T 7894—2001)中规定的机组各部位的振动允许值。

现阶段的研究提出了一种基于线性回归模型的机组振动区域划分方法,该方法依靠大量积累的水电站机组振动数据建立了机组振动值与机组单位转速的线性回归模型,根据不同的置信水平可确立振动评价准则并划分为 A、B、C 区域,与本评价方法十分契合。

2. 厂房振动

厂房结构安全评价的部位包括板梁柱、岩锚梁、厂房顶拱、机墩、风罩等,不同厂房类型具体评价内容见 3.7。

3. 过渡过程影响

水力机组过渡过程是指水力机组由一种稳定工况或状态转换到另一工况或状态的瞬时或短时间的变动过程,是决定水电站安全性和稳定性的关键因素。如在机组启动、停机、改变负荷和甩负荷的过程中,机组水轮机中的水流状态必然会更加紊乱、复杂,有可能产生极端的水力不稳定,发生事故等。水力机组过渡过程评估仅需校核两个工况,即设计水头工况和最大水头工况甩负荷时的压力上升和转速上升,并取其最大值。一般是在前者发生最大速率升高,在后者发生最大压力升高。

在《水力发电厂机电设计规范》(DL/T 5186—2004)中规定,机组最大转速升高率 $\beta_{max} \leqslant 50\%$;蜗壳最大水压力升高率按以下不同情况考虑:额定水头小于 40 m 时,宜为 $50\% \leqslant \beta_{max} \leqslant 70\%$;额定水头在 $40 \sim 100$ m 时,宜为 $30\% \leqslant \delta_{max} < 50\%$;额定水头大于 100 m 时,宜小于 30%。可根据待评水利枢纽发电机组额定水头大小确定上述指标的安全允许值。

4. 水力系统共振

随着水电机组装机容量的增大,机组尺寸逐渐增大的同时机组设备刚度降低,伴随着固有频率的降低,水电机组更加容易诱发产生共振或拍振。其中包括了由于水力干扰而出现的水体共振、水力与机械共振或者是水力与电气共振。

当水流产生的扰动力频率与机组某部件的固有频率相等或接近时,会产生水力与机械的共振。常见的绕流产生的卡门涡频率与绕流部件频率相近时就会产生共振,使绕流部件产生高频动应力和疲劳破坏;水轮机偏离最优工况时产生的尾水管涡带会引起管内的水压脉动,造成机组甚至水电厂房的共振。水力系统共振很难找到适合的定量指标表征描述,可通过专家结合该枢纽资料以及过往运行记录进行定性评价。

6.1.3.3　高水头渗流指标

渗流安全问题在枢纽水力安全中占有重要地位,随着现阶段国内外修建的水利枢纽坝体坝高越来越高,高水头渗流安全问题更加值得重视。据国内外大坝失事原因调查统计,因渗流问题失事比例高达 30% ~40%。由于土石坝和混凝土大坝坝体结构和材料不同,主要的渗流安全指标也有所不同。土石坝中的渗透水流浸湿土体会降低坝体材料强度,当渗透力足够大时会导致坝坡滑动、坝基管涌、防渗体被击穿、流土等重大渗流破坏,直接危害到大坝运行安全。混凝土坝渗流安全 70% 与坝基有关,30% 与坝体有关,主要问题有坝基扬压力或坝体浸润线偏高,坝基和坝体渗漏量偏大,渗流产生坝体裂缝破坏大坝整体性和耐久性等。混凝土坝相对土石坝的强度和刚度大大提高,大坝断面尺寸大幅减小,一般不会发生渗透变形破坏,其渗流主要是坝基扬压力及坝体渗压力对大坝的受力和稳定存在不利影响。因此,在实际应用中因根据具体的水利枢纽坝体情况确定相应的对渗流安全起主要影响的指标进行评价。本书主要分析了土石坝和混凝土坝的渗流安全评价指标。

1. 土石坝

当坝体为土石坝时,高水头渗流水力安全指标体系如图 6-3 所示。

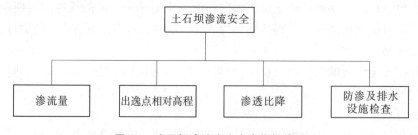

图 6-3　土石坝渗流水力安全指标体系

1)渗流量

渗流量大小是评价大坝渗流安全最为直观的指标。渗流量包括坝体渗流量和绕坝渗流量。渗流量大小不仅与坝体渗透性有关,还与坝长、坝高、挡水高度有关,因此取大坝年渗流量与总库容的比值为渗流量评价值。评价等级可参考表6-11。

$$S = \frac{大坝年渗流量}{总库容} \qquad (6-1)$$

表6-11 渗流量安全评价等级

安全等级	A 级	B 级	C 级
对应评价等级	安全	基本安全	不安全
$S(\%)$	$[0,2\%]$	$[3\%,4.5\%]$	$>4.5\%$

2)出逸点相对高程

土石坝渗流安全评价中需要复核渗流出逸点高程是否在贴坡反滤保护范围之内,当渗流出逸点高于贴坡反滤保护范围时,容易发生渗流破坏。因此,可取渗流出逸点高程与贴坡反滤保护范围高度的比值为该指标评价值。

3)渗透比降

土石坝渗流安全评价中需要复核有关部位实测渗透比降,推算出未来高水位情况的渗透比降,并与其允许渗透比降相比较。允许渗透比降可由实地勘探、相关试验等确定。取推算出的特征水位(如正常蓄水位、设计洪水位、校核洪水位等)渗透比降与允许渗透比降的比值为渗透比降评价值:

$$C = \frac{特征水位渗透比降}{允许渗透比降} \qquad (6-2)$$

4)防渗及排水设施检查

渗流安全除分析监测资料外,应当结合现场检查情况综合评价。现状条件下各防渗、排水设施的工作状态能间接反映在未来高水位运行时的渗流安全性。可通过专家现场观察并评价。安全评价等级参考表6-12。

表6-12 防渗及排水设施检查安全评价等级

安全等级	防渗及排水设施情况
A 级	防渗排水设施完善,坝脚处未见湿润地段
B 级	防渗排水设施比较完善,局部破坏,未见坝脚大片湿润
C 级	防渗排水设施受到破坏,坝脚出现沼泽化现象

2.混凝土坝

当坝体为混凝土坝时,高水头渗流水力安全指标体系如图6-4所示。

1)坝基扬压力

对混凝土坝坝基扬压力监测数据的评价,一般均采用设计使用的扬压力强度系数作为坝基扬压力是否超限的控制指标。当坝基设有防渗帷幕和排水孔时,控制扬压力强度系数

图 6-4　混凝土坝渗流水力安全指标体系

α 不超过设计值;当坝基设有防渗帷幕及主、副排水孔并抽排时,控制主排水孔前的扬压力强度系数 α_1 和残余扬压力强度系数 α_2 不超过设计值。

2)绕坝渗流

绕坝渗流除影响山体本身的安全外,同时会抬高岸坡部分坝体的浸润面,在坝体和岸坡的接触面上可能产生接触冲刷等不利影响。对绕坝渗流,应复核两坝端填筑体与山坡结合部的接触渗透稳定,以及两岸山脊中的地下水渗流是否影响天然岩土层的渗透稳定和岸坡的抗滑稳定,两岸山体是否存在库水绕坝渗流问题等,可通过定性评价绕坝渗流安全状态。

6.1.3.4　枢纽通航指标

近十年来一大批高水头大型通航建筑物相继建成,这些复杂通航枢纽和多线、多级、大尺度、高水头船闸的建设,对通航水力安全提出了更高要求。随着我国船闸工程的发展,为了提高通航效率,闸室尺度和上下游水位差越来越大,并且在引航道宽度和水深基本不变的前提下,要求缩短输水时间,快速开启输水阀门,船闸灌泄水从上下游取、泄水流量越大,通航水流条件越加复杂。

1. 口门区水流条件

在天然河道上修建的通航建筑物的进出口,即河流与船闸上、下游引航道连接的区域被称为口门区,口门区是船舶进出引航道的控制水域,该区域处水流条件的优劣情况将直接影响船队和船舶进出闸的航行安全。水利枢纽在修建时考虑到梯级水位衔接及满足航运水位要求,可能会布置在微弯或者弯曲河段。因此,船闸引航道口门区难免存在复杂水流流态,比如斜流、涡旋等,影响船舶航行安全。斜流会导致船舶航行产生漂角和漂距,使其偏离航线,严重时发生海事。

口门区通航安全水力指标一般为特征流速。在《船闸总体设计规范》(JTJ 305—2001)中规定,在通航期内,口门区水面最大流速,应符合表 6-13 的规定。特殊情况下,局部最大流速略有超出规定值时,必须经过充分论证确定,确保船舶航行安全。横向流速是衡量船舶能否安全进出引航道口门区的主要标准之一,且当口门区水流流速一定时,纵向流速和横向流速存在着共轭关系。鉴于此,在水力枢纽安全评价体系中,特征流速可以只取横向流速指标。

表 6-13　口门区流速规定

船闸级别	平行航线的纵向流速(m/s)	垂直航线的横向流速(m/s)	回流流速(m/s)
I ~ IV	≤2.0	≤0.30	≤0.40
V ~ VII	≤1.5	≤0.25	

2. 非恒定流影响

船闸灌泄水过程中会在引航道内产生非恒定流,因此生成的推移波会引起流速、流态变化和水面波动,不仅影响船舶安全过闸,也可能影响船闸自身运行和安全。船闸灌泄水引起的非恒定流在引航道中产生长波运动,对等待过闸的船舶产生动水作用力,一旦该作用力超过了船舶缆绳能承受的最大系揽力,会使缆绳断裂,船舶失去控制而危及船体或靠船建筑物安全;船闸灌泄水非恒定流形成的推进波会增大纵向水面坡降和流速。当与航向一致时,会影响航行船舶的操纵性和舵效,相反时则会导致航行阻力增大;船闸灌泄水受负波运动或水体惯性作用影响,减少了航道有效水深,可能造成船舶触底,水面跌落速度过大也容易造成船舶断缆;船舶灌泄水非恒定流引起的长波运动,会产生有害的反向水头作用于人字闸门,影响到人字闸门启闭机械结构的安全。

引航道内影响通航水力安全的参数主要是流速、水面坡降和波动(水位波幅)。上述三项指标与其对船舶作用产生的系缆力一起构成评价通航安全的指标体系。由于前三项指标在水力安全指标体系中基本上可以反映系缆力的安全控制作用,所以本指标体系中对系缆力不予考虑。

1)引航道流速

引航道内水流流速过大时会危及船舶航行安全,并且增大对等待过闸船舶的动水作用力,流速大小主要与引航道断面形状及输泄水水力特性有关。当输水流量增大时,或者阀门开启速度增大等导致的瞬时输水流量增大时,引航道内流速也相应增大。我国《船闸输水系统设计规范》(JTJ 306—2001)规定,船闸灌泄水时上游引航道纵向流速应不大于 $0.5 \sim 0.8$ m/s,下游引航道中应不大于 $0.8 \sim 1.0$ m/s。

2)水面坡降

水面比降及其变化将影响停泊船舶的平稳和船舶航行阻力,并产生坡降力增大船舶系缆力,是通航水流条件的重要判据之一。引航道内的安全水面比降与船队排水量有关,应当根据航道等级中的控制船型来确定。周华兴认为船队在引航道停泊的系缆力由90%的比降力和10%的流速力两部分组成,并根据《船闸输水系统设计规范》(JTJ 306—2001)和《三峡工程通航标准》中的船舶允许系缆力标准计算出相应的允许比降,见表6-14。

表6-14　船舶允许水面比降

资料来源	船闸级别	船舶吨级(t)	代表船队	船队总排水量(t)	允许比降(‰)
内河通航标准	I	3 000	$1+4 \times 3\,000$	15 000	0.31
	II	2 000	$1+2 \times 2\,000$	5 300	0.69
	III	1 000	$1+2 \times 1\,000$	3 060	0.96
	IV	500	$1+2 \times 500$	1 450	1.58
三峡工程通航标准	I	2 000	$1+6 \times 2\,000$	15 200	0.30
		1 500	$1+9 \times 1\,500$	17 000	0.27
		1 000	$1+9 \times 1\,000$	13 000	0.35

3）波动

非恒定流引起的波动会对上下级的上下闸首的人字闸门产生反向水头,对人字闸门构成了较大的安全威胁,并且输泄水时当调平渠道与闸室水位后,所产生的波谷会影响渠道的通航水深,可能会导致船舶发生触底事故。根据国内外对航道内水面波动的相关研究和规定,引航道内波幅应不大于0.6 m。

4）水位变幅

大型水利枢纽由于装机容量大,在发电运行期间的日调节运行以及泄洪都会造成坝下水位日变幅及水位涨落率较大,势必对河段通航条件和航道维护产生重要影响。目前,国内对水位变幅的安全标准尚无统一定论,可参考向家坝调度章程,坝下游水位最大日变幅不超过4.5 m/d,水位最大涨落率不超过1 m/h。

枢纽通航水力安全指标制定如图6-5所示。

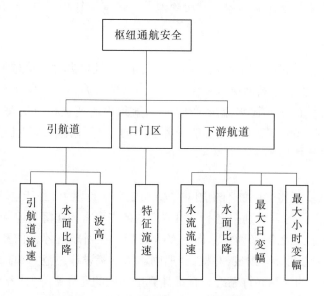

图6-5 枢纽通航水力安全指标体系

6.1.3.5 水力安全评价指标体系

通过总结泄洪消能、发电系统、高水头渗流、枢纽通航等目标建筑物常见水力安全问题,凝练各水力安全问题相关规范标准和前沿研究成果,提出了适合进行枢纽运行水力安全综合评价的指标体系,对其中的定量指标给出了可参考的具体等级划分区间,部分定性指标给出了等级划分标准。枢纽运行水力安全综合评价指标体系见图6-6。

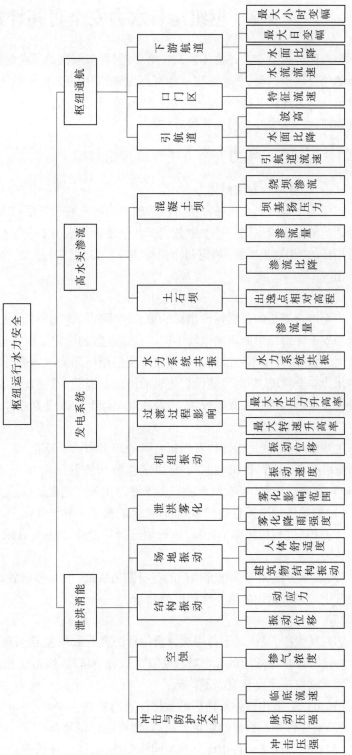

图 6-6 枢纽运行水力安全综合评价指标体系

6.2 枢纽运行水力安全可拓评价方法

枢纽运行水力安全评价体系是一个多指标、多层次的复杂递阶分析系统,想要得到一个可靠的综合评价结果,必须采用一种可行性强、准确度高的评价方法。本章以可拓理论和层次分析法作为理论基础,构建了实用具体的枢纽运行水力安全可拓评价模型,形成一整套完整的枢纽运行水力安全可拓评价方法。

6.2.1 枢纽运行水力安全可拓评价理论基础

6.2.1.1 综合评价方法概述

枢纽运行水力安全可拓评价方法的理论内容主要包括赋权方法和合成方法。首先需要采用适当的方法根据同一层次中各指标在枢纽运行水力安全综合评价体系结构中对于上层评价指标的"相对重要性"确定每个指标的权重,然后用特定的综合评价方法即合成方法综合得出。

1. 赋权方法

安全综合评价中每层评价指标的重要性程度和作用不同,从而使得它们对整个枢纽运行水力安全评价结果的贡献也就不同。权重系数的确定是枢纽运行水力安全中非常关键的环节之一,如果使用不够准确的权重对各层的指标评价结果进行综合,并以此来代表水利枢纽的水力安全状况,则有可能得出失真的结论。因此,赋权方法的选择十分重要。赋权方法主要有主观赋权法和客观赋权法,以及在此基础上的改进方法。

1)主观赋权法

主观赋权法,就是指评价者根据自身的知识和认识经验,基于重要性程度相互比较各评价指标并赋值、计算得出权重分配的定性分析方法。常用的主观赋权法有层次分析法(AHP)、直接给出法(专家调查法)、专家评序法等。主观赋权法主要具有以下特征:

(1)能够体现决策者的经验判断,权重的确定一般符合现实。

(2)计算过程相对简单,但评价数值选择可能由于决策者缺乏相关经验而导致模糊性较大。

(3)权重分配无关于评价指标的自身数值特征,没有考虑各评价指标间的内在联系,仅是主观上对评价指标的重要性程度的判断。

2)客观赋权法

客观赋权法,是指基于各层次评价指标的客观数据差异来确定各指标权重的定量分析方法。工程评价中常用的客观赋权法有主成分分析法、熵值法和离差法等。

客观赋权法主要具有以下特征:

(1)可以有效传递评价指标的数据信息与差别。

(2)对评价指标数据的质量要求高,计算过程较复杂。

(3)权重分配基于各指标具有相同重要性,忽视了评价者的知识经验,容易导致权重系数不合常理。

据此,本书使用主观赋权法中的可拓层次分析法来确定权重。

2.合成方法

综合评价理论中的合成方法常用的主要有模糊综合评价法、人工神经网络评价法、可拓综合评价法。

1）模糊综合评价法

模糊综合评价法的基础是模糊数学,它应用模糊关系合成原理定量化边界不清、不易定量的因素,引入隶属函数的概念把定性经验确定为具体系数,最后根据各因素对总评价目标隶属等级状况进行综合性评价。它由三个基本要素组成:因素集、评语集、单因素评判集。主要步骤包括建立因素、建立评语集、建立权重集、单因素评价、单级模糊综合评价、多层次模糊综合评价。

它的主要特征有以下几点:

(1)克服了传统数学中"唯一解"的弊端,具备可拓展性。

(2)无法解决评价指标间相关造成的信息重复问题。

(3)隶属函数、模糊综合评价矩阵等的确定方法仍待深化研究。

2）人工神级网络评价法

人工神经网络评价法是一种智能化评价方法,通过模拟人脑智能化处理过程,使用人工神经元模拟生物神经元,利用 BP 算法,学习或训练获取知识并存储在神经元权值中,能够"提炼"评价对象本身的客观规律,进行评价。主要具有以下几点特征:

(1)具有并行处理、分布式存储的结构特征,能够处理大型复杂系统。

(2)具有自学习、自组织及自适应的能力。

(3)精度不高,需要大量实际数据作为训练样本。

3）可拓综合评价法

可拓综合评价法是建立在可拓集合基础上的评价方法,用关联函数表示元素和集合的可变化性,通过关联函数的计算和加权合成得到综合评价结果。

可拓综合评价法具有以下几点特征:

(1)它可以定量刻画被评价对象本身存在状态对某一等级所属程度,而且可以定量刻画何时为一种性态与另一种性态的分界。

(2)计算方法明确,适用性强,对评价内容专业性没有要求。

据此,选用可拓综合评价法作为综合评价理论中的合成方法。

6.2.1.2 可拓理论

可拓理论是可拓学的理论基础,主要包括了基元理论、可拓集理论和可拓逻辑。本书只介绍与本文内容相关的基元理论、可拓集理论及关联函数。

1.基元理论

基元是可拓理论中为了形式化的描述物、事及其关系而建立的概念,包括物元、事元、关系元等。基元是可拓理论的逻辑细胞。

物元是一种基元类型,可以用"事物、特征、量值"这三个要素来描述任何事物,以便对事物做定性及定量分析和计算。物元即为用这些要素组成的有序三元组用来描述事物的基元。其中,特征指能够表示事物性质、行为状态、功能及事物相互间关系的描述,量值指事物在某一特征方面的数量、范围及程度等。

物元 $R = (N, C, X)$,其中 N 为事物的名称,C 为事物特征,X 为事物关于特征 C 的量值。

若事物 N 有多个特征 C_1，C_2，$\cdots$，C_n 和相应的量值 X_1，X_2，$\cdots$，X_n 来描述，则可表示为

$$R = \begin{bmatrix} R_1 \\ R_2 \\ \vdots \\ R_n \end{bmatrix} = \begin{bmatrix} N & C_1 & X_1 \\ & C_2 & X_2 \\ & \vdots & \vdots \\ & C_n & X_n \end{bmatrix} \tag{6-3}$$

式中：R 为 n 维物元，R_i 为 R 的分物元，简记为 $R = (N,C,X)$。

2. 可拓集理论

集合是现代逻辑学的基础之一，是描述人脑思维对客观事物分类和识别的数学方法。可拓集理论是在经典集和模糊集的基础上发展而来又大为不同的一个集合概念。不同于经典集中的确定性和模糊集中的模糊性，可拓集描述的是事物的可变性。可拓集是可拓理论中用于描述对象可变性、对对象进行变换的分类的工具，它用定量化的方法描述量变和质变，可作为解决矛盾问题的集合论基础。表 6-15 给出了可拓集与经典集、模糊集间的区别和联系。

表 6-15　可拓集与经典集、模糊集的区别与联系

形式模型	经典数学模型	模糊数学模型	可拓数学模型
集合基础	康托集	模糊集	可拓集
性质函数	特征函数	隶属函数	关联函数
取值范围	$\{0,1\}$	$[0,1]$	$(-\infty, +\infty)$
距离概念	距离	距离	距
逻辑思维	形式逻辑	模糊逻辑	可拓逻辑
处理的问题	确定性问题	模糊性问题	矛盾问题

定义：设 U 为一个论域，u 为 U 中的任意元素，k 是 U 到实数域 I 的一个映射，$T = (T_U, T_k, T_u)$ 为一个给定的变换，T_U 为对于论域 U 的变换，T_k 为对于映射 k 的变换，T_u 为对于元素 u 的变换，则有：

$$\tilde{E}(T) = \{(u,y,y') \mid u \in T_U U, y = k(u) \in I, y' = T_k k(T_u u) \in I\}$$

$\tilde{E}(T)$ 为 U 上关于元素变换 T 的一个可拓集，其中 $k(u)$ 为 u 关于 $\tilde{E}$ 的关联度，$y = k(u)$ 为 $\tilde{E}(T)$ 的关联函数，$y' = T_k k(T_u u)$ 为 $\tilde{E}(T)$ 的可拓函数。

(1) 当 $T = e$ 时，

称 $E = \{(u,y) \mid u \in U, y = k(u) \geqslant 0\}$ 为 $\tilde{E}$ 的正域；

称 $\overline{E} = \{(u,y) \mid u \in U, y = k(u) \leqslant 0\}$ 为 $\tilde{E}$ 的负域；

称 $J_0 = \{(u,y) \mid u \in U, y = k(u) = 0\}$ 为 $\tilde{E}$ 的零界。

(2) 当 $T \neq e$ 时，

称 $E_+(T) = \{(u,y,y') \mid u \in T_U U, y = k(u) \leqslant 0, y' = T_k k(T_u u) \geqslant 0\}$ 为 $\tilde{E}(T)$ 的正可拓域；

称 $E_-(T) = \{(u,y,y') \mid u \in T_U U, y = k(u) \geqslant 0, y' = T_k k(T_u u) \leqslant 0\}$ 为 $\tilde{E}(T)$ 的负可

拓域；

称 $E^+(T) = \{(u,y,y') \mid u \in T_U U, y = k(u) \geqslant 0, y' = T_k k(T_u u) \geqslant 0\}$ 为 $\widehat{E}(T)$ 的正稳定域；

称 $E^-(T) = \{(u,y,y') \mid u \in T_U U, y = k(u) \leqslant 0, y' = T_k k(T_u u) \leqslant 0\}$ 为 $\widehat{E}(T)$ 的负稳定域；

称 $J(T) = \{(u,y,y') \mid u \in T_U U, y' = T_k k(T_u u) = 0\}$ 为 $\widehat{E}(T)$ 的拓界。

3. 关联函数

可拓理论中的可拓集合通过用关联函数来描述和刻画。关联函数是可拓集理论中的重要内容,关联函数值可以定量描述事物具有某种特征的程度。可拓理论中通过关联函数值能够定量分析论域 U 中任意一个元素到底属于正域、负域或零界三个论域中,即使是元素同属于同一个论域,也可以通过比较关联函数值的大小来区分开它们对该论域的不同关联程度。

与本书内容相关的有简单关联函数和初等关联函数,首先需要明确距和位置的定义。

1）距

在经典数学中,实数轴上点 x 与有限区间 $X_0 = \langle a,b \rangle$ 之间的距离为

$$d(x,X_0) = \begin{cases} 0, & x \in X_0 \\ \min\{\rho(x,a),\rho(x,b)\}, & x \notin X_0 \end{cases} \tag{6-4}$$

式中：$\rho(x,y) = |x - y|$ 为实数轴上点 x 与点 y 之间的距离。

由这个定义表达式可知,经典数学中区间内点与区间的距离都为零,出现了"类内即为同"的情况,无法描述矛盾转化过程中的量变。在对经典数学中距的定义进行拓展,建立了可拓距,当点在区间内时,该点与区间的距离为负值,当点在区间外时为正值。关联函数的公式则可以用于表示事物具有该种性质的程度。

下面是可拓理论中距的定义。

假设实数轴上有任一点 x,实域上任一区间为 $X_0 = \langle a,b \rangle$,那么有

$$\rho(x,X_0) = \left| x - \frac{a+b}{2} \right| - \frac{b-a}{2} = \begin{cases} a - x, & x \leqslant \dfrac{a+b}{2} \\ x - b, & x \geqslant \dfrac{a+b}{2} \end{cases} \tag{6-5}$$

称 $\rho(x,X_0)$ 为点 x 与区间 X_0 的距,$\langle a,b \rangle$ 可以是开区间、闭区间,也可以是半开半闭区间。

显然上述的距的概念是基于最优点在区间 X_0 的中点的默认定义的。当最优点不在区间 X_0 的中点时,定义了"侧距",分为左侧距和右侧距。

定义 1：（左侧距）区间 $X_0 = \langle a,b \rangle$, $x_0 \in \left(a, \dfrac{a+b}{2}\right)$, 称

$$\rho_l(x,x_0,X_0) = \begin{cases} a - x, & x \leqslant a \\ \dfrac{b-x_0}{a-x_0}(x-a) & a < x < x_0 \\ x - b, & x \geqslant x_0 \end{cases} \tag{6-6}$$

为 x 与区间 X_0 关于 x_0 的左侧距。

定义 2：（右侧距）区间 $X_0 = \langle a,b \rangle$，$x_0 \in \left(\dfrac{a+b}{2}, b \right)$，称

$$\rho_r(x,x_0,X_0) = \begin{cases} a-x, & x \leqslant x_0 \\ \dfrac{a-x_0}{b-x_0}(b-x) & x_0 < x < b \\ x-b, & x \geqslant b \end{cases} \tag{6-7}$$

为 x 与区间 X_0 关于 x_0 的右侧距。

2）位值

上述的可拓距概念描述的是点和区间的位置关系。位值则描述点和两个区间以及区间和区间的位置关系。以下是位值的定义：

设 $X_0 = \langle a,b \rangle$，$X = \langle c,d \rangle$，且 $X_0 \subset X$，则点 x 关于区间 X_0 和 X 组成的区间套的位值为

$$D(x,X_0,X) = \begin{cases} \rho(x,X) - \rho(x,X_0), & \rho(x,X) \neq \rho(x,X_0) \text{ 且 } x \notin X_0 \\ \rho(x,X) - \rho(x,X_0) + a - b, & \rho(x,X) \neq \rho(x,X_0) \text{ 且 } x \in X_0 \\ a-b, & \rho(x,X) = \rho(x,X_0) \end{cases} \tag{6-8}$$

根据我们对距和位值的定义，显然有 $D(x,X_0,X) < 0$。

3）关联函数

对于简单关联函数，设 $X = \langle a,b \rangle$，$M \in X$，作函数

$$k(x) = \begin{cases} \dfrac{x-a}{M-a}, & x \leqslant M \\ \dfrac{b-x}{b-M}, & x > M \end{cases} \tag{6-9}$$

则 $k(x)$ 满足以下性质：

（1）$k(x)$ 在 $x = M$ 处取到最大值，且 $k(M) = 1$。

（2）$x \in X$，且 $x \neq a,b \Leftrightarrow k(x) > 0$。

（3）$x \notin X$，且 $x \neq a,b \Leftrightarrow k(x) < 0$。

（4）$x = a$ 或 $x = b \Leftrightarrow k(x) = 0$。

$k(x)$ 为 x 关于区间 X 和点 M 的关联函数。简单关联函数主要用于解决关于点和一个区间的关联程度问题，而初等关联函数主要用于解决区间套的关联度问题。

对于初等关联函数，设 $X_0 = \langle a,b \rangle$，$X = \langle c,d \rangle$，且 $X_0 \subset X$，$\rho(x,X_0)$ 和 $\rho(x,X)$ 分别为点 x 与区间 X_0 和 X 的距，$D(x,X_0,X)$ 为点 x 关于区间 X_0 和 X 的位值，常见的几种初等关联函数有

$$k_1(x) = \frac{\rho(x,X_0)}{D(x,X_0,X)} \tag{6-10}$$

$$k_2(x) = \begin{cases} \dfrac{\rho(x,X_0)}{\rho(x,X) - \rho(x,X_0)}, & \rho(x,X_0) \neq \rho(x,X) \\ \dfrac{-\rho(x,X_0)}{|b-a|}, & \rho(x,X_0) = \rho(x,X) \end{cases} \tag{6-11}$$

$$k_3(x) = \begin{cases} \dfrac{\rho(x, X_0)}{\rho(x, X) - \rho(x, X_0)}, & x \notin X_0 \\[3mm] \dfrac{-\rho(x, X_0)}{|b - a|}, & x \in X_0 \end{cases} \qquad (6\text{-}12)$$

$$k_4(x) = \begin{cases} \dfrac{\rho(x, x_0, X_0)}{\rho(x, X) - \rho(x, X_0)}, & x \notin X_0 \\[3mm] \dfrac{-\rho(x, x_0, X_0)}{|b - a|}, & x \in X_0 \end{cases} \qquad (6\text{-}13)$$

$\rho(x, x_0, X_0)$ 为侧距,分为左侧距和右侧距,该函数在点 x_0 处达到最大值。称 $k(x)$ 为 x 关于区间 X_0 和 X 的关联函数。$k(x) > 0$ 表示 $x \in X_0$ 的程度;$k(x) < 0$ 表示 $x \notin X_0$ 的程度;$k(x) = 0$ 表示某性质的质变点,称为零点。

上述 4 种关联函数中,$k_1(x)$,$k_2(x)$,$k_3(x)$ 都是以区间 X_0 中点为最优值计算的关联函数值,$k_4(x)$ 则可以任意的最优点 x_0 进行计算,并且具有更强的通用性。由第 2 章对枢纽水力安全指标的分析可知,绝大部分指标都是越大越好或者越小越好,显然本模型中更适合使用 $k_4(x)$ 作为关联函数。

6.2.1.3 赋权方法——可拓层次分析法

层次分析法(Analytic hierarc hy process,简称 AHP 法)是美国运筹学家、匹茨堡大学教授 T. L. Saaty 等在 20 世纪 70 年代初提出的一种定性和定量相结合、系统化和层次化的多目标决策理论。层次分析法可以量化专家的经验判断,在缺乏大量统计数据和层次结构较为复杂时十分实用,是处理定性与定量相结合问题的一种行之有效并且灵活简洁的系统分析方法。

层次分析法确定权重的步骤有以下四步:

第一步:通过相关研究分析建立评价体系的递阶层次结构。

第二步:两两比较构造判断矩阵,根据对客观事实的主观判断依据某一准则依次两两比较各因素,得到可以表明相对重要程度的数值。

第三步:利用数学方法确定能够反映同一层次因素间相对重要性次序的权重,并进行一致性检验。

第四步:计算各层次因素对总目标的权重。

层次分析法步骤见图 6-7。

层次分析法的优点在于构建了层次框架,方便思路整理,结构清晰分明;通过两两比较标度增加了判断客观性;定性和定量相结合,增强了科学性和实用性。但 AHP 法也有一定的不足:

(1)判断矩阵的一致性检验计算相当复杂,当一致性检验无法通过时,权重计算结果就没有了理论基础而无法实际应用,必须重新改进判断矩阵。复杂的过程影响了层次分析法的应用。

(2)层次分析法中判断矩阵中元素必须是确定的数,而在实际情况的两两比较中,基于专家认识的不全面性以及各评价指标的复杂性和不确定性,我们常常只能得到一个区间内波动的判断。

(3)层次分析法的实际应用中对判断矩阵的合理性考虑不够,对专家数量和质量不够重视。

针对层次分析法的以上不足,本书结合国内学者所做的研究工作采用了可拓层次分析法来确定权重。可拓层次分析法是在经典层次分析法的基础上,引入可拓集理论中的关联函数等概念形成的一种新赋权方法。

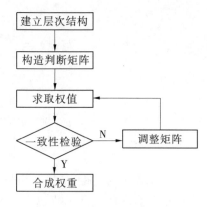

图6-7 层次分析法步骤

1.可拓层次分析法原理

可拓区间数定义:

定义1 设有 $E(u)$ 域 U 上的可拓集合, $a = \langle a^-, a^+ \rangle = \{x \mid 0 < a^- < x < a^+\} \in E(u)$,根据关于简单关联函数的定义,当 $M = \dfrac{a^- + a^+}{2}$ 时,则 u 关于 a 的简单关联函数 $k_a(u)$ 表示为

$$k_a(u) = \begin{cases} \dfrac{2(u - a^-)}{a^+ - a^-}, & u \leqslant \dfrac{a^- + a^+}{2} \\ \dfrac{2(a^+ - u)}{a^+ - a^-}, & u > \dfrac{a^- + a^+}{2} \end{cases} \tag{6-14}$$

其中, $a = \langle a^-, a^+ \rangle$ 称为可拓区间数。符号 $\langle a^-, a^+ \rangle$ 可包括端点 a^- 或 a^+,也可不包括端点 a^- 或 a^+。

当 $a^- = a^+$ 时,可拓区间数 a 就是普通正实数。当且仅当 $a^- = b^-$, $a^+ = b^+$ 时,我们称 $a = b$,即 $a = \langle a^-, a^+ \rangle$ 和 $b = \langle b^-, b^+ \rangle$ 这两个可拓区间数相等。

定理1 设 $a = \langle a^-, a^+ \rangle$、 $b = \langle b^-, b^+ \rangle$ 皆为可拓区间数,则可拓区间数运算法则如下:

(1) $a + b = \langle a^- + b^-, a^+ + b^+ \rangle$。

(2) $a \times b = \langle a^- b^-, a^+ b^+ \rangle$。

(3) $\dfrac{1}{a} = \langle \dfrac{1}{a^+}, \dfrac{1}{a^-} \rangle$。

(4) $\forall \lambda \in R^+, \lambda a = \langle \lambda a^-, \lambda a^+ \rangle$。

(5) $a/b = \langle a^- / b^+, a^+ / b^- \rangle$。

定理2 设 $a = \langle a^-, a^+ \rangle$、 $b = \langle b^-, b^+ \rangle$ 为两个可拓区间数,则把 $a \geqslant b$ 的可能性程度定义为 $V(a \geqslant b)$:

$$V(a \geqslant b) = \frac{2(a^+ - b^-)}{a^+ - a^- + b^+ - b^-} \tag{6-15}$$

当 $b^- = a^+$ 时, $V(a \geqslant b) = 0$;当 $b^- > a^+$ 时, $V(a \geqslant b)$ 为负值,表示的是 $a \geqslant b$ 的不可能性程度;当 $b^- < a^+$ 时, $V(a \geqslant b)$ 为正值,表示的是 $a \geqslant b$ 的可能性程度。

定义2 以可拓区间数为元素的向量称为可拓区间数向量,以可拓区间数为元素的矩阵称为可拓区间数矩阵,其运算法则与通常的数字矩阵或向量的相同。 $N = \{a_{ij}\}_{n \times n}$ 为一个可拓区间数矩阵,则 $a_{ij} = \langle a_{ij}^-, a_{ij}^+ \rangle$,则有 $N^- = \{a_{ij}^-\}_{n \times n}$ 和 $N^+ = \{a_{ij}^+\}_{n \times n}$,并且 $N = \langle N^-, N^+ \rangle$,同样对于区间数向量 $x = (x_1, x_2, \cdots, x_n)^T$,即 $x_i = \langle x_i^-, x_i^+ \rangle$,记作 $x^- = (x_1^-, x_2^-, \cdots, x_n^-)^T$, $x^+ = (x_1^+, x_2^+, \cdots, x_n^+)^T$,并记 $x = \langle x^-, x^+ \rangle$。

定义3 设 N 为可拓区间数矩阵, λ 是一个可拓区间数,若存在一个可拓区间数向量 x,使关系式 $Nx = \lambda x$ 成立,则称 λ 为 N 的一个特征值,x 为 N 对应于 λ 的一个特征向量。

经定义及相关证明可得:

定理3 若 $Nx = \lambda x$,则有 $N^- x^- = \lambda^- x^-$, $N^+ x^+ = \lambda^+ x^+$。

定理4 $N = \langle N^-, N^+ \rangle$,如果 λ^-、λ^+ 分别是 N^-、N^+ 的最大特征值,则有:

(1) $\lambda = \langle \lambda^-, \lambda^+ \rangle$ 为 N 的特征值。

(2) $X = \langle kx^-, mx^+ \rangle$ 是 N 对应于 λ 的全部特征向量,其中 k、m 是满足 $0 < kx^- \le mx^+$ 的全体正实数,x^-, x^+ 分别为 N^-、N^+ 对应于 λ^-、λ^+ 的任一正特征向量。

定义4 设 $N = \{a_{ij}\}_{n \times n}$ 为一个可拓区间数矩阵,若 $\forall i, j = 1, 2, \cdots, n$,均有:

(1) $a_{ij} = \langle a_{ij}^-, a_{ij}^+ \rangle$,且 $\dfrac{1}{9} \le a_{ij}^- \le a_{ij}^+ \le 9$。

(2) $a_{ij} = \dfrac{1}{a_{ji}}$。

定义5 设 $N = \{a_{ij}\}_{n \times n}$ 为一个可拓区间数矩阵,若 $\forall i, j, k = 1, 2, \cdots, n$,均有 $a_{ij} = \dfrac{1}{a_{ji}}$, $a_{ij} a_{jk} = a_{jj} a_{ik}$,则称 N 为一致性可拓区间数矩阵。

定理5 设 $N = \{a_{ij}\}_{n \times n}$ 为一致性可拓区间数矩阵,x^-、x^+ 分别为 N^-、N^+,关于其最大的特征值的具正分量的归一化特征向量,则有

$$\omega = \langle kx^-, mx^+ \rangle = (\omega_1, \omega_2, \cdots, \omega_n)^T$$

满足 $a_{ij} = \dfrac{\omega_i}{\omega_j} (i, j = 1, 2, \cdots, n)$ 的充分必要条件是

$$\frac{k}{m} = \sum_{j=1}^{n} \frac{1}{\sum_{i=1}^{n} a_{ij}^+} = \frac{1}{\sum_{j=1}^{n} \dfrac{1}{\sum_{i=1}^{n} a_{ij}^-}}$$

鉴于权重向量左右端点具有的对称性以及 k/m 的具体表达式,可取

$$k = \sqrt{\sum_{j=1}^{n} \frac{1}{\sum_{i=1}^{n} a_{ij}^+}}, m = \sqrt{\sum_{j=1}^{n} \frac{1}{\sum_{i=1}^{n} a_{ij}^-}} \tag{6-16}$$

2. 可拓层次分析法内容及步骤

具体操作过程分为以下五步。

1) 建立递阶层次结构

AHP 法首先要把问题层次化、条理化,根据系统中各因素的特点,将其分成不同层次。按照最高层、若干相关的中间层和最低层的形式排列起来。递阶层次结构层次数视问题具体分析时所需的复杂详细程度而定,一般对层数不做限定,但仍不宜过多导致计算烦琐,各元素关联的下层元素数量一般不超过 9 个。

2) 构造可拓判断矩阵

建立递阶层次结构后,针对第 $k - 1$ 层的某一个(例如第 h 个)指标,假设该指标与 k 层中的指标 $a_1, a_2, \cdots, a_n$ 有联系,以 $a_i, a_j (i, j = 1, 2, \cdots, n)$ 表示下层指标。a_{ij} 表示 a_i 对 a_j 的相对重要性数值。两两比较各指标并用可拓区间数表示它们的相对重要程度或者优劣程

度,从而构造一个可拓区间数判断矩阵 $N = \{a_{ij}\}_{n \times n}$, N 的元素为可拓区间数,即 $a_{ij} = \langle a_{ij}^-, a_{ij}^+ \rangle$。可由 a_{ij} 组成可拓判断矩阵 N。可拓判断矩阵 $N = \{a_{ij}\}_{n \times n}$ 为正互反矩阵,即

$$N = \begin{bmatrix} a_{11} & a_{12} & \cdots & a_{1n} \\ a_{21} & a_{22} & \cdots & a_{2n} \\ \vdots & \vdots & & \vdots \\ a_{n1} & a_{n2} & \cdots & a_{nn} \end{bmatrix} \tag{6-17}$$

其中: $a_{ii} = 1$, $a_{ij} = a_{ij}^{-1} = \langle \dfrac{1}{a_{ij}^+}, \dfrac{1}{a_{ij}^-} \rangle$, $i = 1, 2, \cdots, n_k$; $j = 1, 2, \cdots, n_k$。

可拓区间数构造参考层次分析法中的 $1 \sim 9$ 标度,见表6-16。例如,认为 a_1 与 a_2 相比,处于同等重要和稍微重要之间,则 $a_{12} = \langle 1, 3 \rangle$。

表6-16 层次分析法9位标度法

标度 b_{ij}	含义
1	b_i, b_j 同等重要
3	b_i 比 b_j 稍微重要
5	b_i, b_j 明显重要
7	b_i, b_j 强烈重要
9	b_i, b_j 极端重要
2,4,6,8 为相邻判断的中间值,并且 $b_{ij} = \dfrac{1}{b_{ji}}$	

3)计算综合可拓判断矩阵和权重向量

令 $N^- = \{a_{ij}^-\}_{n \times n}$, $N^+ = \{a_{ij}^+\}_{n \times n}$,分别计算判断矩阵 N^- 和 N^+ 的最大特征值对应具有正分量的归一化特征向量 x^- 和 x^+。

计算可拓区间数权重向量 $\omega = \langle kx^-, m x^+ \rangle = (\omega_1, \omega_2, \cdots, \omega_n)^T$,其中 k、m 取值见式(6-16)。

4)层次单排序

根据定理2计算,若 $\forall i, j = 1, 2, \cdots, n, i \neq j, V(\omega_i \geqslant \omega_j) \geqslant 0$,则令

$$p_{jh}^k = 1, p_{ih}^k = V(\omega_i \geqslant \omega_j) \tag{6-18}$$

其中, p_{jh}^k 按大小表示了 k 层第 i 个指标对 $k-1$ 层第 h 个指标的单排序,通过归一化后可得 $p_h^k = (p_{1h}^k, p_{2h}^k, \cdots, p_{n_h h}^k)^T$, p_h^k 表示了 k 层各指标对于 $k-1$ 层第 h 个指标的单排序的权重向量。

5)层次总排序

完成上述步骤后即得到了各层指标对于相关联的上层指标的权重,通过层次总排序即可计算出最底层所有元素相对于最高分析目标的相对重要性及权重。

6.2.1.4 合成方法——可拓综合评价法

可拓理论结合多方面的专业领域相关知识形成的适合解决该领域实际问题的可行方法统称为可拓工程。可拓综合评价方法是可拓理论的实际操作方法,是可拓工程的重要应用。可拓综合评价方法基于可拓集合理论,通过可拓理论中的关联函数建立了事物对于各评价

等级的关联程度,结合定性和定量的方法对评价对象进行优劣评价。

可拓综合评价法通常包括以下步骤:①确定待评物元;②确定经典域和节域物元;③计算关联函数及关联度;④确定权重;⑤计算待评物元综合关联度;⑥待评物元等级评定。

6.2.1.5 可拓评价理论对枢纽运行水力安全综合评价的适用性

可拓理论通过研究事物的可拓性,以可拓数学和物元理论为基础,结合定量和定性方法来处理不确定问题和矛盾问题。可拓层次分析法是基于可拓理论对层次分析法的进一步优化改进,可拓评价法是可拓理论在处理系统评价问题的重要应用。

1. 可拓综合评价法对枢纽运行水力安全综合评价的适用性

可拓综合评价法对枢纽运行水力安全综合评价适用性主要体现在以下几点:

(1)可拓综合评价法具有良好的通用性,能够很好地结合其他学科的知识,使用中不要求和限制评价体系的专有性。

(2)枢纽运行水力安全中很多指标和评价标准不具有稳定性,经常需要进行变更,可拓理论中经典域和节域的应用满足了此要求,使评价的过程能够不断适应水力安全评价技术的进步。

(3)可拓综合评价法具有很好的开放性,可以结合更加优越的赋权方法,令评价结果更加科学可靠。

(4)枢纽运行水力安全问题十分复杂,涉及泄洪消能、高水头渗流、发电系统、枢纽通航等多方面水力安全问题,而且各因素之间相互作用。枢纽运行水力安全的安全与危险是相对的,安全与危险的界定具有模糊性。可拓综合评价法中关联函数的应用可以用数学方法精确地判断评价指标与评价等级间的关系,不仅准确区分了该指标的评价等级,还可以充分反映出评价目标对于各评价等级的符合程度。

2. 可拓层次分析法对枢纽运行水力安全综合评价的适用性

可拓层次分析法对枢纽运行水力安全综合评价适用性主要体现在以下几点:

(1)在枢纽水力安全综合评价中,AHP法是作为构造权数的方法,不同于作为决策方法的 AHP 法,AHP 决策法最终目的是对所有评价方案做出优劣排序,所以一般并不特别在意权重值的精确程度。当 AHP 仅用来在多目标评价中确定权重的话,它是作为影响总评价值的一个极其重要的因素存在的。当权重分配不同时,得到的总评价值可能截然不同。我们可以在不影响有关评价元素的重要性次序的条件下,改变权重分配,结果评价结论将出现很大变化。因此,对 AHP 改进以加强精确性对枢纽运行水力安全综合评价有着重要意义。

把这个理念与层次分析法融合的赋权方法主要有区间层次分析法 IAHP 和可拓层次分析法 EAHP。可拓层次分析法 EAHP 在 AHP 理论基础上结合了可拓理论,具有更强的准确程度。

(2)层次分析法中判断矩阵中元素必须是确定的数,而在实际情况的两两比较中,基于专家认识的不全面性以及各评价指标的复杂性和不确定性,常常只能得到一个区间内波动的判断。可拓层次分析法专家的判断值是一个区间,更加符合实际,易于操作。

6.3 枢纽运行水力安全可拓评价模型

在本章 6.1 中已确定枢纽运行水力安全共分为三个安全评价等级,根据待评价水利枢纽实际情况和实测数据资料等确定待评价水利枢纽水力安全综合评价指标体系,并根据相关资料确定各安全等级的数据范围;之后进行待评价水利枢纽的基础指标关于各评价等级区间的关联函数值计算,最后使用可拓层次分析法确定权重,计算综合关联度,通过比较关于各评价等级的综合关联度即可得出待评价水利枢纽水力安全的综合评价值及等级。

6.3.1 枢纽运行水力安全可拓评价模型具体步骤

6.3.1.1 建立待评物元矩阵

设某待评水利枢纽水力安全综合评价指标体系基础指标共有 n 个,则待评物元矩阵可以表示为

$$R_0 = \begin{bmatrix} R_1 \\ R_2 \\ \vdots \\ R_n \end{bmatrix} = \begin{bmatrix} P_0 & C_1 & X_1 \\ & C_2 & X_2 \\ & \vdots & \vdots \\ & C_n & X_n \end{bmatrix} \qquad (6\text{-}19)$$

式中:P_0 为待评物元,即待评水力枢纽水力安全;C_i 为待评单元的第 i 项特征($i = 1,2,\cdots,n$);X_i 为关于 C_i 的量值,即对待评枢纽水力安全第 i 项基础指标进行分析的原始数据。

以泄洪消能指标为待评物元为例(仅评价泄洪消能水力安全),则

$$R_0 = \begin{bmatrix} R_1 \\ R_2 \\ R_3 \\ R_4 \\ R_5 \\ R_6 \\ R_7 \\ R_8 \\ R_9 \\ R_{10} \\ R_{11} \\ R_{12} \end{bmatrix} = \begin{bmatrix} \text{泄洪消能} & \text{冲击压强} & X_1 \\ & \text{脉动压强} & X_2 \\ & \text{临底流速} & X_3 \\ & \text{底板运行状态} & X_4 \\ & \text{掺气减蚀效果} & X_5 \\ & \text{平整度} & X_6 \\ & \text{振动位移} & X_7 \\ & \text{动应力} & X_8 \\ & \text{建筑物结构振动} & X_9 \\ & \text{人体舒适度影响} & X_{10} \\ & \text{雾化降雨强度} & X_{11} \\ & \text{雾化降雨范围} & X_{12} \end{bmatrix}$$

6.3.1.2 确定经典域物元

枢纽运行水力安全的经典域物元 R_j 表示为

$$R_j(N_j,C,X_j) = \begin{bmatrix} N_j & C_1 & X_{j1} \\ & C_2 & X_{j2} \\ & \vdots & \vdots \\ & C_n & X_{jn} \end{bmatrix} = \begin{bmatrix} N_j & C_1 & [a_{j1},b_{j1}] \\ & C_2 & [a_{j2},b_{j2}] \\ & \vdots & \vdots \\ & C_n & [a_{jn},b_{jn}] \end{bmatrix} \quad (j = 1,2,3,4) \quad (6\text{-}20)$$

式中:N_j ($j = 1,2,3,4$,即 A,B,C,D)为枢纽运行水力安全综合评价中规定的 4 个安全等级;C_i ($i = 1,2,\cdots,n$)为相应安全等级的特征(评价指标);区间 $X_{ji} = [a_{ji},b_{ji}]$ 为 N_j 关于 C_i 所规定的量值范围。

以泄洪消能安全 A 级为例,经典域 R_A 为

$$R_A(N_A,C,X_A) = \begin{bmatrix} N_A & C_1 & X_{A1} \\ & C_2 & X_{A2} \\ & C_3 & X_{A3} \\ & C_4 & X_{A4} \\ & C_5 & X_{A5} \\ & C_6 & X_{A6} \\ & C_7 & X_{A7} \\ & C_8 & X_{A8} \\ & C_9 & X_{A9} \\ & C_{10} & X_{A10} \\ & C_{11} & X_{A11} \\ & C_{12} & X_{A12} \end{bmatrix} = \begin{bmatrix} \text{安全} & \text{冲击压强} & [\quad] \\ & \text{脉动压强} & [\quad] \\ & \text{临底流速} & [\quad] \\ & \text{底板运行状态} & [\quad] \\ & \text{掺气减蚀效果} & [\quad] \\ & \text{平整度} & [\quad] \\ & \text{振动位移} & [\quad] \\ & \text{动应力} & [\quad] \\ & \text{建筑物结构振动} & [\quad] \\ & \text{人体舒适度影响} & [\quad] \\ & \text{雾化降雨强度} & [\quad] \\ & \text{雾化降雨范围} & [\quad] \end{bmatrix}$$

6.3.1.3 确定节域物元

枢纽运行水力安全综合评价各指标的允许取值范围称为节域。节域物元 R_p 表示为

$$R_p(N_p,C,X_p) = \begin{bmatrix} N_p & C_1 & X_{p1} \\ & C_2 & X_{p2} \\ & \vdots & \vdots \\ & C_n & X_{pn} \end{bmatrix} = \begin{bmatrix} N_p & C_1 & [a_{p1},b_{p1}] \\ & C_2 & [a_{p2},b_{p2}] \\ & \vdots & \vdots \\ & C_n & [a_{pn},b_{pn}] \end{bmatrix} \qquad (6\text{-}21)$$

其中,N_p 为评价等级全体,区间 $X_{pi} = [a_{pi},b_{pi}]$ 为 N_p 关于 C_i 所规定的量值范围。

以泄洪消能安全为例,节域 R_p 为

$$R_p(N_p,C,X_p) = \begin{bmatrix} N_p & C_1 & X_{p1} \\ & C_2 & X_{p2} \\ & C_3 & X_{p3} \\ & C_4 & X_{p4} \\ & C_5 & X_{p5} \\ & C_6 & X_{p6} \\ & C_7 & X_{p7} \\ & C_8 & X_{p8} \\ & C_9 & X_{p9} \\ & C_{10} & X_{p10} \\ & C_{11} & X_{p11} \\ & C_{12} & X_{p12} \end{bmatrix} = \begin{bmatrix} N_p & \text{冲击压强} & [\quad] \\ & \text{脉动压强} & [\quad] \\ & \text{临底流速} & [\quad] \\ & \text{底板运行状态} & [\quad] \\ & \text{掺气减蚀效果} & [\quad] \\ & \text{平整度} & [\quad] \\ & \text{振动位移} & [\quad] \\ & \text{动应力} & [\quad] \\ & \text{建筑物结构振动} & [\quad] \\ & \text{人体舒适度影响} & [\quad] \\ & \text{雾化降雨强度} & [\quad] \\ & \text{雾化降雨范围} & [\quad] \end{bmatrix}$$

6.3.1.4 计算关联函数及关联度

由关于关联函数的分析,本书采用第四种关联函数计算方法 $k_4(x)$。首先计算某点 x_i 到经典域区间 $X_{ji} = [a_{ji}, b_{ji}]$ 的侧距 $\rho(x, x_0, X_{ji})$ 及某点 x_i 到经典域区间 $X_{ji} = [a_{ji}, b_{ji}]$ 和节域区间 $X_{pi} = [a_{pi}, b_{pi}]$ 的距 $\rho(x, X_{ji})$、$\rho(x, X_{pi})$,则关联函数 $k_j(x_i)$ 的计算公式为

$$k_j(x_i) = \begin{cases} \dfrac{\rho(x_i, x_0, X_{ji})}{\rho(x_i, X_{pi}) - \rho(x_i, X_{ji})} & x_i \notin X_{ji} \\[2mm] \dfrac{-\rho(x_i, x_0, X_{ji})}{|b_{ji} - a_{ji}|} & x_i \in X_{ji} \end{cases} \qquad (6\text{-}22)$$

6.3.1.5 可拓层次分析法确定权重

采用可拓层次分析法确定各个评价指标的权重 ω_i ($i = 1, 2, \cdots, n$)。

6.3.1.6 综合关联度计算及等级评定

确定待评价指标对于各等级 j 的综合关联度 $K_j(P_0)$。

$$K_j(P_0) = \sum_{i=1}^{n} \omega_i K_j(x_i) \qquad (6\text{-}23)$$

式中: ω_i 为第 i 项评价指标的权重; $K_j(x_i)$ 为 x_i 与区间 X_{ji} 的关联函数值。

若 $K_j = \max\{K_j(P_0)\}$ ($j = 1, 2, 3, 4$,即 A, B, C, D),则 P_0 的等级为第 j 级, K_j 的大小可以定量描述评价目标属于该安全等级 j 级的程度。当 $0 < K_j(P_0) < 1$ 时,表示评价目标符合该安全等级,并且 $K_j(P_0)$ 越大,符合程度越高;当 $-1 < K_j(P_0) < 0$ 时,表示评价目标不符合该安全等级,但存在着转化为该安全等级的可能,其值越大越易转化;当 $K_j(P_0) < -1$ 时,表示评价目标不符合该级安全等级,并且不存在转化为该安全等级的可能。

若令

$$\overline{K}_j(P_0) = \frac{K_j(P_0) - \min\{K_j(P_0)\}}{\max\{K_j(P_0)\} - \min\{K_j(P_0)\}} \qquad (6\text{-}24)$$

则有

$$j^* = \frac{\displaystyle\sum_{j=1}^{4} j \cdot \overline{K}_j(P_0)}{\displaystyle\sum_{j=1}^{4} \overline{K}_j(P_0)} \qquad (6\text{-}25)$$

这里 j^* 为级别变量特征值,从中可得枢纽运行水力安全偏向某一等级的程度。

6.3.1.7 枢纽运行水力安全可拓评价模型使用注意事项

枢纽运行水力安全可拓评价模型在使用中需注意以下几个问题。

1. 关联函数值计算问题

在计算关联函数值的过程中,当某量值的最优值不在 x_0 的中点达到,而在它的左边或右边 x_0 达到时,则要使用左侧距或右侧距。

2. 经典域和节域确定问题

可拓评价法在使用中必须确定每个基础指标的经典域和节域范围,并且其中不允许出现无穷大,否则无法进行计算。当评价指标在现行相关规范标准中给出了较为详细的评价

方法时,可据此制定相应的四级安全等级区间划分。当部分定量指标现阶段相关规范标准只给出了一个允许安全值,可采用该指标值与允许安全值的比值为实际计算指标值。其安全评价等级划分可参考表6-17。

表6-17　安全评价等级

安全等级	A级	B级	C级
比值	[0,0.9]	[0.9,1.1]	>1.1

当最大经典域区间右端点值为无穷大时,可取为该区间左端点值的1.5倍;当指标实际值超出区间左端点1.5倍时,区间右端点值取该指标实际值。

3. 定性指标量化问题

对于定性指标,首先必须将定性指标量化。基于定性指标的模糊性和非定量化特点,可通过专家根据定性指标的等级划分标准结合实际情况分析打分得到,具体操作步骤如下:

请 n 位专家对给定的一组定性指标 N_1 , N_2 , $\cdots$, N_m (m 个指标)参照各指标各评价等级评判标准和表6-18分别给出评价值 $P_j(N_i)$ ($i = 1,2,\cdots,m;j = 1,2,\cdots,n$),则各指标 N_i 的评价值可通过 n 位专家评价值加权平均综合得到。

表6-18　分级方法

安全等级	A级	B级	C级
定性指标	[80,100]	[60,80]	[0,60]

6.3.2　泄洪水力安全综合评价在向家坝水利枢纽工程中的应用

6.3.2.1　向家坝水利枢纽泄洪水力安全综合评价体系

根据6.1.3节中对常用泄洪消能水力安全指标体系的总结,结合向家坝水利枢纽的实际情况,构建向家坝水利枢纽泄洪水力安全综合评价体系。评价体系共分为三层,分别为目标层、准则层、指标层。具体如下:

目标层A:向家坝水利枢纽泄洪水力安全。

准则层B:B1 冲击与防护安全、B2 空蚀、B3 结构振动、B4 场地振动、B5 泄洪雾化。

指标层C:C11 临底流速、C12 脉动压强、C21 掺气减蚀效果、C22 平整度、C31 振动位移、C32 动应力、C41 建筑物结构振动、C42 人体舒适度影响、C51 雾化降雨程度、C52 雾化影响范围。

具体隶属关系见图6-8。

6.3.2.2　数据收集与整理

根据南京水利科学研究院所做的向家坝水电站泄洪坝段1:40大比尺单池水工模型试验研究,当中表孔联合开启时,消力池中临底流速出现在达到最大值14.0 m/s。针对消力池底板和边墙的脉动荷载,在380 m库水位、总出库流量11 200 ~ 13 700 m³/s、表中孔泄洪流量8 000 ~ 10 500 m³/s 情况下,开展的包括单个消力池、双消力池中表孔联合泄洪等10个工况的原型观测试验监测成果表明,总泄洪流量13 700 m³/s、单个消力池下泄流量10 500 m³/s 的工况下,底板和边墙的脉动荷载出现最大值为19.7 kPa,其余工况条件下的最大脉

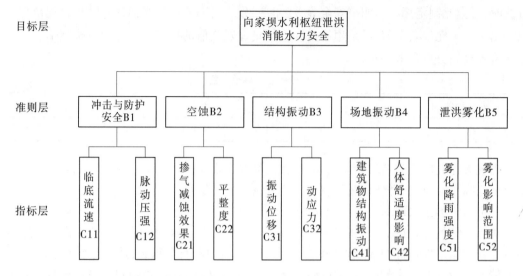

图 6-8　向家坝水利枢纽泄洪消能水力安全综合评价体系

动压力荷载均小于该工况的观测值。

1. 空蚀

根据南京水利科学研究院所做向家坝水电站泄洪坝段 1:40 大比尺单池水工模型试验研究,通气孔通气量和水体掺气浓度指标良好,经专家评定得分为 85 分。

向家坝泄洪消能建筑物临水面采用了掺入了 KS – 1500/TS2 型号的 PVA 纤维强度等级为 $C_{90}55$、$C_{90}50$、$C_{90}40$ 的高强度等级抗冲耐磨混凝土,一次浇筑成型中表孔流道、墩墙等部位混凝土(不预留二期混凝土)。施工过程中,共检测混凝土表面不平整度 3 865 点,合格率达 91.3%。不平整度检测见表 6-19。

表 6-19　不平整度检测数据偏差值分布

部位	检测点数	测点分布(%)				设计标准	符合率(%)
		≤2 mm	>2 mm ≤3 mm	>3 mm ≤5 mm	>5 mm		
泄水坝段墩墙	2 226	63.7	28.1	6.8	1.4	≤3 mm	91.8
泄水坝段底板	1 639	62.2	28.6	6.7	2.5	≤3 mm	90.8
小计	3 865	63.0	28.3	6.8	1.9	≤3 mm	91.3

2. 结构振动

以库水位 370.0 m 及 380.0 m 为典型水位,以 3 号中孔闸门和 10 号表孔闸门作为典型观测对象,进行的闸门流激振动原型观测表明:在 380 m 水位观测工况下,10 号表孔工作弧门在局开及连续关闭过程中,振动位移最大均方根值为 105.9 μm。

钢闸门的动应力不应大于钢闸门材料允许应力的 20%,表孔弧门按照不同结构部位其钢材(Q345C)的允许应力在 164 ~ 176 MPa,所以动应力应该小于 32 MPa。库水位在 380 m 附近时,当闸门开度增大到 10.0 m、14.0 m 及 18.0 m,闸门底梁及支臂的振动应力均方根值明显增大,振动应力达到最大均方根值为 0.93 MPa。

3. 场地振动

根据向家坝水电站下游局部区域 2012 年振动监测分析研究,向家坝下游场地振动是由向家坝蓄水泄洪诱发的。实测部分建筑物振动为连续型平稳随机振动并伴有冲击特征,振动主频为 2~3 Hz;地基水平向振动强度基本相同,竖直向相对较小。当工况为监测期间最大泄量 6 600 m³/s 时,距消力池 1.0 km 处的水富县育才路 5 幢砖混结构民房的振动相对其他建筑物稍大,地基振幅峰值约 16 μm、振速峰值约 0.26 mm/s,5 幢 7 楼振动位移峰值约 86 μm,振动速度峰值约 1.7 mm/s,7 楼顺河向加速度均方根有最大值约 77 db,峰值约 90 db。

4. 泄洪雾化

向家坝泄洪雾化最大雨强均位于消力池内,其雨强最大值约为 1 194 mm/h。雨区范围横向可达消力池导墙外 10~20 m,纵向约从桩号 0 + 100~0 + 460 m。在高度方向,雨区最高点不超过 310 m 高程。雨区受到消力池边墙约束,分布范围在各水位时变化不大,基本集中在消力池十分有限的范围内,不会波及岸边。泄洪引起的水舌风的雾流扩散作用十分有限,不会影响到下游生活生产区。

具体各项评价指标值及安全等级划分见表 6-20。

表 6-20　评价指标值及安全等级划分

指标名称	指标值	A 级	B 级	C 级	D 级	单位
临底流速	14	[0,15]	[15,20]	[20,25]	[25,40]	m/s
脉动压强	19.7	[0,20]	[20,40]	[40,60]	[60,90]	kPa
掺气减蚀效果	85	[85,100]	[70,85]	[60,70]	[0,60]	
平整度	93	[85,100]	[70,85]	[60,70]	[0,60]	
振动位移	0.105 9	[0,0.050 8]	[0.050 8,0.254]	[0.254,0.508]	[0.508,0.762]	mm
动应力	0.93	[0,32]	[32,35.2]	[35.2,38.4]	[38.4,57.6]	MPa
建筑物结构振动	1.7	[0,1]	[1,2]	[2,5]	[5,7.5]	mm/s
人体舒适度影响	77	[0,50]	[50,65]	[65,80]	[80,120]	db
雾化降雨强度	1 194	[0,10]	[10,100]	[100,600]	[600,1 194]	mm/h
雾化影响范围	92	[85,100]	[70,85]	[60,70]	[0,60]	

6.3.2.3　确定待评价物元、经典域物元和节域物元

根据前述的可拓综合评价法和 6.3.2.2 节的数据收集与整理确定向家坝水电站泄洪水力安全综合评价中的待评价物元、经典域物元和节域物元。

1. 待评价物元

根据可拓综合评价法中的公式建立待评价物元如下:

$$R_0 = \begin{bmatrix} N & C11 & 14 \\ & C12 & 19.7 \\ & C21 & 85 \\ & C22 & 93 \\ & C31 & 0.105\ 9 \\ & C32 & 0.93 \\ & C41 & 1.7 \\ & C42 & 77 \\ & C51 & 1\ 194 \\ & C52 & 92 \end{bmatrix}$$

2. 经典域物元

参考相关规范,把枢纽运行水力安全评价等级划分为四级,则向家坝水电站泄洪水力安全综合的经典域物元 R_j 如下:

$$R_j = \begin{bmatrix} N & N_A & N_B & N_C & N_D \\ C11 & [0,15] & [15,20] & [20,25] & [25,40] \\ C12 & [0,20] & [20,40] & [40,60] & [60,90] \\ C21 & [85,100] & [70,85] & [60,70] & [0,60] \\ C22 & [85,100] & [70,85] & [60,70] & [0,60] \\ C31 & [0,0.050\ 8] & [0.050\ 8,0.254] & [0.254,0.508] & [0.508,0.762] \\ C32 & [0,32] & [32,35.2] & [35.2,38.4] & [38.4,57.6] \\ C41 & [0,1] & [1,2] & [2,5] & [5,7.5] \\ C42 & [0,50] & [50,65] & [65,80] & [80,120] \\ C51 & [0,10] & [10,100] & [100,600] & [600,1\ 194] \\ C52 & [85,100] & [70,85] & [60,70] & [0,60] \end{bmatrix}$$

3. 节域物元

向家坝水电站泄洪水力安全综合评价的经典域物元 R_P 如下:

$$R_P = \begin{bmatrix} N_P & C11 & [0,40] \\ & C12 & [0,90] \\ & C21 & [0,100] \\ & C22 & [0,100] \\ & C31 & [0,0.762] \\ & C32 & [0,57.6] \\ & C41 & [0,7.5] \\ & C42 & [0,120] \\ & C51 & [0,900] \\ & C52 & [0,100] \end{bmatrix}$$

6.3.2.4 可拓 AHP 法权重计算

本书选用可拓 AHP 法进行计算向家坝水利枢纽水力安全综合评价体系中各指标的权重值。具体计算过程如下。

1. 构造可拓判断矩阵

本案例中,就向家坝水利枢纽水力安全指标体系递阶层次中指标的两两重要性,咨询了来自高校、科研单位等多位专家并将其分为两组,得出两组判断矩阵综合得出最终结果。构造的各级可拓区间判断矩阵见表 6-21 ~ 表 6-26。

表 6-21　准则层 B 对目标层 A 的可拓区间判断矩阵

	A	B1 冲击与防护安全	B2 空蚀	B3 结构振动	B4 场地振动	B5 泄洪雾化
第一组	B1	⟨1,1⟩	⟨3,5⟩	⟨1,3⟩	⟨3,4⟩	⟨4,5⟩
	B2	⟨1/5,1/3⟩	⟨1,1⟩	⟨1/4,1/2⟩	⟨1,3⟩	⟨1,4⟩
	B3	⟨1/3,1⟩	⟨2,4⟩	⟨1,1⟩	⟨2,3⟩	⟨2,4⟩
	B4	⟨1/4,1/3⟩	⟨1/3,1⟩	⟨1/3,1/2⟩	⟨1,1⟩	⟨1,3⟩
	B5	⟨1/5,1/4⟩	⟨1/4,1⟩	⟨1/4,1/2⟩	⟨1/3,1⟩	⟨1,1⟩
第二组	B1	⟨1,1⟩	⟨1,2⟩	⟨2,3⟩	⟨2,4⟩	⟨3,4⟩
	B2	⟨1/2,1⟩	⟨1,1⟩	⟨1,3⟩	⟨2,4⟩	⟨2,4⟩
	B3	⟨1/3,1/2⟩	⟨1/3,1⟩	⟨1,1⟩	⟨1,2⟩	⟨1,2⟩
	B4	⟨1/4,1/2⟩	⟨1/4,1/3⟩	⟨1/2,1⟩	⟨1,1⟩	⟨1,2⟩
	B5	⟨1/4,1/3⟩	⟨1/4,1/3⟩	⟨1/3,1/2⟩	⟨1/2,1⟩	⟨1,1⟩

表 6-22　指标层 C1 对目标层 B1 的可拓区间判断矩阵

专家组	第一组		第二组	
B1 冲击与防护安全	C11 临底流速	C12 脉动压强	C11 临底流速	C12 脉动压强
C11	⟨1,1⟩	⟨1/4,1/2⟩	⟨1,1⟩	⟨1/3,1⟩
C12	⟨2,4⟩	⟨1,1⟩	⟨1,3⟩	⟨1,1⟩

表 6-23　指标层 C2 对目标层 B2 的可拓区间判断矩阵

专家组	第一组		第二组	
B2 空蚀	C21 掺气减蚀效果	C22 平整度	C21 掺气减蚀效果	C22 平整度
C21	⟨1,1⟩	⟨1,3⟩	⟨1,1⟩	⟨1,3⟩
C22	⟨1/3, 1⟩	⟨1,1⟩	⟨1/3, 1⟩	⟨1,1⟩

表 6-24　指标层 C3 对目标层 B3 的可拓区间判断矩阵

专家组	第一组		第二组	
B3 结构振动	C31 振动位移	C32 动应力	C31 振动位移	C32 动应力
C31	⟨1,1⟩	⟨1,3⟩	⟨1,1⟩	⟨2,3⟩
C32	⟨1/3, 1⟩	⟨1,1⟩	⟨1/3, 1/2⟩	⟨1,1⟩

表 6-25　指标层 C4 对目标层 B4 的可拓区间判断矩阵

专家组	第一组		第二组	
B4 场地振动	C41 建筑物结构振动	C42 人体舒适度影响	C41 建筑物结构振动	C42 人体舒适度影响
C41	$\langle 1,1 \rangle$	$\langle 3,5 \rangle$	$\langle 1,1 \rangle$	$\langle 3,4 \rangle$
C42	$\langle 1/5, 1/3 \rangle$	$\langle 1,1 \rangle$	$\langle 1/4, 1/3 \rangle$	$\langle 1,1 \rangle$

表 6-26　指标层 C5 对目标层 B5 的可拓区间判断矩阵

专家组	第一组		第二组	
B5 泄洪雾化	C51 雾化降雨程度	C52 雾化影响范围	C51 雾化降雨程度	C52 雾化影响范围
C51	$\langle 1,1 \rangle$	$\langle 1/3,1 \rangle$	$\langle 1,1 \rangle$	$\langle 1/2,1 \rangle$
C52	$\langle 1, 3 \rangle$	$\langle 1,1 \rangle$	$\langle 1, 2 \rangle$	$\langle 1,1 \rangle$

因为两个专家组技术能力和工程经验相当,因此取专家组权重为 $\omega_1 = \omega_2 = 0.5$。计算过程以第一专家组中准则层 B 对目标层 A 的可拓区间判断矩阵为例,根据公式,可得到左右可拓区间判断矩阵为

$$A_A^- = \begin{bmatrix} 1 & 3 & 1 & 3 & 4 \\ 1/5 & 1 & 1/4 & 1 & 1 \\ 1/3 & 2 & 1 & 2 & 2 \\ 1/3 & 1/3 & 1/3 & 1 & 1 \\ 1/3 & 1/4 & 1/4 & 1/3 & 1 \end{bmatrix}$$

$$A_A^+ = \begin{bmatrix} 1 & 5 & 3 & 4 & 5 \\ 1/3 & 1 & 1/2 & 3 & 4 \\ 1 & 4 & 1 & 3 & 4 \\ 1/3 & 1 & 1/2 & 1 & 3 \\ 1/4 & 1 & 1/2 & 1 & 1 \end{bmatrix}$$

2. 可拓判断矩阵权重向量的计算

对可拓区间判断矩阵 A_A^- 和 A_A^+ 进行计算,求得两个矩阵 A_A^- 和 A_A^+ 的最大特征值及特征向量,并将其归一化得到:

$$x_A^- = (0.435\ 2, 0.117\ 8, 0.262\ 0, 0.108\ 8, 0.076\ 2)^T$$
$$x_A^+ = (0.392\ 7, 0.149\ 7, 0.269\ 1, 0.107\ 9, 0.080\ 6)^T$$

求得 $k = 0.866\ 121, m = 1.120\ 944$。

由公式可得各准则层要素相互比较的可拓综合权重向量如下:

$S_1 = \langle 0.866\ 121 * 0.435\ 2, 1.120\ 944 * 0.392\ 7 \rangle = \langle 0.376\ 936, 0.440\ 195 \rangle$

$S_2 = \langle 0.866\ 121 * 0.117\ 8, 1.120\ 944 * 0.149\ 7 \rangle = \langle 0.102\ 029, 0.167\ 805 \rangle$

$S_3 = \langle 0.866\ 121 * 0.262\ 0, 1.120\ 944 * 0.269\ 1 \rangle = \langle 0.226\ 924, 0.301\ 646 \rangle$

$S_4 = \langle 0.866\ 121 * 0.108\ 8, 1.120\ 944 * 0.107\ 9 \rangle = \langle 0.094\ 234, 0.120\ 950 \rangle$

$S_5 = \langle 0.866\ 121 * 0.076\ 2, 1.120\ 944 * 0.080\ 6 \rangle = \langle 0.065\ 998, 0.090\ 348 \rangle$

计算可得:

$$V(S_1 \geq S_5) = \frac{2 \times (0.440\,195 - 0.090\,348)}{0.440\,195 - 0.376\,936 + 0.090\,348 - 0.065\,998} = 7.986\,589$$

$$V(S_2 \geq S_5) = \frac{2 \times (0.167\,805 - 0.090\,348)}{0.167\,805 - 0.102\,029 + 0.090\,348 - 0.065\,998} = 1.718\,867$$

$$V(S_3 \geq S_5) = \frac{2 \times (0.301\,646 - 0.090\,348)}{0.301\,646 - 0.226\,924 + 0.090\,348 - 0.065\,998} = 4.265\,543$$

$$V(S_4 \geq S_5) = \frac{2 \times (0.120\,950 - 0.090\,348)}{0.120\,950 - 0.094\,234 + 0.090\,348 - 0.065\,998} = 1.198\,529$$

由式(6-5),得:

$$P_5 = 1$$
$$P_1 = V(S_1 \geq S_5) = 7.986\,589$$
$$P_2 = V(S_2 \geq S_5) = 1.718\,867$$
$$P_3 = V(S_3 \geq S_5) = 4.265\,543$$
$$P_4 = V(S_4 \geq S_5) = 1.198\,529$$

进行归一化处理,得到层次单排序结果如下:

$$P_A^1 = \left(\frac{P_1}{\sum\limits_{i=1}^{5} P_i}, \frac{P_2}{\sum\limits_{i=1}^{5} P_i}, \frac{P_3}{\sum\limits_{i=1}^{5} P_i}, \frac{P_4}{\sum\limits_{i=1}^{5} P_i}, \frac{P_5}{\sum\limits_{i=1}^{5} P_i} \right)^T$$

$$= (0.493\,928, 0.106\,303, 0.263\,801, 0.074\,123, 0.061\,845)^T$$

使用相同计算方法可得专家第二组的层次单排序结果如下

$$P_A^2 = (0.447\,237, 0.209\,794, 0.161\,371, 0.137\,912, 0.043\,685)^T$$

加权计算得

$$P_A = \omega_1 P_A^1 + \omega_2 P_A^2 = (0.470\,583, 0.158\,049, 0.212\,586, 0.106\,017, 0.052\,765)^T$$

最终计算得向家坝水利枢纽泄洪消能水力安全综合评价层次总排序权重结果见表 6-27。

表 6-27　向家坝水利枢纽泄洪水力安全综合评价层次总排序权重

一级指标	二级指标	一级权重	二级权重			目标权重
			第一组	第二组	平均	
冲击与防护安全	临底流速	0.470 583	0.261 2	0.366 0	0.313 6	0.147 6
	脉动压强		0.738 8	0.634 0	0.686 4	0.323 0
空蚀	掺气减蚀效果	0.158 049	0.366 0	0.366 0	0.366 0	0.057 8
	平整度		0.634 0	0.634 0	0.634 0	0.100 2
结构振动	振动位移	0.212 586	0.634 0	0.710 1	0.672 1	0.142 9
	动应力		0.366 0	0.289 9	0.327 9	0.069 7
场地振动	建筑物结构振动	0.106 017	0.794 8	0.776 0	0.785 4	0.083 3
	人体舒适度影响		0.205 2	0.224 0	0.214 6	0.022 8
泄洪雾化	雾化降雨强度	0.052 765	0.366 0	0.414 2	0.390 1	0.020 6
	雾化影响范围		0.634 0	0.585 8	0.609 9	0.032 2

6.3.2.5 计算各指标可拓关联度和综合关联度

根据关联函数公式及距、左侧距和右侧距公式分别计算各指标的关联函数值,以评价指标 C11 临底流速的关联函数值为例。

$$x_{11} = 14$$

$$k_{\mathrm{A}}(x_{11}) = \frac{-\rho(x_{11},0,[0,15])}{|15-0|} = \frac{-(-1)}{15} = 0.067$$

$$k_{\mathrm{B}}(x_{11}) = \frac{\rho(x_{11},15,[15,20])}{\rho(x_{11},[0,40])-\rho(x_{11},[15,20])} = \frac{1}{-14-1} = -0.067$$

$$k_{\mathrm{C}}(x_{11}) = \frac{\rho(x_{11},20,[20,25])}{\rho(x_{11},[0,40])-\rho(x_{11},[20,25])} = \frac{6}{-14-6} = -0.300$$

$$k_{\mathrm{D}}(x_{11}) = \frac{\rho(x_{11},25,[25,40])}{\rho(x_{11},[0,40])-\rho(x_{11},[25,40])} = \frac{11}{-14-11} = -0.440$$

依次计算各指标对每个等级的关联度,结果见表6-28。

表6-28　关联度计算结果

指标	k_{A}	k_{B}	k_{C}	k_{D}
C11	0.067	−0.067	−0.300	−0.440
C12	0.035	−0.015	−0.508	−0.672
C21	0	0	−0.500	−0.625
C22	0.533	−0.533	−0.767	−0.825
C31	−0.342	0.729	−0.583	−0.792
C32	0.971	−0.971	−0.974	−0.976
C41	−0.292	0.300	−0.150	−0.660
C42	−0.338	−0.218	0.200	−0.065
C51	−1.000	−1.000	−1.000	0
C52	0.467	−0.467	−0.733	−0.8

根据公式 $K_j(P_0) = \sum_{i=1}^{n} \omega_i K_j(x_i)$ 计算各层综合关联度,结果见于表6-29,据此可计算得到变量特征值 $j^* = 1.614$。

表6-29　关联度计算结果

项目		K_{A}	K_{B}	K_{C}	K_{D}
目标层	向家坝水利枢纽泄洪消能水力安全 A	0.056	−0.047	−0.517	−0.664
准则层	冲击与防护安全 B1	0.045	−0.031	−0.442	−0.599
	空蚀 B2	0.338	−0.338	−0.669	−0.752
	结构振动 B3	0.088	0.171	−0.711	−0.852
	场地振动 B4	−0.302	0.189	−0.075	−0.532
	泄洪雾化 B5	−0.105	−0.675	−0.837	−0.488

6.3.2.6 评价结果

根据表 6-29 中的计算结果可知准则层各指标的安全评价等级,见表 6-30。

表 6-30　准则层各指标安全等级

准则层指标	冲击与防护安全	空蚀	结构振动	场地振动	泄洪雾化
评价等级	A 级	A 级	B 级	B 级	A 级

即向家坝水利枢纽泄洪消能中冲击与防护安全、空蚀和泄洪雾化处于安全等级,结构振动、场地振动处于基本安全等级。根据综合关联度的计算结果,$\max\limits_{j=(A,B,C,D)} K_j = K_A$,向家坝水利枢纽泄洪消能安全等级为 A 级,即为安全,与向家坝泄洪消能水力安全专家评估结果相符。

6.3.2.7 评价软件

枢纽运行水力安全综合评价是一个从泄洪消能、发电系统、高水头渗流、枢纽通航水力安全四个重要方面展开的动态评价过程。鉴于枢纽运行水力安全综合评价指标体系对于不同的水利枢纽的差异性,以及利用可拓层次分析法和可拓综合评价法计算的复杂性,基于枢纽运行水力安全可拓评价模型,运用 Matlab 和 Visual C++编程语言进行编程,开发枢纽运行水力安全综合评价软件。

本软件主要包括体系构建、权重计算、综合评价、结果展示四个模块,每个水利枢纽的设计方案(包括挡水建筑物形式、泄洪消能形式等)并不相同,以及由于水力安全评价的复杂性,可用于评价的监测数据、观测资料也有很大差异,因此为了保持系统的开放性,本系统可自由制定评价等级标准划分。

使用枢纽运行水力安全综合评价软件对向家坝泄洪消能水力安全进行综合评价,主要步骤如下:

1. 向家坝泄洪消能水力安全综合评价指标体系录入

体系构建模块初始界面如图 6-9 所示。

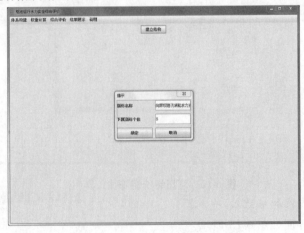

图 6-9　体系构建模块初始界面

依次构建层次结构,如图 6-10 所示。

2. 权重设置和可拓判断矩阵数据录入

权重计算首先需确定专家数,并进行专家权重设置,如图 6-11 所示。

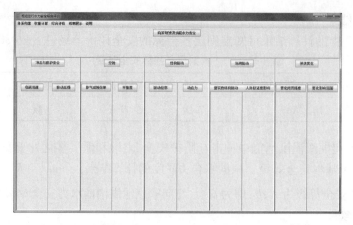

图 6-10　向家坝泄洪消能水力安全综合评价体系界面

图 6-11　专家权重设置界面

依次输入各个专家的可拓判断矩阵,如图 6-12 所示。

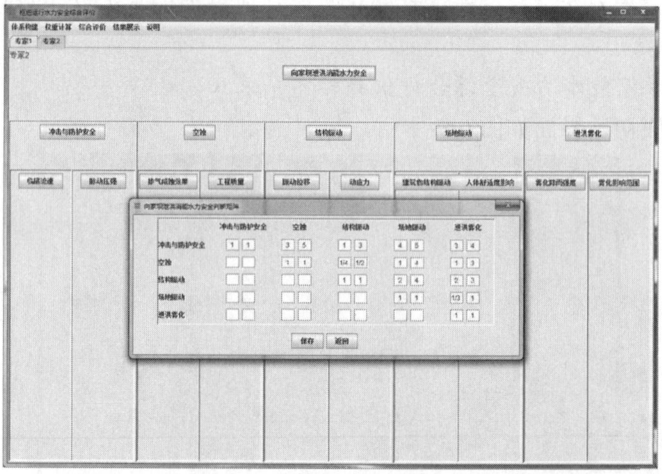

图 6-12　可拓评价矩阵输入界面

3. 评价指标和标准数据录入

综合评价初始界面如图 6-13 所示。

点击评价标准录入并依次输入各评价指标的评价
等级划分标准,如图 6-14 所示。

点击评价数据录入依次输入各评价指标的实际数
据,如图 6-15 所示。

图 6-13　综合评价初始界面

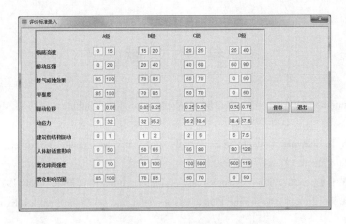

图 6-14　评价标准输入界面

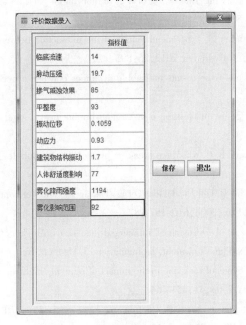

图 6-15　评价数据录入界面

最终的结果展示界面如图 6-16 所示。

图 6-16　最终的结果展示界面

本评价软件可以为大型水利枢纽的水力安全评估提供计算和信息支持,科学性强,简单易操作,并且具有很好的开放性,能够适用于多种水利枢纽。评估者可以通过输入指标数据、权重判断矩阵等方便快捷地进行枢纽运行水力安全综合评价,得出综合评价结果,以此判断枢纽运行水力安全状态以指导水力枢纽运行调控和修复。

参 考 文 献

［1］ Philipp, W. Lauterborn, Cavitation erosion by single laser-produced bubbles, J. Fluid Mech, 1998, 361: 75-116.

［2］ M. S. Plesset, R. B. Chapman, Collapse of an initially spherical vapour cavity in the neighbourhood of a solid boundary, J. Fluid Mech, 1971, 47: 283-290.

［3］ M. S. Plesset, A. Prosperetti, Bubble dynamics and cavitation, Annu. Rev. Fluid Mech, 1977, 9: 145-185.

［4］ E. A. Brujan, H. Takahira, T. Ogasawara, Planar jets in collapsing cavitation bubbles. Exp. Therm. Fluid Sci, 2019, 101: 48-61.

［5］ W. -L. Xu, L. -X. Bai, F. -X. Zhang, Interaction of a cavitation bubble and an air bubble with a rigid boundary, J. Hydrodyn, 2010, 22: 503-512.

［6］ J. Luo, W. -L. Xu, Z. -P. Niu, et al. , xperimental study of the interaction between the spark-induced cavitation bubble and the air bubble, J. Hydrodyn. 2013, 25: 895-902.

［7］ A. M. Zhang, P. Cui, Y. Wang. Experiments on bubble dynamics between a free surface and a rigid wall, Exp. Fluids, 2013, 54: 1602.

［8］ A. M. Zhang, S. Li, J. Cui. Study on splitting of a toroidal bubble near a rigid boundary, Phys. Fluids, 2015, 27: 809-822.

［9］ P. Cui, A. M. Zhang, S. Wang, B. C. Khoo, Ice breaking by a collapsing bubble, J. Fluid Mech, 2018, 841: 287-309.

［10］ B. M. Borkent, M. Arora, C. -D. Ohl, N. de Jong, et al. The acceleration of solid particles subjected to cavitation nucleation, J. Fluid Mech, 2008, 610: 157-182.

［11］ Albertson, M. L. , Dai, Y. , et al. Diffusion of submerged jets. Trans. Am. Soc. Civ. Eng, 1950, 115: 639-664.

［12］ Beltaos, S. , Rajaratnam, N. Plane turbulent impinging jets. J. Hydraul. Res, 1973, 1: 29-59.

［13］ Bollaert, E. , Schleiss, A. Scour of rock due to the impact of plunging high velocity jets. Part I: a state-of-the-art review. J. Hydraul. Res, 2003, 41: 451-464.

［14］ Castillo, L. G. Aerated jets and pressure fluctuation in plunge pools. Proc. 7th Int. Conf. on Hydroscience & Engineering, Philadelphia, USA, 2006, 1: 1-23.

［15］ Chanson, H. Turbulent air-water flows in hydraulic structures: dynamic similarity and scale effects. Environ. Fluid Mech. , 2009, 9(2): 125-142.

［16］ Chanson, H. Hydraulics of aerated flows: qui pro quo?. J. Hydraul. Res. , 2013, 51(3): 223-243.

［17］ Ervine, D. A. , Falvey, H. T. Behaviour of turbulent water jets in the atmosphere and in plunge pools. Proc. Inst. Civ. Eng. , 1987, 83(1): 295-314.

［18］ Heller, V. Scale effects in physical hydraulic engineering models. J. Hydraul. Res. , 2011, 49(3): 293-306.

［19］ Li, N. W. , Liu, C. , Deng, J. , et al. Theoretical and experimental studies on the flaring gate pier on the surface spillway in a high-arch dam. J. Hydrodyn. , 2012, 24(4): 496-505.

［20］ Manso, P. A. , Bollaert, E. F. R. , et al. Influence of plunge pool geometry on high-velocity jet impact pressures and pressure propagation inside fissured rock media. J. Hydraul. Eng. , 2009, 135(10): 783-792.

［21］ 马震岳, 董毓新. 水电站机组及厂房振动的研究与治理[M]. 北京: 水利水电出版社, 2004.

［22］ 赵凤遥. 水电站厂房结构及水力机械动力反分析[D]. 大连: 大连理工大学, 2006.

［23］ 马震岳, 王溢波, 董毓新, 等. 红石水电站机组振动及诱发厂坝振动分析[J]. 水力发电, 2000(9): 52-

54,60-72.

[24] 黎建康.岩滩电厂机组异常振动试验分析[J].广西电力技术,1996(3):10-16.

[25] 齐俊修,邢国良.十三陵抽水蓄能电站 1#机组支撑结构振动监测分析研究报告[R].北京:北京国电水利电力工程有限公司勘科分公司,2002.

[26] 屈海涛.水电站机组轴系及其支承体系和厂房结构耦合振动分析[D].大连理工大学,2018.

[27] 练继建,秦亮,何成连.基于原型观测的水电站厂房结构振动分析[J].天津大学学报,2006(2):176-180.

[28] 刘新民,周振德.大型轴流式水轮机顶盖、支持盖的刚度、强度计算及优化设计[J].大电机技术,1985(3):52-58,2.

[29] 唐天兵,韦日钰,熊焕庭.ZZ580-LH-340型水轮机顶盖结构分析及优化设计[J].广西大学学报(自然科学版),1998(2):135-139.

[30] 刘忠,宋文武,符杰.混流式水轮机顶盖的强度计算与研究[J].能源研究与管理,2012(3):25-28.

[31] 钟苏.影响混流式水轮机顶盖刚度的主要因素分析[J].大电机技术,1995(3):36-40.

[32] 韦日钰,唐天兵.轴流式水轮机顶盖结构分析及结构改进设计[J].大电机技术,1999(4):49-52.

[33] Solvi Eide. Numerical analysis of the head covers deflection and the leakage flow in the guide vanes of high head Francis turbines[D]. Norwegian University of Science & Technology Trondheim, Norway,2004.

[34] 唐天兵,严毅.轴流式水轮机支持盖有限元分析及优化设计[J].河海大学学报(自然科学版),2004(5):562-564.

[35] 熊路,钱勤.葛洲坝水轮机组顶盖结构动力分析研究[J].华中科技大学学报(城市科学版),2006(S2):25-26,29.

[36] 齐学义,李晨晨,张新杰,等.水轮机顶盖的可靠性设计计算[J].大电机技术,2008(2):40-43.

[37] 田树棠.水轮机顶盖垂直振动过大的危害与处理[C].第十八次中国水电设备学术讨论会论文集,2011:5.

[38] 刘晶石,钟苏,庞立军.某电站水轮机顶盖结构改进方案有限元分析[J].大电机技术,2013(3):40-42.

[39] 王燕.水轮机顶盖的动态谐响应分析[C].第十九次中国水电设备学术讨论会论文集.2013:6.

[40] 杨满林,王燕,肖良瑜.大型水轮机顶盖径向支撑动刚度分析[J].电机技术,2015(2):11-14.

[41] L. A. Teran a,C. V. Roa a,J. Muñoz-Cubillos,et al. Failure analysis of a run-of-the-river hydroelectric power plant[J]. Engineering Failure Analysis,2016(68):87-100.

[42] 彭兵,李友平,曹长冲,等.大型水轮机顶盖振动传感器安装位置对比分析[J].大电机技术,2016(2):33-36,56.

[43] Yun Jia,Feng-Chen Li,Xian-Zhu Wei,et al. Journal of Mechanical Science and Technology[J].2017,31(9):4255-4266.

[44] 姜明利,庄坚菱,杨跃超,等.福建仙游抽水蓄能电站水轮机顶盖振动特性分析[J].水电站机电技术,2019,42(1):6-10,37,71.

[45] 杜凯堂.白市水电厂降低水轮机顶盖垂直振动的试验[J].电站系统工程,2019,5(1):68-70.

[46] 虢强.党上三级水电站机组顶盖振动分析[J].小水电,2015(2):70-71.

[47] 何少润,陈泓宇,杨昭,等.浅谈对大型抽水蓄能机组顶盖螺栓预紧力的认识[J].水电与抽水蓄能,2018,4(1):11-14,31.

[48] Fabian Acker. Fatal failures[J]. Engineering and Technology,2011,6(7):66-69.

[49] 王才.由俄罗斯萨扬水电站事故引发的思考[J].电力安全技术,2010,12(11):49-50.

[50] 贾金生.通过萨扬·舒申斯克水电站事故原因分析看机电设备安全运行问题[C].第十八次中国水电设备学术讨论会论文集,2011:8.

［51］ H Brekke. Performance and safety of hydraulic turbines［C］.25th IAHR Symposium on Hydraulic Machinery and Systems,2010.

［52］ 邵万鹏,周一鸣,王玉昌.大型水电机组组合部件刚强度分析研究［J］.机械强度,1993(4):33-36.

［53］ 孙立宾,曾明富,常喜兵.水泵水轮机顶盖/座环联接件应力幅分析［J］.东方电气评论,2011,25(2):27-30.

［54］ 肖良瑜,李永恒.考虑预紧力的顶盖与座环联合受力研究［J］.东方电气评论,2011,25(2):31-33.

［55］ 何柏灵.考虑螺栓预紧力的顶盖变形分析［C］.第十九次中国水电设备学术讨论会论文集,2013:4.

［56］ 刘雪霞,李杰,孙萌.基于ANSYS的螺栓联接有限元计算［J］.机械工程师,2015(5):23-25.

［57］ 张续钟,刘思靓,马建峰.混流式水轮发电机顶盖螺栓的安全性设计方法［J］.小水电,2017(5):25-28.

［58］ 王熙婷.螺栓联接接触问题有限元分析［J］.工业技术创新,2017,4(6):11-14.

［59］ 熊欣,李浩亮.蓄能机组顶盖座环联接螺栓强度分析［J］.中国设备工程,2018(5):137-139.

［60］ 田彤辉.基于有限元模型的螺栓法兰连接结构冲击失效实验方案研究［C］.第27届全国结构工程学术会议论文集(第Ⅱ册).2018:7.

［61］ 刘献良,张路,赖云亭,等.电站连接螺栓断裂失效分析［J］.理化检验(物理分册),2018,54(10):778-781.

［62］ Yongyao Luo,Funan Chen,Liu Chen,et al. Stresses and relative stiffness of the head cover bolts in a pump turbine［J］. Materials Science and Engineering,2019,493(1).

［63］ 赵强,柴建峰,马传宝,等.抽水蓄能电站顶盖螺栓断裂原因分析［J］.长江科学院报,2019(1):1-5.

［64］ 葛新峰,徐旭,沈明辉,等.水轮机顶盖部分螺栓断裂后剩余螺栓的强度分析［J］.排灌机械工程学报,2019,37(7):600-605.

［65］ 宋志强.水电站机组与厂房耦合振动特性及分析方法［M］.北京:科学出版社,2018.

［66］ 幸享林,陈建康,廖成刚,等.大型地下厂房结构振动反应分析［J］.振动与冲击,2013,32(9).

［67］ 刘建,伍鹤皋,傅丹.洪屏抽水蓄能电站地下厂房结构动力响应分析［J］.水力发电,2014,40(8):109-112.

［68］ 王海军,郑韩慈,周济芳.水电站厂房结构密集模态识别研究［J］.水力发电学报,2016,35(2):117-123.

［69］ 孙莹,陈利利,蒋莉,等.基于不同边界的水电站厂房振动特性研究［J］.人民黄河,2018,40(4):108-111,116.

［70］ 屈海涛,马震岳.水电站机组支承体系与厂房耦合振动分析［J］.水利水电技术,2018,49(9):127-132.

［71］ 马玉岩,侯攀,张志军,等.不同排架模拟方法对水电站厂房振动特性仿真结果的影响［J］.长江科学院院报,2018,35(12):154-158.

［72］ 钟腾飞,冯新,周晶.基于新型TMD的水电站厂房结构振动控制研究［J］.水力发电学报,2019,38(9):18-28.

［73］ Rati K M,Thanga R C,Srikanth A,et al. Sources of vibration and their treatment in hydro power stations-A review［J］. Engineer Science and Technology, an International Journal,2017(20):637-648.

［74］ Luka Selak,Peter Butala,Alojzij Sluga. Condition monitoring and fault diagnostics for hydropower plants［J］. Computers in Industry,2014(65):924-936.

［75］ 陈婧,马震岳,刘志明,等.三峡水电站主厂房振动分析［J］.水力发电学报,2004(5):36-39,21.

［76］ 秦亮.双排机水电站厂房结构动力分析与识别［D］.天津:天津大学,2005.

［77］ 张燎军,魏述和,陈东升.水电站厂房振动传递路径的仿真模拟及结构振动特性研究［J］.水力发电学报,2012,31(1):108-113.

[78] 宋志强,赵恩鸿.软弱地基上水电站厂房内源振动分析[J].水力发电学报,2014,33(6):181-186.

[79] 刘建,伍鹤皋.脉动压力谐响应和时程分析的差异性研究[J].长江科学院院报,2014,31(8):93-97.

[80] 王海军,毛柳丹,练继建.基于 RVM 方法的水电站厂房结构振动预测研究[J].振动与冲击,2015,34(3):23-27.

[81] 孙伟,何蕴龙,苗君,等.水体对河床式水电站厂房动力特性和地震动力响应的影响分析[J].水力发电学报,2015,34(9):119-127.

[82] 周晓岚.基于不同边界条件的地下厂房结构动力特性研究[D].郑州:华北水利水电大学,2018.

[83] 陈晨,王沛.抽水蓄能电站地下厂房结构振动反应分析[J].水电能源科学,2018,36(11):92-95.

[84] 中国水利水电科学研究院.水轮机水力振动译文集[M].北京:水利电力出版社,1979.

[85] 王珂崙.水力机组振动[M].北京:清华大学出版社,1987.

[86] 闻邦椿,顾家柳,夏松波,等.高等转子动力学——理论、技术与应用[M].北京:机械工业出版社,2000.

[87] 李炎.当前我国水电站(混流式机组)厂房结构振动的主要问题和研究现状[J].水利水运工程学报,2006(1):74-77.

[88] 姜培林.推力轴承对转子系统横向振动的影响及水轮发电机组轴动力特性的研究[D].西安:西安交通大学,1998.

[89] 孙万泉,马震岳,赵凤遥.抽水蓄能电站振源特性分析研究[J].水电能源科学,2003,21(4):78-80.

[90] 王桂平,肖明.周宁水电站地下厂房结构振动与结构形式研究[J].长江科学院院报,2004,21(1):36-39.

[91] 毛汉领,熊焕庭,等.偏相干分析在水电站振动传递路径识别的应用[J].广西大学学报(自然科学版),1998,23(5):6-9.

[92] 秦亮,王正伟.水电站振源识别及其对厂房结构的影响研究[J].水力发电学报,2008,27(4):135-140.

[93] 张龑,练继建,刘昉,等.基于原型观测的厂顶溢流式水电站厂房结构振动特性研究[J].天津大学学报(自然科学与工程技术版),2015,48(7):584-590.

[94] 陈飞翔,赵旭光,赵涌,等.二滩水力发电厂水轮机振源分析[J].中国农村水利水电,2002(12):65-66.

[95] 张林让,吴杰芳,等.构皮滩拱坝坝身泄洪振动水弹性模型试验研究[J].长江科学院院报,2009,26(2):36-40.

[96] 姜鹏,戴峰,徐奴文,等.基于 ST 时频分析的地下厂房微震信号识别研究[J].岩石力学与工程学报,2015,34(S2):4071-4079.

[97] 刘奎建,丁志宏.李家峡水电站机组振动原因及其频率初探[J].科技情报开发与经济,2008,18(16):135-137.

[98] 刘启钊,胡明,马吉明,等.水电站[M].4版.北京:中国水利水电出版社,2010.

[99] 国家安全生产监督管理总局.爆破安全规程:GB 6722—2014[S].北京:中国标准出版社,2014.

[100] 肖立波,任建亭,杨海峰.振动信号预处理方法研究及其 MATLAB 实现[J].计算机仿真,2010,27(8):330-337.

[101] 李东文,熊晓燕,李博.振动加速度信号处理探讨[J].机电工程技术,2008,37(9):50-52.

[102] 高品贤.趋势项对时域参数识别的影响及消除[J].振动、测试与诊断,1996,14(2):20-26.

[103] 王广斌,刘义伦,金晓宏.基于最小二乘原理的趋势项处理及其 MATLAB 的实现[J].有色设备,2005(5):4-8.

[104] 朱学锋,韩宁.基于小波变换的非平稳信号趋势项剔除方法[J].飞行器测控学报,2006,25(5):81-85.

［105］赵宝新,张保成,赵鹏飞.EMD在非平稳随机信号消除趋势项中的研究与应用［J］.机械制造自动化,2009,38(5):85-87.

［106］张旻,程家兴.基于EMD和小波去噪处理的信号瞬时参数提取［J］.信号处理,2004,20(5):512-516.

［107］邓青林,赵国彦.基于EEMD和小波的爆破振动信号去噪［J］.爆破,2015,32(4):33-38.

［108］中国电力企业联合会.水轮发电机组安装技术规范:GB 8564—2003［S］.北京:中国标准出版社,2003.

［109］国家能源局.水轮发电机组启动试验规程:DL/T 507—2014［S］.北京:中国标准出版社,2014.

［110］中国电器工业协会.水轮机基本技术条件:GB/T 15468—2006［S］.北京:中国标准出版社,2006.

［111］中国电器工业协会.水轮发电机基本技术条件:GB/T 7894—2009［S］.北京:中国标准出版社,2009.

［112］中国机械工业联合会.在非旋转部件上测量和评价机器的机械振动 第5部分:水力发电厂和泵站机组:GB/T 6075.5—2002［S］.北京:中国标准出版社,2002.

［113］哈尔滨大电机研究所.旋转机械转轴径向振动的测量和评定 第5部分:水力发电厂泵站机组:GB/T 11348.5—2002［S］.北京:中国标准出版社,2002.

［114］国家能源局.水电站厂房设计规范:NB/T 35011—2013［S］.北京:中国标准出版社,2013.

［115］马震岳,董毓新.水电站机组及厂房振动的研究与治理［M］.北京:中国水利水电出版社,2004.

［116］DIN4024 Part 1,machine foundations:flexible structures supporting machines with rotating messes［S］.1988.

［117］DIN4024 Part 2,machine foundations:rigis foundations for machiney subject to periodic vibration［S］.1991.

［118］ACI351.3R,foundations for dynamic equipment［S］.2011.

［119］ISO 2631-1:1997,Mechanical vibration and shock:Evaluation of human exposure to whole body vibraton- I. General requirements;II. Risks for health［S］.1997.

［120］ISO2631-2:2003,Evaluation of human exposure to whole-body vibration- part 2:continuous and shock-induced vibration in buildings (1 to 80 Hz)［S］.2003.

［121］白冰.水电站厂房多机组段振动特性研究［D］.天津:天津大学,2015.

［122］戴会超,许唯临.高水头大流量泄洪建筑物的泄洪安全研究［J］.水力发电,2009(1):14-17.

［123］练继建,杨阳,胡少伟,等.特大水利水电枢纽调控与安全运行研究进展与前沿［J］.工程科学与技术,2017(1):27-32.

［124］姜帆,宓永宁,张茹.土石坝渗流研究发展综述［J］.水利与建筑工程学报,2006(4):94-97.

［125］李云,胡亚安,宣国祥.通航船闸水力学研究进展［J］.水动力学研究与进展(A辑),1999(2):232-239.

［126］邢林生,周建波.我国特高坝安全长效运行技术探讨［J］.水利水电科技进展,2013(4):1-5.

［127］廖文来.大坝安全巡视检查信息综合评价方法研究［D］.武汉:武汉大学,2005.

［128］宋宪华,孙日瑶.综合评价——理论,模型,应用［M］.银川:宁夏人民出版社,1993.

［129］邱东.多指标综合评价方法［J］.统计研究,1990(6):43-51.

［130］陈红.堤防工程安全评价方法研究［D］.南京:河海大学,2004.

［131］Davis S. Bowels L R A E. The practice of dam safety risk assessment and management:its roots,its branches,and its fruit［Z］.Buffalo,1998.

［132］Richard B W D S E. Dam Safety evaluation for a series of Utah power and light hydropower dams,including risk assessment［C］.New Mexico,1989.

［133］李珍照,尉维斌.大坝安全模糊综合评判决策方法的研究［J］.水电站设计,1996(1):1-8.

［134］李珍照,何金平,薛桂玉,等.大坝实测性态模糊模式识别方法的研究［J］.武汉水利电力大学学报,

1998(2):2-5.

[135] 何金平,李珍照.基于突变理论的大坝安全动态模糊综合分析与评判[J].系统工程,1997(5):39-43.

[136] 马福恒,吴中如,顾冲时,等.模糊综合评判法在大坝安全监控中的应用[J].水电能源科学,2001(1):59-62.

[137] 熊支荣,李珍照.灰色系统理论在大坝观测资料分析中的应用[J].水利水电技术,1991(4):46-51.

[138] 周晓贤.大坝安全监控的灰色综合评价模型研究[D].南京:河海大学,2002.

[139] 刘强,沈振中,聂琴,等.基于灰色模糊理论的多层次大坝安全综合评价[J].水电能源科学,2008(6):76-78.

[140] 吴云芳,李珍照,徐帆.BP神经网络在大坝安全综合评价中的应用[J].南京:河海大学学报(自然科学版),2003(1):25-28.

[141] 王玉成,胡伍生,吴栋.神经网络应用于大坝安全度评价需要解决的问题[C].北京:2008.

[142] 苏怀智.大坝安全监控感智融合理论和方法及应用研究[D].南京:河海大学,2002.

[143] 苏怀智,顾冲时,吴中如.大坝工作性态的模糊可拓评估模型及应用[J].岩土力学,2006(12):2115-2121.

[144] 何金平,廖文来,施玉群.基于可拓学的大坝安全综合评价方法[J].武汉大学学报(工学版),2008(2):42-45.

[145] 远近,郑东健,李波,等.模糊可拓模型在坝体变形评价中的应用[J].水利水电科技进展,2009(1):23-25.

[146] 梅一韬,仲云飞.基于熵权的大坝渗流性态模糊可拓评价模型[J].水电能源科学,2011(8):58-61.

[147] 徐存东,张硕,左罗,等.基于可拓学理论的坝坡稳定性评价方法[J].水电能源科学,2013(2):146-149.

[148] 王立杰,牛争鸣,张芯萃,等.新型射流消能的流态演变与极限临底流速研究[J].四川大学学报(工程科学版),2016(S1):8-13.

[149] 杨弘.二滩水电站水垫塘底板动力响应特性与安全监测指标研究[D].天津:天津大学,2004.

[150] 高星江.高坝泄洪水垫塘底板防护安全研究[J].人民珠江,2017(11):68-71.

[151] 杨弘,练继建,冯永祥,等.高坝水垫塘泄洪安全实时监控系统研究[J].水力发电学报,2008(3):93-100.

[152] 冷东升,杨敏,马斌,等.基于锦屏一级原型观测水垫塘底板振动特性研究[J].南水北调与水利科技,2016(6):105-110.

[153] 姚震.锦屏一级高拱坝水垫塘底板泄洪振动响应特性研究[D].天津:天津大学,2014.

[154] 颜敏,徐一民,吕绪明,等.挑流反弧段水流掺气浓度的试验研究[J].水利水电技术,2015(3):105-109.

[155] 夏毓常.判别泄洪洞反弧段发生空蚀的水力特性标准[J].长江科学院院报,1998(2):50-54.

[156] 张建伟,崔广涛,马斌,等.基于泄流响应的高拱坝振源时域识别[J].天津:天津大学学报,2008(9):1124-1129.

[157] 王新,李晓慧,钱文勋.高坝泄洪诱发场地振动特性原型观测分析[J].水力发电,2017(3):115-119.

[158] 张龑.高坝泄洪诱发场地振动振源特性与传播规律研究[D].天津:天津大学,2015.

[159] 李淑君.向家坝泄洪诱发场地振动振源分析研究[D].天津:天津大学,2014.

[160] 王思莹,王才欢,陈端.泄洪雾化研究进展综述[J].长江科学院院报,2013(7):53-58.

[161] 陈端,金峰,向光红.构皮滩工程泄洪雾化降雨强度及雾流范围研究[J].长江科学院院报,2008(1):1-4.

[162] 周辉,吴时强,陈惠玲.泄洪雾化的影响及其分区和分级防护初探[C].成都:2005.

[163] 曹登峰. 基于线性回归的水电机组振动建模与评价准则探究[D]. 中国水利水电科学研究院,2013.

[164] 吴碧莹. 水力机组变负荷过渡过程流体分析及安全评估研究[D]. 杭州:浙江大学,2015.

[165] 苏怀智,孙小冉. 混凝土坝渗流性态综合评价与趋势预估模型研究[J]. 人民长江,2013(22):95-99.

[166] 蒋浩,王理萍,卢敏. 云南省小(2)型病险水库渗流安全评价指标体系构建[J]. 水利科技与经济,2014(2):134-136.

[167] 李云,胡亚安,宣国祥,等. 国家高等级航道网通航枢纽及船闸水力学创新与实践[J]. 水运工程,2016(12):1-9.

[168] 孟祥玮. 船闸灌泄水引航道非恒定流研究[D]. 天津:天津大学,2010.

[169] 周华兴. 船闸通航水力学研究[M]. 哈尔滨:东北林业大学出版社,2007.

[170] 陈作强. 通航建筑物口门区及连接段通航水流条件研究[D]. 成都:四川大学,2006.

[171] 曹凤帅,肖鑫,吴澎. 船闸引航道推移波分析[J]. 水运工程,2017(9):144-147.

[172] 周华兴,郑宝友,王化仁. 船闸灌泄水引航道内波幅与比降研究[J]. 水道港口,2005(2):103-108.

[173] 李加浩. 双线船闸共用引航道非恒定流特性研究[D]. 重庆:重庆交通大学,2016.

[174] 母德伟,王永强,李学明,等. 向家坝日调节非恒定流对下游航运条件影响研究[J]. 四川大学学报(工程科学版),2014(6):71-77.

[175] 张毅,刘勇,张帅帅. 向家坝日调节运行对长江叙渝段航道维护影响研究[J]. 水运工程,2017(1):108-114.

[176] 廖小琴. 电站调度运行产生的非恒定流对下游航道通航条件的影响研究[D]. 重庆:重庆交通大学,2013.

[177] 杨春燕,蔡文. 可拓集中关联函数的研究进展[J]. 广东工业大学学报,2012(2):7-14.

[178] 杨春燕,张拥军. 可拓策划研究[J]. 中国工程科学,2002(10):73-78.

[179] 王永林. 关于可拓评价中几种关联函数的分析[J]. 计算机工程与应用,2010(12):56-59.

[180] Satty T L. The Analytic Hierarchy Process[G]. NewYork:1980.

[181] 吴殿廷,李东方. 层次分析法的不足及其改进的途径[J]. 北京师范大学学报(自然科学版),2004(2):264-268.

[182] 郭金玉,张忠彬,孙庆云. 层次分析法的研究与应用[J]. 中国安全科学学报,2008(5):148-153.

[183] 高洁,盛昭瀚. 可拓层次分析法研究[J]. 系统工程,2002(5):6-11.

[184] 苏楠,赵燕伟. 可拓设计[M]. 北京:科学出版社,2010.

[185] 苏为华. 多指标综合评价理论与方法问题研究[D]. 厦门:厦门大学,2000.

[186] 向家坝水电站泄洪坝段1:40大比尺单池水工模型试验研究[R]. 南京:南京水利科学研究院.

[187] 宫照光,高鹏,周庭正. 向家坝水电站泄洪消能建筑物施工质量控制[J]. 人民长江,2015(2):14-18.

[188] 张超然,牛志攀. 向家坝水电站泄洪消能关键技术研究与实践[J]. 水利水电技术,2014(11):1-9.

[189] 吴时强,吴修锋,周辉,等. 底流消能方式水电站泄洪雾化模型试验研究[J]. 水科学进展,2008(1):84-88.

[190] Philipp, W. Lauterborn, Cavitation erosion by single laser-produced bubbles[J]. Fluid Mech. 1998,361:75-116.